数据库原理与应用

SQL Server 2016版本

主 编 邓立国 佟 强
副主编 杨 姝 蒋 宁

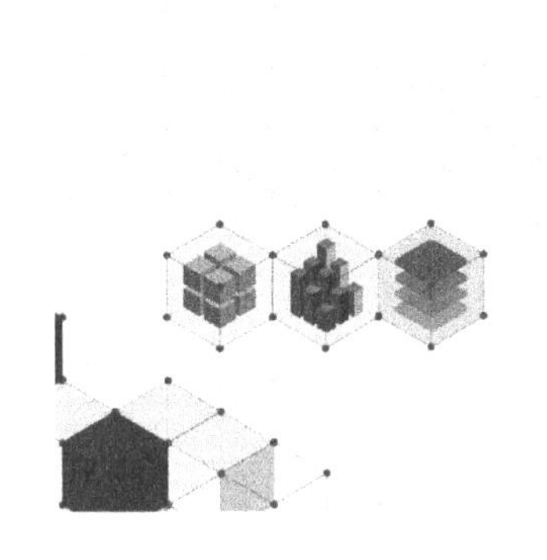

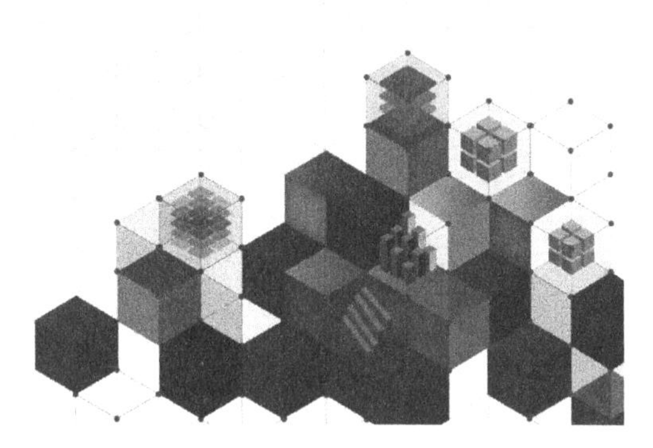

清華大学出版社
北 京

内 容 简 介

本书系统地讲述数据库原理与SQL Server 2016的功能、应用及实践知识。

全书共分13章，主要内容包括关系数据库知识、SQL Server 2016的安装与配置、数据库的创建与维护、数据库表的操作与管理、数据库表的维护、完整性控制、查询与管理表数据、Transact-SQL编程、存储过程和触发器、数据库安全管理、数据库系统开发配置连接，并且详细介绍了C#和SQL Server 2016系统开发及实训等知识。

本书内容翔实、知识结构合理、语言流畅简洁、案例丰富，适合希望学习SQL Server 2016操作的初学者阅读，也适合作为高等学校计算机科学与技术、软件工程、信息技术等相关专业的数据库课程教材。

图书在版编目（CIP）数据

数据库原理与应用：SQL Server 2016版本 / 邓立国，佟强主编. — 北京：清华大学出版社，2017（2023.8重印）

ISBN 978-7-302-48305-2

I. ①数… II. ①邓… ②佟… III. ①关系数据库系统 IV. ①TP311.138

中国版本图书馆CIP数据核字（2017）第215144号

责任编辑：夏毓彦
封面设计：王 翔
责任校对：闫秀华
责任印制：杨 艳

出版发行：清华大学出版社

网 址：http://www.tup.com.cn，http://www.wqbook.com
地 址：北京清华大学学研大厦A座 **邮 编：**100084
社 总 机：010-83470000 **邮 购：**010-62786544
投稿与读者服务：010-62776969，c-service@tup.tsinghua.edu.cn
质量反馈：010-62772015，zhiliang@tup.tsinghua.edu.cn

印 装 者：三河市龙大印装有限公司
经 销：全国新华书店
开 本：190mm×260mm **印 张：**30 **字 数：**768千字
版 次：2017年9月第1版 **印 次：**2023年8月第5次印刷
定 价：79.00元

产品编号：075906-01

前　言

数据库技术是计算机科学技术发展的基础，也是应用最广的技术之一。数据库管理系统是国家信息基础设施的重要组成部分，是社会进步的助推器，也是提高生产力、提高生产效率、改变民生、推动国家经济发展的重要技术工具。

Microsoft SQL Server 是一个典型的关系型数据库管理系统，从 SQL Server 7.0 发展到现在的 SQL Server 2016，功能越来越强大。SQL Server 2016 为不同用户提供数据库解决方案，增强用户的生产实践能力、提高产品的市场竞争力，同时还解放了生产力。

本书有以下特色：

- 数据库原理与应用的充分融合。
- 内容上理论和实践结构安排合理，先理论后实践。
- 案例丰富经典。
- 系统开发软件升级到最新版本。
- 给出了较系统的系统开发典型案例。
- 结合学生实际学习情况给出大量实训练习。

本书内容

第 1 章　数据库基础知识，概述数据的发展和系统结构，以及数据库的组成要素、数据库模型、数据库的层次结构和数据库的系统组成等概要知识。

第 2 章　关系数据库，介绍关系数据库的基本理论知识，包括关系数据模型、结构、操作、完整性、关系代数与范式等知识。

第 3 章　关系数据库标准语言 SQL，介绍 SQL 语言的特点、基本概念、定义和查询处理等操作。

第 4 章　数据库设计与编程，主要围绕数据库系统设计与开发的方法、步骤及编程介绍。

第 5 章　认识 SQL Server 2016，简要介绍 SQL Server 2016 的发展、功能特点、安装与配置、体系结构、Transact-SQL、实用工具架构等。

第 6 章　SQL Server 2016 创建和管理数据库，主要介绍数据库的创建、管理、维护等知识。

第 7 章　创建与管理 SQL Server 2016 数据库表，主要介绍数据库数据的类型、表的概念以及表的创建、操作、约束、视图、索引等的定义与实用。

第 8 章　操纵数据表的数据，涉及表的增、删、改的查询语言应用。

第 9 章　查询复杂数据，围绕数据库数据的复杂查询介绍。

第 10 章　存储过程与触发器，介绍自定义存储过程和触发器的创建、调用、修改和删除等操作。

第 11 章　数据库安全，介绍 SQL Server 2016 提供的安全管理方法，包括身份验证、账户、数据库用户管理、角色和权限等。

第 12 章　图书管理系统，介绍通过 C#语言和 SQL Server 2016 开发一个图书管理系统。

第 13 章　实训，针对前面的知识给出经典实践案例。

除邓立国、佟强、杨姝、蒋宁外，参与本书编写的人员还有李文、周传生、齐振国、宋占峰、王剑辉、王兴辉、蔡云鹏、于润、逄华、杨雪华、郑云霄、庄天宝、孙雪冬、张鑫、王宁、姚朋军、王凯丽、赵颖、王馨、王德伟、李赛男、于闯、李宇峰、宋芷萱、何明训、富豪等。

编者

2017 年 7 月

目　录

第1章 数据库基础知识

数据库是数据管理的最新技术，也是计算机科学的重要分支。本章主要介绍数据库的基础知识、数据库系统的组成等内容。

1.1 数据库系统概论

1.1.1 数据库系统的基本概念

数据库系统主要涉及数据、数据库、数据库管理系统和数据库系统4个基本概念。

数据（Data）指能输入计算机并能被计算机程序处理的所有符号，是数据库中存储的基本对象。数据的种类很多，如数字、文本、图形、图像、音频、视频、学生的档案记录、货物的运输情况等都属于数据。必须赋予一定的含义才能使数据具有意义，这种含义称为数据的语义，数据与语义不可分。例如，63 是一个数据，它可以代表一个学生的某科成绩、某个人的年龄、某系的学生人数等，只有把63赋予语义后，才能表示确定的意义。

数据库（DataBase，DB）是指在计算机存储设备上建立起来的用于存储数据的仓库，其中存放的数据是可以长期保留、有组织、可共享的数据集合。也就是按照一定的数学模型组织、描述和存储数据，使得数据库中的数据具有尽可能小的冗余度、较高的数据独立性和易扩展性的特点，并可在一定范围内共享给多个用户。

数据库管理系统（DataBase Management System，DBMS）是位于用户和操作系统之间的数据管理软件。用它实现数据定义、组织、存储、管理、操纵以及数据库建立、维护、事务管理、运行管理等功能。

数据库系统（DataBase System，DBS）是指带有数据库并利用数据库技术对计算机中的数据进行管理的计算机系统。它可以实现有组织地、动态地存储大量相关数据，并提供数据处理和信息资源等共享服务。数据库系统一般由满足数据库系统要求的计算机硬件和包括数据库、数据库管理系统、数据库应用开发系统在内的计算机软件以及数据库系统中的人员组成，如图 1-1所示。

在不引起混淆的情况下，数据库系统也简称数据库。

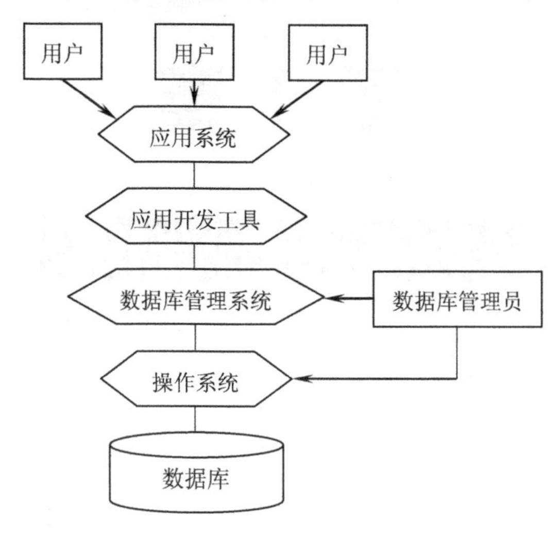

图 1-1　数据库系统

1.1.2　数据库技术的产生与特点

在数据库技术产生之前，对数据的管理经历了人工管理和文件系统两个阶段。

20 世纪 50 年代中期以前属于人工管理数据的阶段。当时，计算机主要用于科学计算，数据采用批处理的方式，计算机硬件中没有磁盘外部存储设备，软件没有操作系统，因此只能采用人工的方式对数据进行管理。人工管理数据的特点：数据不保存、应用程序管理数据、数据不能共享、数据不具有独立性。人工管理阶段应用程序与数据之间的对应关系如图 1-2 所示。

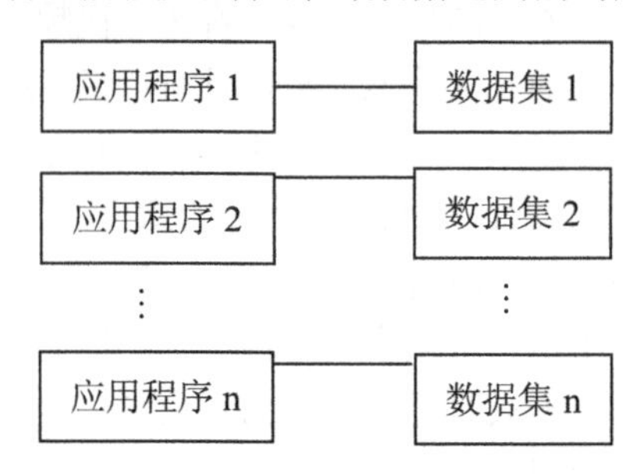

图 1-2　人工管理阶段应用程序与数据之间的对应关系

20 世纪 50 年代后期到 60 年代中期属于文件系统阶段。此时，计算机硬件中已经配置了磁盘、磁鼓等外部存储设备，软件操作系统中已经具备专门进行数据管理功能的系统，即文件系统。文件系统的特点为：数据可以长期保留、有文件系统管理数据、数据的共享性和独立性差、冗余度大。文件系统应用程序与数据之间的对应关系如图 1-3 所示。

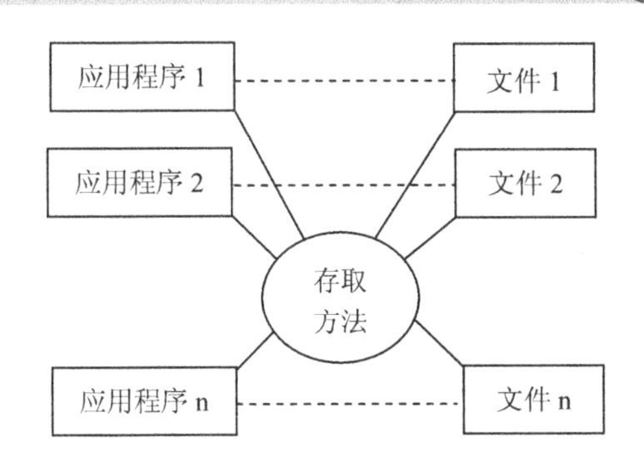

图 1-3　文件系统应用程序与数据之间的对应关系

从 20 世纪 60 年代后期至今属于数据库系统阶段。随着计算机硬件和软件技术的发展，计算机管理对象的规模越来越大，应用范围越来越广，文件系统已经不能满足应用的需求。为了解决多用户、多应用共享数据，使数据尽可能多的为应用服务，一种新的数据管理技术——数据库技术应运而生。此时，出现的专门用于统一管理数据的软件——数据库管理系统成为用户与数据的接口，应用程序与数据之间的对应关系如图 1-4 所示。数据库系统的特点为：数据结构化、数据共享性和独立性高、冗余度低、易扩充，并且数据由数据库管理系统统一管理和控制。

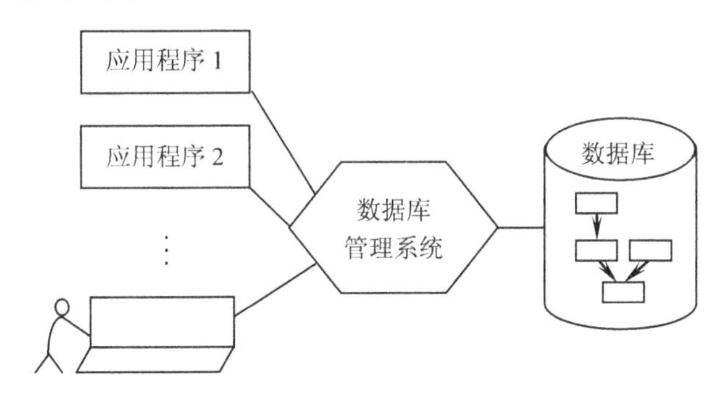

图 1-4　数据库系统应用程序与数据之间的对应关系

1.2 数据模型

由于计算机不能直接处理现实世界中的具体事务，因此人们必须事先把要处理的事物特征进行抽象化，转换成计算机能够处理的数据，这个过程使用的工具就是数据模型。从客观世界到计算机世界，包括现实世界→信息世界→计算机世界的抽象过程，这个过程所对应的数据模型为概念模型、逻辑模型和物理模型。本节主要介绍数据模型的概念、数据模型的组成要素和 3 种不同抽象层次的数据模型（概念模型、逻辑模型和物理模型）等有关内容。

1.2.1 数据模型的组成要素

数据模型是对现实世界中某个对象的特征进行的模拟与抽象，是数据库系统的核心和基础。数据模型的严格定义是一组概念的集合。这些概念精确地描述了系统的静态特性、动态特性和完整性约束条件，因此数据模型通常由数据结构、数据操作和完整性约束条件 3 部分组成。

数据结构是数据对象的集合。它描述数据对象的类型、内容、属性以及数据对象之间的关系，是对系统静态特性的描述。

数据操作是数据库中数据允许执行操作的集合，包括操作及有关的操作规则，主要有检索（查询）和更新（插入、删除和修改）两类操作，是对系统动态特性的描述。

数据完整性约束条件是数据完整性规则的集合。它是对数据与数据之间关系的制约以及关系依存的规则，用以保证数据的完整性和一致性。

1.2.2 数据的概念模型

概念模型是现实世界到计算机世界的第一个中间层次，用于实现现实世界到信息世界的抽象化。它用符号记录现实世界的信息和联系，用规范化的数据库定义语言表示对现实世界的抽象化与描述，与具体的计算机系统无关。概念模型既是数据库设计人员对数据库进行设计的有力工具，也是数据库设计人员与用户交流的有力工具。概念模型涉及如下内容。

1.概念模型中的基本概念

（1）实体

客观世界存在并可相互区别的事物称为实体。实体可以是具体的人、事、物，也可以是抽象的概念或联系。例如，一个学生、一个部门、一门课程、学生的一次选课、部门的一次订货、老师与院系之间的工作关系等都是实体。

（2）属性

实体所具有的某一特性称为属性。一个实体可以由多个属性来刻画。例如，学生实体可以由学号、姓名、性别、出生年月、所在院系、入学时间等属性组成。这些属性组合起来表示一个学生的特征。

（3）码

唯一标识实体的属性集合称为码。例如，学号是学生实体的码。

（4）域

属性的取值范围称为该属性的域，它是具有相同数据类型的数据集合。例如，学号的域为 8 位整数，姓名域为字符串集合，性别域为{男，女}。

（5）实体型

由于具有相同属性的实体必然具有共同的特征和性质，因此用实体名及描述实体的各个属性名就完全可以刻画出全部同质实体的共同特征和性质，现把形式为：实体名（属性名 1，属性名

2，…，属性名 n）的表示形式称为实体型，用它刻画实体的共同特征和性质。例如，学生（学号，姓名，性别，年龄，所在院系，入学时间）就是一个实体型，而（20160016，李明，男，19，计算机，2016）是该实体型的一个值。

（6）实体集

同一类型实体的集合称为实体集。例如，全体学生就是一个实体集。

（7）联系

在现实世界中，事物内部以及事物之间是有联系的，这些联系在信息世界中反映为实体型内部的联系和实体型之间的联系。实体型内部的联系通常指组成实体的各个属性之间的联系；实体型之间的联系通常指不同实体集之间的联系。

2. 概念模型中实体型之间的联系

（1）两个实体型之间的联系

两个实体型之间的联系可以分为 3 种，即一对一联系、一对多联系和多对多联系。

- 一对一联系（1:1）

如果对于实体集 A 中的每一个实体，实体集 B 中至多有一个（也可以没有）实体与之联系，反之亦然，就称实体集 A、B 中的实体型 A 与实体型 B 具有一对一联系，记为 1:1。

例如，在学校的班级实体集和班长实体集中，一个班级只有一个正班长，一个班长只在一个班中任职，班级实体型与班长实体型是一对一的联系。

- 一对多联系（1:n）

如果对于实体集 A 中的每一个实体，实体集 B 中有 n 个实体（n≥0）与之联系，反之，对于实体集 B 中的每一个实体，实体集 A 中至多有一个实体与之联系，就称实体型 A 与实体型 B 有一对多的联系，记为 1: n。

例如，在班级实体集与学生实体集中，一个班级中有若干名学生，每个学生只在一个班级中学习，班级实体型与学生实体型之间就具有一对多的联系。

- 多对多联系（m:n）

如果对于实体集 A 中的每一个实体，实体集 B 中有 n 个实体（n≥0）与之联系，反之，对于实体集 B 中的每一个实体，实体集 A 中有 m 个实体（m≥0）与之联系，就称实体型 A 与实体型 B 之间具有多对多的联系，记为 m:n。

例如，在课程实体集和学生实体集，一门课程同时有若干个学生选修，一个学生可以同时选修多门课程，课程实体型与学生实体型之间就具有多对多的联系。

（2）两个以上实体型之间的联系

两个以上实体型之间也存在一对一、一对多和多对多的联系。

对于 n（n>2）个实体型 E_1，E_2，…，E_n，若存在实体型 E_i，使得 E_i 与其余 n-1 个实体型

E_1，…，E_{i-1}，E_{i+1}，…，E_n 之间均存在一对一（一对多或多对多）的联系，而这 n-1 个实体型 E_1，…，E_{i-1}，E_{i+1}，…，E_n 之间没有任何联系，则称 n 个实体型 E_1，E_2，…，E_n 之间存在一对一（一对多或多对多）的联系。

例如，有课程、教师和参考书 3 个实体集，如果一门课程可以有若干个教师讲授，使用若干本参考书，而每个教师只讲授一门课程，每一本参考书只供一门课程使用，课程与教师、参考书之间的联系就是一对多的联系。

又如，有 3 个供应商、项目、零件实体集，如果一个供应商可以供应多个项目多种零件，每个项目可以使用多个供应商供应的零件，每种零件可以由不同供应商提供，则供应商、项目和零件之间存在多对多的联系。

（3）单个实体型内的联系

同一个实体集内的各个实体之间也可以存在一对一、一对多和多对多的联系。这属于实体型属性之间的联系。例如，职工实体集内部具有领导与被领导的联系，如果某一职工（干部）领导若干名职工，一个职工仅被另一个职工直接领导，这就是一对多的联系。

显然，一对一联系是一对多联系的特例，而一对多联系是多对多联系的特例。

3. 概念模型的 E-R 图表示方法

概念模型的表示方法有很多，其中最著名、最常用的是 P.P.S.Chen 于 1976 年提出的实体-联系方法（Entity-Relationship Approach）。该方法用 E-R 图描述对现实世界进行抽象的概念模型，E-R 方法也称为 E-R 模型。

E-R 图提供了表示实体型、属性和联系的方法。在 E-R 图中，用矩形表示实体型，矩形内写明实体名称。用椭圆表示属性，并用无向边与相应的实体型相连。用菱形表示联系，菱形内写明联系名，并用无向边分别与有关实体型相连，同时在无向边旁标上联系的类型（1:1、1:n 或 m:n）。

用 E-R 图表示两个实体型之间的一对一、一对多和多对多的联系，如图 1-5 所示。

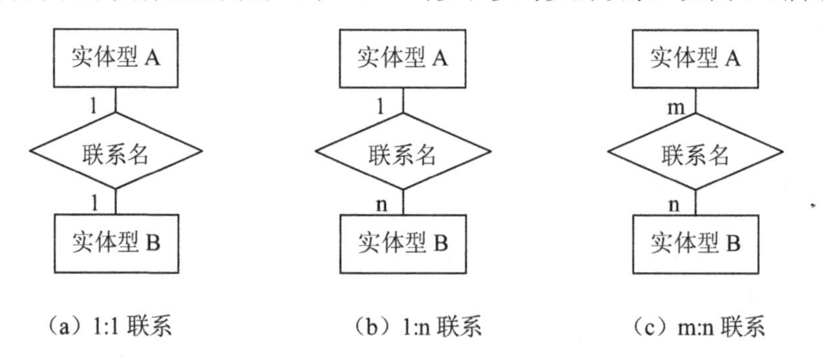

图 1-5　两个实体型之间的 3 种联系

E-R 图也可以表示两个以上实体型以及单个实体型内的联系，如本小节内容中的课程、教师和参考书 3 个实体型之间的一对多联系，供应商、项目、零件 3 个实体型之间多对多的联系以及职工实体型内部具有领导与被领导的一对多联系，分别如图 1-6（a）、（b）和图 1-7 所示。

用 E-R 图表示具有学号、姓名、性别、出生年月、所在院系和入学时间等属性的学生实体，如图 1-8 所示。

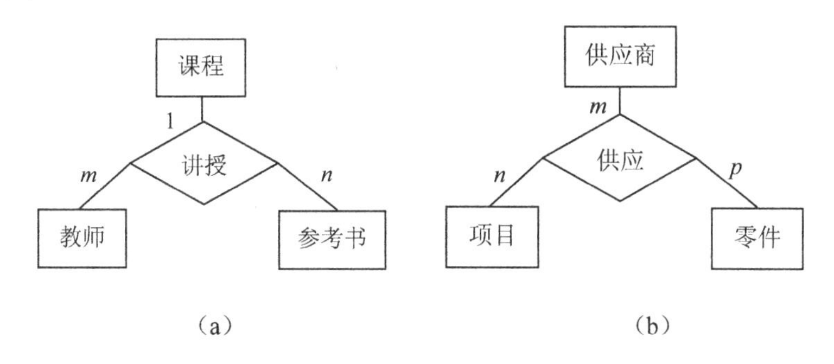

图 1-6　三个实体型之间的联系

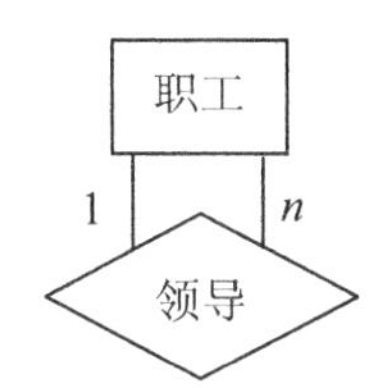

图 1-7　单个实体型之间一对多的联系

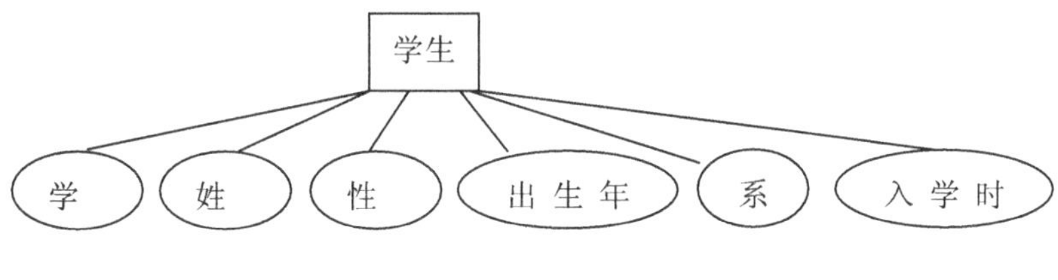

图 1-8　学生实体及属性

4. 一个用 E-R 图表示概念模型的具体实例

设有一物质管理处，需要进行物质管理的对象有仓库、零件、供应商、项目和职工，它们是 E-R 模型中的实体，并具有如下属性：

（1）仓库的属性：包括仓库号、仓库面积、仓库电话号码。
（2）零件的属性：包括零件号、零件名称、零件规格、零件单价、零件描述。
（3）供应商的属性：包括供应商号、供应商姓名、供应商地址、供应商电话号码、供应商账号。
（4）项目的属性：包括项目号、项目预算、开工日期。
（5）职工的属性：包括职工号、职工姓名、职工年龄、职称。

这些实体之间的联系如下：

（1）仓库和零件之间具有多对多的联系。
因为一个仓库可以存放多种零件，同时一种零件也可以被存放在多个仓库中，因此仓库和零件之间具有多对多的联系。现用库存量来表示某种零件在某个仓库中的数量。

（2）仓库和职工之间具有一对多的联系。

因为在实际工作中，一个仓库可能需要多名仓库管理员（职工），而一名仓库管理员（职工）只能在一个仓库工作，因此仓库和职工之间具有一对多的联系。

（3）职工实体型中领导与被领导的职工具有一对多的联系。

在仓库管理员的职工实体型中，一个仓库只有一名主任，该主任领导若干名管理员，主任与管理员之间具有领导与被领导关系。因此，职工实体型中具有一对多的联系。

（4）供应商、项目和零件三者之间具有多对多的联系。

因为一个供应商可以为多个项目提供多种零件，每个项目可以使用不同供应商提供的零件，每种零件可由不同供应商供给。因此，供应商、项目和零件三者之间具有多对多的联系。

满足上述条件的实体及其属性图如图 1-9（a）所示。实体及其联系图如图 1-9（b）所示。物资管理的 E-R 图如图 1-9（c）所示。

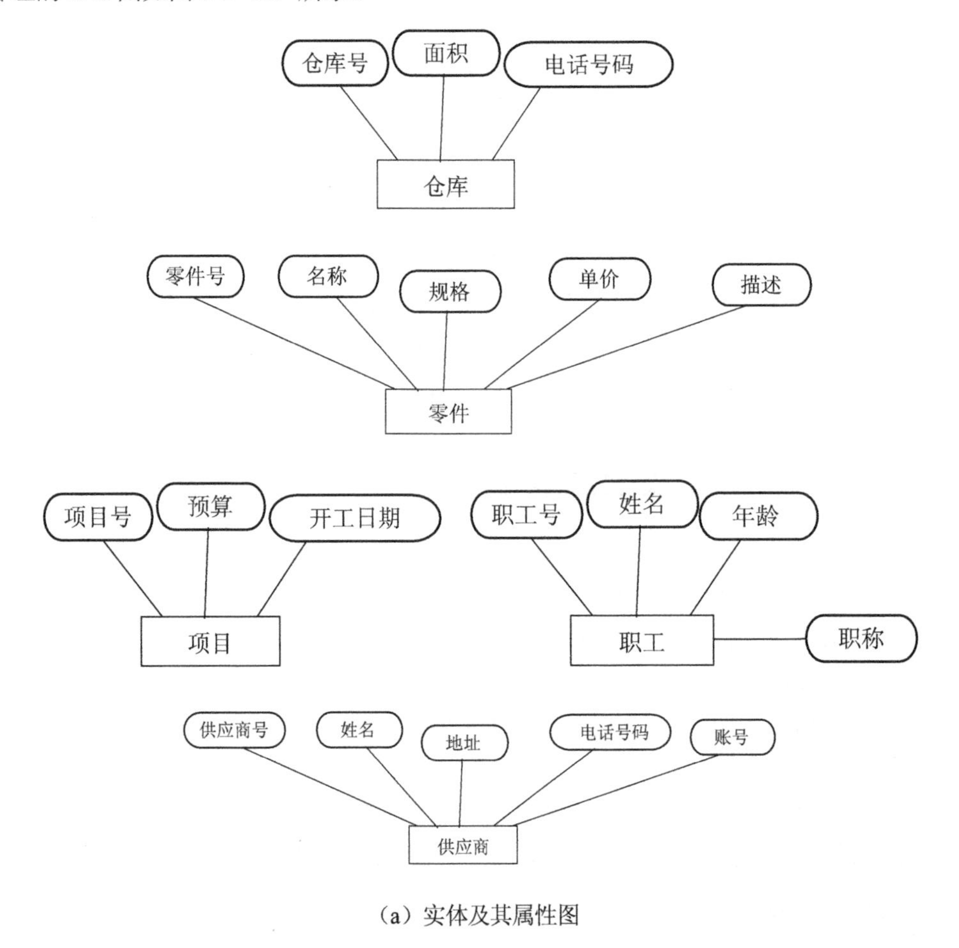

（a）实体及其属性图

图 1-9　一个用 E-R 图表示概念模型的具体实例

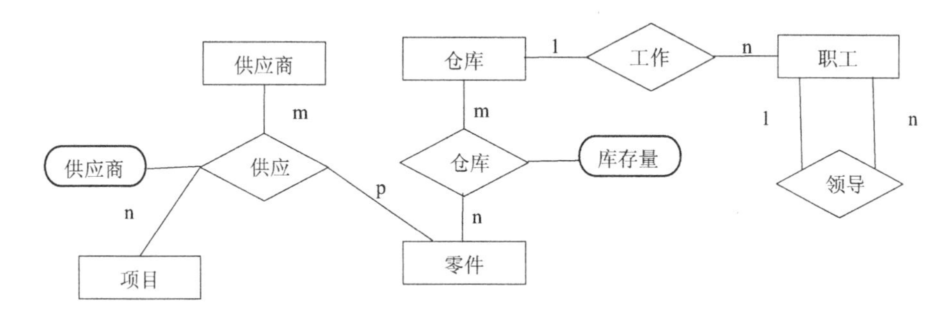

（b）实体及其联系图

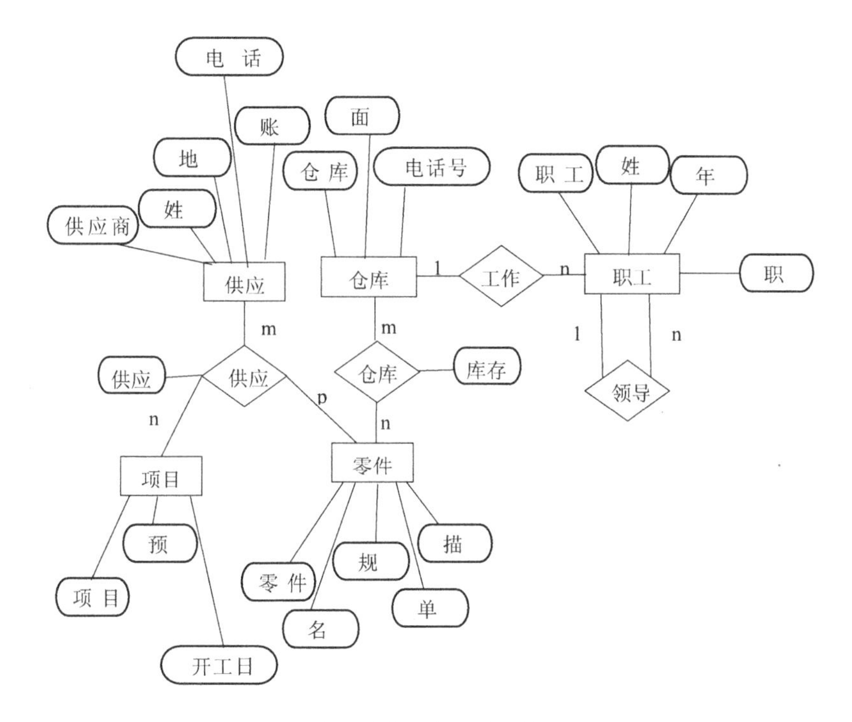

（c）完整的实体-联系图

图 1-9　一个用 E-R 图表示概念模型的具体实例（续）

1.2.3　数据的逻辑模型

逻辑模型是信息世界到计算机世界的抽象，将信息世界中的概念模型进一步转换成便于计算机处理的数据模型，即逻辑模型。逻辑模型主要用于 DBMS 的实现。目前比较成熟地应用在数据库系统中的逻辑模型有：层次模型、网状模型和关系模型。它们之间的根本区别在于数据之间联系的表示方式不同（即记录型之间的联系方式不同）。层次模型以“树结构”表示数据之间的联系。网状模型以“图结构”表示数据之间的联系。关系模型用“二维表”（或称为关系）表示数据之间的联系。

1. 层次模型

层次模型是数据库最早出现的数据模型，它将现实世界的实体之间抽象成一种自上而下的层次关系，用树形结构表示各类实体以及实体间的联系。层次模型的结构特点为：

（1）有且只有一个节点没有双亲节点，这个节点称为根节点；
（2）根以外的其他节点有且只有一个双亲节点；
（3）上下层节点之间表示一对多的联系。

层次模型本身虽然只能表示一对多的联系，但多对多联系的概念模型可以通过冗余节点法和虚拟节点法将其分解为一对多的联系，然后再使用层次模型表示。

层次模型的优点是数据结构比较简单清晰、提供良好的完整性支持、数据库查询效率高。但由于层次模型受文件系统影响大，模型受限很多，物理成分复杂，不适用于表示非层次性的联系。

2. 网状模型

网状模型是一种非层次模型，它去掉了层次模型的两个限制，与层次模型相比，可以更直接地描述现实世界。网状模型的结构特点为：

（1）允许一个以上的节点没有双亲节点；
（2）一个节点可以有多个双亲节点；
（3）节点之间表示多对多的联系。

网状模型优于层次模型，具有良好的性能和高效率的存储方式。但其数据结构比较复杂，数据模式和系统实现均不理想。

3. 关系模型

关系模型是目前最重要的一种数据模型。它建立在严格的数学概念基础之上，从用户观点看，关系模型由一组关系组成，每个关系的数据结构是一张规范化的二维表。实体与实体之间的联系都用关系来表示。

关系模型的优点是建立在严格的数学概念的基础上；关系模型的概念单一，数据结构简单、清晰，用户易懂易用；关系模型的存储路径对用户透明，从而具有更高的数据独立性、更好的安全保密性，也简化了程序员的工作和数据库开发建立的工作，但也因此查找效率不如层次模型和网状模型。

在此，我们仅对层次模型、网状模型和关系模型的数据结构进行了简单的介绍，关于层次模型和网状模型的操作和完整性约束条件的内容可查阅其他参考文献。关系数据模型的详细内容在本书的第 2 章介绍。

1.2.4　数据的物理模型

物理模型指逻辑模型在计算机中的存储结构。数据库中的数据存储由 DBMS 完成，它既存储数据，又存储数据之间的联系。层次模型通常采用邻接法和链接法来存储数据及数据之间的联系。网状模型通常采用链接法。关系模型实体与实体之间都用表表示，在关系数据库的物理组织中，有的 DBMS 一个表对应一个操作系统文件，有的 DBMS 从操作系统中获得若干个大的文件，自己设计表、索引等存储结构。

1.3 数据库系统模式与结构

数据库系统根据不同的层次和不同的角度划分为不同的结构。

从用户使用数据库的角度来划分，数据库系统结构分为单用户结构、主从式结构、分布式结构、客户/服务器、浏览器/应用服务器/数据库服务器等多层结构。这种结构称为数据库系统的外部体系结构。

从数据库管理系统的角度来划分，数据库系统通常采用多级模式结构。这种模式结构是数据库系统的一个总体框架，也是数据库管理系统的内部系统结构，能够满足用户方便存储数据和系统高效组织数据的需求。目前，数据库系统采用三级模式和二级映像的系统结构。本节主要介绍数据库系统内部结构这部分内容。

1.3.1　数据库系统的三级模式结构

数据库系统的三级模式结构涉及模式、外模式和内模式的概念，三级模式结构就是指数据库系统由外模式、模式和内模式三级构成，如图 1-10 所示。

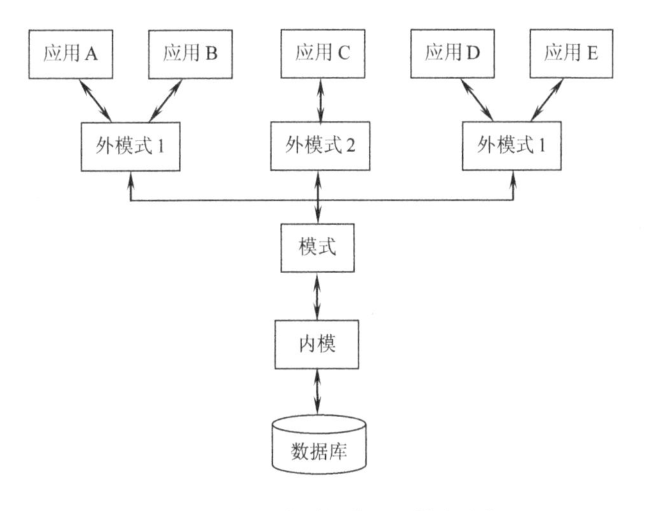

图 1-10　数据库系统的三级模式结构

1.模式

模式也称为逻辑模式或概念模式，它是由数据库设计者在统一考虑所有用户需求的基础上，用某种数据模型对数据库中的全部数据的逻辑结构和特征的总体描述，是所有用户的公共数据视图。一个数据库只有一种模式，可以用数据库管理系统提供的数据模式描述语言来定义数据的逻辑结构、数据之间的联系以及与数据有关的安全性和完整性的要求。

在数据模型中有型和值的概念。型指对某一类数据的结构和属性的描述，值是型的一个具体赋值。模式属于型，模式的一个具体值也称为模式的一个实例。同一个模式可以有很多实例。由于模式反映的是数据的结构及其联系，而实例反映的是数据库中的数据在某一时刻的状态，随着数据的更新，实例也在不断变化，因此模式是相对稳定的，实例是相对变动的。

2. 外模式

外模式也称为子模型或用户模式，它是数据库用户能够看到和使用的局部数据的逻辑结构和特征的描述，是数据库用户的数据视图，也是与某一应用有关的数据逻辑表示，应用程序的编写依赖于数据的外模式。外模式通常是模式的一个子集，一个数据库可以有多个外模式。一个外模式可以被某一用户的多个应用系统所使用，但一个应用程序只能使用一个外模式。用户可以通过外模式描述语言来描述、定义对应于用户的数据记录（外模式），也可以利用数据操作语言对这些数据记录进行处理。外模式是保证数据库安全性的一个有力措施。

3. 内模式

内模式也称为物理模式或存储模式，它是数据库中全体数据的内部表示或底层描述，描述了数据在存储介质上的存储方式及物理结构，对应着实际存储在外存储介质上的数据库，一个数据库只有一个内模式。内模式由内模式描述语言来描述和定义。

1.3.2 数据库系统的二级映像功能

数据库系统的三级模式是对数据进行抽象的 3 个级别，为了在数据库系统中实现这 3 个抽象层次的联系与转换，数据库管理系统在这三级模式之间提供了外模式/模式和模式/内模式的二级映像。这两层映像保证了数据库系统中的数据具有较高的逻辑独立性和物理独立性。

1. 外模式/模式映像

模式描述了数据的全局逻辑结构，外模式描述了数据的局部逻辑结构。对应一个模式可以定义多个外模式。对于每个外模式，数据库系统都有一个外模式/模式映像，它定义了该外模式与模式之间的对应关系。当模式发生变化时，只要数据库管理员对各个外模式/模式之间的映像做出相应的改变，就可以保持外模式不变，从而对应的应用程序也就可以不必修改。在数据库中，把用户的应用程序与数据库的逻辑结构相互独立的性质称为数据的逻辑独立性，即当数据的逻辑结构改变时，用户程序也可以不变。

2. 模式/内模式映像

数据库中只有一个模式和一个内模式，所以模式/内模式映像是唯一的。模式/内模式的映像定义了数据的全局逻辑结构（模式）与存储结构（内模式）之间的对应关系。当数据的存储结构发生变化时，只要数据库管理员对模式/内模式映射做出相应的改变，就能使模式保持不变，从而应用程序也不用改变。这种当存储结构发生变化而应用程序不用改变的性质称为数据的物理独立性。

1.4 数据库系统的组成

由 1.1.1 可知，数据库系统一般由满足数据库系统要求的计算机硬件和包含数据库、数据库管理系统、数据库应用开发系统等在内的计算机软件以及数据库系统中的人员组成。

1.4.1 计算机硬件

在数据库系统中，由于数据库中存放的数据量和 DBMS 的规模都很大，因此整个数据库系统对硬件资源提出了较高的要求，这些要求分别是：要有足够大的内存存放操作系统、DBMS 核心模块、数据缓冲区和应用程序；要有足够大的磁盘或磁盘阵列等设备存放数据库，有足够的磁带（或光盘）做数据备份；系统要有较高的通道能力，以提高数据的传输速率。满足上述配置的个人计算机、中大型计算机和网络环境下的多台计算机都可以用来支撑数据库系统。

1.4.2 计算机软件

数据库系统需要的软件主要包括：建立、使用和维护配置数据库的 DBMS；支撑 DBMS 运行的操作系统；具有与数据库接口的高级语言及其编译系统，便于开发应用程序；系统以 DBMS 为核心的为应用开发人员和最终用户提供高效率、多功能的应用程序开发工具；为特定应用环境开发的数据库应用系统。

1.4.3 数据库系统中的人员

开发、管理和使用数据库系统的人员包括系统分析员和数据库设计人员、应用程序员、最终用户、数据库管理员 4 类：

第 1 类为系统分析员和数据库设计人员。系统分析员负责应用系统的需求分析和规范说明，他们和用户及数据库管理员一起确定系统的硬件配置，并参与数据库系统的概要设计。数据库设计人员负责数据库中数据的确定和数据库各级模式的设计。

第 2 类为应用程序员，负责编写使用数据库的应用程序。这些应用程序可对数据进行检索、建立、删除或修改。

第 3 类为最终用户，他们利用系统的接口或查询语言访问数据库。

第 4 类是数据库管理员（Data Base Administrator，DBA），负责数据库的总体信息控制。

DBA 的具体职责包括：决定数据库中的信息内容和结构；决定数据库的存储结构和存取策略；定义数据库的安全性要求和完整性约束条件；监控数据库的使用和运行；负责数据库的性能改进、数据库的重组和重构，以提高系统的性能。

上述 4 类不同的人员涉及不同的数据抽象级别，具有不同的数据视图，如图 1-11 所示。

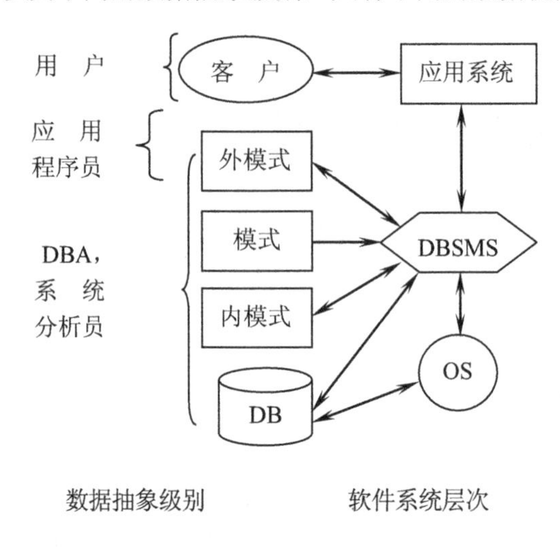

图 1-11 数据库中各类成员的数据视图

1.5 习题

（1）试述数据、数据库、数据库管理系统、数据库系统的概念。
（2）试述文件系统与数据库系统的区别和联系。
（3）试述数据库管理系统的主要功能。
（4）试述数据库系统的特点。
（5）试述使用数据库系统的好处。
（6）试述数据模型的概念、数据模型的作用和数据模型的 3 个要素。
（7）试述概念模型的作用。
（8）定义并解释概念模型中的术语：实体、实体型、实体集、属性和码实体-联系图（E-R 图）。

（9）学校中有若干系，每个系有若干个班级和教研室，每个教研室有若干名教师，其中有的教授和副教授每人各带若干名研究生，每个班有若干名学生，每个学生选修若干门课程，每门课程可由若干名学生选修。请用 E-R 图画出此学校的概念模型。

（10）某工厂生产了若干产品，每种产品由不同的零件组成，有的零件可用在不同的产品上。这些零件由不同的原材料制成，不同零件所用的材料可以相同。这些零件按所属的不同产品分别放在仓库中，原材料按照类别放在若干仓库中。请用 E-R 图画出此工厂产品、零件、材料、仓库的概念模型。

（11）试述数据库系统三级模式的结构及其优点。

（12）定义并解释术语：模式、外模式、内模式、DLL 和 DML。

（13）试述数据库系统的组成。

（14）试述 DRA 的职责。

第 2 章

◂ 关系数据库 ▸

关系数据库是数据库的一种，使用数学的方法处理数据库中的数据。本章主要介绍关系数据库中的关系模型、关系代数、关系模式和范式理论等相关内容。

2.1 数学中关系的概念

在数学领域中，关系是集合代数中的一个基本概念，分为二元关系和多元关系，二元关系是多元关系的特例，多元关系是二元关系的推广。关系实际上是笛卡尔积的一个子集，在此先给出笛卡尔积的定义，然后给出多元关系的定义和相关的性质。

定义 2-1：设 D_1，D_2，….，D_n 是 n（n>1 的自然数）个集合 D_1，D_2，….，D_n 的 n 阶笛卡尔积，记作 $D_1 \times D_2 \times \ldots \times D_n$ ，并定义为：

$D_1 \times D_2 \times \ldots \times D_n = \{(x_1, x_2, \ldots, x_n) \mid x_1 \in D_1, x_2 \in D_2, \ldots, x_n \in D_n\}$

其中，每个元素（x_1，x_2，…，x_n）称为一个 n 元组，$x_i \in D_i$ 称为元组的一个分量，集合 D_i 的取值范围称为域。

由上述定义可以看出，n 阶笛卡尔积实际上是由 n 元元组构成的集合，它既可以是有限集合，也可以是无限集合。当笛卡尔积为有限集合时，可以用元素的列举法来表示。

【例 2.1】设集合 D_1={张清玫，刘逸}，D_2={计算机专业，信息专业}，D_3={李勇，刘晨，王敏}，则集合 D_1，D_2，D_3 的笛卡尔积为：

$D_1 \times D_2 \times D_3$ ={（张清玫，计算机专业，李勇），（张清玫，计算机专业，刘晨），（张清玫，计算机专业，王敏），（张清玫，信息专业，李勇），（张清玫，信息专业，刘晨），（张清玫，信息专业，王敏），（刘逸，计算机专业，李勇），（刘逸，计算机专业，刘晨），（刘逸，计算机专业，王敏），（刘逸，信息专业，李勇），（刘逸，信息专业，刘晨），（刘逸，信息专业，王敏）}。

当把集合 D_1，D_2，D_3 笛卡尔积的每个元组作为一个二维表的每一行时，D_1，D_2，D_3 的笛卡尔积又可以用一张二维表表示，如表 2-1 所示。

表 2-1　D_1、D_2、D_3 的笛卡尔积

集合 D_1	集合 D_2	集合 D_3
张清玫	计算机专业	李勇
张清玫	计算机专业	刘晨
张清玫	计算机专业	王敏
张清玫	信息专业	李勇
张清玫	信息专业	刘晨
张清玫	信息专业	王敏
刘逸	计算机专业	李勇
刘逸	计算机专业	刘晨
刘逸	计算机专业	王敏
刘逸	信息专业	李勇
刘逸	信息专业	刘晨
刘逸	信息专业	王敏

从上述具体实例可以看出，D_1、D_2、D_3 的笛卡尔积只是数学意义上的一个集合，它通常无法表达实际的语义。但是笛卡尔积的一个子集通常具有表达某种实际语义的功能，即关系具有某种具体的语义。

定义 2-2：设 D_1，D_2，….，D_n 是 n（n>1 的自然数）个集合，则 D_1，D_2，….，D_n 的 n 阶笛卡尔积 $D_1 \times D_2 \times .... \times D_n$ 的一个子集称为集合 D_1，D_2，….，D_n 上的一个 n 阶关系，记作 R（D_1，D_2，….，D_n）。

【例 2.2】设例 2-1 中的集合 D_1=导师集合={张清玫，刘逸}，D_2=专业集合={计算机专业，信息专业}，D_3=研究生集合={李勇，刘晨，王敏}，则集合 D_1，D_2，D_3 上的关系 R（D_1，D_2，D_3）={（张清玫，计算机专业，李勇），（张清玫，计算机专业，刘晨），（刘逸，信息专业，王敏）}有着明确的语义，即表示导师张清玫属于计算机专业，指导李勇和刘晨 2 名研究生，导师刘逸属于信息专业，指导王敏 1 名研究生。此关系的二维表如表 2-2 所示。

表 2-2　导师与研究生的关系表

导师	专业	研究生
张清玫	计算机专业	李勇
张清玫	计算机专业	刘晨
刘逸	信息专业	王敏

由于 D_1，D_2，D_3 的笛卡尔积包含所有的元组，因此没有明确的语义。例如，在 D_1，D_2，D_3 的笛卡尔积中，同时出现元组（张清玫，计算机专业，李勇）和（刘逸，信息专业，李勇），这两个元组分别表示李勇既是计算机专业张清玫导师的研究生，又是信息专业刘逸导师的研究生，这种情况与实际不符，所以笛卡尔积通常没有实际语义。

从关系的定义中可以得出，关系具有如下 3 条性质：

性质 1：关系不满足交换律，即 R（D_1，D_2）≠ R（D_2，D_1）。这可以解释为关系中元组分量的排列顺序是有序的，当分量排列顺序发生改变时，关系也会发生变化，表现了元组的有序性。

性质 2：关系可以是有限集合，也可以是无限集合。

性质 3：元组的分量还可以是 2 阶以上的元组。

2.2 关系数据模型

关系数据库是建立在关系数据模型上的数据库。本节主要介绍关系数据模型组成的 3 个要素，即关系数据结构、关系操作集合和关系完整性约束条件。

2.2.1 关系数据结构

在用关系描述关系模型的数据结构时，需要对 2.1 节中关系的 3 个性质进行限制和扩充，以满足数据库的需要。在关系数据模型中要求：（1）关系是有限集合；（2）关系的元组是无序的；（3）元组的分量不能是 2 阶以上的元组，只能是单个的元素。满足这 3 个条件的关系构成关系模型的数据结构可以用一个规范化的二维表（表中不能再有表）来表示。

关系数据结构涉及如下概念。

属性：若给关系中的每个 D_i（i=1，2，...，n）赋予一个有语义的名字，则把这个名字称为属性，属性的名不能相同。通过给关系集合附加属性名的方法取消关系元组的有序性。

域：属性的取值范围称为域，不同属性的域可以相同，也可以不同。

候选码：若关系中的某个属性组的值能唯一地标识一个元组，且不包含更多属性，则称该属性组为候选码。候选码的各个属性称为主属性，不包含在任何候选码中的属性称为非主属性或非码属性。在最简单的情况下，候选码只包含一种属性。在最极端的情况下，候选码包含所有属性，此时称为全码。

主码：当前使用的候选码或选定的候选码称为主码。用属性加下划线表示主码。

外码：若关系 R 中某个属性组是其他关系的主码，则该属性组称为关系 R 的外码。

关系模型：对关系模型的描述一般表示为：关系名（属性 1，属性 2，...，属性 n）。

例如，【例 2.2】导师与研究生之间的关系就是关系数据库的一个数据结构，可以用规范化的二维表（表 2-2）来表示。此时的关系可以表示为导师与研究生（导师，专业，研究生），该关系包含导师、专业和研究生 3 个属性，属性的域值分别为{张清玫，刘逸}，{计算机专业、信息专业}，{李勇、刘晨、王敏}。若研究生没有重名，则研究生属性为主码，否则候选码为全码。这是一个基本关系。表 2-3 给出了非规范化的二维关系，它不能用来表示关系模型的数据结构。

表 2-3 非规范化的二维关系

导师	专业	研究生	
		研究生 1	研究生 2
张清玫	计算机专业	李勇	刘晨
刘逸	信息专业	王敏	

在关系模型中，实体及其之间的联系都用关系来表示。例如，学生实体、课程实体和学生与课程之间多对多的联系可以用关系表示如下：

学生实体：学生（学号，姓名，年龄，性别，系名，年级）

课程实体：课程（课程号，课程名，学分）

学生实体与课程实体之间的联系：选修（学号，课程号，成绩）

通过增加一个包含学号和课程号属性的选修关系将学生实体和课程实体之间的多对多联系表示出来。其中，“学号”和“课程号”分别是选修关系的外码，“学号、课程号”组是选修关系的主码。

以上表示的关系都称为基本关系或基本表，它是实际存在的表，是实际存储数据的逻辑表示。除此之外，还有查询表和视图表两种表。查询表是查询结果对应的表。视图表是由基本表或其他视图导出的虚表，不对应实际的存储数据。

2.2.2　关系操作

关系数据模型中常用的关系操作包括查询操作和更新操作两大部分，其中，更新操作又分为插入操作、删除操作和修改操作。

查询操作是关系数据库的一个主要功能。用来描述查询操作功能的方式有很多，早期主要使用关系代数和关系演算描述查询功能，现在使用结构化查询语言 SQL（Structured Query Language）来描述。

关系代数和关系演算分别使用关系运算和谓词运算来描述查询功能，它们都是抽象的查询语言，且具有完全相同的查询描述能力。虽然抽象的关系代数和关系演算语言与具体关系数据库管理系统中实现的实际语言并不完全一致，但它们是评估实际系统中查询语言能力的标准或基础。关系数据库管理系统的查询语言除了提供关系代数或关系演算的功能外，还提供许多附加的功能，如聚集函数、关系赋值、算术运算等，这使得应用程序具备强大的查询功能。

SQL 是介于关系代数和关系演算之间的结构化查询语言，不仅具有查询功能，还具有数据定义、数据更新和数据控制功能，是集数据定义、数据操作和数据控制于一体的关系数据语言。SQL 充分体现了关系数据语言的特点和优点，是关系数据库的标准语言。

在关系数据语言中，关系操作采用集合操作的方式，即操作的对象是集合，操作的结果也是集合。这种方式称为一次一集合的方式。相应地，非关系数据模型的操作方式为一次一记录的方式。数据存储路径的选择完全由关系数据库管理系统优化机制来完成，不必向数据库管理员申请为其建立特殊的存储路径。因此，关系数据语言是高度非过程化的集合操作语言，具有完备的表达能力，功能强大，能够嵌入高级语言中使用。

2.2.3　关系的完整性

关系的完整性指关系的完整性规则，即对关系的某种约束条件。关系的完整性包括实体完整性、参照完整性和用户定义的完整性。实体完整性和参照完整性是关系模型必须满足的完整性约束条件，被称为关系的两个不变性，由关系系统自动支持。用户定义的完整性是应用领域应遵循的约束条件，体现在具体领域中语义的约束。

1. 实体完整性规则（Entity Integrity）

规则 2-1：实体完整性规则。若属性（一个或一组）A 是基本关系 R 的主属性，则所有元组对应主属性 A 的分量都不能取空值，也称属性 A 不能取空值。

按照实体完整性规则的规定，基本关系主码不能取空值。例如，在选修关系：选修（学号，课程，成绩）中，若“学号、课程号”组为主码，则“学号”和“课程号”两个属性都不能取空值。

对实体完整性规则的说明如下：

（1）实体完整性规则是针对基本关系而言的。一个基本关系通常对应现实世界的一个实体集。

（2）现实世界中的实体是可区分的，即具有某种唯一性的标识，这个标识在关系数据模型中用主码表示。若主码为空，则说明存在某个不可标识的实体，这与现实世界的情况相矛盾。

2. 参照完整性（Referential Integrity）

在现实世界中，实体与实体之间往往存在某种联系，而实体以及实体之间的联系在关系模型中都用关系来表示，这就存在关系与关系之间的引用问题。通过定义外码和主码将不同的关系联系起来，外码与主码之间的引用规则称为参照完整性规则。

规则 2-2：参照完整性规则。若属性（或属性组）F 是基本关系 R 的外码，它与基本关系 S 的主码 K_s 相对应（基本关系 R 与 S 可以是相同的关系），则对于 R 中每个元组在 F 上的值，要么取空值，要么等于 S 中某个元组的主码。其中，关系 R 称为参照关系，关系 S 称为被参照关系（目标关系）。显然，参照关系 R 的外码 F 和被参照关系 S 的主码 K_s 必须取自同一个域。

【例 2.3】学生实体和专业实体可以用下面的关系来表示：

学生（学号，姓名，性别，专业号，年龄）

专业（专业号，专业名）

在这两个关系中，“专业号”是学生关系的外码，专业关系的主码，用于描述学生实体与专业实体之间的一对一的联系。学生关系中的元组在“专业号”属性的取值只能是空值或非空值。当取空值时，表示该学生还没分配专业；当取非空值时，这个值必须是专业关系中某个元组在“专业号”属性上的分量，表示该学生必须被分配到一个已存在的专业中，否则没有意义。

【例 2.4】若为学生关系再加一个“班长”属性，则可如下表示：

学生-班长（学号，姓名，性别，专业号，年龄，班长）

在此关系中，“学号”是主码，“班长”是外码。虽然“学号”和“班长”的属性名不同，但是它们必须取自同一个“学号”的属性域。当“班长”属性值为空值时，表示该班还没选班长；当“班长”属性值非空时，此值必须是某元组在“学号”属性上的分量。“学号”主码和“班长”外码用于描述学生-班长实体内部之间的联系。

3. 用户定义的完整性（User-Defined Integrity）

用户定义的完整性是指针对某一具体关系数据库的约束条件。它反映某一具体应用所涉及的数据必须满足的语义要求。例如，某个属性必须取唯一的值、某个非主属性不能取空值、某个属性的取值在 0~100 之间等。

关系模型应提供定义和检验这类完整性的机制，以便用统一的系统方法处理它们，而不由应用程序承担这种功能。

2.3 关系代数

关系代数是对关系的一种运算。在关系数据库系统中，部分关系运算构成一种抽象的查询语言，完成对数据库中数据的查询功能。这些运算包括一些传统的集合运算和专门的关系运算。

2.3.1 传统的集合运算

在数据库系统中，用到的集合运算仅包括集合的并、差、交和笛卡尔积 4 种。现定义如下：

设 n 阶关系 R 和 S，若 R 和 S 对应的属性取自相同的域，则 R 与 S 的并、差和交分别定义为：

1. 并 (Union)

关系 R 与关系 S 的并记为：

$R \cup S=\{t \mid t \in S \vee t \in R\}$

其运算结果仍为 n 阶关系，由属于关系 R 或 S 的元组组成。

2. 差 (Except)

关系 R 与关系 S 的差记为：

$R-S=\{t \mid t \in S \wedge t \in R\}$

其运算结果仍为 n 阶关系，由属于关系 R 而不属于 S 的元组组成。

3. 交 (Intersection)

关系 R 与关系 S 的交记为：

$R \cap S=\{t \mid t \in S \wedge t \in R\}$

其运算结果仍为 n 阶关系，由既属于关系 R 又属于 S 的元组组成。

4. 笛卡尔积 (Cartesian Product)

设 n 阶和 m 阶关系 R 和 S，则关系 R 和 S 的笛卡尔积为：

$R \times S=\{t_r t_s \mid t_r \in S \wedge t_s \in R\}$

其运算结果是 n+m 阶关系。元组的前 n 列是关系 R 的一个元组，后 m 列是关系 S 的一个元组。

【例 2.5】若关系 R 和 S 如图 2-1（a）和（b）所示，则关系 R 和 S 的并、交、差和笛卡尔积分别如图 2-2（c）、（d）、（e）和（f）所示。

R

A	B	C
a_1	b_1	c_1
a_1	b_2	c_2
a_2	b_2	c_1

（a）

S

A	B	C
a_1	b_2	c_2
a_1	b_3	c_2
a_2	b_2	c_1

（b）

图 2-1　传统集合运算举例

R∪S

A	B	C
a_1	b_1	c_1
a_1	b_2	c_2
a_2	b_2	c_1
a_1	b_3	c_2

（c）

R∩S

A	B	C
a_1	b_2	c_2
a_2	b_2	c_1

（d）

R-S

A	B	C
a_1	b_1	c_1

（e）

R×S

R.A	R.B	R.C	S.A	S.B	S.C
a_1	b_1	c_1	a_1	b_2	c_2
a_1	b_1	c_1	a_1	b_3	c_2
a_1	b_1	c_1	a_2	b_2	c_1
a_1	b_2	c_2	a_1	b_2	c_2
a_1	b_2	c_2	a_1	b_3	c_2
a_1	b_2	c_2	a_2	b_2	c_1
a_2	b_2	c_1	a_1	b_2	c_2
a_2	b_2	c_1	a_1	b_3	c_2
a_2	b_2	c_1	a_2	b_2	c_1

（f）

图 2-1　传统集合运算举例（续）

2.3.2　专门的关系运算

专门的关系代数运算包括选择、投影、链接、除运算等，现分别介绍如下：

1. 选择（Selecting）

关系 R 的选择运算又称限制运算，它把关系 R 上满足某种关系或逻辑表达式 F 的元组选择出来组成一个新的关系，记作：

$$\sigma_F(R)=\{t|\ t\in R\wedge F(t)='真'\}$$

其中，t 为元组，F 为取值真或假的关系表达式或逻辑表达式。选择运算实际上是选择关系 R 上某些行的运算。

【例 2.6】设有一个学生-课程数据库，包括学生关系 Student、课程关系 Course 和选课关系 SC，如图 2-2 所示。现要查询信息系的全体学生和年龄小于 20 岁的学生。

查询信息系的全体学生可以表示为：

$$\sigma_{Sdept='IS'}(Student)\ 或\ \sigma_{5='IS'}(Student)$$

其中，下标 5 为 Sdept 属性的序号，查询结果如图 2-3（a）所示。

查询年龄小于 20 岁的学生可以表示为：

$\sigma_{Saget<20}$(Student) 或 $\sigma_{4<20}$(Student)

查询结果如图 2-3（b）所示。

Student

学号	姓名	性别	年龄	所在系
Sno	Sname	Ssex	Sage	Sdept
20160001	李勇	男	19	CS
20160002	刘晨	女	20	IS
20160003	王敏	女	18	MA
20160004	张立	男	19	IS
20160005	刘阳露	女	17	CS

（a）

Course

课程号	课程名	先行课	学分
Cno	Cname	Cpno	Ccredit
1	数据库	5	4
2	数学	NULL	2
3	信息系统	1	4
4	操作系统	6	3
5	数据结构	7	4
6	数据处理	NULL	2
7	程序设计语言_C	6	4
8	程序设计语言_Pascal	6	3

（b）

SC

学号	课程号	成绩
Sno	Cno	Grade
20160001	1	52
20160001	2	85
20160001	3	58
20160002	2	90
20160002	3	80
20160003	5	NULL
20160004	2	95
20160004	4	60

（c）

图 2-2　学生-课程数据库

Sno	Sname	Ssex	Sage	Sdept
20160002	刘晨	女	19	IS
20160004	张立	男	19	IS

（a）

图 2-3　选择运算结果

Sno	Sname	Ssex	Sage	Sdept
20160001	李勇	男	19	CS
20160003	王敏	女	18	MA
20160004	张立	男	19	IS
20160005	刘阳露	女	17	CS

（b）

图 2-3　选择运算结果（续）

2. 投影（Projection）

关系 R 的投影是从 R 中选择出若干个属性列组成的新关系，记作：

$\pi_A(R)=\{t[A] | t\in R\}$

其中，A 为 R 中的属性列，t[A]为属性列是 A 的分量组成的元组。投影运算实际是选择关系 R 上某些列的运算。

【例 2.7】对例 2-6 学生-课程数据库，现要查询学生的姓名和所在的系或查询有哪些系。

查询学生的姓名和所在的系实际上是求关系学生姓名和所在系两个属性的投影，可以表示为：

$\pi_{Sname,Sdept}(Student)$ 或 $\pi_{2,5}(Student)$

查询结果如图 2-4（a）所示。

查询有哪些系，即求 Student 关系所在系属性的投影，可以表示为：

π Sdept(Student) 或 π 5(Student)

查询结果如图 2-4（b）所示。

Sname	Sdept
李勇	CS
刘晨	IS
王敏	MA
张立	IS
刘阳露	CS

（a）

Sdept
CS
IS
MA
IS
CS

（b）

图 2-4　投影运算结果

3. 连接（Join）

设关系 R 和 S，A 和 B 分别为关系 R 和 S 阶数相等且可以进行比较的属性组，θ 是比较运算符，则关系 R 和 S 的连接运算可以表示为如下形式：

$$R \underset{A\theta B}{\infty} S = \{\widehat{t_r t_s} | t_r \in R \wedge t_s \in S \wedge t_r[A]\theta t_s[B]\}$$

即连接运算是从关系 R 和 S 的笛卡尔积 R×S 中选取属性组 A 和 B 上的分量满足比较关系 θ（=、<、<=、>、>=、!=）的元组。

连接分为等值连接和非等值连接。等值连接是比较运算符 θ 取“=”的连接，其他连接都称为非等值连接。等值连接又分为自然连接和外连接。将两个关系具有相同属性且按该属性进行等值连接，并去掉结果重复属性列的连接称为自然连接。自然连接是等值连接的一种特殊的形式。等值连接和自然连接的形式可分别表示如下：

$$R \underset{R.A=S.B}{\infty} S = \{\widehat{t_r t_s} \mid t_r \in R \wedge t_s \in S \wedge t_r[A] = t_s[B]\}$$

$$R \infty S = \{\widehat{t_r t_s} \mid t_r \in R \wedge t_s \in S \wedge t_r[B] = t_s[B]\}$$

一般连接操作是从行的角度进行运算。但自然连接需要取消重复列，所以自然连接是从行和列的角度进行运算。

【例 2.8】设关系 R 和 S 如图 2-5（a）和（b）所示，对关系 R 和 S 分别进行一般连接 $R \underset{C<E}{\infty} S$、等值连接 $R \underset{R.B=S.B}{\infty} S$ 和自然连接 $R \infty S$，其连接结果分别如图 2-5（c）、（d）和（e）所示。

R

A	B	C
a_1	b_1	5
a_1	b_2	6
a_2	b_3	8
a_2	b_4	12

（a）关系 R

S

B	E
b_1	3
b_2	7
b_3	10
b_3	2
b_5	2

（b）关系 S

$R \underset{C<E}{\infty} S$

A	R.B	C	S.B	E
a_1	b_1	5	b_2	7
a_1	b_1	5	b_3	10
a_1	b_2	6	b_2	7
a_1	b_2	6	b_3	10
a_2	b_3	8	b_3	10

（c）一般连接

A	R.B	C	S.B	E
a_1	b_1	5	b_1	3
a_1	b_2	6	b_2	7
a_2	b_3	8	b_3	10
a_2	b_3	8	b_3	2

（d）等值连接

A	B	C	E
a_1	b_1	5	3
a_1	b_2	6	7
a_2	b_3	8	10
a_2	b_3	8	2

（e）自然连接

图 2-5 连接运算结果

在自然连接中，选择两个关系在公共属性上值相等的元组构成新的关系。如果把舍弃的元组保留在结果关系中，而在其他属性上填空值，这种连接就称为外连接。如果只保留关系 R 中左边要舍弃的元组，就叫左外连接，如果保留关系 S 中右边要舍弃的元组，就叫右外连接，如图 2-6（a）、（b）、（c）所示。

A	B	C	E
a_1	b_1	5	3
a_1	b_2	6	7
a_2	b_3	8	10
a_2	b_3	8	2
a_2	b_4	8	NULL
NULL	b_5	12	2

（a）外连接

A	B	C	E
a_1	b_1	5	3
a_1	b_2	6	7
a_2	b_3	8	10
a_2	b_3	8	2
a_2	b_4	8	NULL

（b）左外连接

A	B	C	E
a_1	b_1	5	3
a_1	b_2	6	7
a_2	b_3	8	10
a_2	b_3	8	2
NULL	b_5	NULL	2

（c）右外连接

图 2-6　外连接运算结果

4. 除运算（Division）

给定关系 R（X，Y）和 S（Y，Z），其中 X、Y、Z 为属性组。R 中的 Y 和 S 中的 Y 可以有不同的属性名，但必须取自相同的域。

R 与 S 的除运算是 R 中满足下列条件的元组在 X 属性上的投影，即元组在 X 上的分量值 x 的象集 Y_x 包含 S 在 Y 上投影的集合，记作：

$$R \div S = \{t_r[X] \mid t_r \in R \wedge \pi_Y(S) \subseteq Y_x\}$$

【例 2.9】设关系 R（A，B，C）和 S（B，C，D）分别如图 2-7（a）和（b）所示，则 R÷S 的结果如图 2-7（c）所示。

R

A	B	C
a_1	b_1	c_2
a_2	b_3	c_7
a_3	b_4	c_6
a_1	b_2	c_3
a_4	b_6	c_6
a_2	b_2	c_3
a_1	b_2	c_1

（a）

S

B	C	D
b_1	c_2	d_1
b_3	c_7	d_1
b_4	c_6	d_3

（b）

R÷S

A
a_1

（c）

图 2-7　除运算结果

在关系 R 和 S 中，属性 X=A，属性 Y={B，C}，属性 X 的分量就是 A 的分量，因此可以取 {a_1，a_2，a_3，a_4}4 个值。

a_1 的象集 Y_{a1}={（b_1,c_2），（b_2,c_3），（b_2,c_1）}。

a_2 的象集 Y_{a2}={（b_3,c_7），（b_2,c_3）}。

a_3 的象集 Y_{a3}={（b_4,c_6）}。

a_1 的象集 Y_{a4}={（b_6,c_6）}。

S 在 Y=（B，C）上的投影 π_Y（S）={（b_1,c_2），（b_2,c_1），（b_2,c_3）}。

显然，只有 a_1 的象集 Y_{a1} 包含 S 在 Y 属性组的投影 π_Y（S），所以 R÷S={a_1}。

下面以学生-课程库为例给出几个综合应用多种代数运算进行查询的事例。

【例 2.10】查询至少选修 1 号课程和 3 号课程的学生号码。

首先建立一个临时关系 K：

K

Cno
1
3

然后求：$\pi_{Sno,Cno}(SC) \div K$

查询结果为{20160001，20160002}。

求解过程为，先对 SC 关系在（Sno，Cno）属性上进行投影，然后逐一求出每一个学生（Sno）的象集是否包含 K。

【例 2.11】查询选修了 2 号课程的学生学号。

$$\pi_{\text{Sno}}(\sigma_{\text{Cno='2'}}(\text{SC})) = \{20160001, 20160002, 20160004\}$$

【例 2.12】查询至少选修了一门并且直接先修课是 5 号课程的学生姓名。

$$\pi_{\text{Sname}}(\sigma_{\text{Cpno='5'}}(\text{Course}) \infty \text{SC} \infty \pi_{\text{Sno,Sname}}(\text{Student}))$$

或

$$\pi_{\text{Sname}}(\pi_{\text{Sno}}(\sigma_{\text{Cpno='5'}}(\text{Course}) \infty \text{SC}) \infty \pi_{\text{Sno,Sname}}(\text{Student}))$$

【例 2.13】查询选修了全部课程的学生的学号和姓名。

$$\pi_{\text{Sno,Cno}}(\text{SC}) \div \sigma_{\text{Cno}}(\text{Course}) \infty \pi_{\text{Sno,Sname}}(\text{Student})$$

关于关系演算的内容，请参考其他资料。

2.4 关系模式和范式理论

在 1.3 节模式概念的基础上，本节主要介绍关系数据库中设计关系模式应遵守的规则，包括关系模式的形式定义、决定关系模式属性的依赖关系和在不同依赖关系下设计关系模式应该遵守的准则等内容。

2.4.1 关系模式与属性依赖

在关系数据库中，关系和关系模式是两个非常重要的概念。关系是元组的集合，用一张二维表来表示。而关系模式是对关系元组逻辑结构和特征的描述，用于描述元组的属性、属性的域值、属性与域值之间的映像以及属性之间的依赖关系。因此，关系模式是型，关系则是关系模式的一个值，即实例。关系模式与关系是型与值之间的关系。关系模式的形式化定义如下：

定义 2-3：关系模式是一个 4 元组，记作：

R（U，D，DOM，F）

其中，R 为关系名；

U 为组成关系 R 的属性集，当属性集为 A_1，A_2，...，A_n 时，U={A_1，A_2，...，A_n}；

D 为属性集 U 中属性 A_1，A_2，...，A_n 的域；

DOM 为属性到域的映射；

F 为属性 U 上的一组数据之间的依赖关系。

在关系模式设计中，由于数据之间的依赖关系 F 决定了一个关系数据库中关系模式的个数和结构，因此先把关系模式看成是二元组 R（U，F）。

数据依赖实际上是一个关系内部属性与属性之间的约束关系。这种约束关系是通过属性间值的相等与否体现出来的数据间相关的联系。它是现实世界属性间相互联系的抽象化，是数据内在的性质，是语义的体现。数据依赖主要有函数依赖和多值依赖。

定义 2-4：设 R（U）是属性集 U 上的关系模式。X，Y 是 U 的子集。若对于 R（U）的任意一个可能的关系 r，r 中不可能存在两个元组在 X 上的属性值相等，而在 Y 上的属性值不等，则称 X 函数确定 Y 或 Y 函数依赖于 X，记作 X→Y。

函数依赖是语义范畴的概念。只能根据语义来确定一个函数的依赖。例如，姓名→年龄这个函数依赖只有在没有同名人的条件下成立，否则年龄就不再函数依赖于姓名。

注意，函数依赖不是指关系模式 R 的某个或某些关系满足的约束条件，而是指 R 的一切关系均要满足的约束条件。

下面介绍一些术语和记号。

- 若 X→Y，但 $Y\not\subseteq X$，则称 X→Y 是非平凡的函数依赖。
- 若 X→Y，但 $Y\subseteq X$，则称 X→Y 是平凡的函数依赖。对于任一关系模式，平凡函数依赖都是必然成立的，它不反映新的语义。若不特别声明，则讨论的是非平凡的函数依赖。
- 若 X→Y，则 X 称为这个函数依赖的决定属性组，也称为决定因素。
- 若 X→Y，Y→X，则记作 $Y\longleftrightarrow X$。
- 若 Y 不依赖于 X，则记作 $Y\not\leftrightarrow X$。

定义 2-5：在 R（U）中，如果 X→Y，并且对于 X 的任何一个真子集 X'，都有 $X'\not\leftrightarrow Y$，则称 Y 对 X 完全函数依赖，记作：

$$X\xrightarrow{F}Y$$

若 X→Y，但 Y 不完全函数依赖于 X，则称 Y 对 X 部分函数依赖，记作：

$$X\xrightarrow{P}Y$$

定义 2-6：在 R（U）中，如果 X→Y，（$Y\not\subseteq X$），$Y\not\to X$，Y→Z，$Z\notin Y$，则称 Z 对 X 传递函数依赖，记作：

$$X\xrightarrow{\text{传递}}Y$$

候选码是关系模式中一个重要的概念。在这之前已经给出了有关候选码的定义，这里用函数依赖的概念定义等价的候选码。

定义 2-7：设 K 为 R（U，F）中的一个或一组属性，若 K $\xrightarrow{F}$ U，则 K 为 R 的候选码。主码、外码的定义不变。

定义 2-8：设 R（U）是属性集 U 上的一个关系模式，X，Y，Z 是 U 的子集，并且 Z=U-X-Y。对 R（U）中的任一关系 r，若存在元组 t、s 有 t[X]=s[X]，则必然存在元组 w，v∈r（w，v 可以与 t，s 相同），使得 w[X]=v[X]=t[X]，而 w[Y]＝t[Y]，w[Z]=s[Z]，v[Y]=s[Y]，v[Z]=t[Z]（即交换 t，s 元组的 Y 值所得的两个新元组必在 r 中），则称 Y 多值依赖于 X，记为 X→→Y。

若 X→→Y，而 Z=ϕ（Z 为空），则称 X→→Y 为平凡的多值依赖。

2.4.2　范式理论

在关系数据库设计中，所有数据的逻辑结构及其相互联系都由关系模式来表达，因此关系模式的结构是否合理直接影响关系数据库的性能。

在数据库设计中，首先需要解决的问题是如何根据实际问题的需要来构造合适的数据模式，即需要设计关系模式的个数和每个关系模式的属性等，也就是关系数据库的逻辑设计问题。为了满足实际问题的需求，在任何数据库设计中都要遵循一定的规则，这些规则在关系数据库中被称为范式。范式实际上是关系数据库中的关系必须满足的条件。根据满足不同层次的条件，目前范式可以分为 8 种，依次为第一范式（1NF）、第二范式（2NF）、第三范式（3NF）、BCNF、第四范式（4NF）、第五范式（5NF）、DKNF、第六范式（6NF）。满足最低要求的范式是 1NF，在 1NF 的基础上进一步满足更多要求的范式称为 2NF，以此类推。各个范式之间的关系为 6NF⊂ DKNF⊂ 5NF⊂ 4NF⊂ BCNF ⊂3NF⊂2NF⊂1NF。本节主要介绍函数依赖的前 4 个范式和多值依赖的 4NF，其他范式可以参考相关文献。

1. 1NF

在一个关系模式中，关系对应一张二维表，如果表中的每个分量都是不可分的数据项，就称这个关系模式为第一范式。

【例 2.14】有关系模式：联系人（姓名，性别，电话）。

在实际应用中，如果一个联系人有家庭电话和公司电话，这种表结构设计就不符合 1NF 的要求。要符合 1NF 的要求，只需把电话属性拆分为家庭电话和公司电话两个属性即可，关系模式为：联系人（姓名，性别，家庭电话，公司电话）。

2. 2NF

定义 2-9：若 R∈1NF，且每一个非主属性完全函数依赖于主码，则 R∈2NF。

【例 2.15】设有关系模式：S-L-G（Sno，Sdept，Sloc，Cno，Grade）。

其中，Sloc 为学生的住处，并且每个系的学生住在同一个地方；（Snu，Cno）为 S-L-G 的主码。函数依赖关系有：

（Sno，Gno）$\xrightarrow{F}$ Grade

Sno→Sdept，（Sno，Gno）$\xrightarrow{P}$ Sdept

Sno→Sloc，（Sno，Gno）$\xrightarrow{P}$ Sloc

上述依赖关系如图 2-8 所示，图中虚线表示部分函数依赖。此例中非主属性 Sdept 和 Sloc 并不完全依赖于主码，所以 S-L-G（Sno，Sdept，Sloc，Cno，Grade）不满足 2NF 的条件。

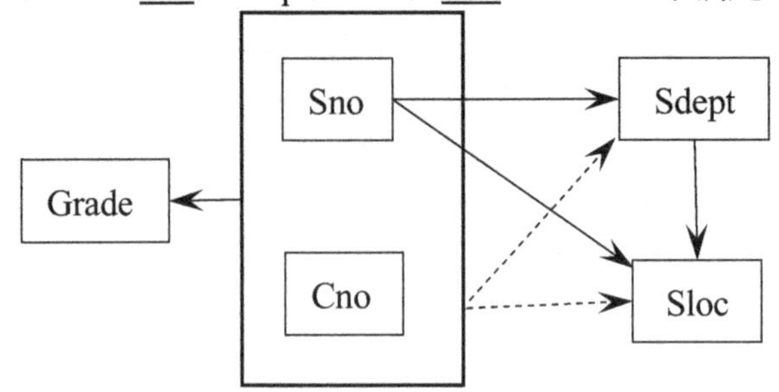

图 2-8 函数依赖实例

一个关系模式 R 不属于 2NF，就会产生以下几个问题：

（1）插入异常

假如要在 S-L-G（Sno，Sdept，Sloc，Cno，Grade）中插入一个学生 Sno＝S7，Sdept=PHY，Sloc=BLD2，但该学生还未选课（这个学生的主属性 Cno 值为空），这样的元组就无法插入 S-L-C 中。因为插入元组时主码不能为空值，而这时主码值的一部分为空，因而学生的固有信息无法插入。

（2）删除异常

假如某个学生只选一门课，如 S4 就选择了一门 C3 课程。现在 C3 这门课程他不选了，那么 C3 这个数据项就要被删除。而 C3 是主属性，如果删除了 C3，整个元组就必须被删除。使得 S4 的其他信息也会被删除，进而造成删除异常，即不应删除的信息也删除了。

（3）修改复杂

假如某个学生从数学系（MA）转到计算机科学系（CS），这本来只需修改此学生元组中的 Sdept 分量，但因为关系模式 S-L-C 中还含有系的住处 Sloe 属性，学生转系的同时将改变住处，因而还必须修改元组中的 Sloc 分量。另外，如果这个学生选修了 k 门课，Sdept、Sloc 重复存储了 k 次，不仅存储冗余度大，而且必须无遗漏地修改 k 个元组中全部 Sdept、Sloc 的信息，造成修改的复杂化。

分析上面的例子，可以发现问题在于有两种非主属性。一种如 Grade，对主码是完全函数依赖。另一种如 Sdept、Sloc，对主码不是完全函数依赖。解决的办法是用投影分解把关系模式 S-L-C 分解为两个关系模式。

SC（Sno，Cno，Grade）

S-L（Sno，Sdept，Sloc）

关系模式 SC 与 S-L 中属性加的函数依赖可以用图 2-9 和 2-10 表示。

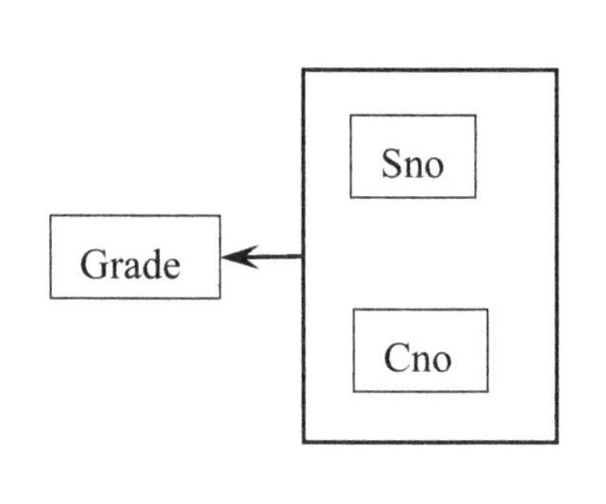

图 2-9　SC 中的函数依赖

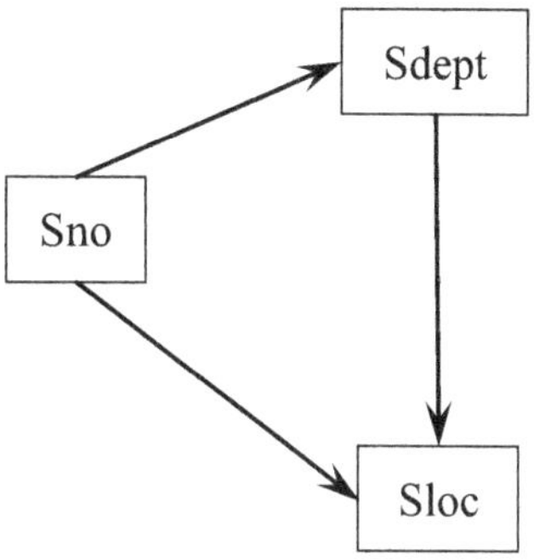

Sdept
Sno
Sloc

图 2-10　S-L 中的函数依赖

关系模式 SC 的主码为（Sno，Cno），关系 S-L 的主码为 Sno，这样使得非主属性对主码都是完全函数依赖。

3. 3NF

定义 2-10：关系模式 R（U，F）中若不存在这样的主码 X，属性组 Y 及非主属性 Z（$Z \not\subset Y$）使得 $X \rightarrow Y$、$Y \rightarrow Z$ 成立，$Y \not\rightarrow X$，则称 R（U，F）$\in$ 3NF。

由定义 2-10 可以证明，若 R $\in$ 3NF，则每一个非主属性既不部分依赖于主码也不传递依赖于主码。

在图 2-9 的关系模式 SC 中没有传递依赖，而图 2-10 的关系模式 S-L 中存在非主属性对主码的传递依赖。在 S-L 中，由 Sno→Sdept、（Sdept$\not\rightarrow$Sno）、Sdept→Sloc 可得，Sdept $\xrightarrow{传递}$ Sloc。因此，SC $\in$ 3NF 而 S-L $\notin$ 3NF。

一个关系模式 R 若不是 3NF，则会产生与 2NF 相类似的问题。解决的办法同样是将 S-L 分解为：

S-D（Sna，Sdept）
D-L（Sdept，Sloc）

分解后的关系模式为 S-D 和 D-L 中不再存在传递依赖。

4. BCNF

BCNF 是由 Boyce 与 Codd 提出的比 3NF 进一步的范式，通常 BCNF 被认为是修正的第三范式，有时也称为扩充的第三范式。

定义 2-11：设关系模式 R（U，F）$\in$ 1NF。若 $X \rightarrow Y$ 且 $Y \not\subset X$ 时 X 必含有主码，则 R（U，F）$\in$ BCNF。

也就是说，在关系模式 R（U，F）中，若每一个决定因素都包含主码，则 R（U，F）$\in$ BCNF。

由 BCNF 的定义可知，一个满足 BCNF 的关系模式有如下特点：

- 所有非主属性对每一个主码都是完全函数依赖。
- 所有主属性对每一个不包含它的主码也是完全函数依赖。

● 没有任何属性完全函数依赖于非主码的任何一组属性。

由于 R∈BCNF，按定义排除了任何属性对主码的传递依赖与部分依赖，因此 R∈3NF。但若 R∈3NF，则 R 未必属于 BCNF。

【例 2-16】设关系模式 S（Sno，Sname，Sdept，Sage），若 Sname 也具有唯一性，则 S∈3NF，同时 S∈BCNF。

在 S 模式中，因为 Sno 和 Sname 都是主码，且是单个属性，彼此互不相交，其他属性不存在对主码的传递依赖与部分依赖，所以 S∈3NF。同时，在 S 中，除了 Sno 和 Sname 外没有其他决定因素，所以 S∈BCNF。

【例 2.17】在关系模式 SJP（S，J，P）中，S 表示学生，J 表示课程，P 表示名次。每一个学生选修每门课程的成绩有一定的名次，每门课程中每一个名次只有一个学生（没有并列名次）。由语义可得到下面的函数依赖：

（S，J）→P；（J，P)→S

因此，（S，J）与（J，P)都可以作为候选码。这两个主码各由两个属性组成，而且它们是相交的。这个关系模式中显然没有属性对主码的传递依赖或部分依赖，SJP∈3NF，而且除了（S，J）与（J，P)外没有其他决定因素，所以 SJP∈BCNF。

【例 2.18】在关系模式 STJ（S，T，J）中，S 表示学生，T 表示教师，J 表示课程。每一名教师只教一门课。每门课有若干名教师，某一个学生选定某门课就对应一个固定的教师。由语义可得到函数依赖：（S，J）→T；（S,T）→J；T→J，如图 2-11 所示。其中，（S，J）和（S,T）都是候选码。

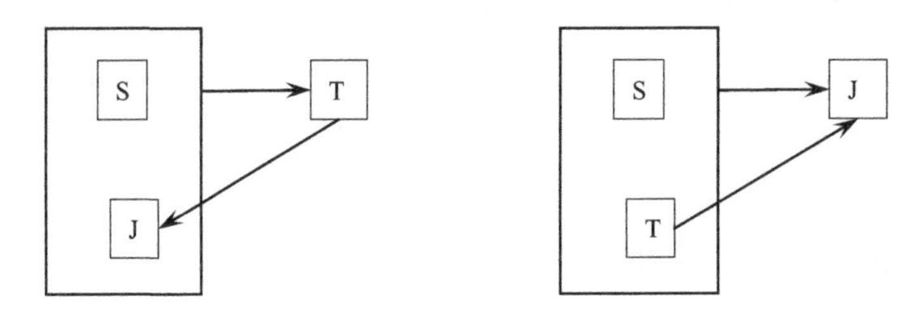

图 2-11　STJ 中的函数依赖

STJ 是 3NF，因为没有任何非主属性对主码传递依赖或部分依赖。但 STJ 不属于 BCNF 关系，因为 T 是决定因素，且 T 不包含主码。

对于不属于 BCNF 的关系模式，仍然存在不合适的地方；对于非 BCNF 的关系模式，可以通过分解的方法将其分成几个符合 BCNF 的模式。例如，STJ 可分解为 ST（S，T）与 TJ（T，J），它们都是 BCNF。

3NF 和 BCNF 是在函数依赖条件下对模式分解所能达到分离程度的一种测度。一个模式中的关系模式如果都属于 BCNF，那么它在函数依赖范畴内已经实现了彻底的分离，已经消除了插入和删除的异常。3NF 的“不彻底”性表现在可能存在主属性对主码的部分依赖和传递依赖。

5. 4NF

定义 2-12：关系模式 R（R，F）∈1NF，如果对于 R 的每个非平凡多值依赖 X→→Y（Y⊄X）都含有主码，就称 R（U，F）∈4NF。

4NF 就是限制关系模式的属性之间不允许有非平凡且非函数依赖的多值依赖。因为根据定义，对于每一个非平凡的多值依赖 X→→Y，X 都含有候选码，于是就有 X→Y，所以 4NF 所允许的非平凡多值依赖实际上是函数依赖。

显然，如果一个关系模式是 4NF，就必为 BCNF。

【例 2.19】设关系模式 WSC（W，S，C），W 表示仓库，S 表示管理员，C 表示商品。假设每个仓库有若干名管理员和若干种商品。每个管理员保管所在仓库的所有商品，每种商品被所有管理员保管，关系如表 2-4 所示。

表 2-4　WSC 的关系表

W	S	C
W1	S1	C1
W1	S1	C2
W1	S1	C3
W1	S2	C1
W1	S2	C2
W1	S2	C3
W2	S3	C4
W2	S3	C5
W2	S4	C4
W2	S4	C5

按照语义，对于 W 的每一个值 W_i，无论 C 取何值，S 都有一个完整的集合与之对应，所以 W→→S。因为每个管理员保管所有商品，同时每种商品被所有管理员保管，显然若 W→→S，则必然有 W→→C。

因为 W→→S 和 W→→C 都是非平凡的多值依赖，而 W 不是主码，关系模式 WSC 的主码是（W，S，C），所以 WSC∉4NF。

WSC 是一个 BCNF，但不是 4NF 关系模式，它仍然有一些不好的性质。若某个仓库 W_i 有 n 个管理员，存放 m 件物品，则关系中分量为 W_i 的元组数目一定有 m×n 个。每个管理员重复存储 m 次，每种物品重复存储 n 次，数据的冗余度太大，因此还应该继续规范化，使关系模式 WSC 达到 4NF。

可以用投影分解的方法消去非平凡且非函数依赖的多值依赖。例如，可以把 WSC 分解为 WS（W，S），WC（W，C）。在 WS 中虽然有 W→→S，但这是平凡的多值依赖。WS 中已不存在非平凡的非函数依赖的多值依赖，所以 WS∈4NF，同理 WC∈4NF。

函数依赖和多值依赖是两种最重要的数据依赖。如果只考虑函数依赖，那么属于 BCNF 的关系模式规范化程度已经达到最高。如果考虑多值依赖，那么属于 4NF 的关系模式规范化程度已经达到最高。事实上，除函数依赖和多值依赖之外，还有其他数据依赖，如连接依赖。函数依赖是多值依赖的一种特殊情况，而多值依赖实际上又是连接依赖的一种特殊情况。但连接依赖不像函数依赖和多值依赖可由语义直接导出，而是在关系的连接运算中才能够反映出来。存在连接依赖的关系模式仍可能遇到数据冗余及插入、修改、删除异常等问题。如果消除了属于 4NF 的关系模式中存在的连接依赖，就可以进一步达到 5NF 的关系模式。对于连接依赖和 5NF 等理论，可以参阅其他资料。

2.5 习题

（1）试述关系模式的 3 个组成部分。

（2）定义并理解下列术语，说明它们之间的联系与区别：

① 域、笛卡尔积、关系元组、属性

② 主码、候选码、外部码

③ 关系模式、关系、关系数据库

（3）设有一个 SPJ 数据库，包括 S、P、J、SPJ 四个关系模式：

S（SNO，SNAME，STATUS，CITY）；

P（PNO，PNAME，COLOR，WEIGHT）；

J（JNO，JNAME，CITY）；

SPJ（SNO，PNO，JNO，QTY）。

供应商表 S 由供应商代码（SNO）、供应商姓名（SNAME）、供应商状态（STATUS）、供应商所在城市（CITY）组成。

零件表 P 由零件代码（PNO）、零件名（PNAME）、颜色（COLOR）、重量（WEIGHT）组成。

工程项目表 J 由工程项目代码（JNO）、工程项目名（JNAME）、工程项目所在城市（CITY）组成。

供应情况表 SPJ 由供应商代码（SNO）、零件代码（PNO）、工程项目码（JNO）、供应数量（QTY）组成，QTY 表示某供应商供应某种零件给某工程程项目的数量。

现在有若干数据如下：

S 表

SNO	SNAME	STATUS	CITY
S1	精益	20	天津
S2	胜意	10	北京
S3	东方红	30	北京
S4	丰泰盛	20	天津
S5	为民	30	上海

P 表

PNO	PNAME	COLOR	WEIGHT
P1	螺母	红	12
P2	螺栓	绿	17
P3	螺丝刀	蓝	14
P4	螺丝刀	红	14
P5	凸轮	蓝	40
P6	齿轮	红	30

J 表

JNO	JNAME	CITY
J1	三建	北京
J2	一汽	长春
J3	弹簧厂	天津
J4	造船厂	天津
J5	机车厂	唐山
J6	无线电厂	常州
J7	半导体厂	南京

SPJ 表

SNO	PNO	JNO	QTY
S1	P1	J1	200
S1	P1	J3	100
S1	P1	J4	700
S1	P2	J2	100
S2	P3	J1	400
S2	P3	J2	200
S2	P3	J4	500

S2	P3	J5	400
S2	P5	J1	400
S2	P5	J2	100
S3	P1	J1	200
S3	P3	J1	200
S4	P5	J1	100
S4	P6	J3	300
S4	P6	J4	200
S5	P2	J4	100
S5	P3	J1	200
S5	P6	J2	200
S5	P6	J4	500

试用关系代数完成如下查询：

① 求供应工程 J1 零件的供应商号码 SNO。
② 求供应工程 J1 零件 P1 的供应商号码 SNO。
③ 求供应工程 J1 零件为红色的供应商号码 SNO。
④ 求没有使用天津供应商生产的红色零件的工程号码 JNO。
⑤ 求至少用了供应商 S1 所供应的全部零件的工程号码 JNO。

（4）试述关系模型的完整性规则。在参照完整性中，为什么外部码属性的值也可以为空？什么情况下才可以为空？

（5）试述等值连接与自然连接的区别和联系。

（6）试述关系代数的基本运算有哪些？如何用这些基本运算表示其他运算？

（7）理解并给出下列术语的定义：

函数依赖、部分函数依赖、完全函数依赖、传递依赖、候选码、主码、外码、全码、1NF、2NF、3NP、BCNF、多值依赖、4NF。

（8）建立一个关于系、学生、班级、学会等信息的关系数据库。

描述学生的属性有：学号、姓名、出生年月、系名、班号、宿舍区。

描述班级的属性有：班号、专业名、系名、人数、入校年份。

描述系的属性有：系名、系号、系办公室地点、人数。

描述学会的属性有：学会名、成立年份、地点、人数。

有关语义为：一个系有若干个专业，每个专业每年只招一个班，每个班有若干名学生。一个系的学生住在同一个宿舍区。每个学生可参加若干个学会，每个学会有若干名学生。学生参加某学会有一个入会年份。

请给出关系模式，写出每个关系模式的极小函数依赖集，指出是否存在传递函数依赖，对于函数依赖左部是多属性的情况，讨论函数依赖是完全函数依赖还是部分函数依赖。

指出各关系的候选码、外部码有没有全码存在。

（9）下面的结论哪些是正确的？哪些是错误的？对于错误的结论，请给出一个反例进行说明。

① 任何一个二维关系都属于 3NF。

② 任何一个二维关系都属于 BCNF。

③ 任何一个二维关系都属于 4NF。

④ 当且仅当函数依赖 A→B 在 R 上成立，关系 R（A，B，C）等于其投影 R_1（A，B）和 R_2（A，C）的连接。

⑤ 若 R.A→R.B，R.B→R.C，则 R.A→R.C。

⑥ 若 R.A→R.B，R.A→R. C，则 R.A→R.（B，C）。

⑦ 若 R.B→R.A，R.C→R.A，则 R.（B，C）→R.A。

⑧ 若 R.（B，C）→R.A，则 R.B→R.A，R.C→R.A。

第 3 章

关系数据库标准语言SQL

SQL（Structured Query Language）即结构化查询语言，是关系数据库的标准语言，具有集数据查询（Data Query）、数据操作（Data Manipulation）、数据定义（Data Definition）和数据控制（Data Control）于一体的强大功能。本章首先介绍 SQL 的特点，然后分别介绍 SQL 的数据查询语句、数据操作语句、数据定义语句和数据控制语句的定义形式以及使用的方法。

3.1 SQL 语言概述

3.1.1 SQL 的特点

SQL 于 1974 年由 Boyce 和 Chamberlin 提出，并在 IBM 公司研制的关系数据库管理系统原型 System R 上实现。由于 SQL 简单易学、功能丰富、深受用户及计算机业界人士的欢迎，因此被数据库厂商所采用。后经各公司不断地修改、扩充和完善，SQL 已经成为集数据查询（Data Query）、数据操作（Data Manipulation）、数据定义（Data Definition）和数据控制（Data Control）于一体的关系数据库标准语言。该语言具有如下特点：

1. 综合功能强大

在非关系数据库中，通常使用模式数据定义语言（Schema Data Definition Language，模式 DDL)、外模式数据定义语言（Subschema Data Definition Language，外模式 DDL 或子模式 DDL）、数据存储描述语言（Data Storage Description Language，DSDL）和数据操作语言（Data Manipulation Language，DML）分别定义模式、外模式、内模式和数据的存取与处理操作。

而 SQL 集数据定义语言 DDL、数据操作语言 DML、数据控制语言 DCL 的功能于一体，语言风格统一，可以独立完成数据库生命周期中的全部活动，包括定义关系模式、插入数据、建立数据库；查询和更新数据库中的数据；重构和维护数据库；控制数据库安全性、完整性等一系列操作。

SQL 的这些功能为数据库应用系统的开发提供了良好的环境。特别是在数据库系统投入运行后，用户还可根据需要随时、逐步地修改模式，并且不会影响数据库的运行，从而使系统具有良好的可扩展性。

另外，在关系模型中，实体和实体间的联系均用关系表示，这种数据结构的单一性带来了数据操作符的统一性，查找、插入、删除、更新等每一种操作都只需一种操作符，从而克服了非关系系统由于信息表示方式的多样性带来的操作复杂性。

2. 高度非过程化

非关系数据模型的数据操作语言是“面向过程”的语言，用“过程化”语言完成某项请求，必须指定存取路径。而用 SQL 进行数据操作只要提出“做什么”，无须指明“怎么做”，因此无须了解存取路径。存取路径的选择和 SQL 的操作过程由系统自动完成。这不但大大减轻了用户的负担，而且有利于提高数据独立性。

3. 面向集合的操作方式

非关系数据模型采用的是面向记录的操作方式，操作对象是一条记录。例如，查询所有平均成绩在 80 分以上的学生姓名，用户必须一条一条地把满足条件的学生记录找出来。而 SQL 采用的是集合操作方式，不仅操作对象、查找结果可以是元组的集合，而且一次插入、删除、更新操作的对象也可以是元组的集合。

4. 同一种语法结构提供多种使用方式

SQL 既是独立的语言，又是嵌入式语言。作为独立的语言，它能够独立地用于联机交互，用户可以在终端键盘上直接键入 SQL 命令对数据库进行操作；作为嵌入式语言，SQL 语句能够嵌入高级语言（如 C、C++、Java）程序中，供程序员设计程序时使用。而在两种不同的使用方法下，SQL 语言的语法结构基本上是一致的。这种以统一的语法结构提供两种不同的使用方法的做法，为用户提供了极大的灵活性与方便性。

5. 语言简洁，易学易用

SQL 不但功能强大，而且由于设计巧妙、语言十分简洁，只用 9 个动词就可以完成核心功能，如表 3-1 所示。SQL 接近英语口语，因此容易学习，容易使用。

表 3-1　SQL 的动词

SQL 功能	动 词
数据查询	SELECT
数据定义	CREATE、DROP、ALTER
数据操纵	INSERT、UPDATE、DELETE
数据控制	GRANT、REVOKE

3.1.2　SQL 的基本概念

支持 SQL 的 RDBMS 同样支持关系数据库二级模式结构，如图 3-1 所示。其中，外模式对应于视图（View）和部分基本表（Base Table），模式对应于基本表，内模式对应于存储文件（Stored File）。

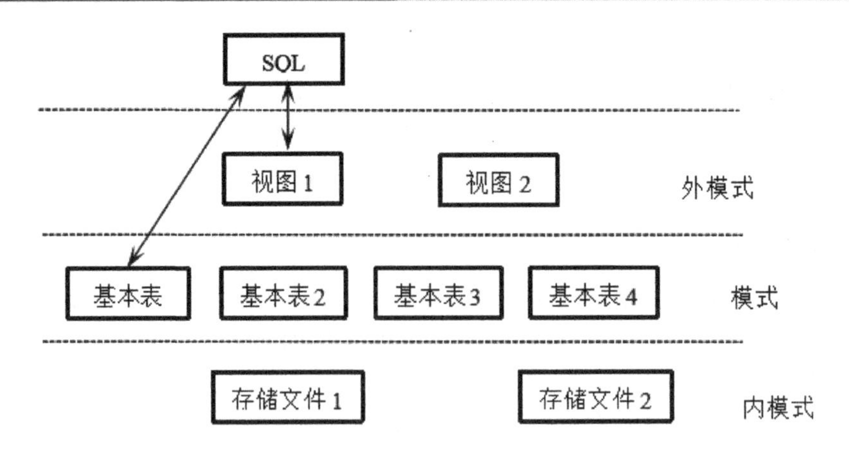

图 3-1 SQL 对关系数据库模式的支持

用户可以用 SQL 对基本表和视图进行查询或其他操作，基本表和视图一样，都是关系。基本表是本身独立存在的表，在 SQL 中一个关系就对应一个基本表。一个（或多个）基本表对应一个存储文件，一个表可以带若干索引，索引也存放在存储文件中。

存储文件的逻辑结构组成了关系数据库的内模式。存储文件的物理结构是任意的，对用户是透明的。

视图是从一个或几个基本表导出的表。它本身不独立存储在数据库中，即数据库中只存放视图的定义而不存放视图对应的数据。这些数据仍存放在导出视图的基本表中。因此，视图是一个虚表。视图在概念上与基本表等同，用户可以在视图上再定义视图。

下面将逐一介绍各 SQL 语句的功能和格式。为了突出基本概念和基本功能，略去了许多语法细节。各个 RDBMS 产品在实现标准 SQL 时有所差别，与 SQL 标准的符合程度也不相同，一般在 85%以上。因此，具体使用某个 RDRMS 产品时，还应参阅系统提供的有关手册。

3.2 数据定义

关系数据库系统支持模式、外模式和内模式三级模式结构，而模式、外模式和内模式中包含的基本对象有表、视图和索引。因此，SQL 的数据定义功能包括模式定义、表定义、视图和索引的定义，如表 3-2 所示。

表 3-2 SQL 的数据定义语句

操作对象	操作方式		
	创建	删除	修改
模式	CREATE SCHEMA	DROP SCHEMA	
表	CREATE TABLE	DROP TABLE	ALTER TABLE
视图	CREATE VIEW	DROP VIEW	
索引	CREATE INDEX	DROP INDEX	

SQL 通常不提供修改模式定义、修改视图定义和修改索引定义的操作。用户如果想修改这些文件，只能先将它们删除掉，然后再重新建立。

本节介绍如何定义模式、基本表和索引，视图的概念及其定义方法将在 3.5 节中讨论。

3.2.1　模式的定义与删除

1. 模式的定义

在 SQL 中，定义模式实际上是定义一个数据库的命名空间，用这个命名存储空间存放该数据库中所有的基本表、视图或索引等对象的名称，模式的定义有如下 3 种形式：

（1）CREATE SCHEMA <模式名> AUTHORIZATIDN <用户名>

（2）CREATE SCHEMA　AUTHORIZATIDN <用户名>

（3）CREATE SCHEMA <模式名>AUTHORIZATIDN <用户名> [<表定义子句>| <视图定义子句> | <授权定义子句>]

形式（1）表示在定义模式时，给用户与模式起不相同的名字。

形式（2）表示在定义模式时，模式名隐含为用户名。

形式（3）表示在定义模式时，又定义了包含在该模式下的基本表、视图或索引。

在模式定义中，符号“<>”表示其中的内容由用户来定义；“[ ]”表示其中的内容是可选项；“|”表示两边的参数为二选项一。

只有拥有 DBA 权限或获得 DBA 授予的创建模式命令权限的用户才能调用创建模式命令。

【例 3.1】若要为用户 WANG 创建一个模式名为 S-T 的模式，则可定义为如下形式：

```
CREATE SCHEMA S-T AUTHORIZATION WANG;
```

若将上述语句改写为：CREATE SCHEMA AUTHDRIZATIDN WANG，则表示为用户 WANG 创建一个模式名也为 WANG 的模式。

【例 3.2】若要为用户 ZHANG 创建一个名为 TEST 的模式，同时其中定义一个名为 TAB1 的表，则定义形式如下：

```
CREATE SCHEMA TEST AUTHORIZATION ZHANG
  CREATE TABLE TAB1 (COL1  SMALLINT,
                     COL2  INT,
                     COL3  CHAR(20),
                     COL4  NUMERIC (70,3),
                     COL5  DECIMAL (5,2)
                                    );
```

2. 模式的删除

在 SQL 中，删除模式的语句如下：

DROP SCHEMA ＜模式名＞ ＜CASCADE | RESTRICT＞

其中，CASCADE（级联）和 RESTRICT（限制）两者必选其一。当模式中定义了表或视图等数据库对象时，只能选择 DROP SCHEMA ＜模式名＞ CASCADE 语句，表示在删除模式的同时把该模式中所有数据库对象也全部删除，而拒绝执行 DROP SCHEMA ＜模式名＞ RESTRICT 语句。只有模式中不包含任何对象时才能执行 DROP SCHEMA ＜模式名＞ RESTRICT 语句。

如果要删除【例 3.2】创建的模式 TEST，就只能使用 DROP SCHEMA TEST CASCADE;语句。该语句表示在删除模式 TEST 的同时也删除了该模式中定义的 TAB1 表。

3.2.2 基本表的定义、删除与修改

1. 基本表的定义

在创建一个模式、确定一个数据库的命名空间后，首先要在这个空间中定义的是该模式包含的数据库的基本表。

SQL 语言使用 CREATE TABLE 语句定义基本表，基本格式如下：

```
CREATE TABLE <表名>（<属性名1> <数据类型>[列级完整性约束条件]
                        [,<属性名2><数据类型>[列级完整性约束条件]]
                           ...
                        [, <表级完整性约束条件>]）;
```

通常，建表的同时还可以定义与该表有关的完整性约束条件，这些完整性约束条件被存入系统的数据字典中，当用户操作表中的数据时，由 RDBMS 自动检查该操作是否违背这些完整性约束条件。如果完整性约束条件涉及该表的多个属性列，就必须定义在表级上，否则既可以定义在列级又可以定义在表级。

在关系模式中，每个属性都对应一个域，它的取值必须是域中的值。在 SQL 中，域用数据类型来表示。在定义表的各个属性时，需要指明其数据类型和长度。SQL 提供了一些主要数据类型，如表 3-3 所示。注意，不同的 RDBMS 中支持的数据类型不完全相同。

表 3-3 数据类型

数据类型	含义
CHAR(n)	长度为 n 的定长字符串
VARCHAR(n)	最大长度为 n 的变长字符串
INT	长整数（也可以写作 INTEGER)
SMALLINT	短整数
NUERIC(p,d)	定点数，由 p 位数字（不包括符号、小数点）组成，小数后面有 d 位数字
REAL	取决于机器精度的浮点数
Double Precision	取决于机器精度的双精度浮点数
FLOAT(n)	浮点数，精度至少为 n 位数字
DATE	日期，包含年、月、日，格式为 YYYY-MM-DD
TIME	时间，包含一日的时、分、秒，格式为 HH:MM:SS

一个属性选用哪种数据类型要根据实际情况决定，一般从两方面考虑，一方面是取值范围，另一方面是要做哪些运算。例如，对于年龄（Sage）属性，可以采用 CHAR（3）作为数据类型，但考虑到要对年龄做算术运算（如求平均年龄），所以采用整数作为数据类型，因为 CHAR（3）数据类型不能进行算术运算。整数又有长整数和短整数两种，因为一个人的年龄在百岁左右，所以选用短整数作为年龄的数据类型。

【例 3.3】建立一个属性包含学生学号（Sno）、姓名（Sname）、性别（Ssex）、年龄（Sage）和所在系（Sdept）的“学生”表 Student。

```
CREATE TABLE Student
   (Sno CHAR (9)  PRIMARY KEY,     /*列级完整性约束条件，Sno 是主码*/
    Sname CHAR(20)  UNIQOE,      /*Sname 取唯一值*/
    Ssex CHAR (2) ,
    Sage SMALLINT,
    Sdept CHAR(20)
          );
```

其中，学生学号、姓名、性别和所在系的属性值都是固定不变的，所以根据名字的长度选择 CHAR 数据类型，而年龄需要选择 SMALLINT 类型。

系统在执行上面的 CREATE TABLE 语句后，在数据库中建立一个新的空“学生”表 Student，并将有关“学生”表的定义和有关约束条件存放在数据字典中。

【例 3.4】建立一个属性包含课程号（Cno）、课程名（Cname）、先修课（Cpno）和课程学分（Ccredit）的“课程”表 Course。

```
CREATE TABLE Course
   (Cno CHAR (4)  PRIMARY KEY,     /*列级完整性约束条件，Cno 是主码*/
    Cname CHAR (4) ,
    Cpno CHAR (4) ,                 /*Cpno 的含义是先修课*/
    Ccredit SMALLINT,
    FOREIGN KEY Cpno REFERENCES Course(Cno)
   /*表级完整性约束条件,Cpno 是外码，被参照表是 Course,被参照列是 Cno*/
    );
```

本例说明参照表和被参照表可以是同一个表。

【例 3.5】建立属性包含学生学号（Sno）、课程号（Cno）和学生成绩（Crade）的学生选课表 SC。

```
CREATE TABLE SC
   (Sno CHAR (9) ,
    Cno CHAN (4) ,
    Crade SMALLINT,
    PRIMARY KEY(Sno, Gno),
             /*主码由两个属性构成，必须作为表级完整性进行定义*/
    FOREIGN KEY(Sno) REFERENCES Student(Sno),
             /*表级完整性约束条件，Sno 是外码，被参照表是 Student */
```

```
        FOREIGN KEY(Cno) REFERENCES Course(Cno)
                /*表级完整性约束条件，Cno 是外码，被参照表是 Course */
            );
```

由于每一个基本表都必须属于某个关系模式，因此在定义基本表的同时必须定义所属的关系模式。定义基本表所属关系模式的方法有 3 种。

方法 1，定义模式的同时定义基本表，如 3.2.1 节中形式（3）的方法。

方法 2，在已知某个模式存在的条件下，希望定义的基本表属于该模式，则采用如下方式：

CREATE TABLE <已经存在的模式名>. <表名>(……);

【例 3.6】在【例 3.1】中定义了一个学生-课程模式 S-T，现在要定义 Student、Course、SC 基本表属于 S-T 模式，则采用的语句形式如下：

```
CREATE TABLE  S-T. Student(……);        /*Student 所属的模式是 S-T */
CREATE TABLE  S-T. Course(……);         /*Course 所属的模式是 S-T*/
CREATE TABLE  S-T.SC(……)              /*SC 所属的模式是 S-T*/
```

方法 3，若用户创建基本表（其他数据库对象也一样）时没指定模式，则系统根据搜索路径确定该对象所属的模式。搜索路径包含一组模式列表，RDHMS 会使用模式列表中第一个存在的模式作为数据库对象的模式名。若搜索路径中的模式名都不存在，系统将给出错误。使用下面的语句可以显示当前的搜索路径：

```
SHOW search_path;
```

搜索路径的当前默认值是：＄user, PUBLIC。其含义是首先搜索与用户名相同的模式名，如果该模式名不存在，就使用 PUBLIC 模式。DBA 用户也可以设置搜索路径，如 SET search-path TO "S-T", PUBLIC；。然后定义基本表：CREATE TABLE Student(…)；。

实际结果是建立了 S-T. Student 基本表，因为 RDBMS 发现搜索路径中第一个模式名 S-T 存在，所以把该模式作为基本表 Student 所属的模式。

2. 基本表的修改

随着应用环境和应用需求的变化，有时需要对已建好的基本表进行修改，SQL 用 ALTER TABLE 语句修改基本表，一般格式为：

```
ALTER TABLE <表名> [ADD<新属性名> <数据类型>[完整性约束]]
                   [DROP<完整性约束名>]
                   [ALTER COLUMN<属性名> <数据类型>];
```

其中，<表名>是要修改的基本表；ADD 子句用于增加新属性和新的完整性约束条件；DROP 子句用于删除指定的完整性约束条件；ALTER COLUMN 子句用于修改原有属性的定义，包括修改属性名和数据类型。

【例 3.7】向 Student 表增加“入学时间”属性，数据类型为日期型。

```
ALTER TABLE Student ADD S_entrance DATE;
```

无论基本表中原来是否已有数据，新增加的属性一律为空值。

【例 3.8】将 Student 表中年龄的数值类型改为字符型。

```
ALTER TABLE Student ALTER COLUMN Sage CHAR (3);
```

【例 3.9】为 Course 表增加课程名称，必须取唯一值的约束条件。

```
ALTER TAHLE Course ADD UNIQUE (Cname);
```

3.基本表的删除

当某个基本表不再需要时，可以使用 DROP TARLE 语句删除它。其一般格式为：

```
DROP TAHLE<表名>[RESTRICT | CASCADE];
```

若选择 RESTRICT，则该表的删除是有限制条件的。欲删除的基本表不能被其他表的约束所引用（如 CHECK、FOREIGN KEY 等约束）、不能有视图、不能有触发器、不能有存储过程或函数等。如果存在这些依赖该表的对象，此表就不能被删除。

若选择 CASCADE，则该表的删除没有限制条件。在删除基本表的同时，相关的依赖对象（如视图）都将被一起删除。缺省情况是 RESTRICT。

【例 3.10】删除 Student 表。

```
DROP TABLE Student CASCADE;
```

基本表定义一旦被删除，不仅表中的数据和此表的定义将被删除，而且此表上建立的索引、视图、触发器等有关对象一般也都将被删除。因此，执行删除基本表的操作一定要格外小心。

【例 3.11】若表上建有视图，选择 RESTRICT 时不能删除表；选择 CASCADE 时可以删除表，且视图也自动被删除。

```
CREATE VIEW IS_Student            /*在 Student 表上建立视图*/
AS
SELECT Sno, Sname, Sage
FROM Student
WHERE Sdept = "IS";
DROP TABLE Student RESTRICT;       /*删除 Student 表*/
    --ERROR: cannot drop table Student because other objects depend
on it
                  /*系统返回错误信息，存在依赖该表的对象，此表不能被删除*/
DROP TARLE Student CASCADE;        /*删除 Student 表*/
    --NOTICE: drop cascades to view IS_Student
                          /*系统返回提示，此表上的视图已被删除*/
SELECT *FROM IS_Student;
    --ERROR: relation"IS_ Student"does not exist
```

注意，虽然不同的数据库产品都遵循 SQL 标准，但在具体实现细节和处理策略上还是与

SQL 标准存在一定差别。

3.2.3 索引的建立与删除

建立索引是提高查询速度的有效方法。用户可以根据应用环境的需要在基本表上建立一个或多个索引，以提供多种存取路径，提高查询速度。

通常建立与删除索引由数据库管理员 DBA 或建表的人负责完成。系统在存取数据时会自动选择合适的索引作为存取路径，用户不必也不能显式地选择索引。

1. 建立索引

在 SQL 语言中，建立索引使用 CREATE INDEX 语句，一般格式为：

```
CREATE [UNIQUE][CLUSTER] INDEX＜索引名＞
ON ＜表名＞（＜属性名1＞[＜次序＞] [，＜属性名2＞[＜次序＞]] ...）；
```

其中，＜表名＞是要建索引的基本表的名字。索引可以建立在该表的一个或多个属性上，各个属性名之间用逗号分隔。每个＜属性名＞后面还可以用＜次序＞指定索引值的排列次序，可选择 ASC（升序）或 DESC（降序），缺省值为 ASC。

UNIQUE 表明此索引的每一个索引值只对应唯一的数据记录。

CLUSTEN 表示要建立的索引是聚簇索引。所谓聚簇索引，是指索引项的顺序与表中记录的物理顺序一致的索引组织。

【例 3.12】执行 CREATE INDEX 语句：CREATE CLUSTER INDEX Stusname ON Student（Sname），将在 Student 表的 Sname（姓名）属性上建立一个聚簇索引，而且 Student 表中的记录将按 Sname 值的升序存放。

用户可以在最经常查询的属性上建立聚簇索引，以提高查询效率。显然，一个基本表最多只能建立一个聚簇索引。建立聚簇索引后，更新该索引属性上的数据往往会导致表中记录的物理顺序发生变更，代价较大，因此对于经常需要更新的属性，不宜建立聚簇索引。

【例 3.13】为学生-课程数据库中的 Student、Course、SC 三个表建立索引。其中，Student 表按学号升序建唯一索引，Course 表按课程号升序建唯一索引，SC 表按学号升序和课程号降序建唯一索引。

```
CREATE UNIQUE INDEX Stusno ON Student（Sno）；
CREATE UNIQUE INDEX Coucon ON Course（Cno）；
CREATE UNIQUE INDEX SCno ON SC（Sno ASC，Cno DESC）；
```

2. 删除索引

索引一经建立，就由系统使用和维护，不需要用户干预。建立索引是为了减少查询操作的时间，但是如果需要对数据不断地进行增加、删除和更改操作，系统就会花费许多时间来维护索引，导致查询效率降低，这时可以删除一些不必要的索引。

在 SQL 中，删除索引使用 DRDR INDEX 语句，一般格式为：

```
DROP INDEX（索引名）;
```

【例 3.14】删除 Student 表的 Stusname 索引。

```
DROP INDEX Stusname;
```

删除索引时，系统会同时从数据字典中删除有关该索引的描述。

用户使用 CREATE INDEX 语句定义索引时，可以定义索引是唯一索引、非唯一索引或聚簇索引。

3.3 数据查询

在数据库中，数据查询操作是核心操作。SQL 中的查询操作由 SELECT 语句完成，该语句具有使用灵活和功能丰富的特点。其一般格式为：

```
SELECT[All | DISTINICT]<属性表达式1>[别名1][,<属性表达式2>[别名2]]......
FROM <表名或视图名> [,<表名或视图名>] ......
[WHERE<条件表达式>]
[GROUP BY<属性1>[HAVING<条件表达式>]]
[ORDER BY <属性2> [ASC | DESC]];
```

SELECT 子句中的“目标列表达式”指出要查找的属性或属性的表达式。查询结果按照属性表达式的顺序输出，通过别名的方式可以更改查询结果的属性名。参数 ALL 表示输出结果允许有相同的元组。DISTINICT 表示在输出结果中，若有相同的元组，则只保留 1 个。默认值为 ALL。

FROM 子句中的“表名或视图名”指出要查找的表或视图。

WHERE 子句中的“条件表达式”指出要查找的元组应满足的条件。

GROUP BY 子句的功能是将输出结果按“属性名 1”进行分组，把该属性值相等的元组分为一个组。HAVING<条件表达式>短语的作用是仅输出满足该条件表达式的组。

ORDER BY 子句指出输出结果可以按“属性 2”的值升序（ASC）或降序（DESC）排序。

SELECT 语句可以进行单表查询，也可以对多表进行连接查询和嵌套查询。本节分别介绍 SELCET 语句对单表和多表的查询方法。下面以学生-课程数据库为例说明 SELECT 语句的各种用法。

3.3.1 单表查询

1. SELECT-FROM 语句的应用

用 SELCET-FROM 对单表进行查询时，语句可以简化为如下形式：

SELECT[All | DISTINICT]<属性表达式 1>[别名 1][，<属性表达式 2>[别名 2]]...
FROM <表名或视图名>;

【例 3.15】对【例 2.6】中的 Student 表进行如下查询：

（1）查询全体学生的学号与姓名。
（2）查询全体学生的姓名、学号、所在系。
（3）查询全体学生的详细记录。
（4）查询全体学生的姓名和出生年份。
（5）查询全体学生的姓名、出生年份和所在的院系，并用小写字母表示所有系名。

完成上述查询功能，可以分别使用如下语句：

（1）SELECT Sno，Sname

```
        FROM Student;
```

查询结果为：

Sno	Sname
20160001	李勇
20160002	刘晨
20160003	王敏
20160004	张立
20160005	刘阳露

此例说明，该语句按 Student 表中的属性顺序输出 Sno 和 Sname 两个属性的值。语句执行过程为：首先从 Student 表中取出一个元组，然后取出该元组在属性 Sno 和 Sname 上的分量，形成一个新的元组作为输出结果。对 Student 表中的所有元组做相同的操作，最后形成一个查询结果关系作为输出。

（2）SELECT Sname，Sno，Sdept

```
    FROM Student;
```

查询结果为：

Sname	Sno	Sdept
李勇	20160001	CS
刘晨	20160002	IS
王敏	20160003	MA
张立	20160004	IS
刘阳露	20160005	CS

此例说明，查询结果按照 SELECT 语句中的属性顺序进行输出，即先输出姓名，再输出学号和所在系。

（3）SELECT *

```
    FROM Student;
```

此例说明，如果原封不动的输出基本表，就可用*代替全部属性。

（4）SELECT Sname，2017-Sage　　　　　/*查询结果的第 2 列是一个算术表达式*/

```
    FROM Student;
```

查询结果为：

Sname	2017-Sage
李勇	1998
刘晨	1997
王敏	1999
张立	1998
刘阳露	2000

基本表只有年龄信息，没有出生年份信息，但用当前的年份减去年龄就能得到出生年份。此例说明，SELECT 语句在对某一属性进行查询的同时也可以对该属性进行运算，并输出运算后的结果，此时属性名为属性表达式。例如，2017-Sage 为属性表达式，每个人的出生年份为它的值。

（5）SELECT Sname NAME，2017-Sage BIRTHDAY，LOWER(Sdept) DEPARTMENT

```
    FROM Student;
```

查询结果为：

NAME	BIRTHDAY	DEPARTMENT
李勇	1998	cs
刘晨	1997	is
王敏	1999	ma
张立	1998	is
刘阳露	2000	cs

此例说明，根据用户需求修改输出属性名的方法 LOWER（属性名）是一个函数，它将该属性值中的所有大写字母都转化为小写字母。

2. SELECT-FROM-WHERE 语句的应用

当要查询满足某些条件的元组时，需要用 SELECT-FROM-WHERE 语句。若用 SELECT-FROM-WHERE 语句对单表进行查询，则语句可简化为如下形式：

```
SELECT[All | DISTINICT]<属性表达式1>[别名1][，<属性表达式2>[别名2]]......
FROM <表名或视图名>
WHERE<条件表达式>;
```

其中，WHERE 子句中的“条件表达式”可以是单个条件，也可以是多个条件。该语句的作用是：首先查找满足 WHERE 子句中“条件表达式”的元组，然后查找这些元组在 SELECT 子句中的“属性表达式”的分量，最后输出由这些分量组成的元组所构成的表。

WHERE 子句常用的查询谓词如表 3-4 所示。

表 3-4 常用的查询谓词

查询条件	谓词
比较运算符	=、>、<、>=、<=、!=、<>、!>、!<、NOT+前面的比较运算符
确定范围	BETWEEN AND、NOT BETWEEN AND
确定集合	IN、NOT IN
空值	IS NULL、IS NOT NULL
逻辑运算符	AND、OR、NOT
字符匹配	LIKE、NOT LIKE

下面介绍由谓词所表达的查询条件。

当要查询元组的属性分量为与某个值进行比较时，可选择比较运算符表达查询条件。

【例 3.16】对【例 2.6】中的 Student 和 SC 表进行如下查询：

（1）查询计算机科学系全体学生的名单。

（2）查询所有年龄在 20 岁以下的学生姓名及其年龄。

（3）查询考试成绩有不及格的学生的学号。

完成上述查询功能，可以分别使用如下语句：

（1）SELECT Sname

```
FROM Student
WHERH Sdept= 'CS';
```

查询结果为：

Sname	Sdept
李勇	CS
刘阳露	CS

实际上，此例是查询属性 Sdept 分量为 CS 的元组。

（2）SELECT Sname，Sage

```
FROM Student
WHERE Sage<20;
```

查询结果为：

Sname	Sage
李勇	19
王敏	18
张立	19
刘阳露	17

此例实际上是查询属性 Sage 分量为小于 20 的元组。

（3）SELECT DISTINCT Sno

```
FROM SC
WHERE Grade<60;
```

查询结果为：

Sno
20160001

在此例中，由于使用了 DISTINCT 短语，尽管 20160001 号的学生有两科成绩不及格，不过在查询结果中只显示 1 个 20160001 的学生学号。

当要查询元组的属性分量介于（或不介于）两个值之间时，可以使用谓词 BETWEEN（或 NOT BETWEEN）…AND 表达查询条件。其中，BETWEEN 后面的值是查询范围的低值，AND 后是查询范围的高值。

【例 3.17】对【例 2.6】中的 Student 表进行如下查询：

（1）查询年龄在 19~23 岁（包括 19 岁和 23 岁）之间的学生的姓名、系别和年龄。
（2）查询年龄不在 19~23 岁之间的学生姓名、系别和年龄。

完成上述查询功能，可以分别使用如下语句：

（1）SELECT Sname，Sdept，Sage

```
FROM Student
WHERE Sage BETWEEN 19 AND 23;
```

查询结果为：

Sname	Sdept	Sage
李勇	CS	19
刘晨	IS	20
张立	IS	19

（2）SELECT Sname，Sdept，Sage

```
FROM Student
WHERE Sage NOT BETWEEN 19 AND 23;
```

查询结果为：

Sname	Sdept	Sage
王敏	MA	18
刘阳露	CS	17

当要查询元组的属性分量取（不取）域中的某几个值时，可以用谓词 IN（NOT IN）或逻辑运算符表达查询条件。

【例 3.18】对【例 2.6】中的 Student 表进行如下查询：

（1）查询计算机科学系（CS）和数学系（MA）学生的姓名和性别。
（2）查询既不是计算机科学系又不是数学系的学生的姓名和性别。

完成上述查询功能，可以分别使用如下语句：

（1）SELECT Sname，Ssex

```
FROM Student
WHERE Sdept IN ('CS', 'MA') ;
```

等价形式为：

```
SELECT Sname, Ssex
FROM Student
WHERE Sdept='CS' OR Sdept=' MA';
```

查询结果为：

Sname	Ssex	Sdept
李勇	男	CS
王敏	女	MA
刘阳露	女	CS

此例说明，当查询条件为同一属性取几个不同的值时，可用谓词 IN 或逻辑运算符 OR 表示查询条件。

（2）SEEECT Sname，Ssex

```
FROM Student
WHERE Sdept NOT IN ('CS', 'MA') ;
```

查询结果为：

Sname	Ssex	Sdept
刘晨	女	IS
张立	男	IS

当要查询元组的属性分量为空（NULL）或不空（NOT NULL）时，可选择谓词 IS 或 NOT IS 表达查询条件。

【例 3.19】：对【例 2.6】中的 SC 表进行如下查询：

（1）查找所有缺考学生的学号和相应的课程号。
（2）查找所有参加考试的学生学号和相应的课程号。

完成上述查询功能，可以分别使用如下语句：

（1）SELECT Sno，Cno

```
    FROM SC
    WHERE Grade IS NULL;                                /*分数 Grade 是空值*/
```

查询结果为：

Sno	Cno
20160003	5

此例中，缺考的学生在 SC 选修课表中，成绩 Grade 的属性分量为 NULL，此时只能用谓词 IS 表达查询条件，而不能用等号“=”代替。

（2）SELECT Sno，Cno

```
    FROM SC
    WHERE Grade IS NOT NULL;
```

查找结果为：

Sno	Cno
20160001	1
20160001	2
20160001	3
20160002	2
20160002	3
20160004	2
20160004	4

此例中，参加考试的学生的成绩一定不为空，可以用谓词 NOT NULL 表述查询条件。

当 WHERE 子句的查询条件为多个时，可以用逻辑运算符 AND 和 OR 将它们连接起来。AND 的优先级高于 OR，但用户可以用括号改变优先级的次序。

【例 3.20】使用【例 2.6】中的 Student 表查询信息系年龄在 20 岁以下的学生姓名。

```
    SELECT Sname
    FROM Student
    WHERE Sdept= 'IS ' AND Sage <20;
```

查找结果为：

Sname
张立

此例中，查询的元组需要同时满足两个条件，一个是“信息系”，另一个是“年龄小于 20”。此时用逻辑运算符 AND 将这两个属性不同的查询条件连接起来，用以表示多个查询条件。

当要查询元组的属性分量包含（不包含）某一字符串时，可选择 LIKE（NOT LIKE）谓词表达查询条件。

其一般语法格式如下：

```
WHERE <属性>[NOT] LIKE '<字符串>' [ESCAPE '<换码字符>']
```

该查询语句的含义是查找属性分量包含“字符串”的元组。其中，“字符串”可以包含通配符“%”和“_”。

若查询的属性分量本身含有通配符“%”或“_”时，则使用 ESCAPE '<换码字符>'短语对通配符进行转义。

“%”代表任意长度的字符串。“_”代表任意单个字符。

例如，a% b 表示以 a 开头，以 b 结尾的任意长度的字符串；a_b 表示以 a 开头，以 b 结尾的长度为 3 的任意字符串。

【例 3.21】对【例 2.6】中的 Student 表进行如下查询：

（1）查询所有姓刘的学生的姓名、学号和性别。
（2）查询所有不姓刘的学生的姓名、学号和性别。
（3）查询姓“张”且全名为两个汉字的学生的姓名。
（4）查询名字中第 2 个字为“阳”字的学生的姓名和学号。

完成上述查询功能，可以分别使用如下语句：

（1）SELECT Sname，Sno，Ssex

```
FROM  Student
WHHRE Sname like '刘%';
```

查询结果为：

Sno	Sname	Ssex
20160002	刘晨	女
20160005	刘阳露	女

（2）SELECT Sname，Sno，Ssex

```
FROM Student
WHERE Sname NOT LIKE '刘%';
```

查询结果为：

Sno	Sname	Ssex
20160001	李勇	男
20160003	王敏	女
20160004	张立	男

（3）SELECT Sname

```
FROM Student
```

```
    WHERE Sname LIKE '张_';
```

查询结果为：

Sname
张立

（4）SELECT Sname，Sno

```
    FROM Student
    WHERE Sname LIKE '_阳%';
```

查询结果为：

Sname	Sno
刘阳露	20160005

【例 3.22】对【例 2.6】中的 Course 表进行如下查询：

（1）查询程序设计语言_C 的课程号和学分。
（2）查询以“程序设计语言”开头的课程的详细情况。

完成上述查询功能，可以分别使用如下语句：

（1）SELECT Cno，Ccredit

```
    FROM Course
    WHERE Cname LIKE '程序设计语言\_C ' ESCAPE '\';
```

此例中，ESCAPE' \'表示“\”为换码字符。在换码字符“\”后面的字符“_”不再具有通配符的含义，而转义为普通的“_”字符。

查询结果为：

Cno	Ccredit
7	4

（2）SELECT *

```
    FROM Course
    WHERE Cname LIKE '程序设计语言\_% ' ESCAPE '\';
```

查询结果为：

Cno	Cname	Cpno	Ccredit
7	程序设计语言_C	6	4
8	程序设计语言_Pascal	6	3

此例中，在字符串“程序设计语言_%”中，“_”前面使用了换码字符“\”，所以“_”被转义为普通的“_”字符。“%”前面没有换码字符，所以它还表示通用字符。

3. SELECT-FROM-[WHERE]-GROUP BY 子句的应用

在介绍 GROUP BY 子句查询功能之前，先介绍与之相关的聚集函数。在 SQL 中，提供聚集函数的目的是增强检索功能，常用的聚集函数有如下 6 个。

- 统计元组个数：COUNT（[DISTINCT | ALL]*）
- 统计一列中值的个数：COUNT（[DISTINCT | ALL] <属性名>）
- 计算一列数值型分量的总和：SUM（[DISTINCT | ALL] <属性名>）
- 计算一列数值型分量的平均值：AVG（[DISTINCT | ALL] <属性名>）
- 求一列值中的最大值：MAX（[DISTINCT | ALL] <属性名>）
- 求一列值中的最小值：MIN（[DISTINCT | ALL] <属性名>）

【例 3.23】：对【例 2.6】中的 Student 和 SC 表进行如下查询：

（1）查询学生总人数。
（2）查询选修了课程的学生人数。
（3）计算 3 号课程学生的平均成绩。
（4）查询选修 3 号课程的学生的最高分数。

完成上述查询功能，可以分别使用如下语句：

（1）SELECT COUNT（*）

```
    FROM Student;
```

查询结果为：

COUNT（*）
5

（2）SELECT COUNT（DISTINCT Sno）

```
    FROM SC;
```

查询结果为：

COUNT（DISTINCT Sno）
4

此例中，学生每选修一门课，在 SC 中都有一条相应的记录。一个学生要选修多门课程，为避免重复计算学生人数，必须在 COUNT 函数中用 DISTINCT 短语。

（3）SELECT AVG（Grade）

```
    FROM  SC
    WHERE Cno='3';
```

查询结果为：

AVG（Grade）
69

（4）SELECT MAX（Grade）

```
    FROM SC
    WHER Cno='3';
```

查询结果为：

MAX（Grade）
80

GROUP BY 子句将查询结果按某一属性或多个属性的分量进行分组，分量相等的为一组。对查询结果分组是为了细化聚集函数的作用对象。如果未对查询结果分组，聚集函数就会作用于整个查询结果。分组后聚集函数将作用于每一个组，即每一组都有一个函数值。

在聚集函数遇到空值时，除 COUNT（*）外，都跳过空值而只处理非空值。

【例 3.24】对【例 2.6】中的 Student 和 SC 表进行如下查询：

（1）求各个课程号及相关的选课人数。
（2）查询选修了两门以上课程的学生学号。

完成上述查询功能，可以分别使用如下语句：

（1）SELECT Cno，COUNT（Sno）

```
        FNOM SC
        GRUUP BY Cno;
```

查询结果为：

Cno	COUNT（Sno）
1	1
2	3
3	2
4	1
5	1

该语句对查询结果按 Cno 的值分组，所有具有相同 Cno 值的元组为一组，然后对每一组作用的聚集函数 COUNT 进行计算，以求得该组的学生人数。

（2）SELECT Sno

```
    FROM SC
    GAOUP BY Sno
    HAVING COUNT(*) > 3;
```

查询结果为：

Sno
20160001

此例先用 CROUP BY 子句按 Sno 进行分组，再用聚集函数 COUNT 求每一组元组的个数。HAVING 短语给出了选择组条件，即只有满足元组个数大于 2 的组最终才能被选择出来。

WHERE 子句与 HAVING 短语的区别在于作用对象不同。WHERE 子句作用于基本表或视图，从中选择满足条件的元组。HAVING 短语作用于组，从中选择满足条件的组。

4. SELECT-FROM-[WHERE]-ORDER BY 子句的应用

ORDER BY 子句的作用是将查询结果按照 ORDER BY 子句中“属性 1”的分量进行升序（ASC）或降序（DESC）排列。当“属性 1”分量相同时，可按照“属性 2”的分量进行升序（ASC）或降序（DESC）排列，以此类推。缺省值为升序。

【例 3.25】对【例 2.6】中的 Student 和 SC 表进行如下查询：

（1）查询选修了 3 号课程的学生的学号及其成绩，查询结果按分数降序排列。

（2）查询全体学生情况，查询结果按所在系的系号升序排列，同一系中的学生按年龄降序排列。

完成上述查询功能，可以分别使用如下语句：

（1）SELECT Sno，Grade

```
FROM SC
WHERE Cno='3'
ORDER BY Grade DESC;
```

查询结果为：

20160001	80
20160002	58

对于空值，排序时显示的次序是由具体系统实现来决定的。例如，若按升序排序，则含空值的元组最后显示；若按降序排序，则含空值的元组最先显示。各个系统的实现可以不同，只要保持一致就行。

（2）SELECT *

```
FROM Student
ORDER BY Sdept, Sage DESC;
```

查询结果为：

Sno	Sname	Ssex	Sage	Sdept
20160001	李勇	男	19	CS
20160005	刘阳露	女	17	CS
20160002	刘晨	女	20	IS
20160004	张立	男	19	IS
20160003	王敏	女	18	MA

以上介绍了常用谓词的简单查询表达条件。有时一个查询的表达条件是另一个查询的结果，此时需要用嵌套结构进行查询。

在 SQL 中，一个 SELECT-FROM-WHERE 语句称为一个查询块。将一个查询块嵌套在另一个查询块的 WHERE 子句或 HAVING 短语的条件中的查询称为嵌套查询。

嵌套查询是用多个简单查询构成的复杂查询。上层的查询块称为外层查询或父查询，下层的查询块称为内层查询或子查询。SQL 允许多层嵌套查询，即一个子查询中还可以嵌套其他子查询。在此仅给出嵌套查询在单表中应用的一个实例，更多的嵌套查询内容将在 3.3.2 节中介绍。

【例 3.26】：从【例 2.6】的 Student 表中查询与“刘晨”在同一个系学习的学生。

嵌套查询语句为：

```
SELECT Sno, Sname, Sdept
FHOM Student
WHERE Sdept IN
          (SELECT Sdept
           FHOM Student
           WHERE Sname='刘晨');
```

查询结果为：

Sno	Sname	Sdept
200215127	刘晨	IS
200215122	张立	IS

此例中，下层查询块 SELECT-FROM-WHERE Sname='刘晨'嵌套在上层查询块 SELECT Sno，Sname，Sdept- FHOM Student-WHERE Sdept IN 的 WHERE 条件中。

首先查询“刘晨”所在的系，查询结果为 IS，然后查询所有在 IS 系学习的学生，即将第一步查询的结果 IS 作为第二步查询的条件，故可将第一步查询嵌入第二步查询的条件中，构成嵌套查询。

3.3.2　多表查询

多表查询指一个查询同时涉及两个以上表的查询。多表查询通常由连接查询和嵌套查询来实现。连接查询是关系数据库中最主要的查询，包括等值与非等连接查询、自然连接查询、自身连接查询、外连接查询和复合条件连接查询等。

1. 连接查询

连接查询指由连接运算符表达连接条件的查询。按照连接运算符的分类，可将连接查询分为等值连接查询和非等值连接查询。等值连接查询又可分为自然连接查询和外连接查询。连接运算符可以连接两个或两个以上的表，连接的这些表可以相同，也可以不相同。下面通过事例来讲解连接查询的应用。

【例 3.27】对【例 2.6】中的 Student、Course 和 SC 表进行如下查询：

（1）查询每个学生及其选修课程的情况。
（2）查询每一门课的间接先修课（即先修课的先修课）。
（3）查询选修 2 号课程且成绩在 90 分以上的所有学生。
（4）查询每个学生的学号、姓名、选修的课程名及成绩。

完成上述查询功能，可以分别使用如下语句：

（1）由于学生的基本信息存放在 Student 表中，学生选课信息存放在 SC 表中，因此查询每个学生及其选修课程的情况实际上涉及 Student 与 SC 两个表。又因为这两个表都有学号 Sno 共同的属性，所以可以直接进行连接查询。这是两个不同表的连接查询，可用的查询方法有等值连接查询、自然连接查询和外连接查询。使用不同的查询方法所得到的查询结果也会出现略微的不同。

等值连接的查询语句为：

```
SELECT Student. *, SC .*
   FROM Student, SC
   WHERE Student.Sno=SC.Sno;
```

查询结果为：

Student.Sno	Sname	Ssex	Sage	Sdept	SC.Sno	Cno	Grade
20160001	李勇	男	19	CS	20160001	1	52
20160001	李勇	男	19	CS	20160001	2	85
20160001	李勇	男	19	CS	20160001	3	58
20160002	刘晨	女	20	IS	20160002	2	90
20160002	刘晨	女	20	IS	20160002	3	80
20160003	王敏	女	18	MA	20160003	5	NULL
20160004	张立	男	19	IS	20160004	2	95
20160004	张立	男	19	IS	20160004	4	60

自然连接的查询语句为：

```
SELECT Stuent.Sno, Sname, Ssex, Sage, Sdept, Cno, Grade
   FROM Studen, SC
   WHERE Student.Sno=SC.Sno
```

查询结果为：

Student.Sno	Sname	Ssex	Sage	Sdept	Cno	Grade
20160001	李勇	男	19	CS	1	52
20160001	李勇	男	19	CS	2	85
20160001	李勇	男	19	CS	3	58
20160002	刘晨	女	20	IS	2	90
20160002	刘晨	女	20	IS	3	80
20160003	王敏	女	18	MA	5	NULL
20160004	张立	男	19	IS	2	95
20160004	张立	男	19	IS	4	60

外连接的查询语句为：

```
SELECT Student.Sno, Sname, Ssex, Sage, Sdept, Cno, Grade
  FROM Student  LEFT OUT JOFN SC ON (Student. Sno=SC.Sno);
```

查询结果为：

Student.Sno	Sname	Ssex	Sage	Sdept	Cno	Grade
20160001	李勇	男	19	CS	1	52
20160001	李勇	男	19	CS	2	85
20160001	李勇	男	19	CS	3	58
20160002	刘晨	女	20	IS	2	90
20160002	刘晨	女	20	IS	3	80
20160003	王敏	女	18	MA	5	NULL
20160004	张立	男	19	IS	2	95
20160004	张立	男	19	IS	4	60
20160005	刘阳露	女	17	CS	NULL	NULL

从以上事例中可以看出，等值连接和自然连接的查询结果只包含 Student 表中已选课程的学生信息，外连接的查询结果为 Student 表中所有学生的信息。同时，自然连接和外连接的 SELECT 子语句消除了重复的属性。

需要说明的是，当一个属性同时在多个表中存在的情况下，引用该属性时必须在属性前加上表名前缀，以避免产生混淆。例如，属性 Sno 在 Student 表与 SC 表中都存在，因此引用时必须加上表名前缀，即 Student.Sno 和 SC.Sno，以区分 Sno 是哪个表的属性。当属性只在 1 个表中，不需要区分时，就不用加表名前缀。例如，本例中的属性 Sname、Sage、Ssex、Sdept、Cno 和 Grade 只在 Student 表或 SC 表中，因此可以直接引用。

（2）查询一门课程的间接先修课，实际上是查找这门课程先修课的先修课。课程的先修课的信息存放在 Course 表中，而 Course 表中只存放每门课程的直接先修课程信息，而没有先修课的先修课。要得到这个信息，必须先对一门课程找到其先修课，再按此先修课的课程号，查找它的先修课程。这就要将 Course 表与其自身进行连接。为此，要为 Course 表取两个别名，一个是 FIRST，另一个是 SECOND。

FIRST 表（Course 表）

Cno	Cname	Cpno	Ccredit
1	数据库	5	4
2	数学	NULL	2
3	信息系统	1	4
4	操作系统	6	3
5	数据结构	7	4
6	数据处理	NULL	2
7	程序设计语言_C	6	4
8	程序设计语言_Pascal	6	3

SECOND 表（Course 表）

Cno	Cname	Cpno	Ccredit
1	数据库	5	4
2	数学	NULL	2
3	信息系统	1	4
4	操作系统	6	3
5	数据结构	7	4
6	数据处理	NULL	2
7	程序设计语言_C	6	4
8	程序设计语言_Pascal	6	3

完成该查询的语句为：

```
SELECT FIRST .Cno, SECOND.Cpno
   FROM Course FIRST, Course SECOND
   WHERE FIRST.Cpno =SECOND.Cno;
```

查询结果为：

Cno	COUNT(Sno)
1	7
3	5
5	6

（3）SELECT Student.Sno，Sname

```
    FROM Student, SC
    WHERE Student. Sno=SC. Sno AND SC.Cno='2' AND SC. Grade>90
```

查询结果为：

Student.Sno	Sname
20160002	张立

此例中，WHERE 子句包含 3 个查询条件，即一个等值连接和两个比较运算，这种由多个查询条件构成的连接称为复合条件连接。

该查询的一种优化（高效）的执行过程是先从 SC 中挑选出 Cno =' 2'并且 Crade > 90 的元组，形成一个中间关系，再和 Student 中满足连接条件的元组进行连接，得到最终的结果关系。

（4）由于学生的学号、姓名、选修的课程名及成绩分别在 Student 表、Course 表和 SC 表中，因此查询每个学生的学号、姓名、选修的课程名及成绩是 3 个表的查询。具体查询语句为：

```
SELECT Student.Sno, Sname, Cname, Grade
    FROM student, SC, Course
    WHERE Student. Sno =SC. Sno AND SC. Cno=Course.Cno;
```

从上述的事例可见，连接操作可以是两表连接、一个表的自身连接，还可以是两个以上表的连接，通常把两个以上表的连接称为多表连接。

2. 嵌套查询

在单表查询中简单介绍了嵌套查询的基本方法，在此重点介绍嵌套查询在多表查询中的应用。在嵌套查询中，如果子查询的查询条件不依赖于父查询，这类子查询就称为不相关子查询。如果子查询的查询条件依赖于父查询，这类子查询就称为相关子查询，整个查询语句称为相关嵌套查询语句。不相关子查询是较简单的一类子查询，相关子查询则是相对复杂的查询。

当子查询结果是一个集合时，外查询的谓词通常用 IN；当子查询的结果是一个值时，外查询的谓词通常用“比较运算符”或“比较运算符”＋ANY（ALL，SOME）等。下面给出各种查询的事例。

【例 3.28】对【例 2.6】中的 Student、Course 和 SC 表进行如下查询：

（1）查询选修了课程名为“信息系统”的学生的学号和姓名。
（2）查询与“刘晨”在同一个系学习的学生。
（3）找出每个学生超过他选修课程平均成绩的课程号。

完成上述功能，分别使用下面的查询语句：

（1）本查询涉及学号、姓名和课程名 3 个属性。学号和姓名存放在 Student 表中，课程名存放在 Course 表中，但 Student 与 Course 两个表之间没有直接联系，必须通过 SC 表建立它们二者之间的联系。所以本查询实际上涉及 3 个关系，查询语句如下：

```
SELECT Sno, Sname
   FROM Student
   WHERE Sno IN
         (SELECT Sno
          FROM SC
          WHERE Cno IN
               (SELECT Cno
                FROM Course
                WFIERE Cname='信息系统'
                )
         );
```

查询结果为：

Sno	Sname
20160001	李勇
20160002	刘晨

查询过程为：首先在 Course 关系中找出“信息系统”的课程号，结果为 3 号。然后在 SC 关系中找出选修了 3 号课程的学生学号。最后在 Student 关系中取出 Sno 和 Sname。该查询使用 IN 子查询语句。

本查询还可以用连接查询实现，具体语句如下：

```
SELECIT Student.Sno, Sname
   FROM Student, SC, Course
   WHERE Student.Sno=SC.Sno AND
                SC.Cno=Course.Cno AND
                Course.Cname='信息系统';
```

从此例可以看到，当查询涉及多个关系时，用嵌套查询逐步求解层次清楚、易于构造，具有结构化程序设计的优点。该嵌套查询为不相关子查询，且可以用连接运算代替，对于可以用连接运算代替嵌套查询的查询，用户可以根据自己的习惯确定采用哪种方法。当然不是所有嵌套查询都可以被连接替代。

（2）SELECT Sno，Sname，Sdept

```
     FHOM Student
     WHERE Sdept =
          (SELECT Sdept
           FHOM Student
           WHERE Sname='刘晨');
```

查询结果为：

Sno	Sname	Sdept
200160002	刘晨	IS
20160004	张立	IS

此例中，由于一个学生只可能在一个系学习，也就是说内查询的结果只能是一个值，因此可以用“=”取代 IN。

另外，本查询还可以用连接查询实现，具体语句如下：

```
SELECT S1. Sno, S1. Sname, S1. Sdept
   FROM  Student S1, Student S2
   W1HERE S1. Sdept=S2. Sdept AND S2.Sname='刘晨';
```

（3）本查询是带有比较运算符“>”的相关子查询，具体语句为：

```
SELECT Sno, Cno
    FROM SC x
    WHERE Grade > (SELECT AVG (Grade)              /*某学生的平均成绩*/
                   FROM SC y
                   WHERE y.Sno=x.Sno);
```

查询结果为：

Sno	Cno	Grade
20160001	2	85
20160001	3	58
20160002	2	90
20160004	2	95

其中，x 是表 SC 的别名，又称为元组变量，可以用来表示 SC 的一个元组。内层查询是求一个学生所有选修课程的平均成绩，值唯一，至于是哪个学生的平均成绩要看参数 x.Sno 的值，而该值与父查询的值相关，因此是带有比较运算符“>”的相关子查询。

这个语句的一种可能的执行过程是：

步骤01 从外层查询中取出SC的一个元组x，将元组x的Sno值（20160001）传送给内层查询：

```
SELECT AVG(Grade)
    FROM SC y
    WHERE y. Sno='20160001';
```

步骤02 执行内层查询，得到查询结果65，用该值代替内层查询，得到外层查询：

```
SELECT Sno, Cno
    FROM SC x
    WHERE Grade >=65;
```

步骤03 执行这个查询，得到查询结果（20160001，2）和（20160001，3）。

然后外层查询取出下一个元组，重复步骤3，直到外层的SC元组全部处理完毕为止。

求解相关子查询不能像求解不相关子查询那样一次将子查询求解出来，然后求解父查询。内层查询由于与外层查询有关，因此必须反复求值。

【例3.29】对【例2.6】中的Student、Course和SC表进行如下查询：

（1）查询其他系中比信息系某一学生年龄小的学生的姓名和年龄。
（2）查询其他系中比信息系所有学生年龄都小的学生的姓名和年龄。

完成上述功能，分别使用下面的查询语句：

（1）SELECT Sname，Sage

```
    FROM Student
    WHERE Sage<ANY (SELECT Sage
                    FROM Student
                    WHERE Sdept='CS')
          AND Sdept < > 'CS';                /*注意这是父查询块中的条件*/
```

查询结果如下：

Sname	Sage
李勇	19
王敏	18
刘阳露	17

RDRMS执行此查询时，首先处理子查询，找出IS系中所有学生的年龄，构成一个集合（20,19）。然后处理父查询，找出所有不是IS系且年龄小于20或19的学生。

本查询也可以用聚集函数实现。首先用子查询找出IS系中最大的年龄（20），然后在父查询中查所有非IS系且年龄小于20岁的学生。具体语句如下：

```
SELECT Sname, Sage
   FROM Student
   WHERE Sage<
            (SELECT MAX (Sage)
             FROM Student
             WIIENE Sdept='IS')
         AND Sdept < >'IS';
```

（2）SELECT Sname，Ssge

```
    FROM Student
    WHERE Sage<ALL
               (SELECT Sage
                 FROM Student
                 WHERE Sdept='CS')
          AND Sdept < >'CS';
```

RDBMS 执行此查询时，首先处理子查询，找出 IS 系中所有学生的年龄，构成一个集合（20，19）。然后处理父查询，找所有不是 IS 系且年龄小于 20，也小于 19 的学生。查询结果为：

Sname	Sage
王敏	18
刘阳露	17

本查询同样可以用聚集函数实现。具体语句如下：

```
SELECT Sname, Sage
   FROM Student
   WHERE Sage<
             (SELECT MIN (Sage)
              FROM Student
               WIIERE Sdept='IS')
          AND Sdept<>'IS';
```

事实上，用聚集函数实现子查询通常比直接用 ANY 或 ALL 查询效率要高。ANY、ALL 与聚集函数的对应关系如表 3-5 所示。

表 3-5　ANY、ALL 与聚集函数的对应关系

	=	<>或!=	<	<=	>	>=
ANY	IN	--	< MAX	<= MAX	> MIN	>= MIN
ALL	--	NOT IN	< MIN	<= MIN	> MAX	>= MAX

表 3-5 中，=ANY 等价于 IN 谓词，<ANY 等价于<MAX，< >ALL 等价于 NOT IN 谓词，<ALL 等价于<MIN 等。

3. 集合查询

SELECT 语句的查询结果是元组的集合，所以多个 SELECT 语句的结果可进行集合操作。

集合操作主要包括并操作 UNION、交操作 INTERSECT 和差操作 EXCEPT。注意，参加集合操作的各查询结果的列数必须相同，对应项的数据类型也必须相同。

【例 3.30】：对【例 2.6】中的 Student、Course 和 SC 表进行如下查询：

（1）查询计算机科学系的学生及年龄不大于 l9 岁的学生。
（2）查询计算机科学系的学生与年龄不大于 19 岁的学生的交集。
（3）查询计算机科学系的学生与年龄不大于 19 岁的学生的差集。
（4）查询选修了课程 1 或选修了课程 2 的学生。
（5）查询既选修了课程 1 又选修了课程 2 的学生。

完成上述功能，分别使用下面的查询语句。

（1）语句如下：

```
SELECT *
    FROM Student
    WHERE Sdept='CS'
    UNION
    SELECT *
    FROM Student
    WHERE Sage < '9' ;
```

查询结果为：

Sno	Sname	Ssex	Sage	Sdept
20160001	李勇	男	19	CS
20160003	王敏	女	18	MA
20160004	张立	男	19	IS
20160005	刘阳露	女	17	CS

本查询实际上是求计算机科学系的所有学生与年龄不大于 19 岁的学生的并集。使用 UNION 将多个查询结果合并起来时，系统会自动去掉重复元组。如果要保留重复元组，就用 UNION ALL 操作符。

（2）语句如下：

```
SELECT *
    FROM Student
    WHERE Sdept='CS'
    INTERSECT
    SELECT*
    FROM Student
    WHERE Sage <=19;
```

查询结果为：

Sno	Sname	Ssex	Sage	Sdept
20160001	李勇	男	19	CS
20160005	刘阳露	女	17	CS

这实际上就是查询计算机科学系中年龄不大于 19 岁的学生。也可以写成如下查询语句：

```
SELECT*
    FROM Student
    WHERE Sdept='CS' AND Sage <=19;
```

（3）语句如下：

```
SELECT *
    FROM Student
    WHERE Sdepr='CS'
    EXCEPT
    SELECT *
    FROM Student
    WHERE Sage<=19;
```

也就是查询计算机科学系中年龄大于 19 岁的学生。

```
SELECT*
    FROM Student
    WHERE Sdrtpt='CS' AND Sage > '19'
```

查询结果为：空集。

（4）查选修课程 1 的学生集合与选修课程 2 的学生集合的并集，语句如下：

```
SELECT Sno
   FROM SC
   WHERE Cno='1'
   UNIUN
   SELECT Sno
   FROM SC
   WHERE Cno='2' ;
```

查询结果为：

Sno
20160001
20160002
20160004

（5）查询既选修了课程 1 又选修了课程 2 的学生就是查询选修课程 1 的学生集合与选修课程 2 的学生集合的交集，语句如下：

```
SELEOT Sno
   FROM SC
   WHERE Cno='1'
   INTERSECT
   SELECT Sno
   FROM SC
   WHERE Cno='2' ;
```

本例也可以表示为：

```
SELECT Sno
   FROM SC
   WHERE Cno='1' AND Sno IN
                  (SELECT Sno
                   FROM SC
                   WHERE Cno='2') ;
```

3.4 数据更新

数据更新有 3 种操作，即向表中添加若干行数据、修改表中的数据和删除表中若干行的数据。在 SQL 中有相应的 3 类语句，即 LNSERT 语句、UPDATE 语句和 DEIETE 语句。下面一一进行介绍。

3.4.1 插入数据

SQL 的数据插入语句 INSERT 通常有两种形式，一种是插入一个元组，另一种是插入子查询结果。后者可以一次插入多个元组。

1. 插入元组

插入元组的 INSERT 语句的格式为：

```
INSERT
INTO <表名>[ (<属性列1> [, <属比列2>]...) ]
VALUES (<常量1>[, <常量2>]...) ;
```

其功能是将新元组插入指定表中。其中，新元组的属性列 1 的值为常量 1，属性列 2 的值为常量 2……INTO 子句中没有出现的属性列，新元组在这些列上将取空值。必须注意的是，在表定义时说明了 NOT NULL 的属性列不能取空值，否则会出错。

如果 INTO 子句中没有指明任何属性列名，新插入的元组就必须在每个属性列上均有值。

【例 3.31】将一个新学生元组（学号：20160008；姓名：陈冬；性别：男；所在系 IS；年龄：18 岁）插入【例 2-6】的 Student 表中，语句为：

```
INSERT
    INTO Student (Sno, Sname, Ssex, Sdept, Sage)
    VALUES ('20160008', '陈冬', '男', ' IS', 18);
```

在 INTO 子句中指出了表名 Student，还指出了新增加的元组在哪些属性上要赋值，属性的顺序可以与 CREATE TABLE 中的顺序不一样。VALUES 子句对新元组的各个属性赋值，字符串常数要用单引号（英文符号）括起来。

这个插入语句也可以写成如下形式：

```
INSERT
    INTO Student
    VALUES ('20160008', '陈冬', '男', 18, 'IS');
```

在这种表示法中，INTO 子句中只指出了表名，没有指出属性名，这表示新元组要在表的所有属性列上都指定值，属性列的次序与 CREATE TABLE 中的次序相同。VALUES 子句对新元组的各个属性列赋值时，一定要注意值与属性列要一一对应，否则将会出错。

【例 3.32】在【例 2-6】的 SC 表中插入一条选课记录（'200215128'，'1'）：

```
INSERT
    INTO SC (Sno, Cno)
    VALUES ('20160008', '1');
```

RDBMS 将在新插入记录的 Grade 列上自动地赋空值，或者：

```
INSERT
    INTO SC
    VALUES ('20160008', '1', NULL);
```

因为没有指出 SC 的属性名，在 Grade 列上要明确给出空值。

2. 插入子查询结果

子查询不仅可以嵌套在 SELECT 语句中用以构造父查询的条件，还可以嵌套在 INSERT 语句中用以生成要插入的批量数据。

插入子查询结果的 INSERT 语句的格式为：

```
INSERT
INTO<表名> [ (<属性名1>[, <属性名2>]...) ]
子查询;
```

【例 3.33】对每一个系求学生的平均年龄，并把结果存入数据库。

首先在数据库中建立一个新表，其中一列存放系名，另一列存放相应的学生平均年龄。

```
CREATE TABLE Dept_age
          (Sdept CHAR (15)
           Avg_age SMALLINT);
```

然后对【例 2.6】的 Student 表按系分组求平均年龄，再把系名和平均年龄存入新表中，具体语句如下：

```
INSERT
    INTO Dept  age (Sdept, Avg age)
    SELECT Sdept, AVG (Sage)
    FROM Student
    GROUP BY Sdept;
```

3.4.2　修改数据

修改数据的操作又称为更新操作，语句的一般格式为：

```
    UPDATE<表名>
    SET<属性1>=<表达式1>[, <属性2>=<表达式2>]...
    [WHERE<条件>];
```

UPDATE 语句的功能是修改指定表中满足 WHERE 子句条件的元组。其中，SET 子句给出<表达式>的值用于取代相应的属性列值。如果省略 WHERE 子句，就表示要修改表中的所有元组。 UPDATE 语句可以修改一个值、多个值或子查询语句的值。

【例 3.34】对【例 2.6】的 Student 表进行如下修改：

（1）把学号为 20160001 的学生的年龄改为 22 岁。
（2）把表中所有学生的年龄增加 1 岁。
（3）把表中计算机科学系全体学生的成绩置零。

完成上述功能，分别使用下面的修改语句。

（1）语句如下：

```
UPDATE Student
     SET Sage = 22
     WHERE Sno ='20160001' ;
```

此例修改了一个元组的值。

（2）语句如下：

```
UPDATE Student
     SET Sage=Sage+1;
```

此例修改了表中所有的元组值。

（3）语句如下：

```
UPDATE SC
     SET Grade=0
     WHERE 'CS'=
            (SELETE Sdept
             FROM Student
             WHERE Student.Sno=SC.Sno);
```

此例子查询嵌套在 UPDATE 语句中，用以构造修改的条件。

3.4.3 删除数据

删除数据语句的一般格式为：

```
DELETE
FROM<表名>
[WHERE<条件>];
```

DELETE 语句的功能是从指定表中删除满足 WHERE 子句条件的所有元组。如果省略 WHERE 子句，就表示删除表中全部元组，但表的定义仍在字典中。也就是说，DELETE 语句删除的是表中的数据，而不是表的定义。DELETE 可以删除一个或多个元组的值，也可以删除带子查询语句的值。

【例 3.35】对【例 2.6】的 Student 表和 SC 表做如下删除操作：

（1）删除学号为 20160008 的学生信息。
（2）删除 SC 表中所有学生的选课信息。
（3）删除计算机科学系所有学生的选课信息。

完成上述功能，分别使用下面的删除语句。

（1）语句如下：

```
DELETE
     FROM Student
     WHERE Sno='20160008';
```

此例只删除了一个元组的值。

（2）语句如下：

```
DELETE
    FROM SC;
```

此例删除了 SC 表中所有元组的值，导致 SC 表成为了空表。

（3）语句如下：

```
DELETE
    FROM SC
    WHERE 'CS'=
            (SELETE Sdept
             FROM Student
             WHERE Student. Sno= SC. Sno);
```

此例表示子查询同样可以嵌套在 DELETE 语句中，用以构造执行删除操作的条件。

3.5 视图

视图是从一个或几个基本表（或视图）导出的虚表。视图之所以称为虚表，是因为数据库只存放视图的定义，而不存放视图对应的数据，视图中的数据仍存放在原来的基本表中。当基本表中的数据发生变化时，从视图中查询出的数据也随之变化。从这个意义上讲，视图就像一个窗口，透过它可以看到数据库中自己感兴趣的数据及其变化。

视图具有与基本表一样的功能，可以对它进行查询、删除，也可以从一个视图再导出新的视图，但对视图的更新（增、删、改）操作有一定的限制。本节主要讨论视图的定义和对视图的操作。

3.5.1 定义视图

1. 建立视图

在 SQL 中，用 CREATE VIEW 命令建立视图，一般格式为：

```
CREATE  VIEW<视图名> [（<属性名1>[，<属性名2>]...）]
AS<子查询>
[WITH CHECK OPTION]；
```

其中，视图的属性名要么全部省略，要么全部指定，没有第 3 种选择。当视图的属性名全部省略时，隐含视图的属性名与子查询 SELECT 语句的属性名相同。但若是下列 3 种情况，则必须明确指定视图的所有属性名。

（1）SELECT 语句的某个属性名是聚集函数或列表达式。
（2）多表连接时选出了几个同名属性作为视图的属性。
（3）需要在视图中为某个属性定义新的更合适的名字。

AS 的子查询语句可以是任意 SELECT 语句，但通常不允许含有 ORDER BY 子句和 DISTINCT 短语。

WITH CHECK OPTION 表示对视图进行更新、插入或删除操作时，满足视图定义中的子查询条件表达式。

视图可以从一个基本表或多个基本表导出，也可以从视图中再导出视图。下面给出一些具体事例。

【例 3.36】对【例 2.6】的 Student 表建立如下视图：

（1）建立信息系学生的视图。
（2）建立信息系学生的视图，并要求对视图进行修改和插入操作时仍保证该视图只有信息系的学生。

完成上述功能可以使用下面的语句实现。

（1）语句如下：

```
CREATE VIEW IS  Student
    AS
    SELECT Sno, Sname, Sage
    FROM Student
    WHERE Sdept='IS';
```

此例中，视图 IS_ Student 省略了属性名，隐含的属性由子查询中 SELECT 子句中的 3 个属性组成。

RDBMS 执行 CREATE VIEW 语句的结果，只是把视图的定义存入数据字典，并不执行其中的 SELECT 语句。只有在对视图查询时，才按视图的定义从基本表中查出数据。

（2）语句如下：

```
CREATE VIEW IS_ Student
    AS
    SELECT Sno, Sname, Sage
    FROM Student
    WHERE Sdept ='IS'
    WITH CHECK OPTION;
```

此例中，在定义 IS_ Student 视图时，带有 WITH CHECK OPTION 子句，表示以后对该视图进行插入、修改和删除操作时，RDRMS 会自动加上 Sdept=' IS' 的条件。

如果一个视图从单个基本表导出，并且只是去掉基本表的某些行和不是主码的某些列，就称这类视图为行列子集视图。IS_ Student 视图就是一个行列子集视图。

【例 3.37】对【例 2.6】的 Student 表和 SC 表建立如下视图：

（1）建立信息系选修了 1 号课程的学生的视图。
（2）建立信息系选修了 1 号课程且成绩在 90 分以上的学生的视图。

完成上述功能可以使用下面的语句实现。

（1）语句如下：

```
CREATE VIEW IS S1 (Sno, Sname, Grade)
    AS
    SELEICT Student.Sno, Sname.Grade
    FROM Student, SC
    WHERE Sdept='IS' AND
          Student. Sno=SC. Sno AND
          SC.Cno='1';
```

此例视图 IS_S1 从 Student 和 SC 两个基本表导出。由于视图 IS_S1 的属性中包含 Student 表与 SC 表同名的属性 Sno，因此必须在视图名后定义视图的各个属性。

（2）语句如下：

```
CHEATS VIEW IS_S2
```

```
    AS
    SELECT Sno，Sname，Grade
    FROM IS_S1
    WHERE Grade>=90;
```

此例的视图 IS _S2 是从视图 IS_S1 中导出。

【例 3.38】对【例 2.6】的 Student 表建立一个反映学生出生年份的视图。

其语句如下：

```
CREATE VIEW BT_S (Sno，Sname，Sbirth)
    AS
    SELECT Sno，Sname，2016-Sage
    FROM Student;
```

在此例 BT_S 视图中，元组在出生年份属性 Sbirth 的分量是通过计算表达式 2016-Sage 得到的，此时称 Sbirth 属性为派生属性。

定义基本表时，为了减少数据库中的冗余数据，表中只存放基本数据，由基本数据经过各种计算派生出的数据一般不进行存储。但由于视图中的数据也不实际存储，因此定义视图时可以根据应用的需要设置一些派生属性。这些派生属性由于在基本表中并不实际存在，因此也称它们为虚拟列。带虚拟列的视图也称为带表达式的视图，BT_ S 视图就是带表达式的视图。还可以用带有聚集函数和 GROUP BY 子句的查询定义视图，这种视图称为分组视图。

【例 3.39】在【例 2.6】的 SC 表中，将学生的学号及平均成绩定义为一个视图，语句如下：

```
CREAT VIEW S_G (Sno，Gavg)
    AS
    SELECT Sno，AVG (Grade)
    FROM SC
    GROUP BY Sno;
```

由于 AS 子句中 SELECT 语句的属性列平均成绩是通过作用聚集函数得到的，因此 CREATE VIEW 中必须明确定义组成 S_C 视图的各个属性名，S_G 是一个分组视图。

【例 3.40】将【例 2.6】的 Student 表中所有女生的记录定义为一个视图。

语句如下：

```
CREATE VIEW F Student (F sno，name，sex，age，dept)
    AS
    SELECT *
    FROM Student
    WHERE Ssex='女';
```

此例视图 F_Student 由子查询 SELECT*建立。F_Student 视图的属性与 Student 表的属性一一对应。如果修改了基本表 Student 的结构，那么 Student 表与 F_Student 视图的映像关系也会发生改变，此时该视图不能正常工作。为了避免出现这类问题，最好在修改基本表结构之后删除以前所有从该基本表导出的视图，然后在修改后的基本表上重新建立视图。

2. 删除视图

删除视图语句的格式为：

```
DROP VIEW <视图名> [CASGADE]；
```

其中，CASGADE 表示在删除该视图的同时也删除所有在该视图上定义的视图。

注意，删除视图实际上是在数据字典中删除视图的定义。删除基本表虽然并不能删除该基本表上定义的视图，但是这些视图均无法使用。

【例 3.41】

```
删除视图 BT S 可表示为：DROP VIEW BT S；
删除视图 IS_S1可表示为：DROP VIEW IS_S1；
```

执行此语句时，由于 IS _S1 视图上还定义了 IS _S2 视图，因此该语句被拒绝执行。如果要删除视图 IS _S1，就需要使用级联删除语句：

```
DROP VIEW IS _S1 GASOAUE；   /*删除视图 IS_S1和由它导出的所有视图*/
```

3.5.2　查询视图

视图定义后，用户就可以像对基本表一样对视图进行查询。

【例 3.42】在信息系学生的视图 IS_Student 中找出年龄小于 20 岁的学生。

查询语句为：

```
SELECT Sno，Sage
   FROM IS Student
   WHERE Sage<20；
```

RDRMS 执行对视图的查询时，首先进行有效性检查。检查查询中涉及的表、视图等是否存在。如果存在，就从数据字典中取出视图的定义，把定义中的子查询和用户的查询结合起来，转换成等价的对基本表的查询，然后执行修正查询。这一转换过程称为视图消解。

本例转换后的查询语句为：

```
SELECT Sno，Sage
   FROM Student
   WHERE Sdept='IS' AND Sage<20；
```

【例 3.43】查询选修了 1 号课程的信息系学生。

查询语句为：

```
SELECT IS Student Sno，Sname
   FROM IS Student，SC
   WHERF IS_Student.Sno=SC. Sno AND SC.Cno='1'；
```

此例查询涉及视图 IS_Student 和基本表 SC，通过这两个表的连接完成查询任务。

一般情况下，视图查询的转换可以直接进行。但在有些情况下，当这种转换不能直接进行时，查询就会出现问题。

【例 3.44】在【例 3.39】定义的 S_G 视图中查询平均成绩在 90 分以上的学生的学号和平均成绩。

查询语句为：

```
SELECT*
   FROM S_G
   WHERE Gavg >=90;
```

【例 3.39】中定义 S_G 视图的子查询为：

```
SELECT Sno，AVG (Grade)
   FROM SC
   GROUP BY Sno;
```

将本例中的查询语句与定义 S_G 视图的子查询结合，形成下列查询语句：

```
SELECT Sno，AVG(Grade)
   FROM SC
   WHERE AVG (Grede) >=90
   GROUP BY Sno;
```

因为 WHERE 子句中不能用聚集函数作为条件表达式，所以执行此修正后的查询将会出现语法错误。正确转换的查询语句应该是：

```
SELECT Sno，AVG (Grade)
   FROM SC
   GROUP BY Sno
   HAVING AVG (Grade) >=90;
```

目前，多数关系数据库系统对行列子集视图的查询均能进行正确转换。但对非行列子集视图的查询就不一定能转换，因此这类查询应该直接对基本表进行查询。

3.5.3 更新视图

更新视图是指通过视图来插入（INSERT）、删除（DELETE）和修改（UPDATE）数据。

由于视图是不实际存储数据的虚表，因此对视图的更新最终要转换为对基本表的更新。像查询视图那样对视图的更新操作也是通过视图消解，转换为对基本表的更新操作。

为防止用户通过视图对数据进行增加、删除、修改时，有意无意地对不属于视图范围内的基本表数据进行操作，可在定义视图时加上 WITH CHECK OPTION 子句。这样，在视图上增、删、改数据时，RDBMS 会检查视图定义中的条件，若不满足条件，则拒绝执行该操作。

【例 3.45】将信息系学生视图 IS_Student 中学号为 20160002 的学生姓名改为“刘辰”。

```
UPDATE IS_Student
   SET Sname='刘辰'
```

```
    WHERE Sno='20160002';
```

转换后的更新语句为：

```
UPDATE Student
    SET Sname='刘辰'
    WHERE Sno='20160002' AND Sdept='IS';
```

【例 3.46】向信息系学生视图 IS_Student 中插入一个新学生的记录，其中学号为 20160006，姓名为赵新，年龄为 20 岁。

```
INSERT
    INTO IS_ Student
    VALUES ('20160006 ', '赵新', 20);
```

转换为对基本表的更新为：

```
INSERT
    INTO Student (Sno, Sname, Sage, Sdept)
    VALUES ('20160006 ', '赵新', 20,  'IS');
```

这里系统自动将系名'IS'放入 VALUES 子句中。

【例 3.47】删除信息系学生视图 IS_ Student 中学号为 20160004 的信息。

```
DELETE
    FROM IS Student
    WHERE Sno='20160004 ';
```

转换为对基本表的更新为：

```
DELETE
    FROM Student
    WHERE Sno='20160004 'AND Sdept='IS';
```

在关系数据库中，并不是所有的视图都是可更新的，因为有些视图的更新不能唯一且有意义地转换成对相应基本表的更新。

例如，【例 3.36】中定义的视图 S_G 由学号和平均成绩两个属性组成，其中平均成绩一项由 Student 表中对元组分组后计算平均值得来：

```
CREAT VIEW S G (Sno, Gavg)
    AS
    SELECT Sno, AVG (Grade)
    FROM SC
    GROUP BY Sno;
```

如果想把视图 S_G 中学号为 20160001 的学生的平均成绩改成 90 分，SQL 语句如下：

```
UPDATE S G
    SET Gavg=90
```

```
    WHERE Sno='20160001';
```

但对这个视图的更新无法转换成对基本表 SC 的更新，因为系统无法修改各科成绩，以使平均成绩成为 90，所以 S_G 视图不可更新。

一般情况下，行列子集视图可以更新。除此之外，还有一些理论上可以更新的视图，但是它们确切的特征还是尚待研究的课题。还有一些理论上就不可更新的视图。

目前，各个关系数据库系统一般都只允许对行列子集视图进行更新，而且各个系统对视图的更新还有更进一步的规定，由于各个系统实现方法上的差异，这些规定也不尽相同。

3.5.4 视图的作用

视图是从基本表导出的虚表，对视图的所有操作实际上都转换为对基本表的操作。虽然对于非行列子集视图进行查询或更新时有可能出现问题，但是合理的使用视图能够带来许多好处。

1. 视图能够简化用户的操作

视图机制使用户可以将注意力集中在所关心的数据上，如果这些数据不是直接来自基本表，就可以通过定义视图使数据库看起来结构简单、清晰，并且可以简化用户的数据查询操作。例如，那些定义了若干张表连接的视图，就将表与表之间的连接操作对用户隐藏起来了。换句话说，用户所做的只是对一个虚表的简单查询，而这个虚表是怎样得来的，用户无须了解。

2. 视图使用户能以多种角度看待同一个数据

视图机制能使不同的用户以不同的方式看待同一个数据，当许多不同种类的用户共享同一个数据库时，这种灵活性是非常重要的。

3. 视图对重构数据库提供了一定程度的逻辑独立性

数据的逻辑独立性是指当数据库重构造时（如增加新的关系或对原有关系增加新的属性等），用户的应用程序不会受影响。

在关系数据库中，数据库的重构往往是不可避免的。重构数据库最常见的是将一个基本表“垂直”地分成多个基本表。例如，将学生关系：

```
    Student (Sno, Sname, Ssex, Sage, Sdept)
```

分解为 SX（Sno，Sname，Sage）和 SY（Sno，Ssex，Sdept）两个关系。这时，原表 Student 为 SX 表和 SY 表自然连接的结果。

如果建立一个视图 Student：

```
CREATE VIEW Student (Sno, Sname, Ssex, Sage, Sdept)
    AS
    SELECT SX.Sno, SX.Sanme, SY.Ssex, SX.Sage, SY.Sdept
    FROM SX, SY
    WHERE SX. Sno=SY. Sno;
```

这样尽管数据库的逻辑结构改变了（变为 SX 和 SY 两个表），不过应用程序不必修改，因为新建立的视图定义为用户原来的关系，使用户的外模式保持不变，用户的应用程序通过视图仍然能够查找数据。

当然，视图只能在一定程度上提供数据的逻辑独立性。例如，由于对视图的更新是有条件的，因此应用程序中修改数据的语句可能仍会因基本表结构的改变而改变。

4. 视图能够对机密数据提供安全保护

有了视图机制，就可以在设计数据库应用系统时对不同的用户定义不同的视图，使机密数据不出现在不应看到这些数据的用户视图上。这样视图机制就自动提供了对机密数据的安全保护功能。例如，Student 表涉及全校 15 个院系的学生数据，可以在表中定义 15 个视图，每个视图只包含一个院系的学生数据，并且只允许每个院系的主任查询和修改自己系的学生视图。

5. 适当地利用视图可以更清晰地表达查询

例如，经常需要执行这样的查询，“找出每个同学获得最高成绩的课程号”。可以先定义一个视图，求出每个同学获得的最高成绩：

```
CREATE VIEW VMGRADE
    AS
    SELECT Sno, MAX (Grade) Mgrade
    FROM SC
    GROUP BY Sno;
```

然后用如下查询语句完成查询：

```
SELECT SC. Sno, Cno
    FROM SC, VMGRADE
    WHERE SC. Sno=VMGRADE.Sno AND SC.Grade=VMGRADE.Mgrade;
```

3.6 习题

（1）试述 SQL 的特点。

（2）试述 SQL 的定义功能。

（3）试述什么是基本表？什么是视图？两者的区别和联系是什么？

（4）试述视图的优点。

（5）所有视图是否都可以更新，为什么？

（6）哪类视图可以更新？哪类视图不可以更新？各举一例说明。

（7）试述某个你熟悉的实际系统中对视图更新的规定。

（8）根据第 2 章习题 3 中的表，为三建工程项目建立一个供应情况的视图，包括供应商代码（SNO）、零件代码（PNO）、供应数量（QTY)。针对该视图完成下列查询：

① 找出三建工程项目使用的各种零件代码及其数量。

② 找出供应商 S1 的供应情况。

第 4 章

数据库设计与编程

信息技术工程人员在总结信息资源开发、管理和服务的各种手段时，认为最有效的是数据库技术。数据库设计问题从小型的单项事务处理系统到大型、复杂的信息系统都用先进的数据库技术保持系统数据的整体性、完整性和共享性。本章讨论数据库设计的方法和技术，内容涉及基于 RDBMS 的关系数据库设计问题，如数据库设计的基本步骤、运维、需求分析及概念结构设计等。

4.1 数据库设计概述

在数据库领域，通常把以数据库为基础的各种管理信息系统、办公自动化系统、地理信息系统、电子政务系统、电子商务系统等都称为数据库应用系统。广义地讲，数据库设计是数据库及其应用系统的设计，即设计整个数据库应用系统。狭义地讲，设计数据库就是设计数据库的各级模式并建立数据库。一个好的数据库结构是应用系统的基础。当然，设计一个好的数据库与设计一个好的数据库应用系统是密不可分的。

数据库设计是指对于一个给定的应用环境，构造（设计）优化的数据库逻辑模式和物理结构，并据此建立数据库及其应用系统，使其能够有效地存储和管理数据，满足各种用户的应用需求，包括信息管理要求和数据操作要求。信息管理要求是指在数据库中应该存储和管理哪些数据对象；数据操作要求是指对数据对象需要进行哪些操作，如查询、增、删、改、统计等操作。数据库设计的目标是为用户和各种应用系统提供一个信息基础设施和高效率的运行环境。

4.1.1 数据库设计的特点

数据库建设是指数据库应用系统从设计、实施到运行与维护的全过程。数据库建设和一般软件系统的设计、开发和运行与维护有许多相同之处，更有其自身的一些特点。

1. 数据库建设的基本规律

“三分技术，七分管理，十二分基础数据”是数据库设计的特点之一。数据库建设不仅涉及技术，还涉及管理。要设计好一个数据库应用系统，开发技术固然重要，但是相比之下，管理更加重要。这里的管理不仅包括数据库建设作为一个大型的工程项目本身的项目管理，还包括该企业（应用部门）的业务管理。

企业的业务管理更加复杂，也更重要，对数据库结构的设计有直接影响。这是因为数据库结构（即数据库模式）是对企业中业务部门的数据以及各个业务部门之间数据联系的描述和抽象。业务部门数据以及各个业务部门之间数据的联系是和各个部门的职能、整个企业的管理模式密切相关的。

十二分基础数据则强调了数据的收集、管理、组织和不断更新是数据库建设中的重要环节。人们往往忽视基础数据在数据库建设中的地位和作用。基础数据的收集、入库是数据库建立初期工作量最大、最烦琐、最细致的工作。在以后数据库运行的过程中，更需要不断地把新的数据加入数据库中，使数据库成为一个“活库”，否则就成了“死库”。

2. 结构设计和行为设计

数据库设计应该和应用系统设计相结合。也就是说，在整个设计过程中，要把数据库结构设计和对数据的处理设计密切结合起来。这是数据库设计的第二个特点。

数据库设计有专门的技术和理论，因此需要专门讲解数据库设计。但这并不等于数据库设计和在数据库之上开发应用系统是相互分离的。相反，必须强调设计过程中数据库设计和应用程序设计的密切结合，并把它作为数据库设计的重要特点。

早期的数据库设计致力于数据模型和数据库建模方法的研究，着重于结构特性的设计，而忽视了行为设计对结构设计的影响，这种方法也是不完善的，应该强调在数据库设计中把结构特性和行为特性结合起来。

4.1.2　数据库设计的方法

数据库设计是涉及多学科的综合性技术，要求从事数据库设计的专业人员具备多方面的技术和知识。主要包括：

- 计算机科学与技术的基础知识。
- 软件工程的原理和方法。
- 程序设计的方法和技巧。
- 数据库的基本知识。
- 数据库设计技术。
- 应用领域的知识。

这样才能设计出符合具体领域要求的数据库及其应用系统。

设计的质量往往与设计人员的经验与水平有直接的关系。数据库设计是一种技艺，缺乏科学理论和工程方法的支持，设计质量难以保证。常常是数据库运行一段时间后才不同程度地发现各种问题，需要进行修改甚至重新设计，增加了系统维护的代价。

为此，人们努力探索，提出了各种数据库设计方法，例如：

- 新奥尔良（New Orleans）方法。该方法把数据库设计分为若干阶段和步骤，并采用一些辅助手段实现每一个过程。该方法运用软件工程的思想，按一定的设计规程用工程化的方法设计数据库。新奥尔良方法属于规范设计法，从本质上看，仍然是手工设计方法，基本思想是过程迭代和逐步求精。

- 基于 E-R 模型的数据库设计方法。该方法用 E-R 模型设计数据库的概念模型，是数据库概念设计阶段广泛采用的方法。
- 3NF（第三范式）的设计方法。该方法用关系数据理论为指导来设计数据库的逻辑模型，是设计关系数据库时在逻辑阶段可以采用的一种有效方法。
- ODL（Object Definition Language）方法。这是面向对象的数据库设计方法，该方法用面向对象的概念和术语来说明数据库结构。UUL 可以描述面向对象数据库结构设计，还可以直接转换为面向对象的数据库。

数据库工作者一直在研究和开发数据库设计工具。经过多年的努力，数据库设计工具已经实用化和产品化。例如，Designer 2000 和 PowerDesigner 分别是 ORACLE 公司和 SYBASE 公司推出的数据库设计工具软件，这些工具软件可以辅助设计人员完成数据库设计过程中的很多任务，已经普遍地用于大型数据库设计中。

4.1.3 数据库设计的步骤

按照规范设计的方法考虑数据库及其应用系统开发的全过程，将数据库设计分为以下 6 个阶段：

- 需求分析。
- 概念结构设计。
- 逻辑结构设计。
- 物理结构设计。
- 数据库实施。
- 数据库运行和维护。

在数据库设计的过程中，需求分析和概念设计可以独立于任何数据库管理系统进行。逻辑设计和物理设计与选用的 DBMS 密切相关。

如果所设计的数据库应用系统比较复杂，还应该考虑是否需要使用数据库设计工具以及选用何种工具，以提高数据库设计质量并减少设计工作量。

1. 需求分析阶段

进行数据库设计首先必须准确了解与分析用户需求。需求分析是整个设计过程的基础，是最困难、最耗费时间的一步。作为“地基”的需求分析是否做得充分与准确，决定了在其上构建数据库大厦的速度与质量。需求分析做得不好，甚至会导致整个数据库设计返工重做。

2. 概念结构设计阶段

概念结构设计是整个数据库设计的关键，通过对用户需求进行综合、归纳与抽象，形成一个独立于具体 DBMS 的概念模型。

3. 逻辑结构设计阶段

逻辑结构设计是将概念结构转换为某个 DBMS 所支持的数据模型，并对其进行优化。

4. 物理设计阶段

物理设计是为逻辑数据模型选取最适合应用环境的物理结构（包括存储结构和存取方法）。

5. 数据库实施阶段

在数据库实施阶段，设计人员运用 DBMS 提供的数据库语言（如 SQL）及其宿主语言，根据逻辑设计和物理设计的结果建立数据库、编制与调试应用程序、组织数据库，并进行试运行。

6. 数据库运行和维护阶段

数据库应用系统经过试运行后即可投入正式运行。在数据库系统运行过程中必须不断地对其进行评价、调整与修改。

设计一个完善的数据库应用系统是不可能一蹴而就的，往往需要上述 6 个阶段不断反复。

4.1.4　数据库设计中的各级模式

按照 4.1.3 小节的设计过程，数据库设计的不同阶段形成数据库的各级模式，如图 4-1 所示。在需求分析阶段，综合各个用户的应用需求；在概念设计阶段，形成独立于机器特点、独立于各个 DBMS 产品的概念模式；在逻辑设计阶段，将 E-R 图转换成具体的数据库产品支持的数据模型（如关系模型），形成数据库逻辑模式，然后根据用户处理的要求、安全性的考虑，在基本表的基础上再建立必要的视图（View），形成数据的外模式；在物理设计阶段，根据 DBMS 特点和处理的需要进行物理存储，安排建立索引，形成数据库内模式。

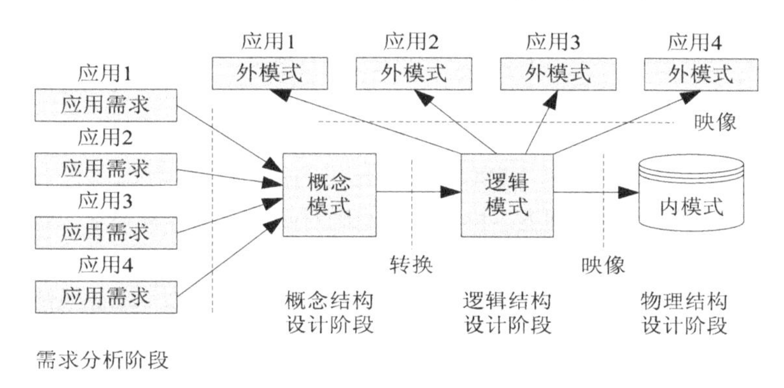

图 4-1　数据库的各级模式

下面以4.1.3小节的设计过程为主线，讨论数据库设计各个阶段的设计内容、设计方法和工具。

4.2 需求分析

需求分析是设计数据库的起点，分析用户的要求，需求分析的结果是否准确地反映了用户的实际要求将直接影响后面各个阶段的设计，并影响设计结果是否合理和实用。

1. 需求分析的任务

需求分析的任务是通过详细调查现实世界要处理的对象（组织、部门、企业等）充分了解原系统（手工系统或计算机系统）的工作概况，明确用户的各种需求，然后在此基础上确定新系统的功能。新系统必须充分考虑今后可能的扩充和改变，不能仅按当前应用需求来设计数据库。

调查的重点是“数据”和“处理”，通过调查、收集与分析获得用户对数据库的如下要求：

（1）信息要求。指用户需要从数据库中获得信息的内容与性质，由信息要求可以导出数据要求，即在数据库中需要存储哪些数据。

（2）处理要求。指用户要完成哪些处理功能，对处理的响应时间有什么要求，处理方式是批处理还是联机处理。

（3）安全性与完整性要求。

确定用户的最终需求是一件很困难的事，一方面，因为用户缺少计算机知识，所以往往不能准确地表达自己的需求，所提出的需求往往不断变化；另一方面，设计人员缺少用户的专业知识，不易理解用户的真正需求，甚至误解用户的需求。因此，设计人员必须不断深入地与用户交流才能逐步确定用户的实际需求。

2. 需求分析的方法

进行需求分析首先要调查清楚用户的实际要求，与用户达成共识，然后分析与表达这些需求，调查用户需求的具体步骤是：

（1）调查组织机构情况。包括了解该组织的部门组成情况、各部门的职责等，为分析信息流程做准备。

（2）调查各部门的业务活动情况。包括了解各个部门输入和使用什么数据、如何加工处理这些数据、输出什么信息、输出到什么部门、输出结果的格式是什么。

（3）在熟悉了业务活动的基础上，协助用户明确对新系统的各种要求，包括信息要求、处理要求、安全性与完整性要求等。

（4）确定新系统的边界。对前面调查的结果进行初步分析，确定哪此功能由计算机完成或将来准备让计算机完成，哪些活动由人工完成。由计算机完成的功能就是新系统应该实现的功能。

在调查过程中，可以根据不同的问题和条件使用不同的调查方法。常用的调查方法有：

（1）跟班作业。通过亲身参加业务工作来了解业务活动的情况。
（2）开调查会。通过与用户座谈来了解业务活动情况和用户需求。
（3）请专人介绍。
（4）询问。对某些调查中的问题可以找专人询问。
（5）设计调查表让用户填写。如果调查表设计得合理，这种方法就很有效。
（6）查阅记录。查阅与原系统有关的数据记录。

做需求调查时，往往需要同时采用上述多种方法。但无论使用何种调查方法，都必须有用户的积极参与和配合。

3. 数据字典

数据字典是系统中各类数据描述的集合，是进行详细的数据收集和数据分析所获得的主要成果。数据字典在数据库设计中占有很重要的地位。

数据字典通常包括数据项、数据结构、数据流、数据存储和处理过程 5 部分。其中，数据项是数据的最小组成单位，若干个数据项可以组成一个数据结构，数据字典通过对数据项和数据结构的定义来描述数据流、数据存储的逻辑内容。

（1）数据项

数据项是不可再分的数据单位。对数据项的描述通常包括以下内容：

数据项描述={数据项名，数据项含义说明，别名，数据类型，长度，取值范围，取值含义，与其他数据项的逻辑关系，数据项之间的联系}

可以以关系规范化理论为指导，用数据依赖的概念分析和表示数据项之间的联系。也就是按实际语义写出每个数据项之间的数据依赖，这是数据库逻辑设计阶段数据模型优化的依据。

（2）数据结构

数据结构反映了数据之间的组合关系。一个数据结构可以由若干个数据项组成，也可以由若干个数据结构组成，或者由若干个数据项和数据结构混合组成。

数据结构描述＝{数据结构名，含义说明，组成：{数据项或数据结构}}

（3）数据流

数据流是数据结构在系统内传输的路径。

数据流描述＝{数据流名，说明，数据流来源，数据流去向，组成：{数据结构}，平均流量，高峰期流量}

（4）数据存储

数据存储是数据结构停留或保存的地方，也是数据流的来源和去向之一。数据存储可以是手工文档或手工凭单，也可以是计算机文档。

数据存储描述={数据存储名，说明，编号，输入的数据流，输出的数据流，组成：{数据结构}，数据量，存取频度，存取方式}

（5）处理过程

处理过程的具体处理逻辑一般用判定表或判定树来描述。在数据字典中，只需要描述处理过程的说明性信息，通常包括以下内容：

处理过程描述={处理过程名，说明，输入：{数据流}，输出：{数据流}，处理：{简要说明}}

可见，数据字典是关于数据库中数据的描述（元数据），而不是数据本身。数据字典是在需求分析阶段建立的，在数据库设计过程中不断修改、充实和完善。

4.3 概念设计

将需求分析得到的用户需求抽象为信息结构（概念模型）的过程就是概念结构设计。这是整个数据库设计的关键。

1. 概念结构

在需求分析阶段所得到的应用需求应该首先抽象为信息世界的结构，这样才能更好地、更准确地用某一 DBMS 实现这些需求。

概念结构的主要特点是：

（1）能真实、充分地反映现实世界，事物和事物之间的联系能满足用户对数据的处理要求，是现实世界的一个真实模型。

（2）易于理解，可以用它和不熟悉计算机的用户交换意见，用户的积极参与是数据库设计成功的关键。

（3）易于更改，当应用环境和应用要求改变时，容易对概念模型修改和扩充。

（4）易于向关系、网状、层次等各种数据模型转换。

概念结构是各种数据模型的共同基础，它比数据模型更独立于机器、更抽象，进而更加稳定。

描述概念模型的有力工具是 E-R 模型，有关 E-R 模型的基本概念已在第 1 章介绍过。下面将用 E-R 模型来描述概念结构。

2. 概念结构设计的方法与步骤

设计概念结构通常有 4 种方法：

（1）自顶向下，首先定义全局概念结构的框架，然后逐步细化。

（2）自底向上，首先定义各局部应用的概念结构，然后将它们集成起来，得到全局概念结构。

（3）逐步扩张，首先定义最重要的核心概念结构，然后向外扩充，以滚雪球的方式逐步生成其他概念结构，直至总体概念结构。

（4）混合策略，将自顶向下和自底向上相结合，用自顶向下策略设计一个全局概念结构的框架，以它为骨架集成在自底向上策略中设计的各局部概念结构。

其中，最经常采用的策略是自底向上方法，即自顶向下地进行需求分析，然后自底向上地设计概念结构。

3. 数据抽象与局部视图设计

概念结构是对现实世界的一种抽象。所谓抽象，是指对实际的人、物、事和概念进行人为处理，抽取所关心的共同特性，忽略非本质的细节，并把这些特性用各种概念精确地加以描述，这些概念组成了某种模型。

一般有 3 种抽象：

（1）分类（Classification）

定义某一类概念作为现实世界中一组对象的类型。这些对象具有某些共同的特性和行为。它抽象了对象值和型之间的 is member of 语义。在 E-R 模型中，实体型就是这种抽象。

（2）聚集（Aggregation）

定义某一类型的组成成分。它抽象了对象内部类型和成分之间 is part of 的语义。在 E-R 模型中，若干属性的聚集组成实体型就是这种抽象。

（3）概括（Generalization）

定义类型之间的一种子集联系。它抽象了类型之间的 is subset of 语义。例如，学生是一个实体型，本科生、研究生也是实体型。本科生、研究生均是学生的子集。把学生称为超类（Superclass），本科生、研究生称为学生的子类（Subclass）。

4. 概念结构设计步骤

概念结构设计的第一步是利用上面介绍的抽象机制对需求分析阶段收集到的数据进行分类、组织（聚集），形成实体、实体的属性，标识实体的码，确定实体之间的联系类型（1:1，1:n，m:n），设计分 E-R 图。

5. 视图的集成

各个子系统的分 E-R 图设计好以后，下一步就是将所有的分 E-R 图综合成一个系统的总 E-R 图。一般说来，视图集成可以有两种方式：

- 多个分 E-R 图一次集成。
- 逐步集成，用累加的方式一次集成两个分 E-R 图。

第一种方法比较复杂，做起来难度校大。第二种方法每次只集成两个分 E-R 图，可以降低复杂度。

无论采用哪种方式，每次集成局部 E-R 图时都需要分两步走：

（1）合并，解决各个分 E-R 图之间的冲突，将各个分 E-R 图合并起来，生成初步 E-R 图。

（2）修改和重构，消除不必要的冗余，生成基本 E-R 图。

概念结构设计如图 4-2 所示。合并分 E-R 图时，各个局部应用所面对的问题不同，且通常由不同的设计人员进行局部视图设计，这就导致各个分 E-R 图之间必定存在许多不一致的地方，称之为冲突。因此，合并 E-R 图时并不能简单地将各个分 E-R 图画到一起，而是必须着力消除各个分 E-R 图中的不一致，以形成一个能被全系统中所有用户共同理解和接受的统一概念模型。合理消除各个分 E-R 图的冲突是合并分 E-R 图的关键所在，各个分 E-R 图之间的冲突主要有 3 类：属性冲突、命名冲突和结构冲突。

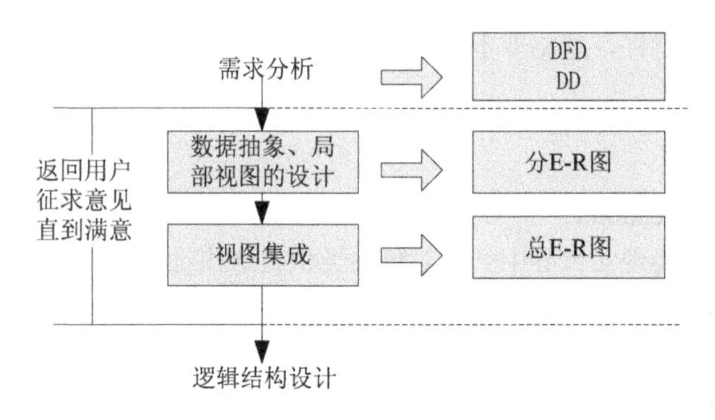

图 4-2　概念结构设计

消除不必要的冗余，设计基本 E-R 图。在初步 E-R 图中可能存在一些冗余的数据和实体间冗余的联系。所谓冗余的数据，是指可由基本数据导出的数据，冗余的联系是指可由其他联系导出的联系。冗余数据和冗余联系容易破坏数据库的完整性，为数据库维护增加困难，应当予以消除。消除冗余后的初步 E-R 图称为基本 E-R 图。

消除冗余主要采用分析方法，即以数据字典和数据流图为依据，根据数据字典中关于数据项之间逻辑关系的说明来消除冗余。

并不是所有冗余数据与冗余联系都必须加以消除，有时为了提高效率，不得不以冗余信息作为代价。因此，在设计数据库概念结构时，哪些冗余信息必须消除，哪些冗余信息允许存在，需要根据用户的整体需求来确定。如果想人为地保留一些冗余数据，就应该把数据字典中数据关联的说明作为完整性约束条件。

4.4 逻辑设计

概念结构是独立于任何一种数据模型的信息结构。逻辑结构设计的任务是把概念结构设计阶段设计好的基本 E-R 图转换为与选用 DBMS 产品所支持的数据模型相符合的逻辑结构。

从理论上讲，设计逻辑结构应该选择最适合相应概念结构的数据模型，然后对支持这种数据模型的各种 DBMS 进行比较，从中选出最合适的 DBMS，但实际情况往往已经给定了某种 DBMS，设计人员没有选择的余地。目前，DBMS 产品一般支持关系、网状、层次 3 种模型中的某一种。对于某一种数据模型，各个机器系统又有许多不同的限制，并且提供不同的环境与工具。所以设计逻辑结构时一般分 3 步进行：

（1）将概念结构转换为一般的关系、网状、层次模型。

（2）将转换来的关系、网状、层次模型向特定 DBMS 支持下的数据模型转换。

（3）对数据模型进行优化。

图 4-3 所示是逻辑结构设计时的 3 个步骤。目前，新设计的数据库应用系统大都采用支持关系数据模型的 RUBMS，所以这里只介绍 E-R 图向关系数据模型转换的原则与方法。

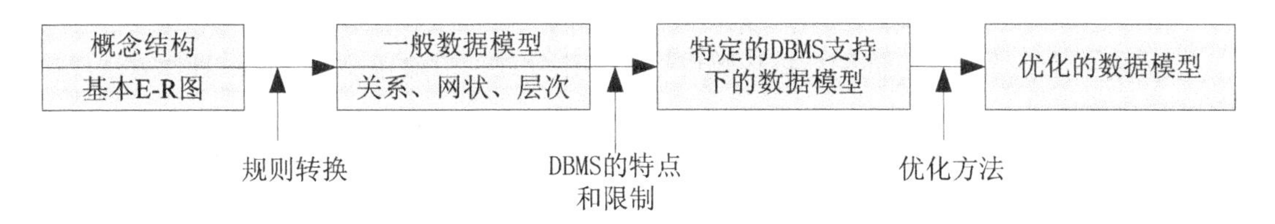

图 4-3 逻辑结构设计时的 3 个步骤

1. E-R 图向关系模型的转换

E-R 图向关系模型的转换要解决的问题是如何将实体型和实体间的联系转换为关系模式，以及如何确定这些关系模式的属性和码。

关系模型的逻辑结构是一组关系模式的集合。E-R 图则是由实体型、实体的属性和实体型之间的联系 3 个要素组成的。所以，将 E-R 图转换为关系模型实际上就是将实体型、实体的属性和实体型之间的联系转换为关系模式，这种转换一般遵循的原则是，一个实体型转换为一个关系模式。实体的属性就是关系的属性，实体的码就是关系的码。

对于实体型间的联系有以下不同的情况：

（1）一个 1:1 联系可以转换为一个独立的关系模式，也可以与任意一端对应的关系模式合并。如果转换为一个独立的关系模式，与该联系相连的各个实体的码以及联系本身的属性就全部转换为关系的属性，每个实体的码均是该关系的候选码。如果与某一端实体对应的关系模式合并，就需要在该关系模式的属性中加入另一个关系模式的码和联系本身的属性。

（2）一个 1:n 联系可以转换为一个独立的关系模式，也可以与 n 端对应的关系模式合并。如果转换为一个独立的关系模式，与该联系相连的各个实体的码以及联系本身的属性就全部转换为关系的属性，而关系的码为 n 端实体的码。

（3）一个 m:n 联系转换为一个关系模式，与该联系相连的各个实体的码以及联系本身的属性均转换为关系的属性，各个实体的码组成关系的码或关系码的一部分。

（4）3 个或 3 个以上实体间的多元联系可以转换为一个关系模式。与该多元联系相连的各个实体的码以及联系本身的属性均转换为关系的属性，各个实体的码组成关系的码或关系码的一部分。

（5）具有相同码的关系模式可合并。

2. 数据模型的优化

数据库逻辑设计的结果不是唯一的。为了进一步提高数据库应用系统的性能，还应该根据应用需要适当地修改、调整数据模型的结构，这就是数据模型的优化。关系数据模型的优化通常以规范化理论为指导，方法为：

（1）确定数据依赖。第 2.4.1 小节中已讲到用数据依赖的概念分析和表示数据项之间的联系，并写出每个数据项之间的数据依赖。按需求分析阶段所得到的语义分别写出每个关系模式内部各个属性之间的数据依赖以及不同关系模式属性之间的数据依赖。

（2）对各个关系模式之间的数据依赖进行极小化处理，消除冗余的联系，具体方法已在第 2.4.2 小节中讲解过。

（3）按照数据依赖的理论对关系模式逐一进行分析，考察是否存在部分函数依赖、传递函数依赖、多值依赖等，确定各个关系模式分别属于第几范式。

（4）按照需求分析阶段得到的处理要求分析对于这样的应用环境这些模式是否合适，确定是否要对某些模式进行合并或分解。

（5）对关系模式进行必要的分解，提高数据操作的效率和存储空间的利用率。常用的两种分解方法是水平分解和垂直分解。

水平分解是把基本关系的元组分为若干子集合，定义每个子集合为一个子关系，以提高系统的效率。根据“80/20 原则”，在一个大关系中，经常被使用的数据只是关系的一部分，约 20%，可以把经常使用的数据分解出来，形成一个子关系。如果关系 R 上具有几个事务，而且多数事务存取的数据不相交，R 就可以分解为少于或等于 n 个子关系，使每个事务存取的数据对应一个关系。

垂直分解是把关系模式 R 的属性分解为若干子集合，形成若干子关系模式。垂直分解的原则是，经常在一起使用的属性从 R 中分解出来形成一个子关系模式。垂直分解可以提高某些事务的效率，但也可能使另一些事务不得不执行连接操作，从而降低了效率。因此，是否进行垂直分解取决于分解后 R 上所有事务的总效率是否得到了提高。垂直分解需要确保无损连接性和保持函数依赖，即保证分解后的关系具有无损连接性和保持函数依赖性。

3. 设计用户子模式

将概念模型转换为全局逻辑模型后，还应该根据局部应用需求，结合具体 DBMS 的特点设计用户的外模式。

目前，关系数据库管理系统一般都提供视图（View）概念，可以利用这一功能设计更符合局部用户需要的用户外模式。

定义数据库全局模式主要从系统的时间效率、空间效率、易维护等角度出发。由于用户外模式与模式是相对独立的，因此在定义用户外模式时可以着重考虑用户的习惯与方便性。

（1）使用更符合用户习惯的别名

在合并各分 E-R 图时，曾做了消除命名冲突的工作，以使数据库系统中同一关系和属性具有唯一的名字。这在设计数据库整体结构时是非常必要的。用 View 机制可以在设计用户 View

时重新定义某些属性名，使得与用户习惯一致，以方便使用。

（2）可以对不同级别的用户定义不同的 View，以保证系统的安全性。

（3）简化用户对系统的使用。

如果某些局部应用中经常要使用很复杂的查询，为了方便用户，可以将这些复杂查询定义为视图，用户每次只对定义好的视图进行查询，从而大大简化用户的使用。

4.5 数据库的物理设计

数据库在物理设备上的存储结构与存取方法称为数据库的物理结构，依赖于选定数据库的管理系统。为一个给定的逻辑数据模型选取一个最适合应用要求的物理结构的过程就是数据库的物理设计。

数据库的物理设计通常分为两步：

（1）确定数据库的物理结构，在关系数据库中主要指存取方法和存储结构。

（2）对物理结构进行评价，评价的重点是时间和空间效率。

如果评价结果满足原设计要求，就可以进入物理实施阶段，否则需要重新设计或修改物理结构，有时甚至要返回逻辑设计阶段修改数据模型。

1. 数据库物理设计的内容和方法

不同的数据库产品所提供的物理环境、存取方法和存储结构有很大差别，能供设计人员使用的设计变量，参数范围也不相同，因此没有通用的物理设计方法可遵循，只能给出一般的设计内容和原则。希望能够设计优化的物理数据库结构，使得在数据库上运行的各种事务响应时间小、存储空间利用率高、事务吞吐率大。为此，首先对要运行的事务进行详细分析，获得选择物理数据库设计所需要的参数。其次，要充分了解所用 RDBMS 的内部特征，特别是系统提供的存取方法和存储结构。

对于数据库查询事务，需要得到如下信息：

- 查询的关系。
- 查询条件所涉及的属性。
- 连接条件所涉及的属性。
- 查询的投影属性。

对于数据更新事务，需要得到如下信息：

- 被更新的关系。
- 每个关系的更新操作条件所涉及的属性。
- 修改操作要改变的属性值。

上述这些信息是确定关系存取方法的依据。

应注意的是，数据库上运行的事务会不断变化、增加或减少，以后需要根据上述设计信息的变化调整数据库的物理结构。通常，关系数据库物理设计的内容包括：

- 为关系模式选择存取方法。
- 设计关系、索引等数据库文件的物理存储结构。

下面介绍这些设计内容和方法。

2. 关系模式存取方法选择

数据库系统是多用户共享的系统，对同一个关系要建立多条存取路径才能满足多用户的多种应用要求。物理设计的任务之一就是确定选择哪些存取方法，即建立哪些存取路径。

存取方法是快速存取数据库中数据的技术。数据库管理系统一般都提供多种存取方法。常用的存取方法有三类。第一类是索引方法，目前主要使用的是 B＋树索引方法；第二类是聚簇（Cluster）方法；第三类是 HASH 方法（三种方法的定义可以参照《数据库系统概论》一书）。

3. 确定数据库的存储结构

确定数据库物理结构主要是指确定数据的存放位置和存储结构，包括确定关系、索引、聚簇、日志、备份等的存储安排和存储结构，以及确定系统配置等。

确定数据的存放位置和存储结构要综合考虑存取时间、存储空间利用率和维护代价 3 方面的因素。这 3 方面常常是相互矛盾的，因此需要进行权衡，选择一个折中方案。

（1）确定数据的存放位置

为了提高系统性能，应该根据应用情况将数据的易变部分与稳定部分、经常存取部分和存取频率较低部分分开存放。例如，目前许多计算机有多个磁盘或磁盘阵列，可以将表和索引放在不同的磁盘上，在查询时，由于磁盘驱动器并行工作，因此可以提高物理 I/O 读写的效率；也可以将比较大的表分放在两个磁盘上，以加快存取速度，这在多用户环境下特别有效；还可以将日志文件与数据库对象（如表、索引等）放在不同的磁盘上，以改进系统的性能。由于各个系统所能提供的对数据进行物理安排的手段、方法差异很大，因此设计人员应仔细了解给定的 RDBMS 提供的方法和参数针对应用环境的要求，对数据进行适当的物理安排。

（2）确定系统配置

DBMS 产品一般都会提供一些系统配置变量和存储分配参数供设计人员和 DBA 对数据库进行物理优化。在初始情况下，系统都会为这些变量赋予合理的默认值。但是这些值不一定适合每一种应用环境，在进行物理设计时，需要重新对这些变量赋值，以改善系统的性能。系统配置变量很多，如同时使用数据库的用户数、同时打开的数据库对象数、内存分配参数、缓冲区分配参数（使用的缓冲区长度、个数）、存储分配参数、物理块的大小、物理块装填因子、时间片大小、数据库的大小、锁的数目等。这些参数值影响存取时间和存储空间的分配，在物理设计时要根据应用环境确定这些参数值，以使系统性能最佳。在物理设计时，对系统配置变量的调整只是初步的，在系统运行时还要根据系统实际运行情况做进一步的调整，以期切实改进系统性能。

4. 评价物理结构

数据库物理设计过程中需要对时间效率、空间效率、维护代价和各种用户要求进行权衡，结果可以产生多种方案。数据库设计人员必须对这些方案进行细致的评价，从中选择一种较优的方案作为数据库的物理结构。评价物理数据库的方法完全依赖于所选用的 DBMS，主要是从定量估算各种方案的存储空间、存取时间和维护代价入手，对估算结果进行权衡、比较，选择一种较优、合理的物理结构。如果该结构不符合用户需求，就需要修改设计。

4.6 实施与维护

完成数据库的物理设计之后，设计人员就要用 RDBMS 提供的数据定义语言和其他实用程序将数据库逻辑设计和物理设计结果严格描述出来，成为 DBMS 可以接受的源代码，再经过调试产生目标模式；然后就可以组织数据入库了，这就是数据库实施阶段。

1. 数据的载入和应用程序的调试

数据库实施阶段有两项重要的工作，一项是数据的载入；另一项是应用程序的编码和调试。

一般数据库系统中的数据量都很大，而且数据来源于部门中的各个不同的单位，数据的组织方式、结构和格式都与新设计的数据库系统有相当大的差距。组织数据录入就要将各类资源数据从各个局部应用中抽取出来，然后输入计算机，再分类转换，最后综合成符合新设计的数据库结构形式输入数据库。因此，这样的数据转换、组织入库的工作是相当费力、费时的。特别是原系统是手动处理系统数据时，各类数据分散在各种不同的原始表格、凭证、单据之中。在向新的数据库系统中输入数据时，还要处理大量的纸质文件，工作量就更大。为提高数据输入工作的效率和质量，应该针对具体的应用环境设计一个数据录入系统，由计算机完成数据入库的任务。在源数据入库之前，要采用多种方法对它们进行检验，以防止不正确的数据入库，这部分工作在整个数据输入子系统中是非常重要的。

现有的 RDBMS 一般都提供不同 RDBMS 之间数据转换的工具，如果原来是数据库系统，就要充分利用新系统的数据转换工具。数据库应用程序的设计应该与数据库设计同时进行，因此在组织数据入库的同时还要调试应用程序。应用程序的设计、编码和调试的方法、步骤在软件工程等课程中有详细讲解，这里就不赘述了。

2. 数据库的试运行

在原有系统的数据有一小部分已输入数据库后，就可以开始对数据库系统进行联合调试了，这又称为数据库的试运行。这一阶段要实际运行数据库应用程序，执行对数据库的各种操作，测试应用程序的功能是否满足设计要求。如果不满足，就对应用程序部分进行修改、调整，直到达到设计要求为止。

在数据库试运行时，还要测试系统的性能指标，分析其是否达到设计目标。在对数据库进行物理设计时已初步确定了系统的物理参数值，但一般情况下，设计时的考虑在许多方面只是近似的估计，和实际系统运行总有一定的差距，因此必须在试运行阶段实际测量和评价系统性能指标。事实上，有些参数的最佳值往往是经过运行调试后找到的。如果测试的结果与设计目标不符，就要返回物理设计阶段重新调整物理结构、修改系统参数，在某些情况下，甚至要返回逻辑设计阶段修改逻辑结构。

3. 数据库的运行和维护

数据库试运行合格后，数据库开发工作就基本完成了，也就可以正式投入运行了。但是，由于应用环境在不断变化，数据库运行过程中物理存储也会不断变化，因此对数据库设计进行评价、调整、修改等维护工作是长期的任务，也是设计工作的继续和提高。

在数据库运行阶段，通常对数据库的维护工作是由 DBA 完成的，包括以内容：

（1）数据库的转储和恢复

数据库的转储和恢复是系统正式运行后最重要的维护工作之一。DBA 要针对不同的应用要求制定不同的转储计划，以保证发生故障时能尽快将数据库恢复到某种一致的状态，并尽可能减少对数据库的破坏。

（2）数据库的安全性和完整性控制

在数据库运行过程中，由于应用环境会发生变化，因此对安全性的要求也会发生变化。例如，有的数据原来是机密的，现在可以公开查询了，而新加入的数据又可能是机密的了。系统中用户的密级也会改变。这些都需要 DBA 根据实际情况修改原有的安全性控制。同样，数据库的完整性约束条件也会变化，同样需要 DBA 不断修正，以满足用户要求。

（3）数据库性能的监督、分析和改造

在数据库运行过程中，要监督系统运行，对监测数据进行分析，找出改进系统性能的方法，以利用这些工具方便地得到系统运行过程中一系列性能参数的值。DBA 应仔细分析这些数据，判断当前系统运行状况是否为最佳，应当做哪些改进，如调整系统物理参数或对数据库进行重组织、重构造等。

（4）数据库的重组织与重构造

数据库运行一段时间后，由于记录不断增、删、改，因此会使数据库的物理存储情况变坏，降低数据的存取效率，导致数据库的性能下降，这时 DBA 就要对数据库进行重组织或部分重组织（只对频繁增、删的表进行重组织）。DBMS 一般都提供数据重组织用的实用程序。在重组织的过程中，按原设计要求重新安排存储位置、回收垃圾、减少指针链等，提高系统性能。

数据库的重组织并不修改原设计的逻辑和物理结构，而数据库的重构造则不同，它是指部分修改数据库的模式和内模式。

由于数据库应用环境发生变化增加了新的应用或新的实体、取消了某些应用、有的实体与实体间的联系发生了变化等，使原有的数据库设计不能满足新的需求，因此需要调整数据库的模式和内模式。例如，在表中增加或删除某些数据项、改变数据项的类型、增加或删除某个表、改变数据库的容量、增加或删除某些索引等。当然，数据库的重构也是有限的，只能做部分修改。如果应用变化太大，重构也无济于事，说明此数据库应用系统的生命周期已经结束，应该设计新的数据库应用系统了。

4.7 ODBC 编程

ODBC 是微软公司提出的一种使用 SQL 的程序设计接口。使用 ODBC 让应用程序的编写者可以避免与数据源相关联的复杂性。这项技术目前已经得到了大多数 DBMS 厂商的支持。ODBC 是开放式数据库互连（Open Database Connectivity）的缩写，这是一族 API，与 Windows API 相似，主要与数据库打交道。也就是说，利用 ODBC API 可以通过统一界面和各种不同的数据库打交道。

1. ODBC 概述

ODBC 是如何工作的？它的结构式是怎样的？在使用 ODBC 之前，应该对它的结构有一个清楚的了解。ODBC 由 4 部分组成：

- 应用程序（Application，你的程序）；
- ODBC 管理器（ODBC manager）；
- ODBC 驱动程序（ODBC Drivers）；
- 数据源（Data Sources，数据库）。

这 4 个组件的核心是 ODBC 管理器。你可以把 ODBC 管理器想象成监工，告诉它你希望它做什么，然后它把你的要求传达给工人（ODBC 驱动程序）并完成工作。如果工人有什么想告诉你的，就会与监工（ODBC 管理器）说，由监工传达给你。工人们很明白应该做什么，因此会为你很好地完成工作。

通过这样的模式，我们并不与数据库驱动程序直接通信，只需告诉数据库管理器想要做什么即可。而使用恰当的 ODBC 驱动程序来实现你的目的则是 ODBC 管理器的事。每个 ODBC 驱动程序对于它所对应的数据库均有足够的了解。各个部件各司其职，极大地简化了工作量。

应用程序<---->ODBC 管理器<---->ODBC 驱动程序<---->数据库

ODBC 管理器由 Microsoft 提供。查看一下系统的控制面板，如果正确安装了 ODBC，就可以找到 ODBC 数据源（32 位）项目。至于 ODBC 驱动程序，Microsoft 根据他们的产品提供了好几种，并且可以轻易地从数据库提供商那里获得新的 ODBC 驱动程序。只要简单地安装新的 ODBC 驱动程序，你的机器就可使用新的、以前没用过的数据库。

2. ODBC API

ODBC API 是一个内容丰富的数据库编程接口，有 60 多个函数、SQL 数据类型以及常量的声明。ODBC API 独立于 DBMS 和操作系统，而且与编程语言无关。ODBC API 以 X/Open 和 ISO/IEC 中的 CLI 规范为基础，ODBC 3.0 完全实现了这两种规范，并且添加了基于视图的数据库应用程序开发人员所需要的共同特性，如可滚动光标。ODBC API 中的函数由特定 DBMS 驱动程序的开发人员实现，应用程序用这些驱动程序调用函数，以独立于 DBMS 的方式访问数据。ODBC API 涉及数据源连接与管理、结果集检索、数据库管理、数据绑定、事务操作等内容。

ODBC APIs 使用很简单，但需要知道一些关于 SQL 和数据库的知识，如字段（field）、主键（primary key）、记录（record）、列（column）、行（row）等。假如你已经了解了数据库理论的基础知识，接下来讨论 Win32 下用汇编语言进行 ODBC 编程的细节问题。正如你所看到的，ODBC 管理器试图在你的程序里隐藏实现的细节，这意味着必须提供某些基本界面来与程序和 ODBC 驱动程序进行通信。由于 ODBC 驱动程序在某些性能方面存在差异，因此必须有一种方法，以使程序能够知道 ODBC 驱动程序是否支持某一特性。ODBC 定义了被称为 Interface Conformance Levels 的三层服务界面。第三层是核心层。任何 ODBC 驱动程序都要像在第一层和第二层实现功能一样实现核心层表中的所有特性。从程序的眼光来看，ODBC APIs 被分割为这样的三层。如果某个函数被标为核心函数，就意味着你可以放心使用，而不必担心 ODBC 驱动程序是否支持。如果是第一层或第二层函数，就得在确认 ODBC 驱动程序是否支持的情况下再使用。你可以通过 MSDN 获得 ODBC APIs 的详细资料。

3. ODBC 的名词

- 环境（Environment）：和字面意思一样，是一个全局文本，用来存取数据。如果你熟悉 DAO，就可以把它想象为一个 Workspace，包含应用于所有 ODBC session 的信息，如一个 session 的 connections 句柄。在用 ODBC 之前，你必须从环境中获得这个句柄。
- 连接（Connection）：指定 ODBC 驱动程序和数据源（数据库）。你可以在同一环境中同时连接不同的数据库。
- 语句（Statement）：ODBC 使用 SQL 作为自己的语言，因而只要简单地认为语句就是你希望 ODBC 执行的 SQL 命令就行了。

4. ODBC 编程的一般步骤

- 连接数据源。
- 分配语句句柄。
- 准备并执行 SQL 语句。
- 获取结果集。
- 提交事务。
- 断开数据源连接并释放环境句柄。

步骤 01 连接数据源。为了连接数据源，必须建立一个数据源连接的环境句柄，通过调用 SQLAllocEnv 函数实现对环境句柄的分配。在 ODBC3.0 里，这个函数已经被 SQLAllocHandle 取代，但是熟悉 ODBC API 的开发人员还是习惯用这个函数建立环境句柄，因为 VC++开发平台有一个映射服务，这个服务可以将程序代码对函数 SQLAllocEnv 的调用转向对函数 SQLAllocHandle 的调用。

这里有必要对“环境句柄”这个概念进行说明。句柄是指向一个特殊结构的指针，而环境指的是驱动程序管理器需要为该驱动程序存储的有关系统和数据源的一般信息。由于这个时候没有建立与数据源的连接，还不知道该使用哪一个驱动程序完成这个任务，因此这个任务只能由驱动程序管理器来完成，利用这个环境句柄保留信息直到被使用。

使用函数 SQLAllocEnv 创建环境句柄的语法如下：

```
HENV  henv;
RETCODE  rcode;
rcode = ::SQLAllocEnv(SQL_HANDLE_ENV, SQL_NULL, & henv);
if(rcode == SQL_SUCCESS)   //环境句柄创建成功
{
//执行其他操作
…
}
```

完成环境句柄的创建以后，还要建立一个连接句柄。连接句柄的创建函数是 SQLAllocConnect，调用语法如下：

```
HDBC  hdbc;
retcode = ::SQLAllocConnect( m_henv, & hdbc);
if(rcode == SQL_SUCCESS)   // 连接句柄创建成功
{
// 执行其他操作
…
}
```

完成环境句柄和连接句柄的创建以后，就可以进行实际的数据源连接了。完成数据源连接的函数是 SQLConnect，调用语法如下：

```
m_retcode = :: SQLConnect( m_hdbc,
                    (PUCHAR)pszSourceName, SQL_NTS,
                    (PUCHAR)pszUserId, wLengthUID,
                    (PUCHAR)pszPassword, wLengthPSW );
if(rcode == SQL_SUCCESS)   // 数据源连接成功
{
// 执行其他操作
…
}
```

到此，应用程序与数据源的连接就完成了。

有些时候，ODBC 数据源并没有事先在用户的计算机里安装好，这时就需要使用应用程序动态创建 ODBC 数据源。ODBC API 提供了动态创建数据源的函数 SQLConfigDataSource，该函数的语法如下：

```
BOOL SQLConfigDataSource(HWND  hwndParent,
                    WORD  fRequest,
                    LPCSTR  lpszDriver,
                    LPCSTR  lpszAttributes);
```

参数 hwndParent 用于指定父窗口句柄，在不需要显示创建数据源对话框时，可以将该参数指定为 NULL；参数 fRequest 用于指定函数的操作内容，函数 SQLConfigDataSource 能够实现的操作内容由参数 fRequest 指定，该参数的取值如下。

- ODBC_ADD_DSN：创建数据源。
- ODBC_CONFIG_DSN：配置或修改已经存在的数据源。
- ODBC_REMOVE_DSN：删除已经存在的数据源。
- ODBC_ADD_SYS_DSN：创建系统数据源。
- ODBC_CONFIG_SYS_DSN：配置或修改已经存在的系统数据源。
- ODBC_REMOVE_SYS_DSN：删除已经存在的系统数据源。
- ODBC_REMOVE_DEFAULT_DSN：删除缺省的数据源。

参数 lpszDriver 用于指定 ODBC 数据源的驱动程序类别，如为了指定 Access 数据源，该参数应赋以字符串 Microsoft Access Driver (*.mdb)\0；参数 lpszAttributes 用于指定 ODBC 数据源属性，例如：

```
"DSN=MYDB\0DBQ=D:\\Database\\Friends.mdb\0DEFAULTDIR=D:\\DATABASE\0\0"
```

该字符串指定数据源名称（DSN）为 MYDB，数据库文件（DBQ）为 D:\Database\Friends.mdb，缺省数据库文件路径（DEFAULTDIR）为 D:\DATABASE。

通过调用如下代码可以通过应用程序动态创建数据源 MYDB：

```
BOOL CreateDSN()
{
char* szDesc;
int mlen;
szDesc=new char[256];
sprintf(szDesc,"DSN=%s: DESCRIPTION=TOC support source: \
                DBQ=%s: FIL=MicrosoftAccess: \
               DEFAULTDIR=D:\\Database:: ","TestDB","D:\\Friends.mdb");
mlen = strlen(szDesc);
for (int i=0; i<mlen; i++){
      if (szDesc[i] == ':')   szDesc[i] = '\0';
}

if (FALSE == SQLConfigDataSource(NULL,ODBC_ADD_DSN,
                          "Microsoft Access Driver (*.mdb)\0",
                          (LPCSTR)szDesc))
      return FALSE; //创建数据源失败
else
      return TRUE; //创建数据源成功
}
```

步骤 02 分配语句句柄。通常将 ODBC 中的语句看作 SQL 语句。前面已经提到，ODBC 可以与数据库的 SQL 接口通信，驱动程序将 ODBC 的 SQL 映射到驱动程序的 SQL。但是，ODBC 的 SQL 还携带了一些属性信息，用于定义数据源连接的上下文，有些语句要求特殊的参数，以便能够执行，因此每个语句都有一个指向定义语句所有属性结构的句柄。

语句句柄的分配与环境句柄的分配相似，通过函数 SQLAllocStmt 实现，该函数的调用语法如下：

```
HSTMT    hstmt;
RETCODE  rcode;
m_retcode = :: SQLAllocStmt(hdbc, &hstmt );
if(rcode == SQL_SUCCESS)    //连接句柄创建成功
{
// 执行其他操作
…
}
```

步骤03 准备并执行 SQL 语句。对于不同的应用程序需求，要准备的 SQL 语句也一定不一样。通常，SQL 语句包括 SELECT、INSERT、UPDATA、DELETE、DROP 等。

准备和执行一个 SQL 语句的方法有两种，第一种是使用 SQLExecDirect 函数，可以一次执行一个 SQL 语句，很多请求都可以使用这个方法。调用 SQLExecDirect 函数的语法如下：

```
LPCSTR pszSQL;
strcpy(pszSQL, "SELECT * FROM EMPLOYEES");
retcode = ::SQLExecDirect(hstmt,  (UCHAR*)pszSQL,  SQL_NTS );
if(rcode == SQL_SUCCESS)   // SQL 语句执行成功
{
//执行其他操作
…
}
```

但是，有些请求需要多次执行同一条语句。为此，ODBC 提供了 SQLPrepare 函数和 SQLExecute 函数，只需要调用一次 SQLPrepare 函数，然后调用若干次 SQLExecute 函数。实际上，函数 SQLExecDirect 将 SQLPrepare 和 SQLExecute 的功能集中到了一起，多次调用 SQLExecDirect 显然比调用一次 SQLPrepare 再调用若干次 SQLExecute 效率高。调用 SQLPrepare 和 SQLExecute 函数的语法如下：

```
LPCSTR pszSQL;
strcpy(pszSQL, "SELECT * FROM EMPLOYEES");
m_retcode = ::SQLPrepare( hstmt,  (UCHAR*)pszSQL,  SQL_NTS );
if(rcode == SQL_SUCCESS)   // SQL 语句准备成功
{
// 执行其他操作
…
}
retcode = :: SQLExecute (hstmt, (UCHAR*)pszSQL, SQL_NTS );
if(rcode == SQL_SUCCESS)   // SQL 语句执行成功
{
// 执行其他操作
…
}
```

步骤04 获取结果集。SQL 语句执行成功以后，应用程序必须准备接收数据，需要把 SQL 语句执行结果绑定到一个本地缓存变量里。但是，SQL 执行语句执行的结果并不是直接传送给应用程序，而是在应用程序准备接收数据的时候通知驱动程序已经准备好接收数据，应用程序通过调用 SQLFetch 函数返回结果集的一行数据。

由于返回的数据存放在列中，因此应用程序必须调用 SQLBindCol 函数绑定这些列。通常，接收结果集时需要依次进行以下操作：

- 返回列的个数，执行 SQLNumResultCols 函数。
- 给出列中数据的有关信息，如列的名称、数据类型和精度等，执行 SQLDescribeCol 函数。
- 把列绑定到应用程序的变量里，执行 SQLBindCol 函数。
- 获取数据，执行 SQLFetch 函数。
- 获取长数据，执行 SQLGetData 函数。

应用程序首先调用 SQLNumResultCols 函数，获知每个记录里有多少列，调用 SQLDescribeCol 函数取得每列的属性，然后调用 SQLBindCol 函数将列数据绑定到指定的变量里，最后调用 SQLFetch 函数或 SQLGetData 函数获取数据。

对于其他 SQL 语句，应用程序重复这个过程。这个过程的代码如下：

```
retcode = ::SQLNumResultCols( m hstmt, &wColumnCount );
if( m retcode != SQL SUCCESS ) // 列举结果集列的个数不成功
{
// 释放操作
…
return;
}
LPSTR   pszName;
UWORD   URealLength;
SWORD   wColumnCount;
UWORD   wColumnIndex = 0;
SWORD   wColumnType;
UDWORD  dwPrecision;
SWORD   wScale;
SWORD   wNullable;
m retcode = ::SQLDescribeCol( m hstmt,
                    wColumnIndex,  // 列的索引
                    pszName,    // 列的名称
                    256,    // 存放列名称的缓冲区大小
& nRealLength,  // 实际得到列名称的长度
&wColumnType,  // 列的数据类型
&dwPrecision,  // 精度
&wScale, // 小数点位数
&wNullable );  // 是否允许空值
if(retcode != SQL SUCCESS ) // 执行不成功
{
// 释放操作
...........
return;
}
```

```
retcode = ::SQLBindCol( m_hstmt,
                     uCounter, // 列索引
                     wColumnType, // 列数据类型
                     FieldValue, // 绑定的变量
                     dwBufferSize, // 变量内存大小
&BytesInBuffer); // 存放将来返回数据的大小的变量
if(retcode != SQL_SUCCESS ) // 执行不成功
{
// 释放操作
…………
return;
}
::SQLFetch( m_hstmt );
// 此后可以从绑定的变量里读取列的值。
…………
```

步骤 05 提交事务。当所有的 SQL 语句都被执行并接收了所有的数据以后，应用程序需要调用 SQLEndTran 提交或回退事务。如果提交方式为手工（应用程序设置）方式，就需要应用程序执行这个语句以提交或回退事务；如果是自动方式，当 SQL 语句执行后，该命令自动执行。

事务是为了维护数据的一致性和完整性而设计的概念，事务要求：要么提交，将事务里包含的更新操作都提交到数据库里；要么会退，数据库恢复到事务前的状态，不会影响数据库的一致性和完整性。通常情况下，检索类 SQL 语句不涉及数据的更新，不会对数据的一致性和完整性产生影响，因此将检索类 SQL 语句设置为自动提交，而将更新类 SQL 语句设置为手动提交，便于通过代码在事务处理中执行事务的提交或回退，以维护数据库的一致性和完整性。在大型商业应用中，这个设置非常有用。

调用 SQLEndTran 函数的语法如下：

```
:: SQLEndTran(SQL_HANDLE_DBC , hdbc,  SQL_COMMIT); // 提交事务
:: SQLEndTran(SQL_HANDLE_DBC , hdbc,  SQL_ROLLBACK); // 回退事务
```

步骤 06 断开数据源连接并释放环境句柄。当应用程序使用完 ODBC 以后，需要使用 SQLFreeHandle 函数释放所有语句句柄、连接句柄、环境句柄。这里需要注意操作的顺序，应该是先释放所有语句句柄，调用 SQLDisconnect 函数解除与数据源的连接，然后释放所有连接句柄，最后释放环境句柄，使应用程序与 ODBC 管理器的连接彻底解除。

4.8 JDBC 编程

JDBC 是 Sun 公司制定的一个可以用 Java 语言连接数据库的技术。

1. JDBC 基础知识

JDBC（Java Data Base Connectivity，Java 数据库连接）是一种用于执行 SQL 语句的 Java

API，可以为多种关系数据库提供统一访问，由一组用 Java 语言编写的类和接口组成。JDBC 为数据库开发人员提供了一个标准的 API，据此可以构建更高级的工具和接口，使数据库开发人员能够用纯 Java API 编写数据库应用程序，并且可跨平台运行，并且不受数据库供应商的限制。

（1）跨平台运行：这是继承了 Java 语言的“一次编译，到处运行”的特点。

（2）不受数据库供应商的限制：巧妙在于 JDBC 设有两个接口，一个面向应用程序层，作用是使开发人员通过 SQL 调用数据库和处理结果，而不需要考虑数据库的提供商；另一个是驱动程序层，处理与具体驱动程序的交互，JDBC 驱动程序可以利用 JDBC API 创建 Java 程序和数据源之间的桥梁。应用程序只需要编写一次，便可以移到各种驱动程序上运行。Sun 提供了一个驱动管理器——数据库供应商，如 MySQL、Oracle，提供的驱动程序满足驱动管理器的要求就可以被识别，从而可以正常工作。所以 JDBC 不受数据库供应商的限制。

2. JDBC 的优缺点

JDBC API 可以作为连接 Java 应用程序与各种关系数据库的纽带，在带来方便的同时也有负面影响。以下是 JDBC 的优、缺点，优点如下。

- 操作便捷：JDBC 使得开发人员不需要再使用复杂的驱动器调用命令和函数。
- 可移植性强：JDBC 支持不同的关系数据库，所以可以使同一个应用程序支持多个数据库的访问，只要加载相应的驱动程序即可。
- 通用性好：JDBC-ODBC 桥接驱动器将 JDBC 函数换成 ODBC。
- 面向对象：可以将常用的 JDBC 数据库连接封装成一个类，在使用的时候直接调用即可。

缺点如下：

- 访问数据记录的速度受到一定程度的影响。
- 更改数据源困难：JDBC 可支持多种数据库，各种数据库之间的操作必有不同，这就给更改数据源带来了很大的麻烦。

3. JDBC 连接数据库的流程及其原理

（1）在开发环境中加载指定数据库的驱动程序。例如，在接下来的实验中，使用的数据库是 MySQL，所以需要下载 MySQL 支持 JDBC 的驱动程序；而开发环境是 MyEclipse，将下载得到的驱动程序加载进开发环境中（具体在介绍示例的时候会讲解如何加载）。

（2）在 Java 程序中加载驱动程序。在 Java 程序中，可以通过 Class.forName（指定数据库的驱动程序）加载添加到开发环境中的驱动程序，如加载 MySQL 的数据驱动程序的代码为：Class.forName("com.mysql.jdbc.Driver")。

（3）创建数据库连接对象。通过 DriverManager 类创建数据库连接对象 Connection。DriverManager 类作用于 Java 程序和 JDBC 驱动程序之间，用于检查所加载的驱动程序是否可以建立连接，然后通过它的 getConnection 方法，根据数据库的 URL、用户名和密码创建一个 JDBC Connection 对象，如 Connection connection = DriverManager.geiConnection（连接数据库的 URL", "用户名", "密码"）。其中，URL=协议名+IP 地址(域名)+端口+数据库名称；用户名和密码是指登录数据库时所使用的用户名和密码。具体示例创建 MySQL 数据库的连接代码如下：

```
Connection  connectMySQL =DriverManager.geiConnection("jdbc:mysql://
localhost:3306/
myuser","root" ,"root" );
```

（4）创建 Statement 对象。Statement 类主要是用于执行静态 SQL 语句并返回它所生成结果的对象。通过 Connection 对象的 createStatement()方法可以创建一个 Statement 对象。例如，Statement statament = connection.createStatement()，具体示例创建 Statement 对象的代码如下：

```
Statement statamentMySQL =connectMySQL.createStatement();
```

（5）调用 Statement 对象的相关方法执行相对应的 SQL 语句。通过 execuUpdate()方法进行数据的更新，包括插入和删除等操作。例如，向 staff 表中插入一条数据的代码：

```
statement.excuteUpdate("INSERT INTO staff(name, age, sex,address,
depart, worklen,wage) "+ "
VALUES ('Tom1', 321, 'M', 'china','Personnel','3','3000' ) ") ;
```

通过调用 Statement 对象的 executeQuery()方法进行数据的查询，而查询结果会得到 ResulSet 对象，ResulSet 表示执行查询数据库后返回的数据的集合，ResulSet 对象具有可以指向当前数据行的指针。通过该对象的 next()方法，使得指针指向下一行，然后将数据以列号或字段名取出。如果 next()方法返回 null，就表示下一行中没有数据存在。使用示例代码如下：

```
ResultSet resultSel = statement.executeQuery("select * from staff");
```

（6）关闭数据库连接。使用完数据库或不需要访问数据库时，通过 Connection 的 close()方法及时关闭数据连接。

4. JDBC 连接数据库的步骤

创建一个以 JDBC 连接数据库的程序，包含 7 个步骤：

步骤 01 加载 JDBC 驱动程序。在连接数据库之前，首先要加载想要连接的数据库的驱动到 JVM（Java 虚拟机），通过 java.lang.Class 类的静态方法 forName（String className）实现，例如：

```
try{
//加载 MySql 的驱动类
Class.forName ("com.mysql.jdbc.Driver") ;
//加载 oracle 驱动
Class.forName ("oracle.jdbc.driver.OracleDriver");
//加载 sqlserver 驱动
Class.forName ("com.microsoft.jdbc.sqlserver.SQLServerDriver");
}catch (ClassNotFoundException e) {
System.out.println ("找不到驱动程序类 ,加载驱动失败! ");
e.printStackTrace () ;
}
```

成功加载后，会将 Driver 类的实例注册到 DriverManager 类中。

步骤02 提供 JDBC 连接的 URL。连接 URL 定义了连接数据库时的协议、子协议、数据源标识。

书写形式：协议：子协议：数据源标识。

协议：在 JDBC 中总是以 jdbc 开始。

子协议：是桥连接的驱动程序或数据库管理系统名称。

数据源标识：标记找到数据库来源的地址与连接端口。

例如，MySql 的连接 URL 如下：

```
    jdbc:mysql://localhost:3306/test-
useUnicode=true&characterEncoding=gbk ;
```

useUnicode=true：表示使用 Unicode 字符集。如果 characterEncoding 设置为 GB2312 或 GBK，本参数必须设置为 true.characterEncoding=gbk 的字符编码方式。

也可表示为：

```
    String url= "jdbc:mysql://localhost:3306/test";  //mysql
    String url="jdbc:oracle:thin:@localhost:1521:orcl"; //orcl 为数据库的 SID
    String url="jdbc:microsoft:sqlserver://localhost:1433;DatabaseName=mydb";
    //连接 sqlserver 的 url
```

步骤03 创建数据库的连接。要连接数据库，需要向 java.sql.DriverManager 请求并获得 Connection 对象，该对象就代表一个数据库的连接。

使用 DriverManager 的 getConnectin（String url , String username,String password）方法传入指定的欲连接的数据库路径、数据库用户名和密码来获得，例如：

```
    //连接 MySql 数据库，用户名和密码都是 root
    String url = "jdbc:mysql://localhost:3306/test" ;
    String username = "root" ;
    String password = "root" ;
    try{
    Connection con=DriverManager.getConnection(url,username,password);
    }catch(SQLException se){
    System.out.println("数据库连接失败！");
    se.printStackTrace() ;
    }
```

步骤04 创建一个 Statement。要执行 SQL 语句，必须获得 java.sql.Statement 实例，Statement 实例分为以下 3 种类型：

（1）执行静态 SQL 语句。通常通过 Statement 实例实现。

（2）执行动态 SQL 语句。通常通过 PreparedStatement 实例实现。

（3）执行数据库存储过程。通常通过 CallableStatement 实例实现。

具体的实现方式如下：

```
Statement stmt = con.createStatement () ;
PreparedStatement pstmt = con.prepareStatement (sql) ;
CallableStatement cstmt = con.prepareCall ("{CALL demoSp (- , -
) }") ;
```

步骤05 执行 SQL 语句。Statement 接口提供了 3 种执行 SQL 语句的方法：executeQuery 、executeUpdate 和 execute。

（1）ResultSet executeQuery（String sqlString）：执行查询数据库的 SQL 语句，返回一个结果集（ResultSet）对象。

（2）int executeUpdate（String sqlString）：用于执行 INSERT、UPDATE 或 DELETE 语句以及 SQL DDL 语句，如 CREATE TABLE 和 DROP TABLE 等。

（3）execute（sqlString）：用于执行返回多个结果集、多个更新计数或二者的组合语句。

具体实现代码如下：

```
ResultSet rs = stmt.executeQuery ("SELECT * FROM …") ;
int rows = stmt.executeUpdate ("INSERT INTO …") ;
boolean flag = stmt.execute (String sql) ;
```

步骤06 处理结果。有以下两种情况：

（1）执行更新返回的是本次操作影响到的记录数。

（2）执行查询返回的结果是一个 ResultSet 对象。

ResultSet 包含符合 SQL 语句中条件的所有行，并且它通过一套 get 方法提供对这些行中数据的访问。

使用结果集（ResultSet）对象的访问方法获取数据的语句如下：

```
while (rs.next () ) {
String name = rs.getString ("name") ;
String pass = rs.getString (1) ;
// 此方法比较高效（列是从左到右编号的，并且从列1开始）
}
```

步骤07 关闭 JDBC 对象。操作完成以后要把所有使用的 JDBC 对象全都关闭，以释放 JDBC 资源，关闭顺序和声明顺序相反，顺序如下：

（1）关闭记录集。

（2）关闭声明。

（3）关闭连接对象。

其代码如下：

```
if (rs != null) {//关闭记录集
try{
rs.close () ;
}catch (SQLException e) {
```

```
e.printStackTrace () ;
}
}
if (stmt != null) {//关闭声明
try{
stmt.close () ;
}catch (SQLException e) {
e.printStackTrace () ;
}
}
if (conn != null) {// 关闭连接对象
try{
conn.close () ;
}catch (SQLException e) {
e.printStackTrace () ;
}
}
```

4.9 习题

（1）试述数据库设计过程。

（2）试述数据库设计过程各个阶段的设计描述。

（3）试述数据库设计过程中形成的数据库模式。

（4）试述数据库设计的特点。

（5）需求分析阶段的设计目标是什么？调查的内容是什么？

（6）数据字典的内容和作用是什么？

（7）什么是数据库的概念结构？试述其特点和设计策略。

（8）什么是数据库的逻辑结构设计？试述其设计步骤。

（9）试述数据库概念结构设计的重要性和设计步骤。

第 5 章

◀ 认识SQL Server 2016 ▶

SQL Server 2016 是 Microsoft 数据平台历史上的最大飞跃。这一可缩放数据库平台内包含的内容全面（从无与伦比的内存性能、全新的安全性创新和高可用性到可使重要应用程序智能化的高级分析），使用其可获取有关所有事务性和分析性数据的实时见解。

目前，微软已经发布了 SQL Server 2016 最新公开版下载，这是微软数据库平台的历史性跳跃，包含实时运行分析、移动设备丰富可视化、内建高级分析、全新高级安全技术以及新的混合云场景支持。

SQL Server 2016 主要用于请求数据的存储和管理，适用于中小企业。最新的 SQL Server 2016 提供了更多、更全面的功能，以满足不同人群对数据和信息的需求，包括支持来自于不同网络环境的数据的交互、全面的自助分析等创新功能。

本章将回顾 SQL Server 的发展历史、主要组成部分和不同版本、体系结构、数据库对象、服务器配置管理和 T-SQL 操作等。

5.1 SQL Server 2016 简介及功能特点

5.1.1 起源与发展

Microsoft 于 1987 年进入企业数据库领域，那时它和 Sybase 建立了合作伙伴关系，在 Microsoft/IBM OS/2 平台上推广 Sybase 的 DataServer 产品。此次合作催生了 SQL Server 1.0，这其实是 Sybase 公司转向 OS/2 平台的 DataServer 的 UNIX 版本。

由于测试和调试的需要，因此 Microsoft 的开发人员需要越来越多地访问 Sybase 的源代码。但是 SQL Server 的核心部分仍然是 Sybase 的产品，这种情况直到 1992 年 3 月 Microsoft 发布了 Windows NT 版的 SQL Server 4.2 后才有所改变。SQL Server 4.2 是第一个真正由 Sybase 和 Microsoft 联合开发的产品。数据库引擎仍由 Sybase 完成，但工具和数据库由 Microsoft 开发。在那之前，SQL Server 主要是为 OS/2 平台开发的，但 Windows NT 的发布预示着新纪元的到来。Microsoft 的开发人员抛弃了所有 OS/2 平台上的开发，转而开发适用于 Windows NT 的 SQL Server。

SQL Server 7.0 发布时，下一个版本已在开发中，代号是 Shiloh，也就是 2000 年 8 月发布的 SQL Server 2000。该版本对基本的数据引擎的改动不大，但是添加了很多影响 SQL Server 扩展性的激动人心的改进，如索引视图和联合数据库服务器等，还有诸如级联引用完整性等改进。Microsoft 的企业数据库服务器最终成为了市场上真正的竞争者。

之后几年，SQL 小组开始开发一个更加强大、更激动人心的版本，代号为 Yukon，也就是现在的 SQL Server 2005。历经 5 年多的开发之后，人称“Oracle 杀手”的产品终于发布了，然后是 SQL Server 2008、SQL Server 2012、SQL Server 2014 版本。

SQL Server 2016 作为 Microsoft 新一代的数据库管理产品，于 2016 年 8 月发布，建立在 SQL Server 2014 的基础之上，在性能、稳定性、易用性等方面都有相当大的改进。SQL Server 2016 已经成为迄今为止最强大、最全面的 SQL Server 版本。

5.1.2 主要功能特点

2016 年，微软宣布了 SQL Server 数据库软件的正式发布版本——GA。微软宣布 SQL Server 2016 将会在 6 月 1 日进入 GA 阶段。

1. 实时运营分析

SQL Server 2016 将内存中列存储和行存储功能结合起来，可以直接对事务性数据进行快速分析处理。开放了实时欺诈检测等新方案，利用速度提高了多达 30 倍的事务处理能力扩展业务，并将查询性能从分钟级别提高到秒级别。

2. 高可用性和灾难恢复

SQL Server 2016 中增强的 AlwaysOn 是一个用于实现高可用性和灾难恢复的统一解决方案，利用它可获得任务关键型正常运行时间、快速故障转移、轻松设置和可读辅助数据库的负载平衡。此外，在 Azure 虚拟机中放置异步副本可实现混合的高可用性。

3. 安全性和合规性

利用可连续运行 6 年时间、可在任何主流平台上运行的漏洞最少的数据库（美国国家标准与技术研究院，美国国家漏洞数据库，2015 年 5 月 4 日）保护静态和动态数据。SQL Server 2016 中的安全创新通过一种多层次的方法帮助保护任务关键型工作负载的数据，这种方法在行级别安全性、动态数据掩码和可靠审核的基础上又添加了始终加密技术。

4. 在价格和大规模性能方面位居第一

SQL Server 专为运行一些要求非常苛刻的工作负载而构建，在 TPC-E、TPC-H 和实际应用程序性能的基准方面始终保持领先。通过与 Windows Server 2016 配合使用，最高可扩展至 640 个逻辑处理器，提供拥有多达 12 TB 可寻址存储器的能力。

5. 性能最高的数据仓库

通过使用 Microsoft 并行仓库一体机（APS）的扩展和大规模并行处理功能，企业级关系数据仓库中的数据可以扩展到 PB 级，并且能够与 Hadoop 等非关系型数据源进行集成。支持小型数据市场到大型企业数据仓库，同时通过加强数据压缩可以降低存储需求。

6. 将复杂的数据转化为切实可行的见解

通过 SQL Server Analysis Services 构建全面分析解决方案，无论是多维模型还是表格模型，均可在内存中实现快如闪电的性能。使用 DirectQuery 快速访问数据，而不必将其存储在 Analysis Services 中。

7. 移动商业智能

通过在任何移动设备上提供正确的见解来提高组织中业务用户的能力。

8. 从单一门户管理报告

利用 SQL Server Reporting Services 进行管理，并在一个地方提供对移动和分页报告以及关键绩效指标（KPI）的安全访问。

9. 简化大数据

通过使用简单的 Transact-SQL 命令查询 Hadoop 数据的 PolyBase 技术来访问大型或小型数据。此外，新的 JSON 支持分析和存储 JSON 文档，并将关系数据输出到 JSON 文件中。

10. 数据库内高级分析

使用 SQL Server R Services 构建智能应用程序。通过直接在数据库中执行高级分析，超越被动响应式分析，从而实现预测性和指导性分析。通过使用多线程和大规模并行处理，与单独使用开源 R 相比，将更快地获得见解。

11. 从本地到云均提供一致的数据平台

作为世界上第一个云中数据库，SQL Server 2016 提供从本地到云的一致体验，可以构建和部署用于管理数据投资的混合解决方案。从在 Azure 虚拟机中运行 SQL Server 工作负载的灵活性中获益，或使用 Azure SQL Database 扩展，并进一步简化数据库管理。

12. 易用的工具

在本地 SQL Server 和 Microsoft Azure 中使用已有的技能和熟悉的工具（如 Azure Active Directory 和 SQL Server Management Studio）来管理数据库基础结构。跨各种平台应用行业标准 API，并从 Visual Studio 下载更新的开发人员工具，以构建下一代的 Web、企业、商业智能以及移动应用程序。

5.2 SQL Server 2016 的安装与配置

SQL Server 2016 是一个重大的产品版本，推出了许多新的特性和关键的改进，使其成为迄今为止最强大和最全面的 SQL Server 版本。正确地安装和配置系统是确保软件安全、健壮、高效运行的基础。在了解了数据库的基础原理知识、SQL Server 2016 的概念以及重要新增特性和功能后，本节将介绍如何将 SQL Server 2016 安装并配置到用户的计算机上。

5.2.1 SQL Server 2016 的安装

在开始安装 SQL Server 2016 之前，首先确定运行 SQL Server 2016 对计算机的硬件配置要求，并卸载之前的所有旧版本，了解 SQL Server 2016 可运行的操作系统版本及特点。

如果完全安装 SQL Server 2016 需要 6GB 空间，那么实际需要的空间在 8 GB 以上。SQL Server 2016 可以运行在 Windows 7 及更高版本上，是 64 位应用程序。SQL Server Management Studio 要求安装.NET 4.6.1 作为先决条件。SQL Server Management Studio 处于选中状态时，安装程序将自动安装 .NET 4.6.1。

建议在使用 NTFS 或 ReFS 文件格式的计算机上运行 SQL Server 2016。支持但建议不要在使用 FAT32 文件系统的计算机上安装 SQL Server 2016，因为没有使用 NTFS 或 ReFS 文件系统安全。SQL Server 安装程序将阻止在只读驱动器、映射驱动器或压缩驱动器上进行安装。

如果使用光盘进行安装，首先插入 SQL Server 2016 的安装光盘，然后双击根目录中的 setup.exe 程序。如果不使用光盘进行安装，双击下载的可执行安装程序即可。SQL Server 2016 拥有全新的安装体验，安装中心将新安装、从 SQL Server 低版本升级、添加/删除组件维护及示例更改的管理都集成在了一个统一的页面。

以下是在 Windows 7 平台上安装 SQL Server 2016 的主要步骤。

（1）当安装程序启动后，首先检测是否有.NET 4.6.1 环境。如果没有，就会弹出安装此环境的对话框，此时可以根据提示安装.NET 4.6.1。

（2）安装完成后，在打开的【SQL Server 安装中心】窗口中选择【安装】选项。图 5-1 所示为【SQL Server 安装中心】窗口。

（3）在【安装】选项卡中，单击【全新 SQL Server 独立安装或向现有安装添加功能】超链接启动安装程序。此时进入【安装规则】页面，如图 5-2 所示。

（4）单击【下一步】按钮，进入【产品密钥】页面，选择要安装的 SQL Server 2016 版本，并输入正确的产品密钥。单击【下一步】按钮，在显示页面中勾选【我接受许可条款】复选框，然后单击【下一步】按钮继续安装。

（5）在显示的【安装程序支持文件】页面中，单击【安装】按钮开始安装。

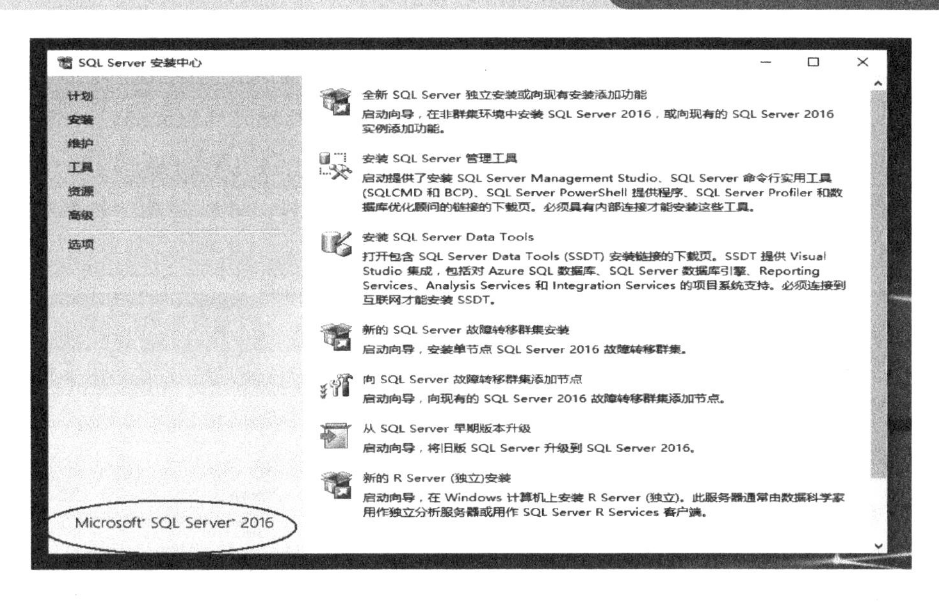

图 5-1　【SQL Server 安装中心】窗口

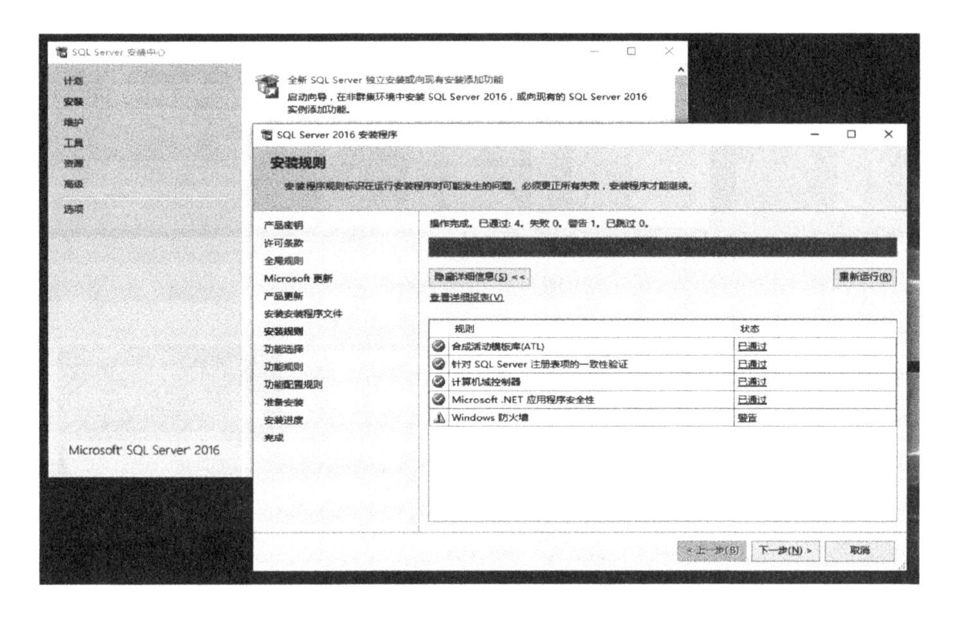

图 5-2　安装规则

（6）进入【安装程序支持规则】页面，如图 5-3 所示。在该页面中单击【下一步】按钮，进入【功能选择】页面，用户可以根据需要从【功能】选项组中勾选相应组件前的复选框。

（7）单击【下一步】按钮，指定【服务器配置】。在【服务账户】选项卡中为每个 SQL Server 服务单独配置用户名、密码以及启动类型，如图 5-4 和图 5-5 所示。

（8）单击【下一步】按钮，指定【数据库引擎配置】，在【服务器配置】选项卡中指定身份验证模式、内置的 SQL Server 系统管理员账户和 SQL Server 管理员，如图 5-6 所示。切换至 TempDB 选项卡，设置 TempDB 数据文件属性，如图 5-7 所示。

上面的安装步骤（1）～（8）是 SQL Server 2008 的核心设置。接下来的安装步骤取决于前面选择组件的多少。

（9）单击【下一步】按钮，启动安装复制文件，图 5-8 所示为安装进度。

（10）选择【安装 SQL Server 管理工具】，下载管理工具，安装管理工具并启动，如图 5-9、图 5-10、图 5-11 和图 5-12 所示。

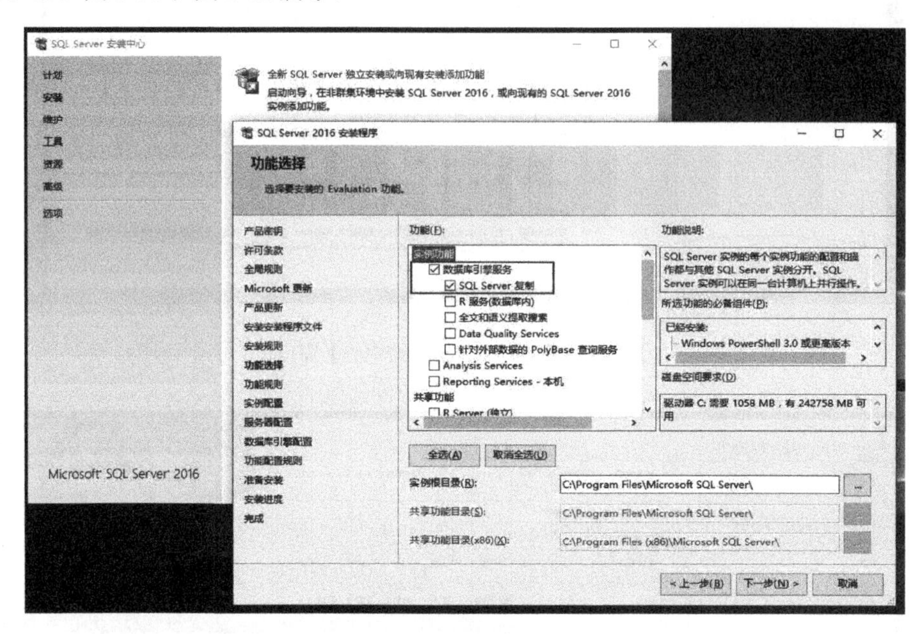

图 5-3　功能选择

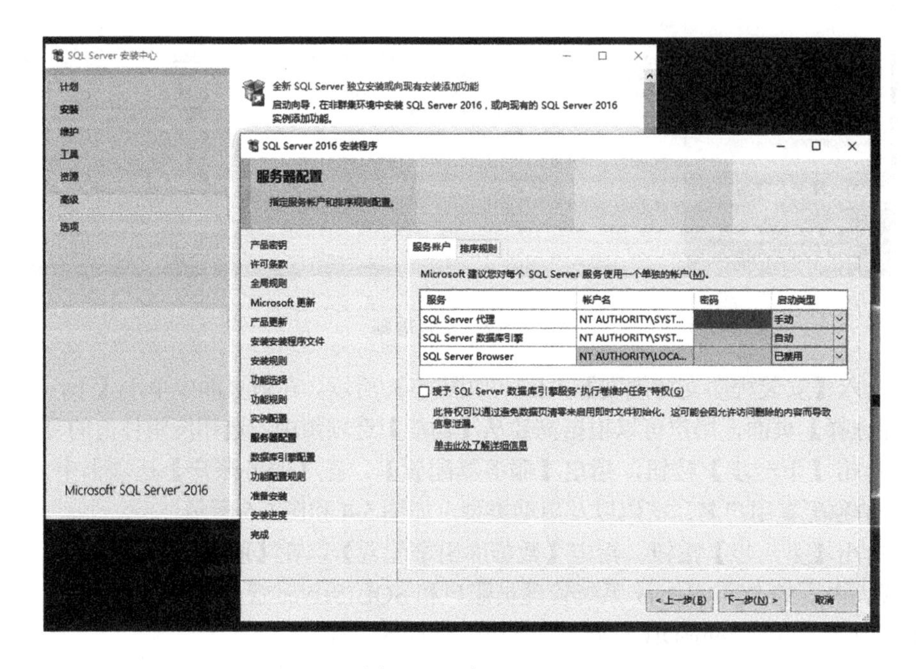

图 5-4　服务器配置

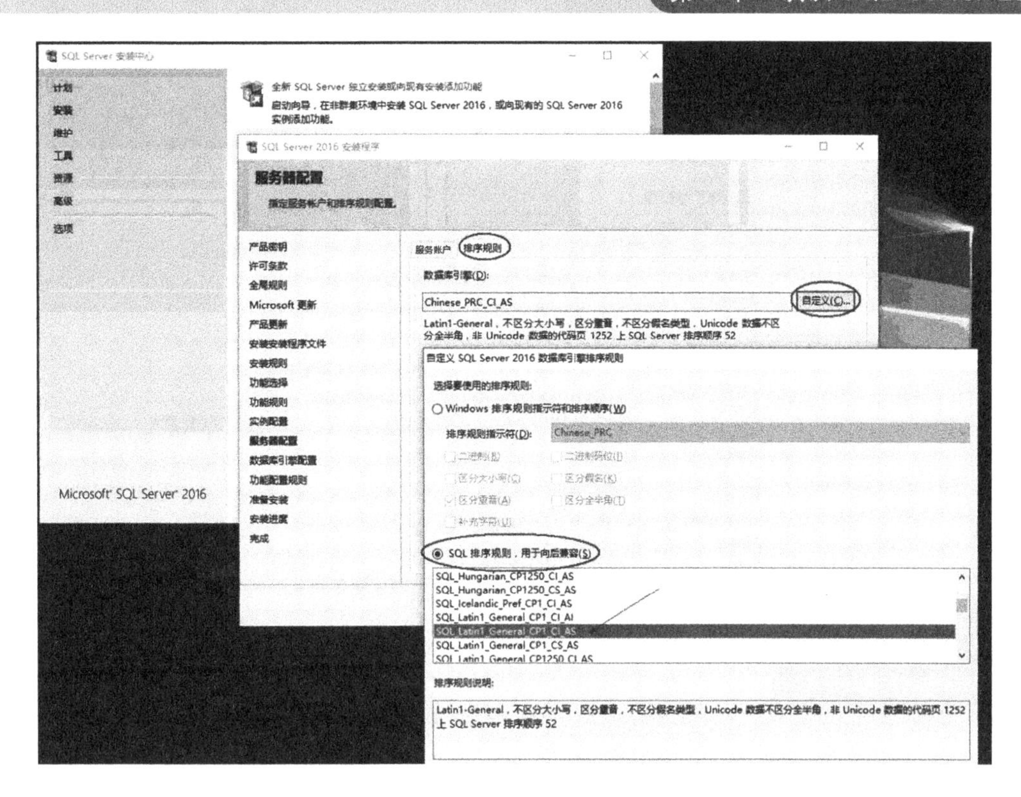

图 5-5　在服务器配置中设置排序规则

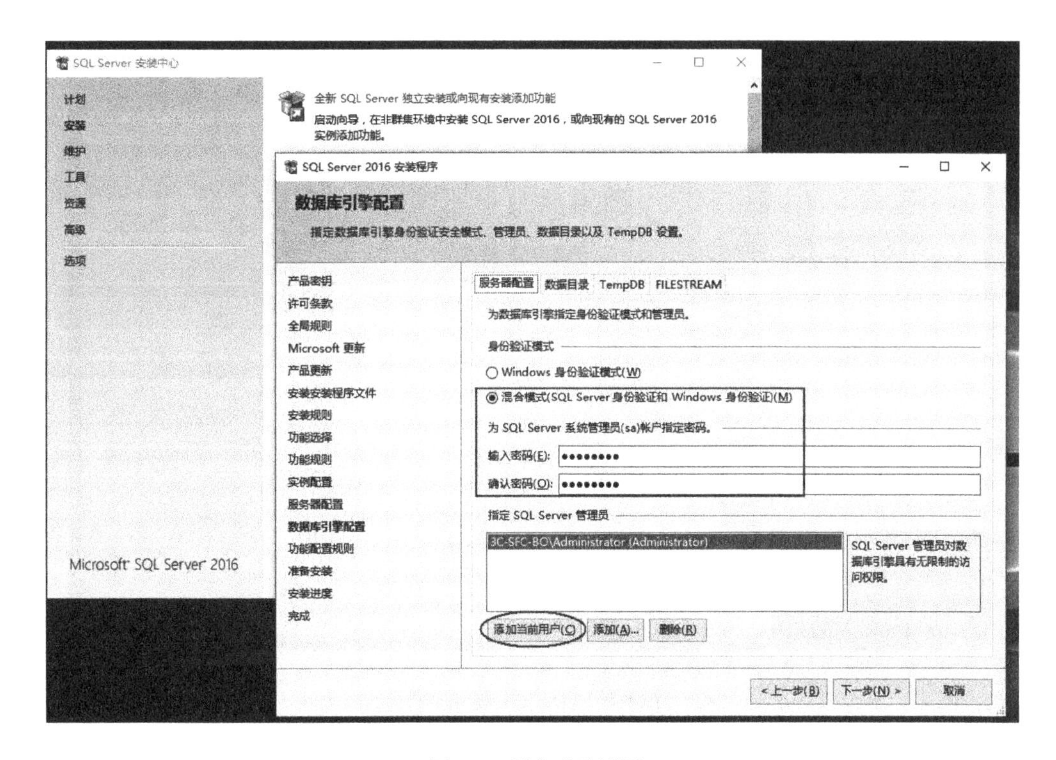

图 5-6　用户登录设置

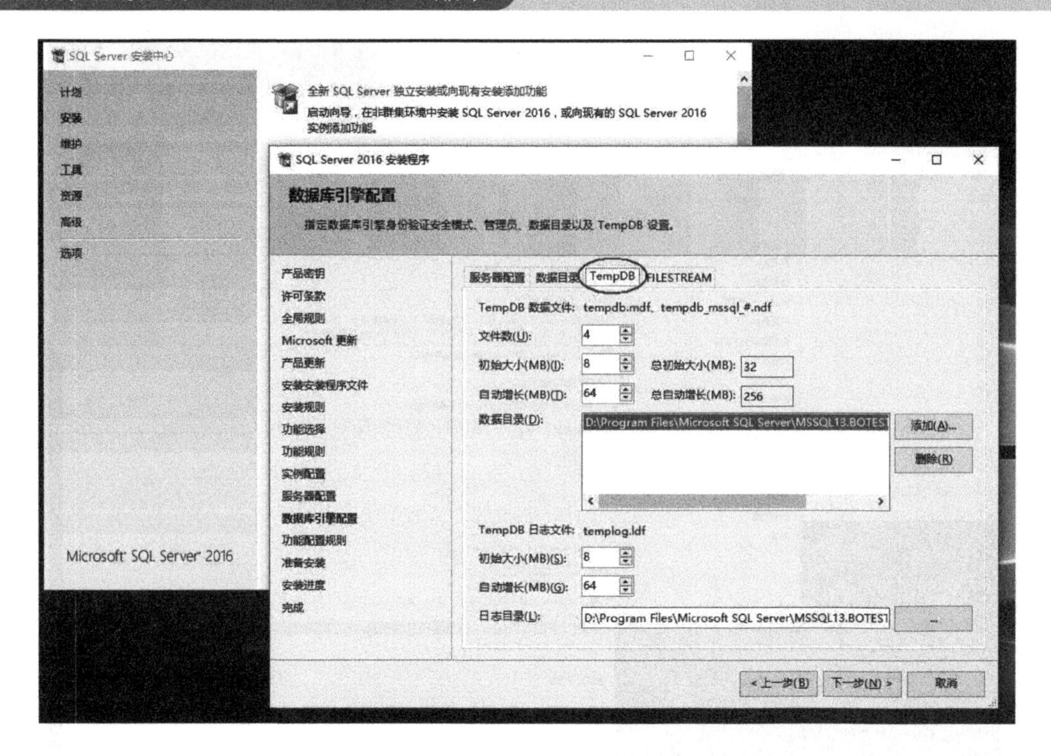

图 5-7　数据库引擎配置

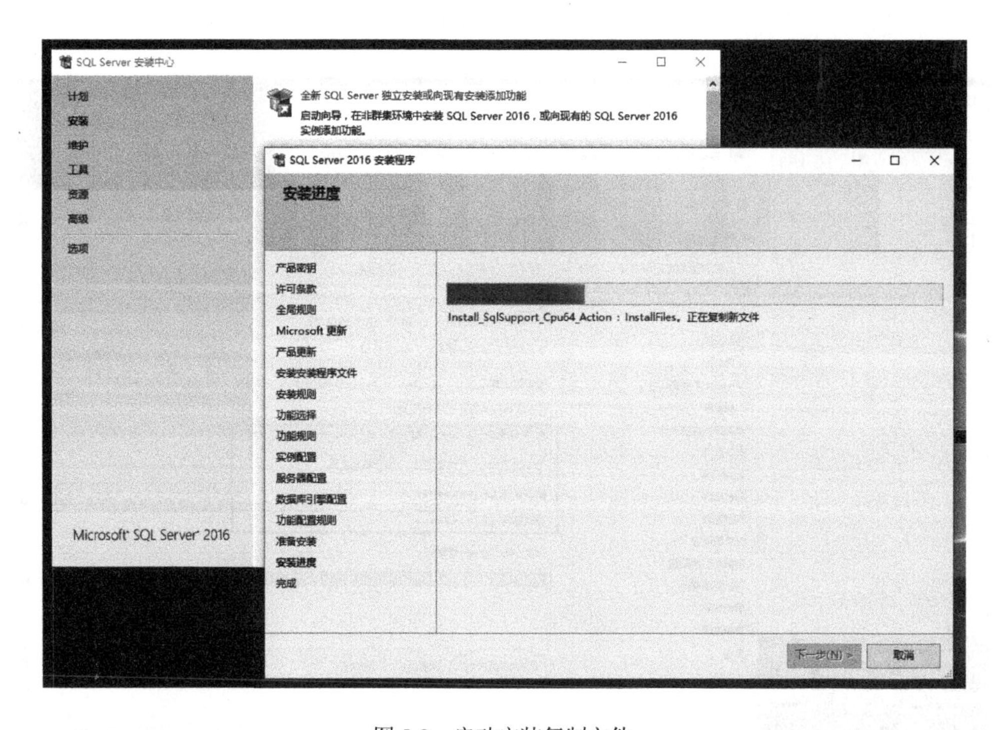

图 5-8　启动安装复制文件

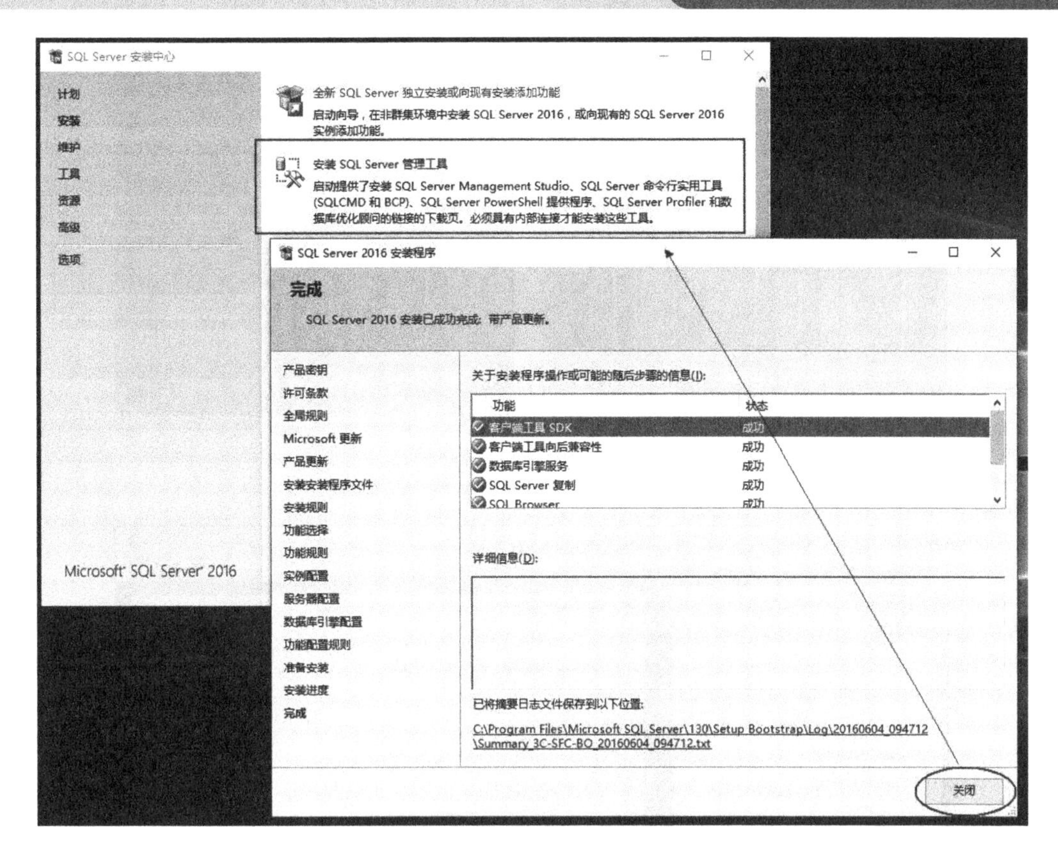

图 5-9　安装管理工具

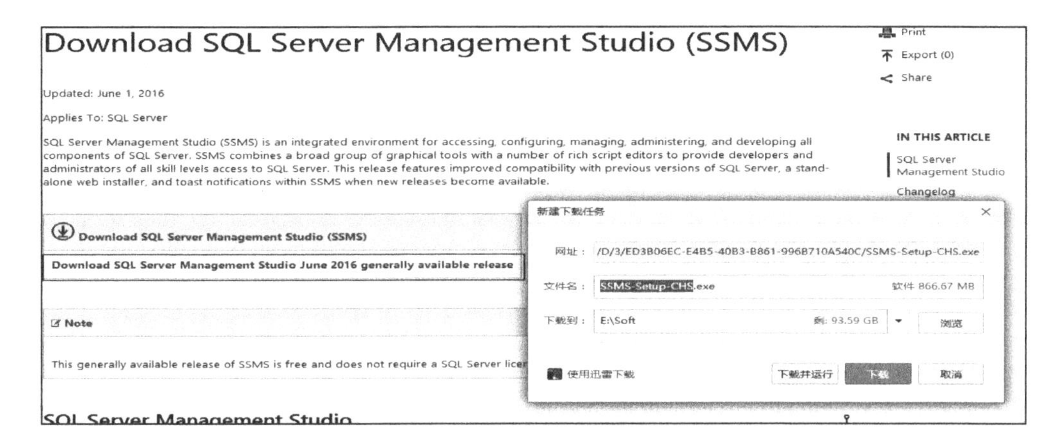

图 5-10　下载管理工具（从官网下载）

图 5-11　安装管理工具

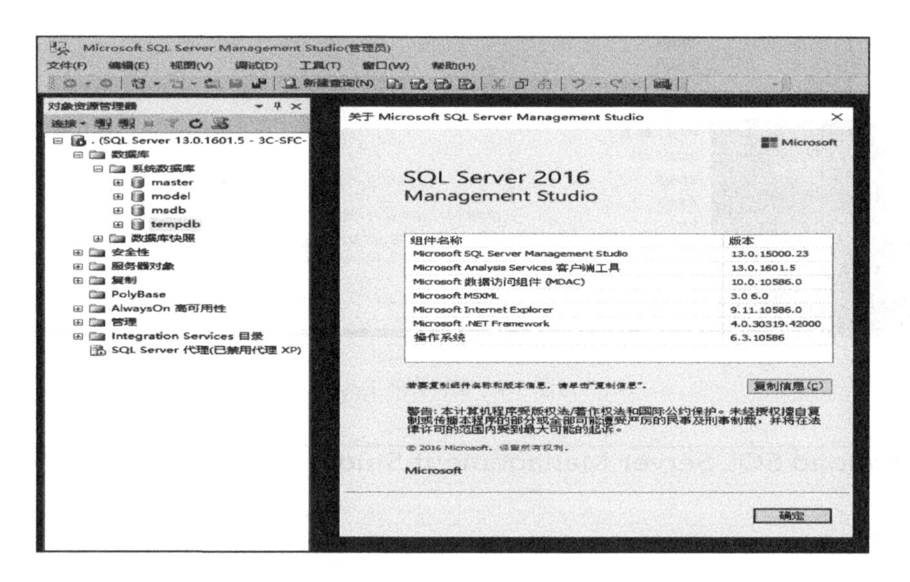

图 5-12　管理工具安装结束

5.2.2　SQL Server 2016 的体系结构

SQL Server 2016 是 Microsoft 数据平台历史上最大的一次跨越性发展，提供了可提高性能、简化管理以及将数据转化为切实可行的见解的各种功能，而且这些功能都可在一个在任何主流平台上运行的漏洞最少的数据库上实现。在已经简化的企业数据管理基础上，SQL Server 2016 再次简化了数据库分析方式，强化分析并深入接触那些需要管理的数据。

SQL Server 2016 的体系结构是指对 SQL Server 2016 的组成部分和这些组成部分之间关系的描述。SQL Server 2016 系统由 6 部分组成：SQL Server 数据库引擎、Analysis Services、Reporting Services、Integration Services、Master Data Services 和 R Services，如图 5-13 所示。

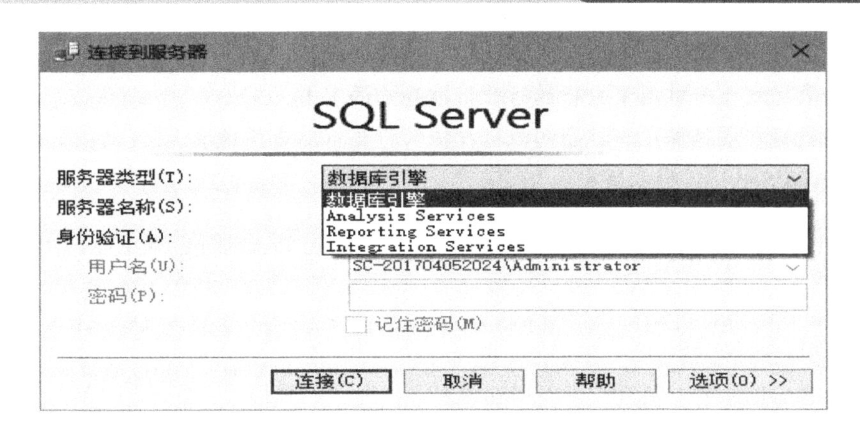

图 5-13　可连接的服务器类型

通过选择不同的服务器类型来完成不同的数据库操作。使用 SQL Server 安装向导的“功能选择”页面选择 SQL Server 要安装的组件。在默认情况下，未选中树中的任何功能。下面将对这 6 种服务分别进行介绍。

1. 数据库引擎

SQL Server 数据库引擎包括数据库引擎、部分工具和 Data Quality Services（DQS）服务器，其中引擎是用于存储、处理和保护数据，复制及全文搜索的核心服务，工具用于管理数据库分析集成中、可访问 Hadoop 及其他异类数据源的 Polybase 集成中的关系数据和 XML 数据。

2. Analysis Services

Analysis Services 包括一些工具，可用于创建和管理联机分析处理（OLAP）以及数据挖掘应用程序。

Analysis Services 的主要作用是通过服务器和客户端技术的组合提供联机分析处理和数据挖掘功能。相对联机分析处理来说，联机事务处理是由数据库引擎负责完成的。

通过使用 Analysis Services，用户可以进行如下操作：

- 设计、创建和管理来自于其他数据源的多维结构，通过对多维数据进行多角度的分析，可以使管理人员对业务数据有更全面的理解。
- 完成数据挖掘模型的构造和应用，实现知识的发现、表示和管理。

Analysis Services 的服务器组件作为 Windows 服务来实现。SQL Server 2008 Analysis Services 支持同一台计算机中的多个实例，每个 Analysis Services 实例作为单独的 Windows 服务实例来实现。

客户端使用 XMLA（XML for Analysis）协议与 Analysis Services 进行通信，作为一项 Web 服务。XMLA 是基于 SOAP（Simple Object Access Protocol，简单对象访问协议）的协议，用于发出命令和接收响应。还可以通过 XMLA 提供客户端对象模型，使用托管提供程序（如 ADOMD.NET）或本机 OLE DB 访问接口来访问该模型。

可以使用以下语言发出查询命令：

- SQL。
- 多维表达式（一种用于分析的行业标准查询语言）。
- 数据挖掘扩展插件（一种面向数据挖掘的行业标准查询语言）。
- Analysis Services 脚本语言。

相对于 OLAP 来说，联机事务处理（Online Transacting Processing，OLTP）由数据库引擎负责完成。

3. Reporting Services

Reporting Services 用于创建、管理和部署表格报表、矩阵报表、图形报表以及自由格式报表的服务器和客户端组件。Reporting Services 还是一个可用于开发报表应用程序的可扩展平台。

通过使用 Microsoft SQL Server 2016 系统提供的 Reporting Services，用户可以方便地定义和发布满足自己需求的报表。无论是报表的布局格式，还是报表的数据源，用户都可以借助工具轻松地实现。这种服务极大地方便了企业的管理工作，满足了管理人员对高效、规范管理的要求。例如，在学校的学生信息管理系统中，使用 Microsoft SQL Server 2016 系统提供的 Reporting Services 服务可以很方便地生成 PDF、Excel、Word 等特定格式的报表。

4. Integration Services

Integration Services 是一组图形工具和可编程对象，用于移动、复制和转换数据。它还包括 Data Quality Services 的 Integration Services（DQS）组件。

对于 Analysis Services 来说，数据库引擎是一个重要的数据源，而 Integration Services 是将数据源中的数据经过适当的处理，并加载到 Analysis Services 中，以便进行各种分析处理。

SQL Server 2016 系统提供的 Integration Services 包括如下内容：

- 生成并调试包的图形工具和向导。
- 执行如 FTP 操作、SQL 语句和电子邮件消息传递等工作流功能的任务。
- 用于提取和加载数据的数据源和目标。
- 用于清理、聚合、合并和复制数据的转换。
- 管理服务，即用于管理 Integration Services 包的 Integration Services 服务。
- 用于提供对 Integration Services 对象模型编程的应用程序接口（API）。

Integration Services 可以高效地处理各种各样的数据源，如 SQL Server、Oracle、Excel、XML 文档和文本文件等。

5. Master Data Services

Master Data Services（MDS）是针对主数据管理的 SQL Server 解决方案，可以配置 MDS 来管理任何领域（如产品、客户、账户）；在 MDS 中，有层次结构、各种级别的安全性、事务、数据版本控制和业务规则，以及可用于管理数据的 Excel 的外接程序。

6. R Services

R Services 支持在多个平台上使用可缩放的分布式 R 解决方案，并支持使用多个企业数据源（如 Linux、Hadoop 和 Teradata 等）。

5.2.3　SQL Server 2016 的新特性

自微软在 2015 年 5 月第一周召开的“微软 Ignite 大会”上宣布推出 SQL Server 2016 后，有关 SQL Server 2016 的话题就备受关注和热议。SQL Server 2016 不仅对原有性能进行了改进，还添加了许多新特性。下面列出最值得关注的新特性，特整理以飨读者。

1. 克隆数据库

克隆数据库是一个新的 DBCC 命令，允许 DBA 并支持团队通过克隆模式和元数据来解决现有生产数据库没有数据统计的故障。克隆数据库并不意味着在生产环境中使用。要查看是否已从调用 clonedatabase 生成数据库，可以使用命令 DATABASEPROPERTYEX（'clonedb', 'isClone'）。返回值 1 为真，0 为假。在 SQL Server 2016 SP1 中，DBCC CLONEDATABASE 添加了支持克隆 CLR、Filestream / Filetable、Hekaton 和 Query Store 对象。SQL 2016 SP1 中的 DBCC CLONEDATABASE 能够仅生成查询存储、仅统计信息或仅图标克隆，而无须统计信息或查询存储。

2. CREATE OR ALTER

新的 CREATE OR ALTER 支持使得修改和部署对象更容易，如存储过程、触发器、用户定义的函数和视图。这是对于开发人员和 SQL 社区来说非常需要的功能之一。

3. 新的 USE HINT 查询选项

USE HINT 添加了一个新的查询选项 OPTION（USE HINT（''）），以使用可支持的查询级别提示来更改查询优化程序行为。支持 9 种不同的提示，以启用以前仅通过跟踪标志可用的功能。与 QUERYTRACEON 不同，USE HINT 选项不需要 sysadmin 权限。

4. 以编程方式标识 LPIM 到 SQL 服务账户

以编程方式标识 LPIM 到 SQL 服务账户——DMV sys.dm_os_sys_info 中的新 sql_memory_model、sql_memory_model_desc 列允许 DBA 以编程方式识别内存中的锁定页（LPIM）权限是否在服务启动时有效。

5. 以编程方式标识对 SQL 服务账户的 IFI 特权

以编程方式标识对 SQL 服务账户的 IFI 特权——DMVsys.dm_server_service-s 中的新列 instant_file_initialization_enabled 允许 DBA 以编程方式标识在 SQL Server 服务启动时是否启用了即时文件初始化（IFI）。

6. Tempdb 可支持性

Tempdb 可支持性——一个新的错误日志消息，指示 Tempdb 文件的数量，并在服务器启动时通知 Tempdb 数据文件的不同大小/自动增长。

7. showplan XML 中的扩展诊断

showplan XML 中的扩展诊断——扩展的 Showplan XML，支持内存授予警告，显示为查询启用的最大内存、有关已启用跟踪标志的信息、优化嵌套循环连接的内存分数、查询 CPU 时间、查询已用时间、关于参数数据类型的最高等待时间和信。

8. 轻量级的 per–operator 查询执行分析

轻量级的 per–operator 查询执行分析——显著降低收集每个 per–operato r 查询执行统计信息（如实际行数）的性能消耗。此功能可以使用全局启动 TF 7412 启用，或者当启用包含 query_thread_profile 的 XE 会话时自动打开。当轻量级分析开启时，sys.dm_exec_query_profiles 中的信息也可用，进而启用 SSMS 中的 Live Query Statistics 功能，并填充新的 DMF sys.dm_exec_query_statistics_xm。

9. 新的 DMF sys.dm_exec_query_statistics_xml

新的 DMF sys.dm_exec_query_statistics_xml——使用此 DMF 获取实际的查询执行 showplan XML（具有实际行数）对于指定会话中执行的查询（会话 id 作为输入参数）。当概要分析基础结构（传统或轻量级）处于打开状态时，将返回具有当前执行统计信息快照的 showplan。

10. 用于增量统计的新 DMF

用于增量统计的新 DMF——新增的 DMF sys.dm_db_incremental_stats_prop-erties，用于按增量统计信息显示每个分区的信息。

11. XE 和 DMV 更好诊断关联

XE 和 DMV 更好诊断关联——Query_hash 和 query_plan_hash 用于唯一的标识查询。DMV 将它们定义为 varbinary（8），而 XEvent 将它们定义为 UINT64。由于 SQL 服务器没有 unsigned bigint，因此转换并不是总能起作用。这个改进引入了新的等同于除去被定义为 INT64 之外的 query_hash 和 query_plan_hash 的 XEvent 操作/筛选，有利于关联 XE 和 DMV 之间的查询。

12. 更好地对具有谓词下推的查询计划进行故障排除

更好地对具有谓词下推的查询计划进行故障排除——在 showplan XML 中添加了新的 EstimatedlRowsRead 属性，以便更好地对具有谓词下推的查询计划进行故障排除和诊断。

13. 从错误日志中删除嘈杂的 Hekaton 日志消息

从错误日志中删除嘈杂的 Hekaton 日志消息——使用 SQL 2016 时，Hekaton 引擎开始在 SQL 错误日志中记录附加消息以支持故障排除，比如压倒性的、泛滥的错误日志与 Hekaton 消息。基于 DBA 和 SQL 社区的反馈，启动 SQL 2016 SP1，Hekaton 日志记录消息在错误日志中减少到最少。

14. AlwaysOn 延迟诊断改进

AlwaysOn 延迟诊断改进——添加了新的 XEvents 和 Perfmon 诊断功能，以更有效地排除故障延迟。

15. 手动更改跟踪清除

手动更改跟踪清除——引入新的清除存储过程 sp_flush_CT_internal_table_ on_ demand，以根据需要清除更改跟踪内部表。

16. DROP TABLE 复制支持

DROP TABLE 复制支持——DROP TABLE 支持复制的 DDL，以允许删除复制项目。

5.2.4　SQL Server 2016 的安全

建议在使用 NTFS 或 ReFS 文件格式的计算机上运行 SQL Server 2016。支持但建议不要在使用 FAT32 文件系统的计算机上安装 SQL Server 2016，因为没有在使用 NTFS 或 ReFS 的文件系统上安全。

1. 安装 SQL Server 前的工作

（1）增强物理安全性

物理和逻辑隔离是构成 SQL Server 安全的基础。若要增强 SQL Server 安装的物理安全性，请执行以下任务：

- 将服务器置于专门的房间，未经授权的人员不得入内。
- 将数据库的宿主计算机置于受物理保护的场所，最好是上锁的机房，房中配备水灾检测和火灾检测监视系统或灭火系统。
- 将数据库安装在公司 Intranet 的安全区域中，并且不得将 SQL Server 直接连接到 Internet。
- 定期备份所有数据，并将备份存储在远离工作现场的安全位置。

（2）防火墙对于协助确保 SQL Server 安装的安全十分重要。要使防火墙发挥最佳效用，在 Windows 域内部安装服务器时，请将内部防火墙配置为允许使用 Windows 身份验证。

（3）隔离服务可以降低风险，防止已受到危害的服务危及其他服务。在不同的 Windows 账户下运行各自的 SQL Server 服务。对于每个 SQL Server 服务，尽可能使用不同的低权限 Windows 或本地用户账户。

（4）使用正确的文件系统可提高安全性。使用 NTFS 文件系统，NTFS 是 SQL Server 安装的首选文件系统，比 FAT 文件系统更加稳定和更容易恢复。 NTFS 还可以使用安全选项，如文件和目录访问控制列表（ACL）、加密文件系统（EFS）文件加密。在安装期间，如果检测到 NTFS，SQL Server 就会为注册表项和文件设置相应的 ACL。不应对这些权限做任何更改。SQL Server 2016 的版本不支持在具有 FAT 文件系统的计算机上进行安装。

2. 安装 SQL Server 后的工作

安装完成后，若要增强所安装的 SQL Server 软件的安全性，请遵循以下有关账户和身份验证模式的最佳做法：

（1）服务账户

- 使用尽可能低的权限运行 SQL Server 服务。
- 将 SQL Server 服务与低特权 Windows 本地用户账户或域用户账户相关联。

（2）身份验证模式

- 连接 SQL Server 时要求 Windows 身份验证。
- 始终为 sa 账户分配强密码。
- 始终启用密码策略检查来验证密码强度和密码是否过期。
- 始终对所有 SQL Server 登录名使用强密码。

5.2.5 SQL Server 2016 的系统配置

安装 SQL Server 2016 后，还需要对数据库服务器进行正确的配置，才能更有效地使用 SQL Server 2016 实现数据管理操作。

使用 SQL Server 配置管理器可以配置 SQL Server 服务和网络连接。若要创建或管理数据库对象、配置安全性以及编写 Transact-SQL 查询，则使用 SQL Server Management Studio。

1. 服务

SQL Server 配置管理器管理与 SQL Server 相关的服务。尽管其中许多任务可以使用 Microsoft Windows 服务对话框来完成，不过值得注意的是，SQL Server 配置管理器还可以对其管理的服务执行更多的操作，如在服务账户更改后应用正确的权限。使用标准的 Windows 服务对话框配置任何 SQL Server 服务都可能会造成服务无法正常工作。

使用 SQL Server 配置管理器可以完成下列服务任务：

- 启动、停止和暂停服务。
- 将服务配置为自动启动或手动启动，禁用服务，或者更改其他服务设置。
- 更改 SQL Server 服务所使用的账户的密码。
- 使用跟踪标志（命令行参数）启动 SQL Server。
- 查看服务的属性。

2. SQL Server 网络配置

使用 SQL Server 配置管理器可以完成下列与此计算机上的 SQL Server 服务相关的任务：

- 启用或禁用 SQL Server 网络协议。
- 配置 SQL Server 网络协议。

3. SQL Server Native Client 配置

SQL Server 客户端通过使用 SQL Server Native Client 网络库连接到 SQL Server。使用 SQL Server 配置管理器可以完成下列与此计算机上的客户端应用程序相关的任务：

- 对于此计算机上的 SQL Server 客户端应用程序，指定连接到 SQL Server 实例时的协议顺序。
- 配置客户端连接协议。
- 对于 SQL Server 客户端应用程序，创建 SQL Server 实例的别名，使客户端能够使用自定义连接字符串进行连接。

4. 验证 SQL Server 2016 安装

SQL Server 2008 安装结束后，可以通过 SQL Server 配置管理器（SQL Server Configuration Manager）启动 SQL Server 2016 服务来确定系统所有安装的服务组件都可用，从而验证安装是否成功。

若要验证 SQL Server 2016 安装是否成功，则先要确保已安装组件的服务都能在计算机上运行。如果相应组件的服务没有运行，就启动该服务。启动服务的方法是：打开 SQL Server 配置管理器，如图 5-14 所示，右击【名称】列表框中的相应服务选项，选择快捷菜单中的【启动】命令即可。

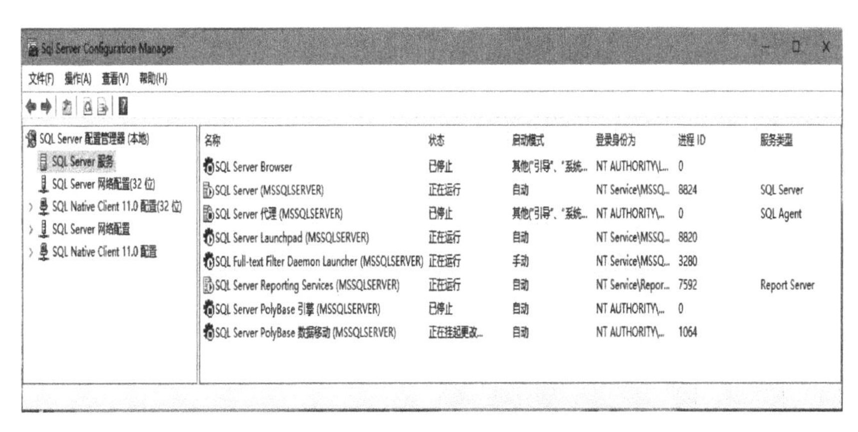

图 5-14　SQL Server 配置管理器的运行界面

如果某一服务无法启动，在确保该组件已经安装的前提下，对此服务选项执行【操作】|【属性】命令，打开【属性】对话框；选择【服务】选项卡，检查【二进制路径】属性值，找到此服务可执行文件所在的路径，检查并确保在该路径中存在与服务对应的可执行文件。

5. 配置 Windows 防火墙

Windows 防火墙有助于阻止对计算机资源进行未经授权的访问。如果防火墙已被打开，但没有进行正确的配置，就可能会阻止对 SQL Server 服务器的连接。因此，有必要配置 Windows 防火墙，在防火墙中建立正确有效的规则，以允许 SQL Server 对资源的正常访问。

协议和端口是对建立防火墙规则至关重要的两个环节。下面对 SQL Server 常用的端口进行介绍。

- 数据库引擎最常用的端口是 1433，如果要远程连接数据库引擎，就需要开放该端口。
- 报表服务需要通过 Web 的方式提供服务，默认使用的是 80 端口。

- 客户端在连接服务器时会连接到 2382 端口，这个端口也是 SQL Server Browser 使用的端口。另外，SQL Server Browser 还要使用 UDP 的 1434 端口，如果要启用该项服务，就必须将 UDP 1434 端口开启。
- 服务控制管理器用来启动或停止集成服务，并将控制请求传输给运行的服务。如果要访问服务控制管理器，就必须打开 TCP 的 135 端口。

修改 TCP 端口的方法为：启动 SQL Server 配置管理器，打开相应的协议选项，通常对 TCP/IP 使用快捷菜单中的【属性】命令来设置 TCP 端口。

应该根据实际需要来为 SQL Server 不同的服务设置端口。出于安全考虑，建议将系统默认的端口修改为服务专用的端口。

5.3 SQL Server 2016 的版本和管理工具

根据应用程序的需要，安装要求会有所不同。不同版本的 SQL Server 能够满足单位和个人独特的性能、运行时以及价格要求。安装哪些 SQL Server 组件还取决于具体需要。表 5-1 给出了 SQL Server 2016 的不同版本和功能需求。

表 5-1　SQL Server 2016 的不同版本

SQL Server 版本	定义
Enterprise	作为高级版本，SQL Server 2016 Enterprise 版提供了全面的高端数据中心功能，性能极为快捷，虚拟化不受限制，还具有端到端的商业智能，可为关键任务工作负荷提供较高服务级别，支持最终用户访问深层数据
Standard	SQL Server 2016 Standard 版提供了基本数据管理和商业智能数据库，使部门和小型组织能够顺利运行其应用程序，并支持将常用开发工具用于内部部署和云部署，有助于以最少的 IT 资源获得高效的数据库管理
Web	对于为从小规模到大规模 Web 资产提供可伸缩性、经济性和可管理性功能的 Web 宿主和 Web VAP 来说，SQL Server 2016 Web 版本是一项总拥有成本较低的选择
开发人员	SQL Server 2016 Developer 版支持开发人员基于 SQL Server 构建任意类型的应用程序。它包括 Enterprise 版的所有功能，但有许可限制，只能用作开发和测试系统，而不能用作生产服务器。 SQL Server Developer 是构建 SQL Server 2016 和测试应用程序的人员的理想之选
Express 版本	Express 版本是入门级的免费数据库，是学习和构建桌面及小型服务器数据驱动应用程序的理想选择。它是独立软件供应商、开发人员和热衷于构建客户端应用程序的人员的最佳选择。如果需要使用更高级的数据库功能，就可以将 SQL Server Express 无缝升级到其他更高端的 SQL Server 版本。SQL Server Express LocalDB 是 Express 的一种轻型版本，该版本具备所有可编程性功能，但在用户模式下运行，并且具有快速的零配置安装和必备组件要求较少的特点

SQL Server 2016 提供了大量的实用工具，借助于这些工具，用户能够快速、高效地对系统实施各种配置与管理。实用工具包括 SQL Server Management Studio、SQL Server 配置管理器、SQL Server 事件探查器、数据库引擎优化顾问、数据质量客户端、SQL Server Data Tools、连接组件以及大量的命令行实用工具等。这些工具的特点和作用简述如下。

（1）SQL Server Management Studio，简记为 SSMS，SQL Server 2016 的 SQL Server Management Studio 是用于访问、配置、管理和开发 SQL Server 组件的集成环境。借助于该集成环境，用户能够快速、直观而高效地实现访问、配置、控制、管理和开发 SQL Server 所有组件的任务。

（2）SQL Server Configuration Manager（SQL Server 配置管理器），简记为 SSCM，用于管理与 SQL Server 相关联的服务，配置 SQL Server 服务器协议，以及为客户端协议和客户端别名提供基本配置管理。通过 SQL Server 配置管理器能够启动、停止、暂停、恢复和重新启动各类服务，也可以更改服务使用的账户，以及查看或更改服务器属性。

（3）SQL Server 事件探查器，SQL Server 事件探查器提供了一个图形用户界面，用于监视数据库引擎实例或 Analysis Services 实例。

（4）Database Engine Tuning Advisor（数据库引擎优化顾问），简记为 DETA，数据库引擎优化顾问可以协助创建索引、索引视图和分区的最佳组合。可以帮助用户分析工作负荷，向用户提出创建高效率索引的建议。借助数据库引擎优化顾问，用户不必详细了解数据库的结构就可以选择和创建最佳的索引、索引视图、分区等。

（5）数据质量客户端，提供了一个非常简单和直观的图形用户界面，用于连接到 DQS 数据库并执行数据清理操作，还允许集中监视在数据清理操作过程中执行的各项活动。

（6）SQL Server Data Tools，提供 IDE，以便为商业智能组件生成解决方案，包括：Analysis Services、Reporting Services 和 Integration Services（以前称作 Business Intelligence Development Studio）。SQL Server Data Tools 还包含“数据库项目”，为数据库开发人员提供集成环境，以便在 Visual Studio 内为任何 SQL Server 平台（包括本地和外部）执行其所有数据库设计工作。数据库开发人员可以使用 Visual Studio 中功能增强的服务器资源管理器轻松创建或编辑数据库对象和数据，或者执行查询。

（7）连接组件，安装用于客户端和服务器之间通信的组件，以及用于 DB-Library、ODBC 和 OLE DB 的网络库。

5.3.1 使用 SQL Server Management Studio

SQL Server Management Studio（SSMS）是一种集成环境，用于管理从 SQL Server 到 SQL 数据库的任何 SQL 基础结构。SSMS 提供用于配置、监视和管理在任何地方部署的 SQL 实例的工具。此外，SSMS 还提供用于部署、监视和升级数据层组件（如应用程序使用的数据库和数据仓库）以及生成查询和脚本的工具。SSMS 是 Microsoft 为开发需求免费提供的开发人员工具套件的一部分。

SSMS 将早期版本的 SQL Server 中所包含的企业管理器、查询分析器和 Analysis Manager 结合到单一的环境中。此外，SSMS 还可以与 SQL Server 的所有组件（如 Reporting Services 和

Integration Services）协同工作。开发人员可以获得熟悉的体验，而数据库管理员可获得功能齐全的单一实用工具，其中包含易于使用的图形工具和丰富的脚本撰写功能。

1. SQL Server Management Studio 中的功能

SQL Server Management Studio 包括以下常用功能：

- 支持 SQL Server 的多数管理任务。
- 用于 SQL Server 数据库引擎管理和创作的单一集成环境。
- 用于管理 SQL Server 数据库引擎、Analysis Services 和 Reporting Services 中对象的对话框，使用这些对话框可以立即执行操作、将操作发送到代码编辑器或将其编写为脚本，以供以后执行。
- 非模式以及大小可调的对话框允许在打开某一对话框的情况下访问多个工具。
- 常用的计划对话框使用户可以在以后执行管理对话框的操作。
- 在 SQL Server Management Studio 环境之间导出或导入 Management Studio 服务器注册。
- 保存或打印由 SQL Server Profiler 生成的 XML 显示计划或死锁文件，以后进行查看或将其发送给管理员以进行分析。
- 新的错误和信息性消息框提供了详细信息，使用户可以向 Microsoft 发送有关消息的注释，将消息复制到剪贴板，还可以通过电子邮件轻松地将消息发送给支持组。
- 集成的 Web 浏览器可以快速浏览 MSDN 或联机帮助。
- 从网上社区集成帮助。
- SQL Server Management Studio 教程可以帮助用户充分利用许多新功能，并可以快速提高效率。
- 具有筛选和自动刷新功能的新活动监视器。
- 集成的数据库邮件接口。

2. 新的脚本撰写功能

SQL Server Management Studio 的代码编辑器组件包含集成的脚本编辑器，用来撰写 Transact-SQL、MDX、DMX 和 XML/A。主要功能包括：

- 工作时显示动态帮助，以便快速访问相关的信息。
- 一套功能齐全的模板，可用于创建自定义模板。
- 可以编写、编辑查询或脚本，而无须连接到服务器。
- 支持撰写 SQLCMD 查询和脚本。
- 用于查看 XML 结果的新接口。
- 用于解决方案和脚本项目的集成源代码管理，随着脚本的演化，可以存储和维护脚本的副本。
- Microsoft 用于 MDX 语句的 IntelliSense 支持。

3. 对象资源管理器功能

SQL Server Management Studio 的对象资源管理器组件是一种集成工具，可以查看和管理所有服务器类型的对象。主要功能包括：

- 按完整名称或部分名称、架构或日期进行筛选。
- 异步填充对象，并可以根据对象的元数据筛选对象。
- 访问复制服务器上的 SQL Server 代理以进行管理。

4. 启动 SSMS

用登录用户（Windows 身份）Administrator 的身份启动 SSMS。操作步骤如下。

（1）在 Windows 桌面上执行【开始】|【所有程序】| Microsoft SQL Server 2016 | SQL Server Management Studio 命令，打开如图 5-15 所示的【连接到服务器】对话框。

（2）在【身份验证】下拉列表框中选择身份验证模式，在【服务器名称】组合框中输入或选择服务器用户名称。

服务器用户与选择的身份验证模式有关：如果选择的是【Windows 身份验证】模式，服务器用户只能为本地用户或合法的域用户；如果选择的是【SQL Server 身份验证】模式，就还需为服务器用户输入登录名与密码，如图 5-16 所示。

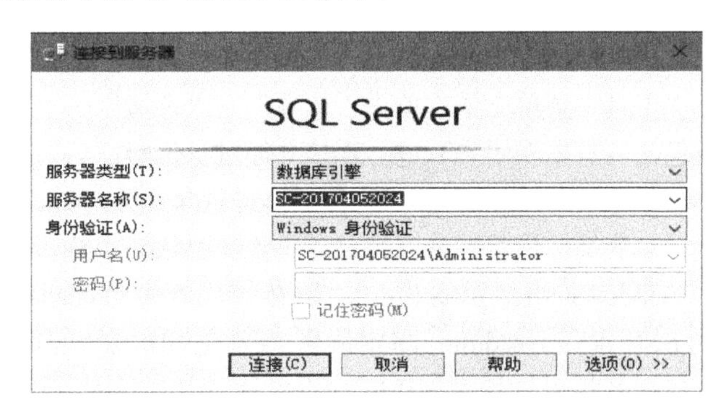

图 5-15　【连接到服务器】对话框

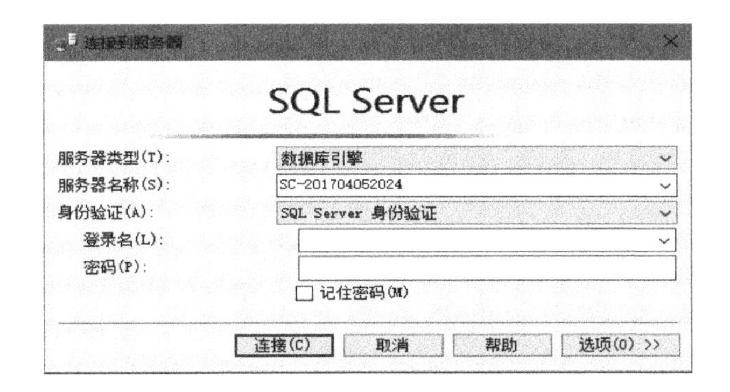

图 5-16　选择【SQL Server 身份验证】模式的界面

（3）本案例选择【Windows 身份验证】模式，在【服务器名称】组合框中输入或选择用户名【“计算机名”\Administrator】。

（4）单击【连接】按钮，进入 SSMS 的主界面。

Microsoft SQL Server Management Studio 中的工具窗口是功能强大、灵活和高效的系统，使用该窗口可以：

- 最大化用于开发和管理用户的工作区。
- 减少同时显示的不使用的窗口数。
- 方便地自定义用户环境。

操作窗口是 Management Studio 环境的中心。用户可以很方便地访问频繁使用的工具和窗口。用户可以控制想要分配给不同信息的空间量，相应地，环境会使用于编辑查询的空间最大化。可以将窗口移动到屏幕上的不同位置。很多窗口都可以从 Management Studio 框架中取消停靠并拖出。如果正在使用多个监视器，该功能就会特别有用。

为了在保持功能的同时增大编辑空间，所有窗口都提供了自动隐藏功能，该功能可使窗口显示为主 Management Studio 环境中边框栏上的选项卡。在将指针放在其中一个选项卡之上时，将显示其对应的窗口。通过单击“自动隐藏”按钮（以窗口右上角的图钉表示），可以切换窗口的自动隐藏。“窗口”菜单上还提供了一个“自动全部隐藏”选项。

可以在两种模式下配置某些组件：一种是选项卡模式，在该模式下，组件作为选项卡出现在相同的停靠位置；另一种是多文档界面（MDI）模式，在该模式下，每个文档都有自己的窗口。若要配置该功能，请在“工具”菜单上依次单击“选项”→“环境”→“常规”。

当一个登录名（或包含的数据库用户）进行连接并经过身份验证后，该连接缓存有关该登录名的标识信息。对于 Windows 身份验证登录，此标识信息包含有关 Windows 组中成员身份的信息。只要保持连接，该登录名的标识就保持已经过身份验证的状态。若要在标识中强制进行更改（如重置密码或更改 Windows 组成员身份），则必须从身份验证机构（Windows 或 SQL Server）注销，然后再次登录。sysadmin 固定服务器角色的成员或任何使用 ALTER ANY CONNECTION 权限的登录名都可以使用 KILL 命令结束连接，并强制登录名重新连接。SQL Server Management Studio 可以在打开与对象资源管理器和查询编辑器窗口之间的多个连接时重用连接信息。关闭所有连接可强制重新连接。

SSMS 界面中包含已注册的服务器、对象资源管理器、查询编辑器、属性等多个窗口对象，如图 5-17 所示。

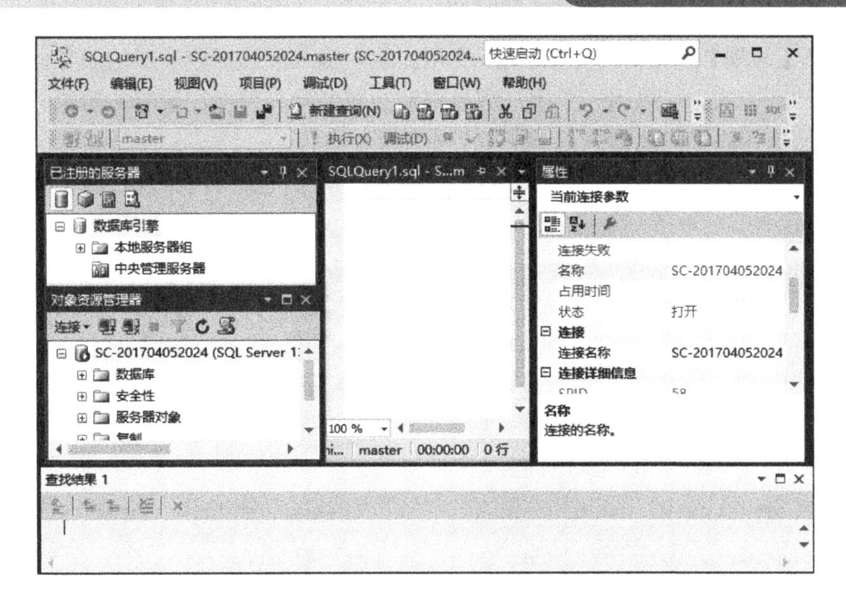

图 5-17　包含多个窗口对象的 SSMS 主界面

这些窗口对象都是具有一定管理与开发功能的工具。默认情况下，SSMS 启动后将自动打开已注册的服务器、对象资源管理器及文档窗口 3 个窗口对象。如果某些窗口被关闭，就可以通过选择【视图】菜单中的相应命令来打开对应的窗口。

2. 使用已注册的服务器

通过在 SSMS 界面中执行【视图】|【已注册的服务器】命令和使用快捷键 Ctrl+Alt+G 都可以打开【已注册的服务器】窗口，如图 5-18 所示。

【已注册的服务器】窗口显示了所有已注册到当前 SSMS 的 SQL Server 服务器。工具栏中提供了 4 个切换按钮，分别对应于数据库引擎、Analysis Services、Reporting Services 和 Integration Services 四类服务，可以通过这些按钮注册不同类型的服务。

使用【已注册的服务器】窗口注册一个新的服务器对象。操作步骤如下。

（1）右击数据库引擎下的 Local Server Groups 节点，弹出如图 5-19 所示的快捷菜单，选择【新建服务器注册】命令，打开【新建服务器注册】对话框。

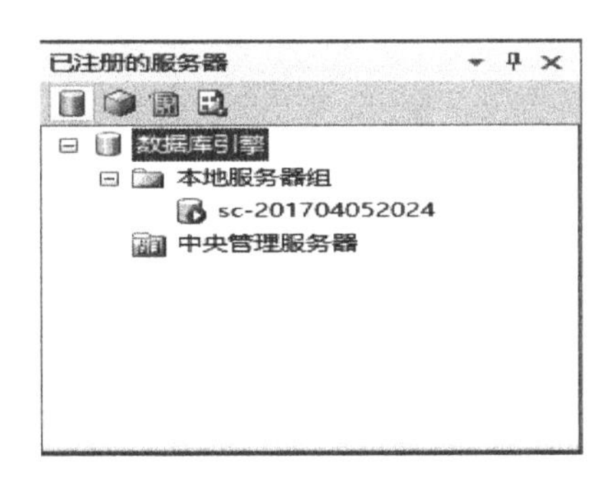

图 5-18　【已注册的服务器】窗口

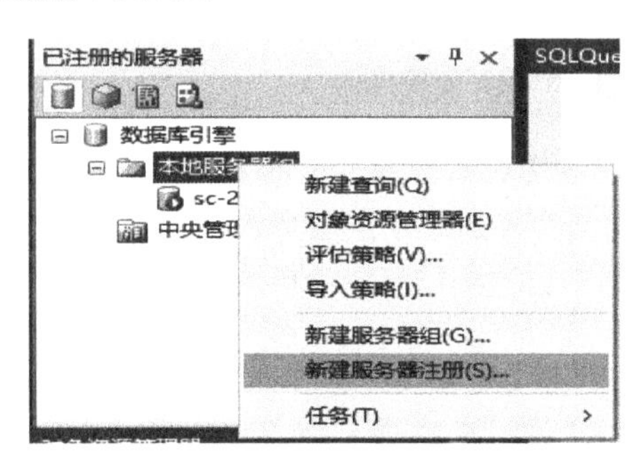

图 5-19　选择【新建服务器注册】命令

（2）选择【常规】选项卡，如图 5-20 所示。从中输入或选择要注册的服务器名称，并为其选择一种身份验证方式。可以用一个用户容易理解的新名称来替换注册服务器原有的名称，并可为已有的注册服务器添加描述信息。

（3）选择【连接属性】选项卡，如图 5-21 所示。从中能够对网络连接的各种属性进行相应的设置。

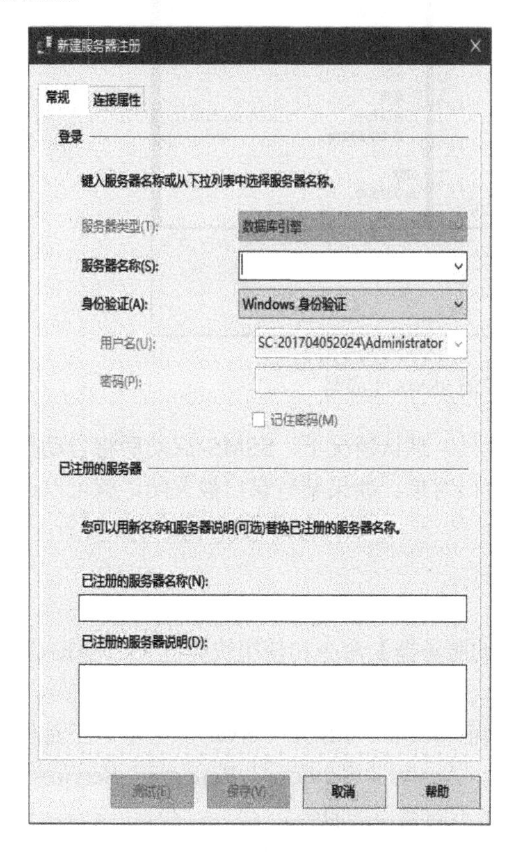

图 5-20 【常规】选项卡

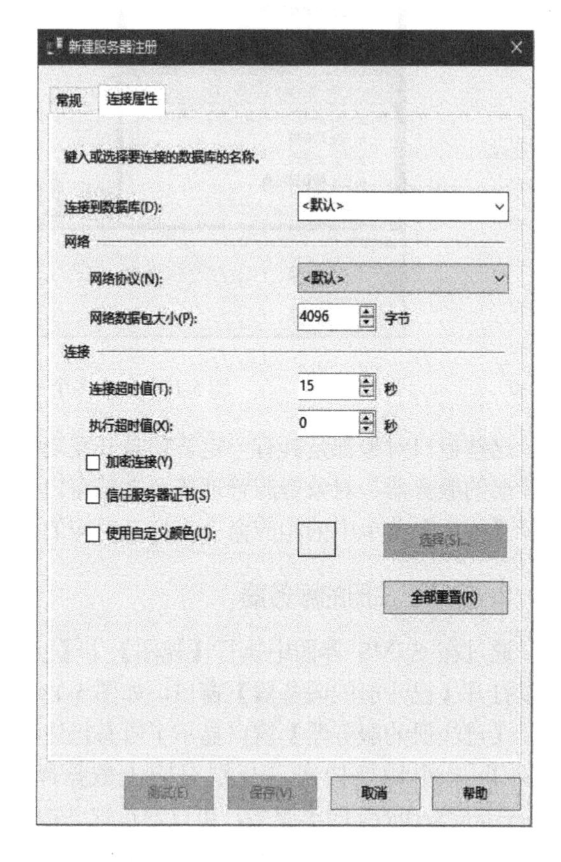

图 5-21 【连接属性】选项卡

（4）对服务器注册对象设置完毕后，单击【测试】按钮进行合法性验证测试。测试通过后，可单击【保存】按钮对服务器注册对象予以保存。

3. 使用对象资源管理器

可以通过【对象资源管理器】窗口连接到数据库引擎、分析服务、集成服务、报表服务与 Azure 存储系统 5 种类型的服务器，并以树型结构显示和管理服务器中的所有对象节点。查看各个资源对象节点详细信息的步骤如下。

（1）单击【对象资源管理器】工具栏中的【连接】按钮，从弹出的下拉列表中选择连接的服务器类型，如图 5-22 所示。

（2）在弹出的如图 5-15 所示的【连接到服务器】对话框中选择身份验证模式，输入或选择服务器名称，单击【连接】按钮即可连接到指定的服务器。

（3）在【对象资源管理器】窗口中，通过单击某资源对象节点前的加号或减号可以展开或折叠该资源的下级节点列表，层次化管理资源对象。

（4）【对象资源管理器】窗口所显示的一级资源节点是已连接的服务器名称，展开服务器节点可以看到所有二级资源节点，如图 5-23 所示。这些二级资源节点所代表的对象及意义说明如下。

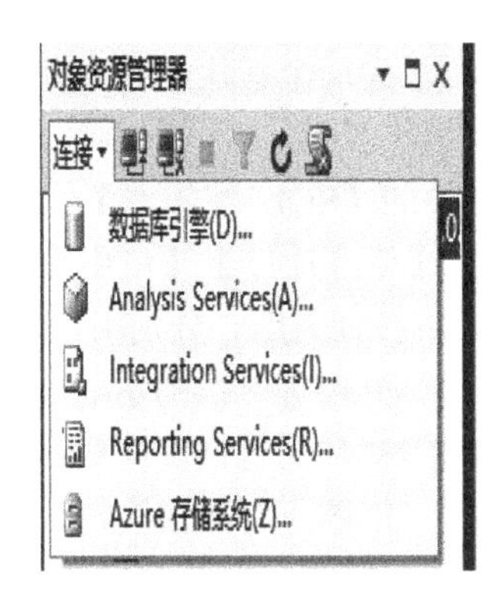

图 5-22　选择连接的服务器类型

图 5-23　服务器的二级资源窗口

【数据库】节点：包含连接到 SQL Server 服务器的系统数据库和用户数据库。

【安全性】节点：显示能连接到 SQL Server 服务器的 SQL Server 登录名列表。

【服务器对象】节点：包含【备份设备】【端点】【链接服务器】及【触发器】子节点，提供链接服务器列表，通过链接服务器把服务器与另一个远程服务器相连。

【复制】节点：显示有关数据复制的细节。数据可从当前服务器的数据库复制到另一个数据库或另一台服务器的数据库，也可按相反次序复制。

【管理】节点：包含【策略管理】【数据收集】【维护计划】【SQL Server 日志】等子节点，控制是否启用策略管理、显示各类信息或错误、维护日志文件等。日志对于 SQL Server 的故障排除将非常有用。

4. 使用文档窗口

根据服务器上资源对象操作的不同，【文档】窗口将相应地显示出查询脚本代码、表设计器、视图设计器、摘要等页面信息。可以将【文档】窗口设置为选项卡式窗口，如图 5-24 所示。通过单击页标题进行文档的切换，也可以右击页标题，在弹出的快捷菜单中选择【关闭】【保存】【隐藏】等命令，对指定文档进行相应的操作。

图 5-24　包含 3 个文档的选项卡式【文档】窗口

5. 使用查询编辑器

SSMS 提供了一个选项卡式的查询编辑器，能够在一个【文档】窗口中同时打开多个查询编辑器的视图。查询编辑器是一个自由格式的文本编辑器，主要用来编辑、调试与运行 Transact-SQL 命令。

可以通过执行 SSMS 的【文件】|【新建】|【数据库引擎查询】命令或单击 SSMS 工具栏中的【新建查询】按钮来启动查询编辑器。图 5-25 所示为一个新建的【查询编辑器】窗口，该窗口中正在输入一段 Transact-SQL 代码。

一旦打开了【查询编辑器】窗口，与查询编辑器相关的【SQL 编辑器】工具栏随之出现在 SSMS 窗口中。【SQL 编辑器】工具栏中包含【连接】【更改连接】【可用数据库】【执行】【调试】【取消执行查询】【分析】等 20 个功能按钮或下拉列表框，分别用来实现 T-SQL 命令或代码的输入、格式设置、编辑、调试、运行、结果显示、处理等一系列功能与操作。

SQL Server 2016 的查询编辑器具有智能感知（IntelliSense）的特性。在查询编辑器中，能够像 Visual Studio 一样自动列出对象成员、属性与方法等，还能够进行语法的拼写检查，即时显示拼写错误的警告信息。

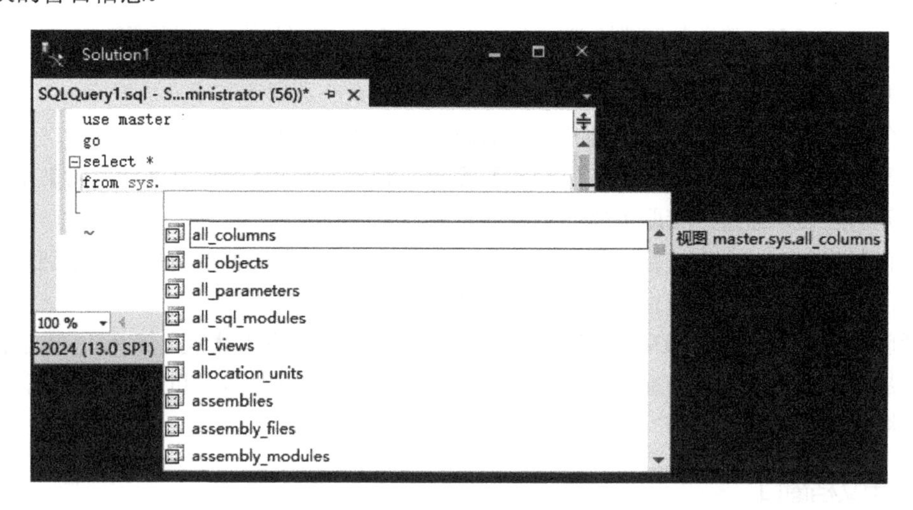

图 5-25 【查询编辑器】窗口

SQL Server 2016 的查询编辑器支持代码调试，提供断点设置、逐语句执行、逐过程执行、跟踪到存储过程或用户自定义函数内部执行等一系列强大的调试功能。

6. 查询编辑器

“查询编辑器”是以前版本中的 Query Analyzer 工具的替代物。用于编写和运行 Transact-SQL 脚本。与 Query Analyzer 工具总是工作在连接模式下不同的是，“查询编辑器”既可以工作在连接模式下，也可以工作在断开模式下。另外，如同 Visual Studio 工具一样，“查询编辑器”支持彩色代码关键字、可视化地显示语法错误、允许开发人员运行和诊断代码等功能。因此，“查询编辑器”的集成性和灵活性大大提高了。

5.3.2　SQL Server 的配置管理器

在 Microsoft SQL Server 2016 系统中，可以通过“计算机管理”工具或“SQL Server 配置管理器”查看和控制 SQL Server 的服务。

在桌面上，选择“我的电脑”|“管理”命令，可以看到如图 5-26 所示的“计算机管理”窗口。在该窗口中，可以通过“SQL Server 配置管理器”节点中的“SQL Server 服务”子节点查看 Microsoft SQL Server 2016 系统的所有服务及其运行状态。在图 5-26 中列出了 Microsoft SQL Server 2016 系统的 8 个服务，分别如下。

- SQL Server Browser，即 SQL Server 浏览器服务。
- SQL Server Launchpad（MSSQLSERVER），即全文搜索服务。
- SQL Server（MSSQLSERVER）服务。
- SQL Server Analysis Services（MSSQLSERVER），即分析服务。
- SQL Server Reporting Services（MSSQLSERVER），即报表服务。
- SQL Server 代理（MSSQLSERVER），即 SQL Server 代理服务。
- SQL Server PolyBase 引擎（MSSQLSERVER）。
- SQL Server PolyBase 数据库移动（MSSQLSERVER）。

另外，也可以从 Microsoft SQL Server 2016 程序组中启动“SQL Server 配置管理器”。在如图 5-26 所示的窗口右端服务列表中，通过右击某个服务名称可以查看该服务的属性，以及启动、停止、暂停、重新启动相应的服务。

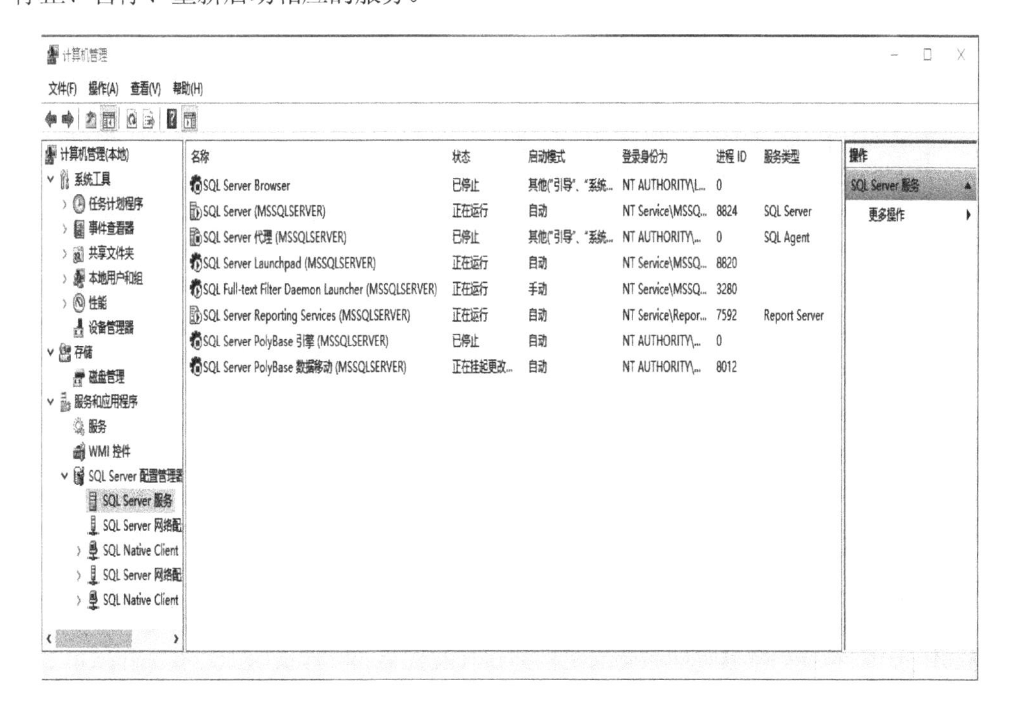

图 5-26　“计算机管理”窗口中的 SQL Server 服务

5.3.3 SQL Server Profiler

使用 SQL Server Profiler 工具可以完成对 Microsoft SQL Server 2016 系统运行过程的记录工作。在 Microsoft SQL Server Management Studio 窗口的“工具”菜单中可运行 SQL Server Profiler。SQL Server Profiler 的运行窗口如图 5-27 所示。

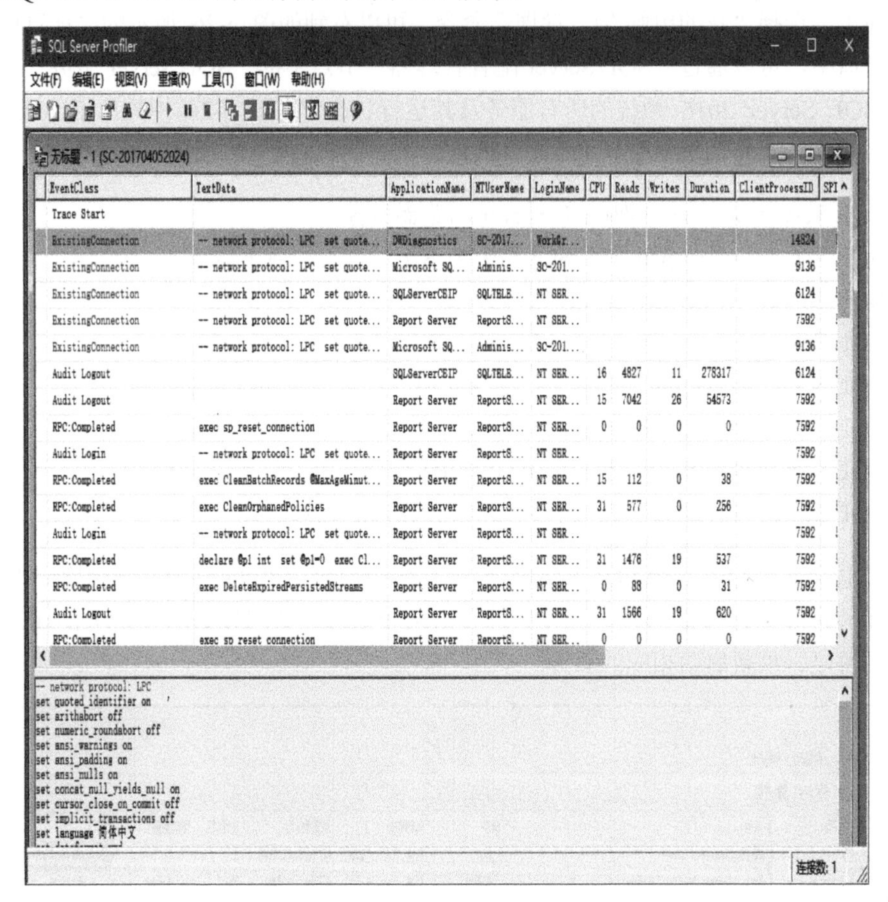

图 5-27 SQL Server Profiler 的运行窗口

SQL Server Profiler 是用于从服务器中捕获 SQL Server 2016 事件的工具。这些事件可以是连接服务器、登录系统、执行 Transact-SQL 语句等操作。这些事件被保存在一个跟踪文件中，以便日后对该文件进行分析或用来重播指定的系列步骤，从而有效地发现系统中性能比较差的查询语句等相关问题。

5.3.4 SQL Server 2016 数据库引擎中的新增功能

本节总结了 SQL Server 2016 数据库引擎版本中引入的增强功能。这些新功能和增强功能可以提高设计、开发和维护数据存储系统的架构师、开发人员和管理员的能力和工作效率。

SQL Server 2016 是 64 位应用程序。32 位安装已停止使用，不过某些元素仍以 32 位组件运行。SQL Server 2016 的新增功能如下：

- 列存储索引。
- 数据库作用域配置。
- 内存中 OLTP。
- 查询优化器。
- 实时查询统计信息。
- 查询存储。
- 临时表。
- 向 Microsoft Azure Blob 存储进行条带备份。
- 向 Microsoft Azure Blob 存储进行文件快照备份。
- 托管备份。
- TempDB 数据库。
- 内置的 JSON 支持。
- PolyBase。
- Stretch 数据库。
- 支持 UTF-8。
- 新的默认数据库大小和自动增长值。
- Transact-SQL 增强功能。
- 系统视图增强功能。
- 安全性改进。
- 高可用性增强功能。
- 复制增强功能。
- 工具增强功能。

1. 列存储索引

2016 版本提供了一些用于列存储索引的改进功能，包括可更新的非聚集列存储索引、内存中表上的列存储索引以及更多用于可操作分析的新功能。

2. 数据库作用域配置

新的 ALTER DATABASE SCOPED CONFIGURATION（Transact-SQL）语句可用于控制特定数据库的特定配置，配置设置会影响应用程序的行为。

3. 内存中 OLTP

存储格式更改，内存优化表的存储格式在 SQL Server 2014 和 2016 之间更改。对于升级和从 SQL Server 2014 附加/还原，在数据库恢复过程中序列化新的存储格式，并重启一次数据库。

ALTER TABLE 进行了日志优化且并行运行，现在对内存优化表执行 ALTER TABLE 语句时，只会将元数据更改写入日志，极大地减少了日志 IO。此外，多数 ALTER TABLE 方案现在并行运行，从而可以极大地缩短该语句的持续时间。

统计信息，现在内存优化表的统计信息将自动更新。

针对内存优化表的并行和堆扫描，内存优化表及其索引现在支持并行扫描。这提高了分析查询的性能。

4. 查询优化器

将数据库升级到 SQL Server 2016 时，如果继续停留在较旧的兼容性级别，就不会有任何计划更改。与查询优化器相关的新增功能和改进仅在最新的兼容性级别下可用。

5. 实时查询统计信息

Management Studio 能够查看活动查询的实时执行计划。此实时查询计划作为控制流，能够实时了解从一个查询计划操作员到另一个操作员的查询执行过程。

6. 查询存储

查询存储是一种新功能，让 DBA 可以探查查询计划选择和性能。它让你可以快速找到查询计划中的更改所造成的性能差异，从而简化性能疑难解答。这一性能会自动捕获查询、计划和运行时统计信息的历史记录，并将其保留以供查看。它按时间窗口将数据分割开来，使你可以查看数据库使用情况模式，并了解服务器上何时发生了查询计划更改。查询存储通过使用 Management Studio 对话框显示信息，并允许你将查询强制添加到一个所选查询计划。

7. 临时表

SQL Server 2016 现在支持系统版本控制临时表。临时表是一种能在任意时间点提供有关存储事实的正确信息的新类型表。每个临时表实际上是由两个表组成的，一个用于当前的数据，另一个用于历史数据。系统可以确保当使用当前数据更改表中的数据时，将之前的值存储在历史表格中。提供的查询构造可对用户隐藏此复杂性。

8. 向 Microsoft Azure Blob 存储进行条带备份

在 SQL Server 2016 中， Microsoft Azure Blob 存储服务的“SQL Server 备份到 URL”现在支持使用块 Blob 的条带备份集，从而可以支持最大 12.8 TB 的备份大小。

9. 向 Microsoft Azure Blob 存储进行文件快照备份

在 SQL Server 2016 中，“SQL Server 备份到 URL”现在支持使用 Azure 快照来备份数据库，其中所有的数据库文件都将使用 Microsoft Azure Blob 存储服务进行存储。

10. 托管备份

在 SQL Server 2016 中，“SQL Server 托管备份到 Microsoft Azure”为备份文件使用新的块 Blob 存储。此外，对托管备份还做了多项更改和增强。

11. TempDB 数据库

对 TempDB 所做的增强如下：

- 不再需要为 TempDB 使用跟踪标志 1117 和 1118。如果有多个 TempDB 数据库文件，所有文件都将根据增长设置同时增长。此外，TempDB 中的所有分配使用统一盘区。
- 默认情况下，安装程序会将尽可能多的 Tempdb 文件添加为 CPU 计数或 8，以较小者为准。
- 安装过程中，你可以使用 SQL Server 安装向导的“数据库引擎配置 TempDB”部分中的 UI 输入控件配置 TempDB 数据库文件数目、初始大小、自动增长增量和目录位置。
- 默认初始大小为 8MB，默认的自动增长增量为 64MB。
- 可为 TempDB 数据库文件指定多个卷。如果指定了多个目录，TempDB 数据文件将以循环方式分散在目录中。

12. 内置的 JSON 支持

SQL Server 2016 针对导入和导出 JSON 以及处理 JSON 字符串添加了内置支持。

13. PolyBase

PolyBase 允许使用 T-SQL 语句访问存储在 Hadoop 或 Azure Blob 存储中的数据，并以即席方式对其进行查询。还允许查询半结构化的数据，并将结果与存储在 SQL Server 中的关系数据集连接。PolyBase 针对数据仓库工作负载进行了优化，旨在分析查询方案。

14. Stretch 数据库

Stretch Database 是 SQL Server 2016 中的新功能，可以既透明又安全地将历史数据迁移到 Microsoft Azure 云。可以无缝访问 SQL Server 数据，无论这些数据位于本地还是延伸到云中。用户可以设置决定数据存储位置的策略，而 SQL Server 用于处理后台的数据移动。整个表始终处于联机状态，始终可供查询。而且，Stretch Database 无须对现有查询或应用程序进行任何更改——数据的位置对于应用程序来说是完全透明的。

15. 支持 UTF-8

bcp 实用工具、BULK INSERT 和 OPENROWSET 现在支持 UTF-8 代码页。

16. 新的默认数据库大小和自动增长值

数据库模式的新值和新数据库（基于模式）的默认值。数据和日志文件的初始大小现在为 8 MB。数据和日志文件的默认自动增长增量现在为 64MB。

17. Transact-SQL 增强功能

SQL Server 2016 提供了以下附加增强功能：

- TRUNCATE TABLE 语句现在允许截断指定的分区。
- ALTER TABLE（Transact-SQL）现在允许执行多次更改列操作，同时保持表可用。
- 全文索引 DMV sys.dm_fts_index_keywords_position_by_document（Trans-act-SQL）返回关键字在文档中的位置。SQL Server 2012 SP2 和 SQL Ser-ver 2014 SP1 中也添加了

此 DMV。

- 新的查询提示 NO_PERFORMANCE_SPOOL 可以防止将后台打印运算符添加到查询计划，在配合假脱机操作运行许多并发查询时可以提高性能。
- FORMATMESSAGE (Transact-SQL) 语句已增强，可接受 msg_string 参数。非聚集索引的最大索引键大小已增加到 1700 字节。
- 为 AGGREGATE、ASSEMBLY、COLUMN、CONSTRAINT、DATABASE、DEFAULT、FUNCTION、INDEX、PROCEDURE、ROLE、RULE、SCHEMA、SECURITY POLICY、SEQUENCE、SYNONYM、TABLE、TRIGGER、TYPE、USER 和 VIEW 的相关删除语句添加了新的 DROP IF 语法。请参阅有关语法的各个主题。
- 向 DBCC CHECKTABLE（Transact-SQL）、DBCC CHECKDB（Transact-SQL）和 DBCC CHECKFILEGROUP（Transact-SQL）添加了 MAXDOP 选项，以指定并行度。
- 现在可以设置 SESSION_CONTEXT。包括 SESSION_CONTEXT（Transact-SQL）函数、CURRENT_TRANSACTION_ID（Transact-SQL）函数和 sp_set_session_context（Transact-SQL）过程。
- 高级分析扩展允许用户执行以受支持语言（如 R）编写的脚本。Transact-SQL 通过引入 sp_execute_external_script（Transact-SQL）存储过程和启用外部脚本的服务器配置选项来支持 R。
- 此外，为了支持 R，还引入了创建外部资源池的功能。
- CREATE USER 语法已增强，提供 ALLOW_ENCRYPTED_VALUE_M-ODIFICATIONS 选项来支持始终加密功能。
- COMPRESS（Transact-SQL）和 DECOMPRESS（Transact-SQL）函数可将值转换入和转换出 GZIP 算法。
- 添加了 DATEDIFF_BIG（Transact-SQL）和 AT TIME ZONE（Transact-SQ-L）函数以及 sys.time_zone_info（Transact-SQL）视图，以支持日期和时间交互。
- 现在可以在数据库级别创建凭据，包括以前提供的服务器级别凭据。
- 已将 8 个新属性添加到 SERVERPROPERTY (Transact-SQL)：InstanceD-efaultDataPath、InstanceDefaultLogPath、ProductBuild、ProductBuildType、ProductMajorVersion、ProductMinorVersion、ProductUpdateLevel 和 ProductUpdateReference。
- 已去除 HASHBYTES（Transact-SQL）函数的 8000 个字节的输入长度限制。
- 添加了新的字符串函数 STRING_SPLIT（Transact-SQL）和 STRING_ES-CAPE（Transact-SQL）。
- 自动增长选项 跟踪标志 1117 已由 ALTER DATABASE 的 AUTOGRO-W_SINGLE_FILE 和 AUTOGROW_ALL_FILES 选项取代，跟踪标志 1117 不再有效。
- 混合盘区分配 对于用户数据库，对象前 8 页的默认分配将从使用混合页盘区更改为使用统一盘区。跟踪标志 1118 已由 ALTER DATABASE 的 SET MIXED_PAGE_ALLOCATION 选项取代，跟踪标志 1118 不再有效。

18. 系统视图增强功能

- 两个新视图支持行级安全性。
- 7 个新视图支持 Query Store 功能。
- 向 sys.dm_exec_query_stats（Transact-SQL）添加了&24; 个新列，以提供有关内存授予的信息。
- 添加了两个新的查询提示（MIN_GRANT_PERCENT 和 MAX_GRANT_PERCENT），用于指定内存授予。
- sys.dm_exec_session_wait_stats（Transact-SQL）提供基于会话的报告，类似于服务器级 sys.dm_os_wait_stats（Transact-SQL）。
- sys.dm_exec_function_stats（Transact-SQL）提供有关标量值函数的执行统计信息。
- 从 SQL Server 2016 开始，sys.dm_db_index_usage_stats（Transact-SQL）中的条目会像 SQL Server 2008 R2 以前的版本中那样得到保留。
- 新的动态管理函数 sys.dm_exec_input_buffer（Transact-SQL）可以返回提交到 SQL Server 实例语句的相关信息。
- 两个新视图支持 SQL Server R Services：sys.dm_external_script_requests 和 sys.dm_external_script_execution_stats。

19. 安全性改进

- 行级安全性引入了基于谓词的访问控制。它采用灵活的、基于谓词的集中式评估，可以考虑元数据（如标签）或管理员根据需要确定的任何其他条件。谓词用作一个条件，以便基于用户属性来确定用户是否具有合适的数据访问权限。可以使用基于谓词的访问控制来实现基于标签的访问控制。
- 使用始终加密，SQL Server 可以对加密数据执行操作，最重要的是，加密密钥与应用程序驻留在客户所信任的环境中，而不是驻留在服务器上。始终加密保护客户的数据，因此 DBA 不需要访问纯文本数据。数据的加密和解密在驱动程序级别透明地进行，这样在最大程度上减少了必须对现有应用程序所做的更改。
- 通过对非特权用户屏蔽敏感数据来限制敏感数据的公开。动态数据屏蔽允许用户在尽量减少对应用程序层影响的情况下指定需要披露的敏感数据，从而防止对敏感数据的非授权访问。这是一种基于策略的安全功能，可以隐藏对指定数据库字段进行查询时获得的结果集中的敏感数据，不会更改数据库中的数据。

20. 高可用性增强

SQL Server 2016 标准版现在支持 Always On 基本可用性组。基本可用性组支持主要副本和次要副本。此功能取代了已过时的高可用性数据库镜像技术。

21. 复制增强

- 现在支持复制内存优化表。
- 现在支持复制到 Azure SQL Database。

22. 工具增强

- SQL Server Management Studio 支持正在开发的、用于连接到 Microsoft Azure 的 Active Directory 身份验证库（ADAL）。它取代了 SQL Server 2014 Management Studio 中使用的基于证书的身份验证。
- SQL Server Management Studio 要求安装.NET4.6 作为先决条件。安装 SQL Server Management Studio 时，程序将自动安装 .NET 4.6。
- 新的查询结果网格支持从结果网格中复制或保存文本时保留回车符/换行符。可以从“工具”→“选项”菜单设置此功能。
- 不再从主功能树安装 SQL Server 管理工具，详细信息请参阅安装带有 SSMS 的 SQL Server 管理工具。
- SQL Server Management Studio 安装要求 .NET 4.6.1 作为先决条件。安装 SQL Server Management Studio 时，程序将自动安装 .NET 4.6.1。

借助数据库引擎优化顾问，用户不必详细了解数据库的结构就可以选择和创建最佳的索引、索引视图、分区等。工作负荷是对要优化的一个或多个数据库执行一组 Transact-SQL 语句，可以通过 Microsoft SQL Server Management Studio 中的查询编辑器创建 Transact-SQL 脚本工作负荷，也可以使用 SQL Server Profiler 中的优化模板来创建跟踪文件和跟踪表工作负荷。数据库引擎优化顾问（Database Engine Tuning Advisor）的窗口如图 5-28 所示。

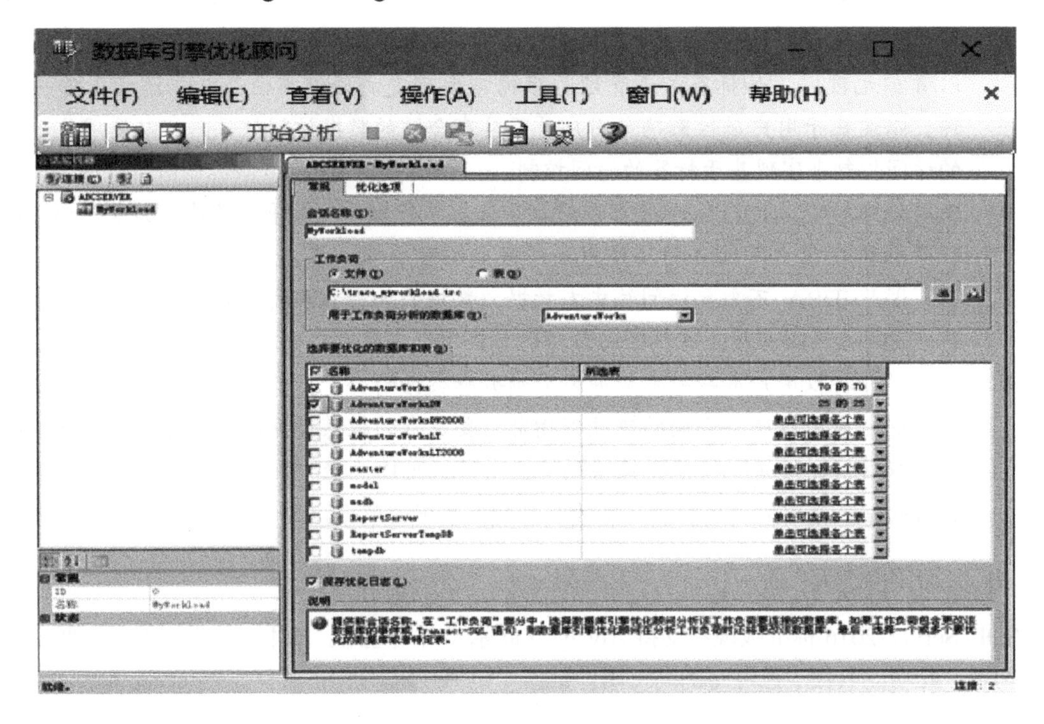

图 5-28　数据库引擎优化顾问窗口

5.3.5 实用工具

Microsoft SQL Server 2016 系统不仅提供了大量图形化工具，还提供了大量命令行实用工具。这些命令行实用工具包括 bcp、dta、dtexec、dtutil、Microsoft.AnalysisServices.Deployment、nscontrol、osql、profiler90、rs、rsconfig、rskeymgmt、sac、sqlagent90、sqlcmd、SQLdiag、sqlmaint、sqlservr、sqlwb、tablediff 等。

bcp 实用工具可以在 Microsoft SQL Server 2016 实例和用户指定格式的数据文件之间进行大容量的数据复制。也就是说，使用 bcp 实用工具可以将大量数据导入 Microsoft SQL Server 表中，或者将表中的数据导出到数据文件中。

dta 实用工具是数据库引擎优化顾问的命令提示符板。通过使用 dta 实用工具，用户可以在应用程序和脚本中使用数据库引擎优化顾问功能，从而扩大了数据库引擎优化顾问的作用范围。

dtexec 实用工具用于配置和执行 Microsoft SQL Server 2016 Integration Services（SSIS）包。用户通过使用 dtexec 实用工具可以访问所有 SSIS 包的配置信息和执行功能，这些信息包括连接、属性、变量、日志、进度指示器等。

dtutil 实用工具的作用类似于 dtexec 实用工具，也是执行与 SSIS 包有关的操作。但是，该工具主要用于管理 SSIS 包，这些管理操作包括验证包的存在性及对包进行复制、移动、删除等操作。

Microsoft.AnalysisServices.Deployment 实用工具执行与 Microsoft SQL Server 2008 Analysis Services（SSAS）有关的部署操作。该工具的输入文件是在生成分析服务项目时生成的 XML 类型文件。这些文件可以提供对象定义、部署目标、部署选项、配置设置等。该工具通过使用指定的部署选项和配置设置将对象定义部署到指定的部署目标。

nscontrol 实用工具与 Microsoft SQL Server 2016 Notification Services 服务有关，用于管理、部署、配置、监视、控制通知服务实例，并且提供了创建、删除、使能、修复、注册等与通知服务实例相关的命令。

osql 实用工具可以用来输入和执行 Transact-SQL 语句、系统过程、脚本文件等。该工具通过 ODBC 与服务器进行通信。实际上，在 Microsoft SQL Server 2016 系统中，sqlcmd 实用工具可以替代 osql 实用工具。

profiler90 实用工具是启动 SQL Server Profiler 工具的命令行命令。使用该工具可以方便地在应用中对 SQL Server Profiler 工具进行启动和使用。

rs 实用工具与 Microsoft SQL Server 2016 Reporting Services 服务有关，用于管理和运行报表服务器的脚本。通过使用该工具，用户可以轻松地实现报表服务器部署与管理任务的自动化执行。

rsconfig 实用工具也是与报表服务相关的工具，可以用来对报表服务连接进行管理。例如，该工具可以在 RSReportServer.config 文件中加密并存储连接和账户，确保报表服务可以安全地运行。

rskeymgmt 实用工具也是与报表服务相关的工具，可以用来提取、还原、创建、删除对称密钥。该密钥可用于保护敏感报表服务器数据不受未经授权的访问，从而提高报表服务器数据的安全性。

sac 实用工具与 Microsoft SQL Server 2016 外围应用设置相关，可以用来导入、导出这些外围应用设置，大大方便了多台计算机上的外围应用设置。例如，可以使用 Microsoft SQL Server 2008 系统提供的外围应用配置图形工具先配置一台计算机，然后使用 sac 将该计算机的配置导出到一个文件中。接着，可以使用 sac 实用程序将所有 Microsoft SQL Server 2016 组件的设置应用到本地或远程计算机的其他 Microsoft SQL Server 2016 实例中。

sqlagent90 实用工具用于从命令提示符处启动 SQL Server Agent 服务。需要注意的是，一般从 SQL Server Management Studio 工具或在应用程序中使用 SQL-DMO 方法来运行 SQL Server Agent 服务。只有在对 SQL Server Agent 服务进行诊断或提供程序定向到命令提示符时才使用该工具。

sqlcmd 实用工具可以在命令提示符处输入 Transact-SQL 语句、系统过程和脚本文件。实际上，该工具是作为 osql 实用工具和 isql 实用工具的替代工具而新增的，它通过 OLE DB 与服务器进行通信。sqlcmd 实用工具运行的界面如图 5-29 所示。

SQLdiag 用于对 SQL Server 系统进行诊断。利用该工具可以收集 SQL Server 系统的性能诊断信息，这些信息包括 Windows 性能日志、Windows 事件日志、SQL Server 事件探查器跟踪、SQL Server 阻塞和配置信息等，有助于技术支持人员排除 SQL Server 运行过程中出现的故障。

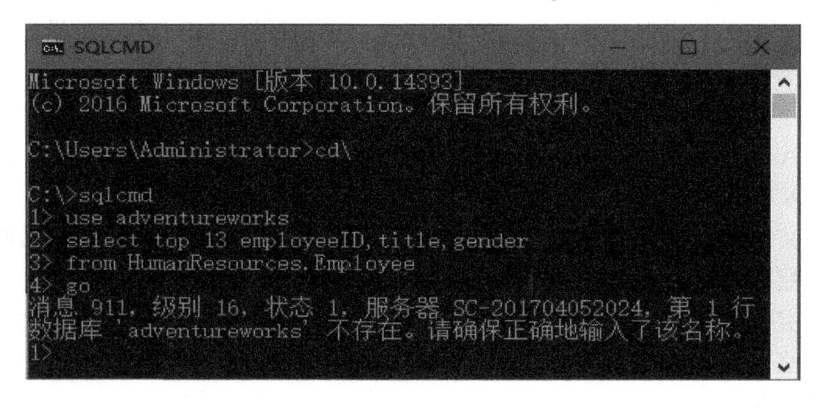

图 5-29　sqlcmd 实用工具

sqlmaint 可以执行一组指定的数据库维护操作，包括 DBCC 检查、数据库备份、事务日志备份、更新统计信息、重建索引，可以生成报表，并把这些报表发送到指定的文件和电子邮件账户。

sqlservr 的作用是在命令提示符下启动、停止、暂停、继续 Microsoft SQL Server 的实例。如果希望从应用程序中启动 Microsoft SQL Server 实例，使用该工具将是一个不错的选择。

sqlwb 可以在命令提示符下打开 SQL Server Management Studio，并且可以与服务器建立连接，打开查询、脚本、文件、项目、解决方案等。

tablediff 用于比较两个表中的数据是否一致，对于排除复制中出现的故障非常有用。用户可以在命令提示符下使用该工具执行比较任务。

5.3.6　PowerShell

PowerShell 是 Microsoft SQL Server 2016 系统继承老版本的功能，是一个脚本和服务器导航引擎。用户可以使用该工具导航服务器上的所有对象，就好像它们是文件系统中目录结构的一部分一样，甚至可以使用诸如 dir、cd 类型的命令。

5.4 SQL Server 2016 数据库存储

所有系统和用户数据库（包括 Resource 数据库）都存储在文件中。因此，至少会存在两个文件：一个数据文件和一个事务日志文件。数据文件的默认扩展名是.mdf，事务日志文件的默认扩展名是.ldf。

系统数据库文件的默认位置是<drive>:\Program Files\Microsoft SQL Server\MSSQL.X\MSSQL\Data\，其中<drive>是安装驱动器，X 是实例号（MSSQL.1 代表数据库引擎的第一个实例）。表 5-2 列出了与 SQL Server 的第一个实例关联的系统数据库文件的名称和默认位置。

表 5-2　与 SQL Server 的第一个实例关联的系统数据库文件的名称和默认位置

系统数据库	物 理 位 置
master	<install path>\MSSQL13.MSSQLSERVER\MSSQL\Data\master.mdf <install path>\MSSQL13.MSSQLSERVER\MSSQL\Data\mastlog.ldf
model	<install path>\MSSQL13.MSSQLSERVER\MSSQL\Data\model.mdf <install path>\MSSQL13.MSSQLSERVER\MSSQL\Data\modellog.ldf
msdb	<install path>\MSSQL13.MSSQLSERVER\MSSQL\Data\msdbdata.mdf <install path>\MSSQL13.MSSQLSERVER\MSSQL\Data\msdblog.ldf
tempdb	<install path>\MSSQL13.MSSQLSERVER\MSSQL\Data\tempdb.mdf <install path>\MSSQL13.MSSQLSERVER\MSSQL\Data\templog.ldf
resource	<install path>\MSSQL13.MSSQLSERVER\MSSQL\Binn\Mssqlsysternresource.mdf <install path>\MSSQL13.MSSQLSERVER\MSSQL\Binn\Mssqlsystemresource.ldf

当涉及系统数据库时，不要随意使用它们。在 SQL Server 2016 中，用户操作系统数据库的能力被 Microsoft 的开发人员极大地削弱了。整体来看这是好事。一般来说，能对系统数据库做的唯一一件事就是把它们备份，或出现性能瓶颈时把它们转移到更快、更可靠的磁盘阵列上。在以前的版本中，可以通过即席更新修改系统表中的数据，但在 SQL Server 2016 中，这已经完全不可能了。要想修改系统目录，必须以单用户模式启动服务器，即使如此，活动也是受限的，并且不被 Microsoft 支持。

5.4.1 数据文件和文件组

在创建用户数据库时，必须至少包含一个数据文件。这个数据文件称为主数据文件（primary data file）。主数据文件是默认的主文件组（Primary filegroup）中的成员。每一个数据库在创建时都有一个主文件组，该主文件组中至少包含主数据文件。也可以将其他数据文件添加至主文件组。在首次创建数据库时可以定义多个文件组，或在创建数据库之后添加它们。现在只要知道数据库中的所有数据对象（如表、视图、索引和存储过程）都存储在数据文件中即可。可以逻辑分组数据文件，从而提升性能，并使得维护更加灵活，如图 5-30 所示。

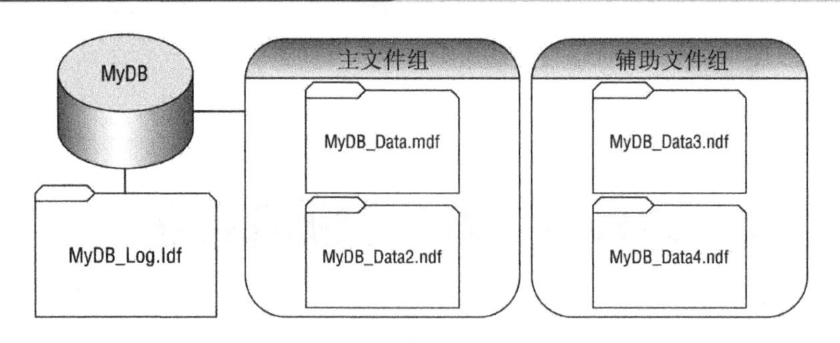

图 5-30　数据文件和文件组

5.4.2　日志文件

首次创建数据库时，必须定义一个事务日志。事务日志用来记录所有对数据库执行的修改，以保证事务的一致性和可恢复性。

虽然创建多个数据文件和文件组通常是有好处的，但实际上很少需要创建一个以上的日志文件。这是由 SQL Server 访问文件的方式决定的。因为可以并行访问数据文件，所以 SQL Server 可以同时读写多个文件和文件组。另一方面，日志文件并不是以此种方式访问的。日志文件经过串行化以维护事务的一致性。每个事务都在日志中按照其执行顺序连续记录。只有第一个日志文件完全填满之后才会访问第二个日志文件。

5.5　SQL Server 2016 数据库对象

SQL Server 2016 数据库对象存在于一个已定义的作用域和层次结构中。这一层次的结构通过相似的功能对安全权限和对象的组织有了更多的控制。SQL Server 2016 对象分别定义在服务器、数据库和架构 3 个层次上。

- 一个数据库用户可以对应多个架构（架构是表容器）。架构里面包含的是数据库表。
- 一个数据库角色有可能涉及多个架构。数据库角色对应的是权限。
- 一个用户对应一个数据库角色。
- 登录名与数据库用户在服务器级别是一对多的，在数据库级别是一对一的。

5.5.1　服务器

服务器作用域包括存在于 SQL Server 实例上的所有对象，无论它们属于哪个数据库或名称空间。数据库对象总是存在于服务器作用域中。

服务器登录名：指有权限登录到某服务器的用户。

服务器角色：指一组固定的服务器用户，默认有 9 组。

- 登录名一定属于某些角色，默认为 public。
- 服务器角色不容许更改。
- 登录后也不一定有权限操作数据库。

服务器角色：

- Sysadmin 在 SQL Server 中进行任何活动。该角色的权限跨越所有其他固定服务器角色。
- Serveradmin 配置服务器范围的设置。
- Setupadmin 添加和删除链接服务器，并执行某些系统存储过程（如 sp_serveroption）。
- Securityadmin 管理服务器登录。
- Processadmin 管理在 SQL Server 实例中运行的进程。
- Dbcreator 创建和改变数据库。
- Diskadmin 管理磁盘文件。
- Bulkadmin 执行 BULK INSERT 语句。

使用 SQL Server 2016 时，一个非常容易令人混淆的词是服务器（server）。当听到“服务器”这个词时，一般会想到在服务器室的架子上占据一定空间的硬件。混淆之处在于，可以在一台服务器上安装 SQL Server 的多个实例。

说得更清楚一点，在一台运行 Windows 操作系统的计算机上可以安装 SQL Server 2016 数据平台应用程序的多个实例。这样说虽然清楚得多，但是并不适合营销宣传。

当在 SQL Server 2016 中碰到“服务器”这个词时，需要参考上下文来确定它的意思，即它是一个 SQL Server 2016 的实例，还是安装了 SQL Server 的计算机。

对于服务器作用域和 SQL Server 2016 数据库对象来说，“服务器”这个词实际上指的是 SQL Server 2016 实例。默认实例实际是 SERVERNAME\MSSQLService。由于它是默认实例，因此不必给服务器名附加 MSSQLService。例如，假定我们使用的是一台名为 AUGH-TEIGHT 的运行 Windows Server 2016 操作系统的服务器，SQL Server 的默认实例是 AUGHT-EIGHT。如果要安装另一个实例，名为 SECONDINSTANCE，那么 SQL Server 名称将为 AUG-HTEIGHT\SECONDINSTANCE。从 SQL Server 的角度来说，每个实例都是一个单独的“服务器”。

5.5.2 数据库

数据库作用域定义了数据库目录中的所有对象，架构也存在于数据库作用域中。

Database（数据库）的 ANSI 同义词是 catalog（目录）。当连接一个 SQL Server 2016 实例时，一般需要指定一个初始目录或初始数据库。SQL Server 2016 的实例可以包含很多数据库。通常，一个普通的数据库应用程序只有一个数据库，该数据库包含所有能为该应用程序提供所需功能的数据对象。不过，现在常看到越来越多的应用程序要求用多个数据库来管理应用程序的不同组件，这就增加了应用程序的可扩展性。例如，SharePoint 创建用于管理 SharePoint 环境的数据库，并为不同站点和站点集合创建内容数据库。

数据库角色：

- Public　public 角色是一个特殊的数据库角色，每个数据库用户都属于它，用于捕获数据库中用户的所有默认权限。无法将用户、组或角色指派给它，因为默认情况下它们属于该角色。含在每个数据库中，包括 master、msdb、tempdb、model 和所有用户数据库，无法除去。
- db_owner　进行所有数据库角色的活动，以及数据库中的其他维护和配置活动。该角色的权限跨越所有其他固定数据库角色。
- db_accessadmin　在数据库中添加或删除 Windows NT 4.0 或 Windows 2000 组和用户以及 SQL Server 用户。
- db_datareader　查看来自于数据库中所有用户表的全部数据。
- db_datawriter　添加、修改或删除来自于数据库中所有用户表的数据。
- db_ddladmin　添加、修改或删除去数据库中的对象（运行所有 DDL）。
- db_securityadmin　管理 SQL Server 2000 数据库角色的角色和成员，并管理数据库中的语句和对象权限。
- db_backupoperator　有备份数据库的权限。
- db_denydatareader　拒绝选择数据库数据的权限。
- db_denydatawriter　拒绝更改数据库数据的权限。

5.5.3 架构

每个数据库都可以有一个或多个架构。架构是数据库对象的名称空间。SQL Server 2008 数据库中的所有数据对象都存在于一个特定的架构中。

数据库架构是指数据库对象的容器：

- 数据库用户对应于服务器登录名，以便登录者可以操作数据库。
- 数据库角色可以添加，可以定制不同权限。
- 数据库架构类似于数据库对象的命名空间，用户通过架构访问数据库对象。

登录名与用户在服务器级是一对多的，而在数据库里是一对一的。比如说，Server 这个服务器有 4 个数据库，即 DB1、DB2、DB3 和 DB4，每个数据库都有一个用户，即 USER1、USER2、USER3 和 USER4，在创建一个登录名 my 的时候，可以通过用户映射的操作为这个登录名在每一个具体的数据库中指定用户，比如可以指定 my 在 DB1 中的用户是 USER1，它在使用数据库的时候是唯一的，my 不能在 DB1 中切换用户，除非重新指定它对 DB1 数据库的用户映射。

SQL Server 2016 实现了 ANSI 架构对象。数据库架构是一个包含数据库对象的名称空间。它也是一个完全可配置的安全性作用域。在 SQL Server 之前的版本中，名称空间是由对象所有者定义的，经常可看到所有内容都在数据库的 dbo 架构中。在 SQL Server 2016 中，对象的所有权与其名称空间是分离的。单个用户可以获得一个架构的所有权，但底层对象属于这个架构本身。这样就使得管理和保护数据库对象的工作变得更加灵活和易于控制。可以向架构授予权限，而该架构中定义的所有对象将继承这些权限。

5.5.4　对象名称

SQL Server 2016 数据库中的每个对象都由一个具有 4 部分的完全限定名称来标识。这种名称的形式为 server.database.schema.object。但是在引用这些对象时，名称可以略写。若省略掉服务器名称，SQL Server 则假定是当前所连接的实例。同理，若省略掉数据库名称，SQL Server 则假定是现有连接的数据库上下文。

通过完全限定对数据库对象的所有引用可以改进数据库代码的设计，使他人更容易理解这些代码。还可以防止在将代码从一个位置复制到另一个位置（如在数据库项目之间复制）时出现错误。例如，对于在名为[CustomerData]的架构中包含名为[Customer]表的一个数据库，可以从该数据库的一个存储过程复制代码。如果在对该列的引用中包括架构名称，引用就会变为[CustomerData].[Customer]。通过完全限定这些引用，便不太可能在复制该代码时意外地引用另一个架构中的 [Customer]表。

若省略掉架构名称，SQL Server 则假定是已登录用户的名称空间。而这正是会导致混乱的地方。除非有明确的指派，一般会给新用户指派默认的 dbo 架构。结果就是，所有对没有显式限定的数据库对象的引用都会解析为 dbo 架构。

SQL Server 总是首先搜索指派的架构，如果首次解析失败，就再搜索 dbo 架构。在创建对象时一定要小心，要保证引用正确的名称空间。两个不同的架构中完全有可能具有同名的表（如 dbo.HourlyWage 和 HumanResources. HourlyWage）。如果出现这种情况，当创建一个应用程序显示 HourlyWage 表的内容时，可能会导致无穷无尽的不一致和混乱。如果在应用程序查询中没有引用架构，那么一些用户将总是从 dbo 架构中的表得到查询结果，而其他人就会从 HumanR esources 版本的表中得到结果。因此，在引用所有对象时都应该使用一个（至少）由两部分构成的名称，以避免引起混乱。

5.6　Transact-SQL

Transact-SQL 是使用 SQL Server 的核心。与 SQL Server 实例通信的所有应用程序都通过将 Transact-SQL 语句发送到服务器（不考虑应用程序的用户界面）来实现这一点。Transact-SQL 是一种结构化查询语言，是 SQL 的增强版本。使用 Transact-SQL 语言可以从数据库中提取数据，完成 SQL 语言的数据定义（DDL）、数据操作（DML）和数据控制（DCC）等行为。本项目首先对 Transact-SQL 语言进行简单概述，然后详细讲述 Transact-SQL 语言的基本功能。先介绍 Transact-SQL 语言的两种标识符，即常规标识符和分隔标识符，然后介绍 Transact-SQL 语言中常用的几种常量、变量、常用的运算符和常用的表达式。最后介绍 Transact-SQL 语言中常用的 9 种函数，并对典型函数进行举例。通过对项目的讲述，读者将能够较详细地了解 Transact-SQL 语言的基本功能，方便后续项目的学习。

Transact-SQL 是 Microsoft 公司在关系型数据库管理系统 SQL Server 中对 SQL-3 标准的实现，是微软对 SQL 的扩展，具有 SQL 的主要特点，同时增加了变量、运算符、函数、流程控制和注释等语言元素，使其功能更加强大。

5.6.1 Transact-SQL 概述

Transact-SQL 对 SQL Server 十分重要，在 SQL Server 中，使用图形界面能够完成的所有功能都可以通过 Transact-SQL 实现。与 SQL Server 通信的所有应用程序都通过向服务器发送 Transact-SQL 语句来进行操作，而与应用程序的界面无关。

下面是可生成 Transact-SQL 的各种应用程序的列表：

- 通用办公效率应用程序。
- 使用图形用户界面（GUI）的应用程序，使用户得以选择包含要查看的数据的表和列。
- 使用通用语言语句确定用户要查看数据的应用程序。
- 将其数据存储于 SQL Server 数据库中的商业应用程序，可以包括供应商编写的应用程序和内部编写的应用程序。
- 使用诸如 sqlcmd 这样的实用工具运行的 Transact-SQL 脚本。
- 使用诸如 Microsoft Visual C++\Microsoft Visual Basic 或 Microsoft Visual J++（使用 ADO、OLE DB 以及 ODBC 等数据库 API）这样的开发系统创建的应用程序。
- 从 SQL Server 数据库提取数据的网页。
- 分布式数据库系统，通过此系统将 SQL Server 中的数据复制到各个数据库或执行分布式查询。
- 数据仓库，从联机事务处理（OLTP）系统中提取数据，并对数据汇总，以进行决策支持分析，均可在此仓库中进行。

根据其完成的具体功能，可以将 Transact-SQL 语句分为四大类，分别为数据定义语句、数据操纵语句、数据控制语句和一些附加的语言元素。

（1）数据定义语句：包括 CREATE TABLE、DROP TABLE、ALTER TABLE、CREATE VIEW、DROP VIEW、CREATE INDEX、DROP INDEX、CREATE PROCEDURE、ALTER PROCEDURE、DROP PROCEDURE、CREATE TRIGGER、ALTER TRIGGER、DROP TRIGGER 等。

（2）数据操纵语句：包括 SELECT、INSERT、DELETE、UPDATE 等。

（3）数据控制语句：包括 GRANT、DENY、REVOKE 等。

（4）附加的语言元素：包括 BEGIN TRANSACTION / COMMIT、ROLLBACK、SET TRANSACTION、DECLARE OPEN、FETCH、CLOSE、EXECUTE 等。

5.6.2　标识符

数据库对象的名称即为标识符。Microsoft SQL Server 中的所有内容都可以有标识符，如服务器、表、视图、列、索引、触发器、过程、约束及规则等。大多数对象都要求有标识符，但有些对象标识符是不可选的。例如，约束标识符是系统自动生成的，不需要用户提供。

对象标识符是在定义对象时创建的，标识符随后用于引用该对象。

【例 5.1】创建一个标识符为 student 的表，该表中有两个列标识符，分别是 Number 和 Address：

```
CREATE TABLE student
(Number INT PRIMARY KEY, Address nvarchar(80))
```

此表还有一个未命名的约束。PRIMARY KEY 约束没有标识符。

标识符的排序规则取决于定义标识符时所在的级别。实例级对象的标识符指定的是实例的默认排序规则，如登录名、数据库名。数据库对象的标识符分配数据库的默认排序规则，如表、视图和列名。按照标识符的使用方式，可把标识符分为两类，即常规标识符和分隔标识符。这两种标识符包含的字符数必须在 1~128 之间。对于本地临时表，标识符最多可以有 116 个字符。

（1）　常规标识符

常规标识符的格式规则取决于数据库的兼容级别。可以使用 ALTER DATABASE 进行设置。当兼容级别为 100 时，适用于下列规则。

① 第一个字符必须是这些字符之一：Unicode 标准 3.2 所定义的字母，这些字母包括拉丁字符 a~z 和 A~Z，以及来自其他语言的字母字符；下划线（_）、符号@或数字符号#。

在 Transact-SQL 中，某些位于标识符开头位置的符号具有特殊意义。

以@符号开头的常规标识符始终表示局部变量或参数，并且不能用作任何其他类型的对象名称。某些 Transact-SQL 函数的名称以两个符号（@@）开头。为了避免与这些函数混淆，不应使用以@@开头的名称命名。

以一个数字符号开头的标识符表示临时表或过程。以两个数字符号（##）开头的标识符表示全局临时对象。虽然数字符号或两个数字符号字符可用作其他类型对象名的开头，但这里不建议使用。

② 后续字符可以包括：Unicode 标准 3.2 中所定义的字母；基本拉丁字符或其他国家/地区字符中的十进制数字；@符号、美元符号（$）、数字符号（#）或下划线（_）。

③ 标识符一定不能是 Transact-SQL 保留字。SQL Server 可以保留大写形式和小写形式的保留字。

④ 不允许嵌入空格或其他特殊字符。

⑤ 不允许使用增补字符。

例如，studentInformation、@number_20、Money_88$ 等是合法的常规标识符，而 the

student、My name_@、age 30 等不是合法的标识符。

在 Transact-SQL 语句中，如果符合标识符的格式规则，在使用常规标识符时，就不用将其分隔开。例 5.2 中使用的标识符均是合法的，不用进行分隔。

【例 5.2】查询学号为 15 的学生信息：

```
SELECT *
FROM student
WHERE Number = 15
```

变量、函数和存储过程的名称必须符合 Transact-SQL 标识符的规则。在 Transact-SQL 语句中使用标识符时，不符合上述规则的标识符必须用双引号或括号分隔，即下面要介绍的分隔标识符。

（2）分隔标识符

分隔标识符是包含在双引号（“”）或方括号（[]）内的标识符。使用双引号（“”）分隔的标识符称为引用标识符，使用方括号（[]）分隔的标识符称为括在括号内的标识符。默认情况下，使用方括号（[]）分隔标识符。只有 QUOTED_IDENTIFIER 选项设置为 ON 时，才使用双引号（“”）分隔标识符。

在 Transact-SQL 语句中，符合标识符格式规则的标识符可以分隔，也可以不分隔。下面对例 5.2 中的合法标识符进行分隔：

```
SELECT *
FROM [student]
WHERE [number] = 15
```

在 Transact-SQL 语句中，如果对象名称包含 Microsoft SQL Server 中的保留字或使用了未列入限定字符的字符，就不符合标识符的格式规则，必须进行分隔。例 5.3 中包含不合法的标识符 My student 和保留字 order，必须进行分隔。

【例 5.3】查询序号为 15 的学生信息：

```
SELECT *
FROM [My student]
WHERE [order] = 15
```

美元符号（$）的关键字通常用得较少，不为人们所熟知，应尽量避免使用，以提高程序的可读性。

5.6.3 常量和变量

1. 常量

常量是表示特定数据值的符号，也称为字面量，在整个程序运行过程中保持不变。常量的格式取决于它所表示的值的数据类型。Transact-SQL 中常用的常量主要有字符串常量、整型常量、实型常量、日期时间常量、money 常量和 uniqueidentifier 常量等。

（1）字符串常量

分为 ASCII 字符串常量和 Unicode 字符串常量两种。

ASCII 字符串常量是用单引号括起来的由 ASCII 字符构成的符号串，每个 ASCII 字符用一个字节来存储。

Unicode 字符串常量数据中的每个字符用两个字节存储，与 ASCII 字符串常量相似。N 前缀必须为大写字母，如 N'What is you name?'。

ASCII 和 Unicode 常量被分配了当前数据库的默认排序规则，除非使用 COLLATE 子句分配特定的排序规则，例如：

```
    'abc' COLLATE French_CI_AI 或者 N'lustig' COLLATE
German_Phonebook_CS_AS
```

如果单引号中的字符串包含引号，那么可以使用两个单引号表示嵌入的单引号。

（2）整型常量

按照整型常量表示方式的不同，可将整型常量分为二进制整型常量、十进制整型常量和十六进制整型常量。

- 二进制整型常量：即数字 0 或 1，并且不使用引号。如果使用一个大于 1 的数字，它将被转换为 1。
- 十进制整型常量：即不带小数点的十进制数，如 2012、9、+20120215、-20120215。
- 十六进制整型常量：前缀 0x，后跟十六进制数字串，如 0xAEBF、0x12Ff、0x48AEFD010E、0x。

（3）实型常量

实型常量按表示方式的不同可分为定点表示和浮点表示。

- 定点表示：如 1894.1204、2.0、+145345234.2234、-2147483648.10。
- 浮点表示：如 101.5E5、0.5E-2、+123E-3、-12E5。

（4）日期时间常量

日期时间常量用单引号将表示日期时间的字符串括起来。SQL Server 可以识别的日期和时间格式有字母日期格式、数字日期格式和未分隔的字符串格式，如'April 15, 2012'、'4/15/1998'、'20001207'、'04:24:PM'、'April 15, 2012 14:30:24'。

（5）money 常量

money 常量是以$作为前缀的整型或实型常量数据，如$12、$542023、-$45.56、+$423456.99。下面是将 money 常量应用到 Transact-SQL 中的例子：

```
    SELECT Price +$6.50
    FROM CommodityTable
```

（6）uniqueidentifier 常量

uniqueidentifier 常量是表示全局唯一标识符（GUID）值的字符串。uniqueidentifier 常量可以使用字符或十六进制字符串格式来指定，如 642D-000F96D458AB19FF011-B04FC964FF、0x2012ff6fd00c04fc964ff。

引用数值常量时不用单引号，引用日期、字符串常量时需要加单引号。

2. 变量

变量是在程序运行过程中会发生改变的量。根据作用范围，可以将变量分为局部变量和全局变量两种。

（1）局部变量

局部变量用于在批处理或脚本中保存数据值的对象，是用户自己定义的变量。局部变量一次只能保存一个值，作用范围仅在程序内部。

一般局部变量只在一个批处理或存储过程中使用，用来存储从表中查询到的数据，或当作程序执行过程中的暂存变量使用。通常，局部变量可以作为计数器计算循环执行的次数或控制循环执行的次数。此外，利用局部变量还可以保存数据值，以供流程控制语句测试，以及保存由存储过程返回的数据值等。

局部变量使用 Declare 语句来声明，语法格式如下：

```
Declare {变量名 数据类型}[...n]
```

例如：

```
DECLARE @name varchar(8)
DECLARE @seat int
```

声明完局部变量后，就可以对其进行赋值了，赋值格式如下：

```
SET @变量名 = 值 (普通赋值)
SELECT  @变量名 = 值[,...](查询赋值)
```

使用 SELECT 语句赋值时，若返回多个值，则结果为返回的最后一个值。若省略“=”及其后的表达式，则可以将局部变量的值显示出来。

例如，下面两个为变量赋值的语句：

```
SET @name = '张三'
SELECT @name = sname FROM student
WHERE snum = '001'
```

局部变量必须先声明后使用，初值为 NULL。

【例 5.4】编写程序，计算两个整数之和：

```
DECLARE @i int, @j int, @sum int
SET @i = 50
SET @j = 60
```

```
SELECT @sum = @i + @j
PRINT @sum
GO
```

语法说明：DECLARE 声明局部变量。@i、@j、@sum 为变量名，总是以@开始。int 为变量的数据类型。SELECT 和 SET 用来对局部变量进行赋值。SET 一次只能给一个局部变量赋值，SELECT 可以同时给多个局部变量赋值。

（2）全局变量

全局变量也称配置函数，是 SQL Server 系统提供并赋值的变量，用于存储系统的特定信息，作用范围并不局限于某一程序，而是任何程序均可随时调用。

全局变量是在服务器级定义的，以@@开头，如@@version。

全局变量对用户来说是只读的，用户只能使用预先定义的全局变量，不能建立全局变量，也不能修改其值，但可在程序中用全局变量来测试系统的设定值或 Transact-SQL 命令执行后的状态值。

在 Transact-SQL 语句中，常用的全局变量如表 5-3 所示。

表 5-3　Transact-SQL 中常用的全局变量

变　量	说　明
@@CPU_BUSY	SQL Server 自上次启动后的工作时间，单位：毫秒
@@CURSOR_ROES	打开上一个游标中当前限定行的数目
@@ERROR	上一条 Transact-SQL 语句报告的错误号
@@IDENTITY	最后插入的标识值
@@LANGID	当前使用语言的 ID
@@NESTLEVEL	当前存储过程的嵌套级别（初始值为 0）
@@PROCID	Transact-SQL 当前模块的 ID
@@ROWCOUNT	上一条 Transact-SQL 语句影响的行数
@@SERVERNAME	本地服务器的名称
@@SPID	当前用户进程的会话 ID
@@VERSION	当前 SQL Server 的版本、处理器体系结构、生成日期

【例 5.5】使用全局变量查看 SQL Server 的版本信息和服务器名称：

```
print '当前所用的 SQL Server 版本信息如下：'
print @@version
print ''
print '目前所用 SQL Server 服务器的名称为：' + @@servername
```

print 语句用于显示 char 类型、varchar 类型，还可自动转换为字符串类型的数据。

5.6.4　运算符

运算符是一种符号，能够用来执行算术运算、字符串连接、赋值，以及在字段、常量和变量之间进行比较。在 Transact-SQL 中，常用的运算符主要有算术运算符、赋值运算符、逻辑运算符、比较运算符、位运算符和字符串串联运算符。

1. 算数运算符

算术运算符可以在两个表达式上执行数学运算，这两个表达式可以是数字数据类型分类的任何数据类型。

Transact-SQL 中提供了 5 种算术运算符，表 5-4 列出了这些运算符及其作用。

表 5-4　算数运算符

运 算 符	含 义	例 子	结 果
+	加法运算	6+8	14
-	减法运算	10-7	3
*	乘法运算	2*3	6
/	除法运算	14/5	2
%	取模运算	14%5	4

2. 赋值运算符

赋值运算符的作用是将数据值指派给特定的对象，也可以使用赋值运算符在列标题与为列定义值的表达式之间建立关系。

Transact-SQL 中只有一个赋值运算符，即等号（=）。

【例 5.6】下面的语句先定义一个 int 变量@number，然后将其值赋为 20：

```
declare @number int
set @number = 20
```

3. 逻辑运算符

逻辑运算符可以把多个逻辑表达式连接起来。逻辑运算符包括 AND、OR 和 NOT 等运算符。逻辑运算符和比较运算符一样，返回带有 TRUE 或 FALSE 值的布尔数据类型。

表 5-5 列出了 Transact-SQL 中常用的 10 种逻辑运算符。

表 5-5　逻辑运算符

运 算 符	含 义
ALL	如果一组比较都返回 TRUE，比较结果就为 TRUE
AND	如果两个布尔表达式都返回 TRUE，结果就为 TRUE
ANY	如果一组比较中任何一个返回 TRUE，结果就为 TRUE
BETWEEN	如果操作数在某个范围之内，结果就为 TRUE
EXISTS	如果子查询中包含一些行，结果就为 TRUE
IN	如果操作数等于表达式列表中的一个，结果就为 TRUE
LIKE	如果操作数与某种模式相匹配，结果就为 TRUE
NOT	对任何其他布尔运算符的结果值取反
OR	如果两个布尔表达式中的任何一个为 TRUE，结果就为 TRUE
SOME	如果在一组比较中有些比较为 TRUE，结果就为 TRUE

【例 5.7】从 student 表中查询年龄为 20 或姓为“王”的学生信息：

```
Select *
From student
Where stu_age = 20 or stu_name like '王'
```

【例 5.8】查找由位于以字母 B 开头的城市中的任一出版商出版的书名。

方法 1：

```
USE pubs
GO
SELECT title
FROM titles
WHERE EXIST
      (SELECT *
       FROM publishers
       WHERE pub_id=titles.pub_id
             AND city LIKE \'B%\')
GO
```

方法 2：

```
USE pubs
GO
SELECT title
FROM titles
WHERE pub_id IN
(SELECT pub_id
       FROM publishers
       WHERE city LIKE \'B%\')
GO
```

4. 位运算符

位运算符是在两个表达式之间执行位操作，这两个表达式可以是任意两个整型数据或二进制数据（image 数据类型除外）类型的表达式。此外，位运算符的两个操作数不能同时是二进制数。

Transact-SQL 中提供了 3 种位运算符，表 5-6 中列出了这些运算符及其作用。

表 5-6　位运算符

运 算 符	含　义	例　子	结　果
&	位与	170&75	10
|	位或	170|75	235
^	位异或	170^75	225

5. 比较运算符

比较运算符用于比较两个表达式的大小是否相同，其比较的结果是布尔值。如果表达式的结果为真，就用 TRUE 表示；如果表达式的结果为假，就用 FALSE 表示；如果表达式的结果是空值，就用 UNKNOWN 表示。

空值不与任何值匹配，包括其他情况下的空值。

例如，搜索以字母 M 或 M 后的字母开始的姓名（name>='M'），并且某些行不包含值，则无论使用何种比较运算符，这些行都不显示。

比较中所使用数据的数据类型必须匹配，即文本只能比较文本，数字只能比较数字。比较文本数据时，结果取决于当前使用的字符集。例如，如果表是使用斯堪的纳维亚语字符集创建的，搜索的结果可能会不同，这取决于当前的字符集（代码页）是斯堪的纳维亚语字符集还是另一种字符集。

Transact-SQL 中提供了 9 种比较运算符，表 5-7 中列出了这些运算符及其作用。

表 5-7　比较运算符

运 算 符	含　义
=	等于
>	大于
<	小于
>=	大于等于
<=	小于等于
<>	不等于
!=	不等于
!<	不小于
!>	不大于

【例 5.9】查找编号为 770 的产品的名称和产品号：

```
USE Adventureworks2008;
GO
DECLARE @product0 int;
SET @product0 = 770;
IF (@product0 <> 0)
  SELECT ProductID, Name, ProductNumber
  FROM Production.product
  WHERE ProductID = @product0
```

6. 字符串串联运算符

字符串串联运算符允许通过加号（+）进行字符串串联，这个加号被称为字符串串联运算符。

【例 5.10】执行下面的语句：

```
SELECT 'abc' + 'def';
```

结果为' abcdef '。

7. 一元运算符

一元运算符只对一个表达式执行操作，这个表达式可以是数字数据类型中的任意数据类型。Transact-SQL 中提供了 3 种一元运算符，表 5-8 中列出了这些运算符及其作用。

表 5-8　一元运算符

运 算 符	含　义
+	正
-	负
~	位非

“+”和“-”运算符可以用于数字数据类型中的任意表达式，“~”运算符只能用于整型数据类型类别中的任意数据类型的表达式。

【例 5.11】将一个变量设为正值：

```
DELARE @num decimal(10,2)
SET @num = +2012.45;
SELECT @num;

GO
```

结果为 2012.45。

8. 运算符的优先级

如果一个表达式中使用了多种运算符，那么运算符的优先顺序决定计算的先后次序。计算时，从左向右依次先做优先级高的运算，再做优先级低的运算。

在 Transact-SQL 中，运算符的优先级如表 5-9 所示。

表 5-9　运算符的优先级

优 先 级	运 算 符
1	~（位非）
2	*（乘）、/（除）、%（取模）
3	+（正）、-（负）、+（加）、+（连接）、-（减）、&（位与）
4	=、>、<、>=、<=、<>、!=、!>、!<
5	^（位异或）、|（位或）
6	NOT
7	AND
8	ALL、ANY、BETWEEN、IN、LIKE、OR、SOME
9	=（赋值）

当表达式中使用括号替代运算符优先级时，首先要对括号中的内容进行求值，然后对括号外的运算符进行求值。当表达式中的多个运算符有相同的优先级时，要按照这些运算符在表达式中的位置从左到右依次进行求值。

5.6.5　表达式

在 Transact-SQL 语言中，表达式是由标识符、常量、变量、函数和运算符组成的式子。Transact-SQL 语言中包括 3 种表达式：字段名表达式、目标表达式和条件表达式。

单个常量、变量或函数亦可称作表达式。

1. 字段名表达式

字段名表达式可以是单一的字段名或几个字段的组合，也可以是由字段及作用于字段的集函数和常量的任意算术运算组成的运算公式，如+（加）、-（减）、*（乘）、/（除）。字段名表达式主要包括数值表达式、字符表达式、逻辑表达式、日期表达式 4 种。

2. 目标表达式

目标表达式有如下 4 种构成方式。

- *：表示选择相应基表和视图的所有字段。
- <表名>.*：表示选择指定的基表和视图的所有字段。
- 集函数()：表示在相应的表中按集函数操作和运算。
- [<表名>.]<字段名表达式>[, [<表名>.]<字段名表达式>]…：表示按字段名表达式在多个指定的表中选择。

3. 条件表达式

常用的条件表达式主要有比较大小、指定范围、是否在集合中、字符匹配、空值和多重条件 6 种。

（1）比较大小的条件表达式由比较运算符构成，主要的比较运算符有=、>、<、>=、<=、!=、<>、!>（不大于）、!<（不小于）、NOT+（取非）。

（2）指定范围的条件表达式由（NOT）BETWEEN ... AND...构成。

（NOT）BETWEEN ... AND ...表示查找字段值在（或不在）指定的记录范围内。BETWEEN 后是范围的下限（即低值），AND 后是范围的上限（即高值）。

（3）集合的条件表达式由（NOT）IN 构成。

（NOT）IN 表示查找字段值属于（或不属于）指定集合内的记录。

（4）字符匹配的条件表达式格式如下：

```
(NOT) LIKE <匹配串> [ESCAPE <换码字符>]
```

（NOT）LIKE <匹配串> [ESCAPE <换码字符>]表示查找指定的字段值与<匹配串>相匹配（或不相匹配）的记录。<匹配串>可以是一个完整的字符串，也可以含有通配符_和%。其中，“_”代表任意单个字符，“%”代表任意长度的字符串。

（5）空值的条件表达式由 IS（NOT）NULL 构成。

IS（NOT）NULL 表示查找字段值为空（或不为空）的记录。NULL 不能用来表示无形值、默认值、不可用值以及取最低值或取最高值。Transact-SQL 中规定，在含有运算符+、-、*、/的算术表达式中，若有一个值是空值，则该算术表达式的值也是空值，任何一个含有 NULL 比较操作结果的取值都为“假”。

（6）多重条件的条件表达式由 AND 和 OR 构成。

AND 表示查找字段值满足所有与 AND 相连的查询条件的记录；OR 表示查找字段值满足查询条件之一的记录。AND 的优先级高于 OR，但可通过括号来改变优先级。

5.6.6　控制流语句

流程控制语句是指那些用来控制程序执行和流程分支的命令，在 SQL Server 2008 中，流程控制语句主要用来控制 Transact-SQL 语句、语句块和存储过程的执行流程。

控制流语句包括 BEGIN ... END 语句、IF ... ELSE 语句、CASE 语句、WHILE 语句、CONTINUE、BREAK、GOTO 语句、WAITFOR 语句。

1. BEGIN ... END 语句

BEGIN ... END 语句能够将多个 Transact-SQL 语句组合成一个语句块，并将它们视为一个单元来处理。在条件语句和循环等控制流程语句中，当符合特定条件便要执行两个或多个语句时，就需要使用 BEGIN ... END 语句，语法如下：

```
BEGIN
{sql_statement | statement_block}
END
```

说明：

（1）BEGIN ... END 为语句关键字，允许嵌套。

（2）{sql_statement | statement_block}指任何有效的 Transact-SQL 语句或语句组。

【例 5.12】使用 BEGIN ... END 语句，将一组 Transact-SQL 语句组成语句组，并作为一个单元来运行：

```
USE AdventureWork2008
GO
BEGIN TRANSACTION;
GO
IF @@TRANCOUNT = 0
BEGIN
SELECT *
FROM PERSON.PERSON
WHERE LastName = 'SMITH';
ROLLBACK TRANSACTION
PRINT N'Rolling back the transaction two times would cause an error.'
END
ROLLBACK TRANSACTION
PRINT N'Rolled back the transaction.'
GO
```

2. IF ... ELSE 语句

IF ... ELSE 语句是条件判断语句，用来判断当某一条件成立时执行某段程序，条件不成立时执行另一段程序。其中，ELSE 子句是可选的。SQL Server 允许嵌套使用 IF ... ELSE 语句，而且嵌套层数没有限制。

IF ... ELSE 语句的语法格式如下：

```
IF Boolean_expression
{sql_statement | statement_block}
[ ELSE
{sql_statement | statement_block}
]
```

说明：

（1）IF ... ELSE 构造可用于批处理、存储过程和即时查询。

（2）可以在其他 IF 之后或在 ELSE 下面嵌套 IF 语句。

（3）Boolean_expression 是返回 TRUE 或 FALSE 的表达式。如果布尔表达式中含有 SELECT 语句，就必须用圆括号将 SELECT 语句括起来。

（4）{sql_statement | statement_block}是指任何有效的 Transact-SQL 语句或语句组。

【例 5.13】使用 IF ... ELSE 进行事务处理，正常则提交数据，否则回滚数据：

```
IF(@ErrorCode <> 0)
BEGIN
  PRINT 'Last error encountered: ' + CAST(ErrorCode AS VARCHAR(10))
  ROLLBACK
END
ELSE
BEGIN
  PRINT 'No error encountered, committing.'
END
RETURN ErrorCode
```

3. CASE 语句

CASE 语句用于计算条件列表，并将其中一个符合条件的结果表达式返回。CASE 函数按照使用形式的不同可以分为简单 CASE 函数和搜索 CASE 函数。

简单 CASE 函数用于将某个表达式与一组简单表达式进行比较，以确定结果。它的语法形式为：

```
CASE
WHEN when_expression THEN result_expression
[...n]
[
ELSE else_result_expression
]
END
```

说明：

（1）WHEN when_expression 表示使用简单 CASE 格式时要与 input_expression 进行比较的表达式。

（2）n 是占位符，表明可以使用多个 WHEN when_expression THEN result_expression 子句。

（3）THEN result_expression 表示当输入 input_ expression = when_expression 的结果为 TRUE 时返回的表达式。

（4）ELSE else_result_expression 表示比较运算结果为 FALSE 时的表达式。

【例 5.14】在 SELECT 语句中，使用简单的 CASE 函数检查表达式是否相等：

```
USE AdventureWork2008
GO
SELECT Productnumber AS '产品编号', N'种类'=CASE ProductLine
When 'R' THEN N '公路',
When 'M' THEN N '山地',
When 'T' THEN N '旅行',
When 'S' THEN N '其他项',
ELSE N '非卖品'
END,
Name As '名称'
FROM Production.product
ORDER By ProductNumber;
```

搜索 CASE 函数用于计算一组布尔表达式，以确定结果。它的语法形式为：

```
CASE
WHEN Boolean_expression THEN result_expression
[...n]
[
ELSE else_result_expression
]
END
```

说明：

WHEN Boolean_expression 表示使用 CASE 搜索格式时所计算的布尔表达式。

【例 5.15】使用 CASE 函数对 Production.product 数据表中的价格进行分段归类：

```
USE AdventureWork2008
GO
SELECT Productnumber AS '产品编号', Name As '名称', N'价格范围'=
   CASE ProductLine
When ListPrice = 0 THEN N'0元',
When ListPrice < 50 THEN N'50元以下',
When ListPrice >= 50 THEN N'250元以下',
When ListPrice >= 250 THEN N'1000元以下',
ELSE N'1000元以上'
END,
FROM Production.product
ORDER By ProductNumber;
```

4. WHILE、CONTINUE 和 BREAK 语句

WHILE、CONTINUE 和 BREAK 语句用于设置重复执行 Transact-SQL 语句或语句块的条

件。当指定的条件为真时，重复执行语句。

CONTINUE 语句可以使程序跳过 CONTINUE 语句后面的语句，回到 WHILE 循环的第一行命令。BREAK 语句则使程序完全跳出循环，结束 WHILE 语句的执行。

语法格式如下：

```
WHILE Boolean expression
{ sql statement | statement block }
[BREAK]
{ sql statement | statement block }
[CONTINUE]
{ sql_statement | statement_block }
```

说明：

（1）如果嵌套了两个或多个 WHILE 循环，内层的 BREAK 将退出到下一个外层循环。将首先运行内层循环结束之后的所有语句，然后重新开始下一个外层循环。

（2）Boolean_expression 表达式返回 TRUE 或 FALSE。

（3）{sql_statement | statement_block}为 Transact-SQL 语句或语句块定义的语句分组。

（4）BREAK 导致从最内层的 WHILE 循环中退出。

（5）CONTINUE 使 WHILE 循环重新开始执行，忽略 CONTINUE 关键字后面的任何语句。

【例 5.16】在嵌套的 IF ... ELSE 中使用 BREAK 和 CONTINUE，根据条件判断是否继续执行 WHILE 循环，如果中断，就执行 BREAK；如果继续，就执行 CONTIOUE：

```
USE AdventureWork2008
GO
WHILE (SELECT AVG(ListPrice) FROM Production.product) > $600
BEGIN
  UPDATE Production.product
  SET ListPrice = ListPrice/2
  SELECT MIN(ListPrice)
  FROM Production.product
  IF(SELECT MIN(ListPrice) FROM Production.product) < $200
     BREAK
  ELSE
     CONTINUE
END
```

5. GOTO 语句

GOTO 语句可以使程序直接跳到指定的标有标识符的位置继续执行。

GOTO 语句和标识符可以用在语句块、批处理和存储过程中，标识符可以是数字与字符的组合，但必须以冒号“:”结尾。GOTO 语句允许嵌套。

语法形式如下：

```
label:
some execution
```

```
GOTO label
```

说明：

（1）GOTO 可出现在条件控制语句、语句块或过程中，但它不能跳转到该批处理以外的标签。GOTO 分支可跳转到定义在 GOTO 之前或之后的标签。

（2）label 如果 GOTO 语句指向该标签，该标签就为处理的起点。

默认情况下，GOTO 语句的权限授予任何有效用户。

【例 5.17】使用 GOTO 语句建立循环结构，循环条件由 IF 语句和 GOTO 组成：

```
USE AdventureWork2008
GO

DELARE @table0 sysname
DELARE @count int
SET @table0 = N'Production.product'
SET @count = 0;
LOOP:
IF(@@ERROR = 0)
BEGIN
EXEC ('select''' + table + '''= count(*) FROM' + @table0)
SET @count = @count+1;
PRINT STR(@count) + N'执行完成'
END
IF(@@ERROR = 0 AND @count<2)
GOTO LOOP

GO
```

6. WAITFOR 语句

WAITFOR 语句用于暂时停止执行 Transact-SQL 语句、语句块或存储过程等，直到所设定的时间已过，或者所设定的时间已到，才继续执行。

WAITFOR 语句的处理过程为：如果查询不能返回任何行，WAITFOR 将一直等待，直到满足 TIMEOUT 条件为止。如果查询超出了设定的查询时间值，WAITFOR 语句参数不运行即可完成。

语法形式为：

```
WAITFOR
DELAY 'time to pass'
| TIME 'time to execute'
| (receive_statement) [, TIMEOUT timeout]
```

说明：

（1）DELAY 表示可以继续执行 Transact-SQL 语句、语句块或存储过程之前，必须经过的指定时段是就（最长为 24 小时）。

（2）time_to_pass 指等待时间。

（3）TIME 表示指定的运行 Transact-SQL 语句、语句块或存储过程的时间。

（4）time_to_execute 指 WAITFOR 语句的完成时间。

（5）receive_statement 指有效的 RECEIVE 语句。

（6）TIMEOUT timeout 表示指定消息到达队列前的等待时间。

【例 5.18】使用 WAITFOR 设置启动任务：

```
Begin
WAITFOR TIME '7:00';
EXECUTE sp job;
END;
GO
```

7. RETURN 语句

RETURN 语句用于无条件地终止一个查询、存储过程或批处理，此时位于 RETURN 语句之后的程序将不会被执行。RETURN 的执行是即时且完全的，在任何时候都可以从批处理、过程或语句块中退出。

RETURN 语句的语法形式为：

```
RETURN [integer_expression]
```

其中，integer_expression 指返回的整型值。存储过程可向执行调用的过程或应用程序返回一个整数值。

5.6.7 常用函数

T-SQL 中的内置函数很多，大体上可分为数学函数、字符串函数、日期和时间函数、系统函数、系统统计函数、聚合函数、配置函数、游标函数、元数据函数、安全函数、排名函数、加密函数、行集函数以及文本和图像函数。这里仅就一些常用的函数进行介绍，表 5-10 列出了这些常用内置函数的作用。

表 5-10　常用的系统内置函数

函数类别	作　用
聚合函数	执行的操作是将多个值合并为一个值，如 COUNT、SUM、MIN 和 MAX
配置函数	是一种标量函数，可返回有关配置设置的信息
转换函数	将值从一种数据类型转换为另一种
游标函数	返回有关游标状态的信息
日期和时间函数	可以更改日期和时间的值
数学函数	执行三角、几何和其他数字运算
元数据函数	返回数据库和数据库对象的属性信息
安全函数	返回有关用户和角色的信息
字符串函数	可更改 char、varchar、nchar、nvarchar、binary 和 varbinary 的值
系统函数	对系统级的各种选项和对象进行操作或报告
系统统计函数	返回有关 SQL Server 性能的信息

SQL Server 内置函数可以是确定或不确定的。如果任何时候用一组特定的输入值调用内置函数，返回的结果总是相同的，这些内置函数就为确定的。如果每次调用内置函数时，即使所用的是同一组特定输入值，也总是返回不同的结果，这些内置函数就为不确定的。

1. 数学函数

数学函数是对数值型的输入值执行计算，并返回一个数值。例如，算数函数 ABS、CEILING、DEGREES、FLOOR、POWER、RADIANS 和 SIGN 将返回与输入值具有相同数据类型的值，而三角函数和其他函数（如 EXP、LOG、LOG10、SQUARE 和 SQRT）先将输入值转换为 float 类型后，再返回 float 类型值。数学函数都是标量函数。

表 5-11 列出了所有数学函数及其描述。

表 5-11 数学函数

函　数	描　述
ABS(numeric_expression)	返回指定数值表达式的绝对值（正值）的数学函数。 numeric_expression 表示精确数字或近似数字数据类型（bit 数据类型除外）的表达式。 返回值类型与 numeric_expression 相同
ACOS(float_expression)	返回其余弦是所指定的 float 表达式的角（弧度），也称为反余弦
ACOS(float_expression)	float_expression 表示类型为 float 或类型可以隐式转换为 float 的表达式，取值范围是-1~1。对超过此范围的值，函数将返回 NULL 并报告域错误。 返回值类型为 float
ASIN(float_expression)	返回以弧度表示的角，其正弦为指定 float 的表达式，也称为反正弦。 float_expression 表示类型为 float 或可隐式转换为 float 类型的表达式，取值范围是-1~1。对超过此范围的值，函数将返回 NULL 并且报告域错误。 返回值类型为 float
ATAN(float_expression)	返回以弧度表示的角，其正切为指定 float 的表达式。 也称为反正切函数。 float_expression 表示 float 类型或可以隐式转换为 float 类型的表达式。 返回值类型为 float
ATN2(float_expression, float_expression)	返回以弧度表示的角，该角位于正 X 轴和原点至点（y, x）的射线之间，其中，x 和 y 是两个指定的浮点表达式的值。 float_expression 表示数据类型为 float 的表达式。 返回值类型为 float
CEILING (numeric_expression)	返回大于或等于指定数值表达式的最小整数。 numeric_expression 表示精确数字或近似数字数据类型（bit 数据类型除外）的表达式。 返回值类型与 numeric_expression 相同
COS(float_expression)	返回指定表达式中以弧度表示的指定角的三角余弦。 float_expression 表示数据类型为 float 的表达式。返回值类型为 float
COT(float_expression)	返回指定的 float 表达式中所指定角度（以弧度为单位）的三角余切值。 float_expression 表示属于 float 类型或能够隐式转换为 float 的表达式。 返回值类型为 float
DEGREES (numeric_expression)	返回以弧度指定的角的相应角度。 numeric_expression 表示精确数字或近似数字数据类型类别（bit 数据类型除外）的表达式。返回值类型与 numeric_expression 相同
EXP(float_expression)	返回指定的 float 表达式的指数值。 float_expression 表示 float 类型或能隐式转换为 float 类型的表达式。 返回值类型为 float

（续表）

函　数	描　述
SIGN(numeric_expression)	返回指定表达式的正号（+1）、零（0）或负号（-1）。 numeric_expression 是精确数字或近似数字数据类型的表达式
SIN(float_expression)	以近似数字（float）表达式返回指定角度（以弧度为单位）的三角正弦值
SIN(float_expression)	float_expression 属于 float 类型或能够隐式转换为 float 类型的表达式。 返回值类型为 float
SQRT(float_expression)	返回指定浮点值的平方根。 float_expression 是 float 类型或能够隐式转换为 float 类型的表达式。 返回值类型为 float
SQUARE(float_expression)	返回指定浮点值的平方。 float_expression 是 float 类型或能够隐式转换为 float 类型的表达式。 返回值类型为 float
TAN(float_expression)	返回输入表达式的正切值。 float_expression 是 float 类型或可隐式转换为 float 类型的表达式，解释为弧度数。 返回值类型为 float

【例 5.19】下例产生 4 个不同的随机数：

```
DECLARE @counter SMALLINT
SET @counter = 1
WHILE @counter < 5 BEGIN
    PRINT RAND(@counter)
    SET @counter = @counter + 1
END
```

【例 5.20】计算指定的 x 向量和 y 向量的 ATN2：

```
DECLARE @x float
DECLARE @y float
SET @x = 35.175643
SET @y = 129.44
SELECT 'The ATN2 of the angle is: ' + CONVERT(varchar,ATN2(@x,@y))
GO
```

2. 字符串函数

字符串函数对字符串执行操作，并返回字符串或数值。字符串函数也为标量函数。所有内置字符串函数都是具有确定性的函数。表 5-12 列出了所有字符串函数及其含义。

表 5-12　字符串函数

函　数	描　述
ASCII(character_expression)	返回 character_expression 最左端字符的 ASCII 代码值。 character_expression 为 char 或 varchar 类型的表达式。返回值为 int 型
CHAR(integer_expression)	以 char（1）类型返回 ASCII 代码等于整型表达式 integer_expression 的值的字符。integer_expression 是介于 0~255 之间的整数。如果该整数表达式不在此范围内，就返回 NULL 值
UNICODE (ncharacter_expression)	返回给定字符串最左端字符的 Unicode 代码值。 ncharacter_expression 是 nchar 或 nvarchar 表达式。返回值为 int 型

（续表）

函　数	描　述
NCHAR(integer_expression)	返回 Unicode 代码等于整型表达式 integer_expression 的值的字符。 integer_expression 是介于 0~65535 之间的正整数。如果指定了超出此范围的值，就返回 NULL。返回值类型为 nchar（1）
CHARINDEX(expression1, expression2[, start_location])	在 expression2 中从 start_location 位置开始搜索 expression1 的首次出现，返回首字符位置。注意字符位置从 1 开始计算。expression1 包含要查找的序列的字符表达式。最大长度限制为 8000 个字符。expression2 表示要搜索的字符表达式。 start_location 表示搜索起始位置的整数或 bigint 表达式。如果未指定 start_location，或者 start_location 为负数或 0，就从 expression2 的开头开始搜索。若 expression2 的数据类型为 varchar(max)、nvarchar(max) 或 varbinary(max)，则返回值类型为 bigint，否则为 int
SOUNDEX (character_expression)	返回字符串的四字符代码，常用来评估两个字符串的相似性。 character_expression 是字符数据的字母数字表达式，可以是常量、变量或列。 返回值类型为 varchar
DIFFERENCE (character_expression1, character_expression2)	返回两个字符表达式的 SOUNDEX 值的差别。 character_expression 是类型为 char 或 varchar 的表达式，也可以是 text 类型，但只有前 8000 个字节有效。 返回值类型为 int
LEFT/RIGHT (character_expression, count)	以 varchar 类型返回从字符串 character_expression 左边（右边）截取的长度为 count 的子串。 character_expression 是字符或二进制数据表达式，可以是常量或变量
REPLICATE (character_expression, count)	将给定字符串重复 count 次后返回。 string_expression 是字符串或二进制数据类型的表达式，可以是字符或二进制数据。返回值类型与 string_expression 的类型相同
REVERSE(character_expression)	将给定字符串反转后返回。 string_expression 是字符串或二进制数据类型的表达式，可以是常量或变量，也可以是字符列或二进制数据列。 返回值类型为 varchar 或 nvarchar
STR(float_expression [, length[, decimal]])	将给定数值转换成长度为 length，小数位数为 decimal 的数字字符串。 float_expression 是带小数点的近似数字（float）数据类型的表达式。 length 表示总长度，包括小数点、符号、数字以及空格。默认值为 10。 decimal 指小数点右边的小数位数。decimal 必须小于等于 16。如果 decimal 大于 16，就将结果截断为小数点右边的 16 位。 返回值类型为 varchar
SPACE(count)	返回由 count 个空格组成的字符串。 integer_expression 是指示空格个数的正整数。如果 integer_expression 为负，就返回空字符串。返回值类型为 varchar
STUFF(string_expression1, start, length, string_expression2)	用字符串 string_expression2 替换 string_expression1 中从 start 开始的 length 个字符并返回替换结果。 character_expression 是一个字符数据表达式，是常量或变量，也可以是字符列或二进制数据列。 start 为指定删除和插入的开始位置。如果 start 或 length 为负，就返回空字符串。如果 start 比第一个 character_expression 长，就返回空字符串。start 可以是 bigint 类型。 length 指定要删除的字符数。如果 length 比第一个 character_expression 长，那么最多删除到最后一个 character_expression 中的最后一个字符。 length 可以是 bigint 类型。 如果 character_expression 是受支持的字符数据类型，就返回字符数据。如果 character_expression 是一个受支持的 binary 数据类型，就返回二进制数据

（续表）

函　数	描　述
LEN(string_expression)	返回指定字符串表达式的字符数，其中不包含尾随空格。 string_expression 要求值的字符串表达式，可以是常量或变量，也可以是字符列或二进制数据列。 如果 expression 的数据类型为 varchar(max)、nvarchar(max)或 varbinary(max)，就为 bigint；否则为 int
LOWER/UPPER (character_expression)	将大（小）写字符数据转换为小（大）写字符数据后返回字符表达式。 character_expression 是一个字符数据表达式，可以是常量或变量，也可以是字符列或二进制数据列。character_expression 的数据类型必须可隐式转换为 varchar，否则应使用 CAST 显式转换。 返回值类型为 varchar 或 nvarchar
PATINDEX('%pattern%', expression)	返回指定表达式中某种模式第一次出现的起始位置，如果在全部有效的文本和字符数据类型中没有找到该模式，就返回零。 pattern 是文字字符串数据类型的表达式，可以使用通配符，但 pattern 之前和之后必须有%字符（搜索第一个或最后一个字符时除外）。 expression 是一个字符串数据类型的表达式，通常为要在其中搜索指定模式的列。 如果 expression 的数据类型为 varchar(max)或 nvarchar(max)，就为 bigint；否则为 int
REVERT(WITH COOKIE = @varbinary_variable)	执行上下文切换回最后一个 EXECUTE AS 语句的调用方。 WITH COOKIE = @varbinary_variable 是指定在相应的 EXECUTE AS 独立语句中创建的 Cookie。 @varbinary_variable 的数据类型为 varbinary(100)
SUBSTRING(value_expression, start_expression, length_expression)	返回字符表达式、二进制表达式、文本表达式或图像表达式的一部分。 value_expression 是 character、binary、text、ntext 或 image 类型的表达式。 start_expression 指定返回字符的起始位置的整数或 bigint 表达式。如果 start_expression 小于 1，那么返回的表达式的起始位置为 value_ expression 中指定的第一个字符。在这种情况下，返回的字符数是 start_expression 与 length_expression-1 和 0 两者中的较大值。如果 start_expression 的值大于表达式中的字符数，就返回一个零长度的表达式。length_expression 是正整数或指定要返回的 value_expression 的字符数的 bigint 表达式。 如果 length_expression 是负数，就会生成错误并终止语句。如果 start_expression 与 length_expression 的和大于 value_expression 中的字符数，就返回起始位置为 start_expression 的整个值表达式。 如果 expression 是其中一个受支持的字符数据类型，就返回字符数据。如果 expression 是支持的 binary 数据类型中的一种数据类型，就返回二进制数据。 返回的字符串类型与指定表达式的类型相同（表中显示的除外）

3. 日期时间函数

日期时间函数是对日期和时间输入值执行操作，并返回一个字符串、数字或日期和时间值。这些函数都是标量函数。日期时间函数可分为用来获取系统日期和时间值的函数、用来获取日期和时间部分的函数、用来获取日期和时间差的函数、用来修改日期和时间值的函数、用来设置或获取会话格式的函数和用来验证日期和时间值的函数 6 类。下面分别对这 6 类函数进行介绍。

（1）用来获取系统日期和时间值的函数

所有的系统日期和时间值均来自运行 SQL Server 实例的计算机操作系统。

用来获取系统日期和时间值的函数有 SYSDATETIME()、SYSDATETIMEOFFSET()、SYSUTCDATETIME()、CURRENT_TIMESTAMP()、GETDATE()和 GETUTCDATE()，共 6 种函数，如表 5-13 所示。

表 5-13　获取系统日期和时间值的函数

函　数	描　述
SYSDATETIME()	返回包含计算机的日期和时间的 datetime2（7）值，SQL Server 的实例正在该计算机上运行。时区偏移量未包含在内
SYSDATETIMEOFFSET()	返回包含计算机的日期和时间的 datetimeoffset（7）值，SQL Server 的实例正在该计算机上运行。时区偏移量包含在内
SYSUTCDATETIME()	返回包含计算机的日期和时间的 datetime2（7）值，SQL Server 的实例正在该计算机上运行。日期和时间作为 UTC 时间（通用协调时间）返回
CURRENT_TIMESTAMP()	返回包含计算机的日期和时间的 datetime2（7）值，SQL Server 的实例正在该计算机上运行。时区偏移量未包含在内
GETDATE()	返回包含计算机的日期和时间的 datetime2（7）值，SQL Server 的实例正在该计算机上运行。时区偏移量未包含在内
GETUTCDATE()	返回包含计算机的日期和时间的 datetime2（7）值，SQL Server 的实例正在该计算机上运行。日期和时间作为 UTC 时间（世界标准时间）返回

（2）用来获取日期和时间部分的函数

用来获取日期和时间部分的函数有 DATENAME()、DATEPART()、DAY()、MONTH()和 YEAR()，共 5 种函数，如表 5-14 所示。

表 5-14　获取日期和时间部分的函数

函　数	描　述
DATENAME(datepart, date)	返回表示指定日期的指定 datepart 的字符串
DATEPART(datepart, date)	返回表示指定 date 的指定 datepart 的整数
DAY(date)	返回表示指定 date 的“日”部分的整数
MONTH(date)	返回表示指定 date 的“月”部分的整数
YEAR(date)	返回表示指定 date 的“年”部分的整数

（4）用来修改日期和时间值的函数

修改日期和时间值的函数有 DATEADD()、SWITCHOFFSET()、TODATETIMEOFF-SET()，共 3 种函数，如表 5-15 所示。

表 5-15　修改日期和时间值的函数

函　数	描　述
DATEADD(datepart, number, date)	将指定的 number 时间间隔（有符号整数）与指定的 date 的指定 datepart 相加后，返回该 date
SWITCHOFFSET (DATETIMEOFFSET, time_zone)	SWITCHOFFSET 更改 DATETIMEOFFSET 值的时区偏移量，并保留 UTC 值
TODATETIMEOFFSET(expression, time_zone)	TODATETIMEOFFSET 将 datetime2 的值转换为 datetimeoffset 值。datetime2 的值被解释为指定 time_zone 的本地时间

4. 聚合函数

聚合函数对一组值执行计算，并返回单个值。所有聚合函数均为确定性函数。这表示任何时候使用一组特定的输入值调用聚合函数，所返回的值都是相同的。一般情况下，如果字段中含有空值，聚合函数会忽略，但 COUNT 除外。

聚合函数就在下列位置可作为表达式使用：

- SELECT 语句的选择列表（子查询或外部查询）。
- COMPUTE 或 COMPUTE BY 子句。
- HAVING 子句。

T-SQL 中的聚合函数有 AVG、MIN、CHECKSUM、SUM、HECKSUM_AGG、STDEV、COUNT、STDEVP、COUNT_BIG、VAR、GROUPING、VARP、MAX。

表 5-16 分别对这些函数进行了介绍。

表 5-16　聚合函数

函　数	描　述
AVG([ALL | DISTINCT] expression)	返回组中各值的平均值。空值将被忽略，后面可以跟 OVER 子句。 ALL：对所有的值进行聚合函数运算。ALL 是默认值。 DISTINCT：指定 AVG 只在每个值的唯一实例上执行，无论该值出现了多少次。 expression：是精确数值或近似数值数据类别（bit 数据类型除外）的表达式。不允许使用聚合函数和子查询
CHECKSUM (* | expression[, ...n])	返回按照表的某一行或一组表达式计算出来的校验和值。 CHECKSUM 用于生成哈希索引。 *：指定对表的所有列进行计算。如果有任一列是非可比数据类型，CHECKSUM 就返回错误。非可比数据类型为 text、ntext、image 和 cursor，也可以将上述任一类型作为基类型的 sql_variant。 expression：除可比数据类型之外的任何类型的表达式
CHECKSUM_AGG([ALL | DISTINCT] expression)	返回组中各值的校验和。 空值将被忽略。后面可跟随 OVER 子句。 ALL：对所有的值进行聚合函数运算。ALL 为默认值。 DISTINCT：指定 CHECKSUM_AGG 返回唯一校验值。 expression：常量、列或函数以及数字、位运算和字符串运算符的任意组合。expression 的数据类型为 int 数据类型的表达式。不允许使用聚合函数和子查询
COUNT({[[ALL | DISTINCT] expression] | *})	返回组中的项数。 ALL：对所有的值进行聚合函数运算。ALL 是默认值。 DISTINCT：指定 COUNT 返回唯一非空值的数量。 expression：除 text、image 或 ntext 以外任何类型的表达式。不允许使用聚合函数和子查询。 *：指定应该计算的所有行，以返回表中行的总数。COUNT(*)不需要任何参数，而且不能与 DISTINCT 一起使用。COUNT(*)不需要 expression 参数，因为根据定义，该函数不使用有关任何特定列的信息。COUNT(*)返回指定表中的行数而不删除副本。它对各行分别计数，含空值行
COUNT_BIG({[ALL | DISTINCT] expression } | *)	COUNT_BI 返回组中的项数。 与 COUNT 函数的用法类似。 它们的差别是返回值类型不同。 COUNT_BIG 始终返回 bigint 类型值，而 COUNT 始终返回 int 数据类型值。 参数的含义与 COUNT 函数相同

（续表）

函 数	描 述
GROUPING(column_name)	当行由 CUBE 或 ROLLUP 运算符添加时，该函数将导致附加列的输出值为 1；当行不由 CUBE 或 ROLLUP 运算符添加时，该函数将导致附加列的输出值为 0。 column_name：GROUP BY 子句中的列，可测试 CUBE 或 ROLLUP 空值
MAX/MIN([ALL | DISTINCT] expression)	返回表达式的最大（小）值，后面可能跟随 OVER 子句。 ALL：对所有的值应用此聚合函数。ALL 是默认值。 DISTINCT：指定考虑每个唯一值。DISTINCT 对于 MAX/MIN 无意义，使用它仅仅是为了符合 SQL-92。 expression：常量、列名、函数以及算术运算符、位运算符和字符串运算符的任意组合。MAX/MIN 可用于数字列、字符列和 datetime 列，但不能用于 bit 列。不允许使用聚合函数和子查询
SUM([ALL | DISTINCT] expression)	返回表达式中所有值的和或仅非重复值的和。SUM 只能用于数字列。空值将被忽略。后面可能跟随 OVER 子句。 ALL：对所有的值应用此聚合函数。ALL 是默认值。 DISTINCT：指定 SUM 返回唯一值的和。 expression：常量、列或函数与算术、位和字符串运算符的任意组合。expression 是精确数字或近似数字数据类型类别（bit 数据类型除外）的表达式。不允许使用聚合函数和子查询
Ranking Window Functions <OVER_CLAUSE> :: = OVER([PARTITION BY value_expression, ... [n]] <ORDER BY_Clause>) Aggregate Window Functions <OVER_CLAUSE> :: = OVER([PARTITION BY value_expression, ... [n]])	确定在应用关联的开窗函数之前，行集的分区和排序。 PARTITION BY：将结果集分为多个分区。开窗函数分别应用于每个分区，并为每个分区重新启动计算。 value_expression：指定对相应 FROM 子句生成的行集进行分区所依据的列，可以是列表达式、标量子查询、标量函数或用户定义的变量。只能引用通过 FROM 子句可用的列，不能引用选择列表中的表达式或别名。 ORDER BY：指定应用排名开窗函数的顺序
ROWCOUNT_BIG()	返回已执行的上一语句影响的行数。 该函数的功能与@@ROWCOUNT 类似，区别在于 ROWCOUNT_BIG 的返回类型为 bigint
STDEV([ALL | DISTINCT] expression)	返回指定表达式中所有值的标准偏差。后面可能跟随 OVER 子句。 ALL：对所有值应用该函数。ALL 是默认值。 DISTINCT：指定每个唯一值都被考虑。 expression：是一个精确数字或近似数字数据类型类别（bit 数据类型除外）的数值表达式。不允许聚合函数和子查询。返回值为 float 类型
VAR([ALL | DISTINCT] expression)	返回指定表达式中所有值的方差。后面可能跟随 OVER 子句。 ALL：对所有值应用该函数。ALL 是默认值。 DISTINCT：指定考虑每一个唯一值。 expression：是精确数字或近似数字数据类型类别（bit 数据类型除外）的表达式。不允许使用聚合函数和子查询。返回值为 float 类型
VARP([ALL | DISTINCT] expression)	返回指定表达式中所有值的总体方差。后面可能跟随 OVER 子句。 ALL：对所有值应用该函数。ALL 是默认值。 DISTINCT：指定考虑每一个唯一值。 expression：是精确数字或近似数字数据类型类别（bit 数据类型除外）的表达式。不允许使用聚合函数和子查询。返回值为 float 类型

5. 系统函数

Transact-SQL 的系统函数有 CASE、CAST、CONVERT、COALESCE、@@ERROR、FORMATMESSAGE、ISNULL、ISNUMERIC、NEWID、NULLIF 和 PERMISSIONS 等。表 5-17 分别对这些函数进行了介绍。

表 5-17　系统函数

函　数	描　述
① 简单 CASE 表达式： CASE input_expression WHEN when_expression THEN result_expression [...n] [ELSE else_result_expression] END ② 搜索 CASE 表达式： CASE WHEN Boolean_expression THEN result_expression [...n] [ELSE else_result_expression] END	计算条件列表并返回多个可能的结果之一。 input_expression：使用简单 CASE 格式时所计算的表达式，是任意有效的表达式。 WHEN when_expression：使用简单 CASE 格式时要与 input_ expression 进行比较的简单表达式，是任意有效的表达式。 input_expression 及每个 when_expression 的数据类型必须相同，或必须是隐式转换的数据类型。 THEN result_expression：返回 input_expression = when_expression 的计算结果为 TRUE，或者 Boolean_expression 计算结果为 TRUE 时的表达式，是任意有效的表达式。 ELSE else_result_expression：返回比较运算计算结果不为 TRUE 时的表达式。如果忽略此参数，且比较运算计算结果不为 TRUE，CASE 就返回 NULL，是任意有效的表达式。else_result_expression 和任何 result_expression 的数据类型必须相同，或必须是隐式转换的数据类型。 WHEN Boolean_expression：使用 CASE 搜索格式时所计算的布尔表达式，是任意有效的布尔表达式
CAST(expression AS data_type [(length)]) CONVERT(data_type [(length)], expression[, style])	将某种数据类型的表达式显式转换为另一种数据类型的值并返回。 expression：任何有效的表达式。 data_type：目标数据类型，包括 xml、bigint 和 sql_variant。不能使用别名数据类型。 length：指定目标数据类型长度的可选整数。默认值为 30。 style：指定 CONVER 函数如何转换 expression 的整数表达式。如果样式为 NULL，就返回 NULL。该范围是由 data_type 确定的
COALESCE(expression[, ...n])	返回第一个非空表达式的值。若所有表达式均为空，则返回 NULL。所有表达式必须具有相同类型，或者可隐性转换为相同类型。 expression：任何类型的表达式
@@ERROR	以 int 返回最近的错误代码（0 表示正确）
FORMATMESSAGE(msg_number, [param_value[, ...n]])	将 master 数据库 sysmessages 表中 error 列值为<消息 ID>的消息中的 n 个参数用<参数 1>、…、<参数 n>替换后返回整个消息文本。 msg_number：存储在 sys.messages 中的消息的 ID。如果 msg_ number <= 13000，或此消息不在 sys.messages 中，就返回 NULL。 param_value：供消息中使用的参数值，可以是多个参数值，不能超过 20。值的顺序必须与占位符变量在消息中出现的次序相同
ISNULL(check_expression, replacement_value)	如果表达式 check_expression 的值为 NULL，就返回 replacement_value 的值，否则返回表达式 check_expression 的值。 返回值类型与 check_expression 的类型相同
ISNUMERIC(expression)	确定表达式 expression 的值是否为有效的数值。若表达式 expression 的值为有效的整数、浮点数、MONEY 或 DECIMAL 类型，则返回 1，否则返回 0
NEWID()	返回 UNIQUEIDENTIFIER 类型的唯一值
NULLIF(expression1, expression2)	若表达式 expression1 的值等于 expression2 的值，则返回空，否则返回 expression1 的值

（续表）

函 数	描 述
PERMISSIONS([objectid[, 'column']])	以 nchar 类型返回一个包含位图的值，表明当前用户对语句、对象或列的操作权限。 objectid：是对象标识符。如果未指定 objectid，位图值就包含当前用户的语句权限，否则包含当前用户在 objectid 所指对象上的操作权限；当 objectid 是表时，用 column 指明要返回权限信息的列名。返回值的低 16 位反映对当前用户的安全账户所授予的权限；返回值的高 16 位反映当前用户可以授予其他用户的权限

6. 系统统计函数

系统统计函数用来返回系统的各种统计信息，只包含一个行集函数，其余是标量函数。T-SQL 中的系统统计函数包括 CONNECTIONS、CPU_BUSY、IDLE、IO_BUSY、PACK_SENT、PACKET_ERRORS、TIMETICKS、TOTAL_ERRORS、TOTAL_READ 和 TOTAL_WRITE 等。表 5-18 分别对这些函数进行了介绍。

表 5-18 系统统计函数

函 数	描 述
@@CONNECTIONS	返回 SQL Server 自上次启动以来尝试的连接数，无论连接成功还是失败
@@CPU_BUSY	返回 SQL Server 自上次启动后的工作时间。其结果以 CPU 时间增量或"滴答数"表示，此值为所有 CPU 时间的累积，因此可能会超出实际占用的时间。乘以@@TIMETICKS 即可转换为微秒
@@IDLE	返回 SQL Server 自上次启动后的空闲时间。结果以 CPU 时间增量或"时钟周期"表示，并且是所有 CPU 的累积，因此该值可能超过实际经过的时间。乘以@@TIMETICKS 即可转换为微秒
@@IO_BUSY	返回自从 SQL Server 最近一次启动以来，SQL Server 已经用于执行输入和输出操作的时间。 其结果是 CPU 时间增量（时钟周期），并且是所有 CPU 的累积值，所以可能超过实际消逝的时间。乘以@@TIMETICKS 即可转换为微秒
@@PACK_SENT	返回 SQL Server 自上次启动后，写入网络的输出数据包的个数
@@PACKET_ERRORS	返回自上次启动 SQL Server 后，在 SQL Server 连接上发生的网络数据包错误数
@@TIMETICKS	返回每个时钟周期的微秒数
@@TOTAL_ERRORS	返回自上次启动 SQL Server 之后，SQL Server 所遇到的磁盘写入错误数
@@TOTAL_READ	返回 SQL Server 自上次启动后，由 SQL Server 读取（非缓存读取）的磁盘的数目
@@TOTAL_WRITE	返回自上次启动 SQL Server 以来，SQL Server 所执行的磁盘写入数

7. 游标函数

游标函数用来返回有关游标的信息，所有游标函数都是非确定性的。使用相同的一组输入值，也不会在每次调用这些函数时都返回相同的结果。Transact-SQL 中的游标函数包括 CURSOR_ROWS、FETCH_STATUS 和 CURSOR_STATUS。表 5-19 分别对这些函数进行了介绍。

表 5-19　游标函数

函　数	描　述
@@CURSOR_ROWS	返回连接上打开的上一个游标中的当前限定行的数目
@@FETCH_STATUS	返回针对连接当前打开的任何游标发出的上一条游标 FETCH 语句的状态
CURSOR_STATUS ({'local', 'cursor_name'} | {'global' , 'cursor_name'}| {'variable', 'cursor_ variable'})	是一个标量函数，它允许存储过程的调用方确定该存储过程是否已为给定的参数返回了游标和结果集。 local：指定一个常量，该常量指示游标的源是一个本地游标名。 cursor_name：游标的名称。游标名必须符合有关标识符的规则。 global：指定一个常量，该常量指示游标的源是一个全局游标名。 variable：指定一个常量，该常量指示游标的源是一个本地变量。 cursor_variable：游标变量的名称。必须使用 cursor 数据类型定义游标变量

【例 5.21】使用 CURSOR_STATUS 函数显示游标在打开和关闭之前和之后的状态：

```
CREATE TABLE #TMP
(
  ii int
)
GO
INSERT INTO #TMP(ii) VALUES (1)
INSERT INTO #TMP(ii) VALUES (2)
INSERT INTO #TMP(ii) VALUES (3)
GO
DECLARE cur CURSOR
FOR SELECT * FROM #TMP
SELECT CURSOR_STATUS('global','cur') AS 'After declare'
OPEN cur
SELECT CURSOR_STATUS('global','cur') AS 'After Open'
CLOSE cur
SELECT CURSOR_STATUS('global','cur') AS 'After Close'
DEALLOCATE cur
DROP TABLE #TMP
```

8. 元数据函数

元数据函数返回有关数据库和数据库对象的信息，包括一组用于返回不同对象的属性状态的通用和专用函数，这些函数把对 Master 数据库中系统表和用户数据库的查询封装在函数中。表 5-20 列出了所有元数据函数，并对其进行了介绍。

表 5-20　元数据函数

函　数	描　述
@@PROCID	返回 Transact-SQL 当前模块的对象标识符（ID）。Transact-SQL 模块可以是存储过程、用户定义函数或触发器。不能在 CLR 模块或进程内的数据访问接口中指定@@PROCID
APP_NAME()	返回当前会话的应用程序名称

（续表）

函 数	描 述
APPLOCK_MODE('database_principal', 'resource_name', 'lock_owner')	返回锁所有者对特定应用程序资源所持有的锁模式。APPLOCK_MODE 是一个应用程序锁函数，它对当前数据库进行操作。应用程序锁的作用域是数据库。 database_principal：可将对数据库中对象的权限授予它们的用户、角色或应用程序角色。该函数的调用方必须是 database_principal、dbo 或 db_owner 固定数据库角色的成员，才能成功调用该函数。 resource_name：由客户端应用程序指定的锁资源名称。应用程序必须确保该资源名称是唯一的。指定的名称经过内部哈希运算后，成为可以存储在 SQL Server 锁管理器中的值。resource_name 的数据类型为 nvarchar(255)，无默认值。resource_name 使用二进制比较并区分大小写，无论当前数据库的排序规则如何设置。 lock_owner：锁的所有者，它是请求锁时所指定的 lock_owner 值。lock_owner 的数据类型为 nvarchar(32)，其值可能为 Transaction（默认值）或 Session
APPLOCK_TEST ('database_principal', 'resource_name', 'lock_mode', 'lock_owner')	返回信息指示是否可以为指定锁的所有者授予对某种资源的锁，而不必获取锁。APPLOCK_TEST 是应用程序锁函数，作用域是数据库，它对当前数据库执行操作。 database_principal：可将对数据库中对象的权限授予它们的用户、角色或应用程序角色。该函数的调用方必须是 database_principal、dbo 或 db_owner 固定数据库角色的成员，才能成功调用该函数。 resource_name：由客户端应用程序指定的锁资源名称。应用程序必须确保该资源是唯一的。指定的名称经过内部哈希运算后，成为可以存储在 SQL Server 锁管理器中的值。resource_name 使用二进制比较并区分大小写，无论当前数据库的排序规则如何设置，它的数据类型都为 nvarchar(255)，无默认值 lock_mode：要为特定资源获取的锁模式。它的数据类型为 nvarchar(32)，无默认值。该值可以是这些任意值：Shared、Update、IntentShared、IntentExclusive、Exclusive。 lock_owner：锁的所有者，它是请求锁时所指定的 lock_owner 值。lock_owner 的数据类型为 nvarchar(32)。该值可以是 Transaction（默认值）或 Session。如果显式指定默认值或 Transaction，就必须从事务中执行 APPLOCK_TEST
ASSEMBLYPROPERTY ('assembly_name', 'property_name')	返回有关程序集的属性的信息。 assembly_name：程序集的名称。 property_name：要检索其有关信息的属性的名称
COL_LENGTH('table', 'column')	返回列的定义长度（以字节为单位）。 table：是 nvarchar 类型的表达式，即要确定其列长度信息的表的名称。 column：是 nvarchar 类型的表达式，即要确定其长度的列的名称
COL_NAME(table_id, column_id)	根据指定的对应表标识号和列标识号返回列的名称。 table_id：包含列的表的标识号，类型为 int。 column_id：列的标识号，参数的类型为 int
COLUMNPROPERTY(id, column, property)	返回有关列或参数的信息。 id：一个包含表或过程标识符（ID）的表达式。 column：包含列或参数名称的表达式。 property：一个包含要为 id 返回信息的表达式

（续表）

函　数	描　述
DATABASE_PRINCIPAL_ID (‘principal_name’)	返回当前数据库中的主体的 ID 号。 principal_name：sysname 类型的表达式，表示数据库主体。 如果省略 principal_name，就返回当前用户的 ID
DATABASEPROPERTY (database, property)	返回指定数据库和属性名的命名数据库属性值。 database：一个表达式，包含要返回其命名属性信息的数据库名。database 是 nvarchar(128)。 property：包含要返回的数据库属性名称的表达式。property 的数据类型为 varchar(128)
DATABASEPROPERTYEX (database, property)	返回指定数据库的指定数据库选项或属性的当前设置。 database：表示要为其返回命名属性信息的数据库的名称。database 的数据类型为 nvarchar(128)。 property：表示要返回的数据库属性的名称的表达式。 property 的数据类型为 varchar(128)，返回类型为 sql_variant
DB_ID([‘database_name’])	返回数据库标识（ID）号。 database_name：用于返回对应的数据 ID 的数据库名称，数据类型为 sysname。如果省略 database_name，就返回当前数据库 ID
DB_NAME([database_id])	返回数据库名称。 database_id：要返回的数据库的标识号（ID），数据类型为 int，无默认值。如果未指定 ID，就返回当前数据库名称
FILE_ID(file_name)	返回当前数据库中给定逻辑文件名的文件标识（ID）号。 file_name：一个 sysname 类型的表达式，表示要返回文件 ID 的文件的名称
FILE_IDEX(file_name)	返回当前数据库中的数据、日志或全文文件的指定逻辑文件名的文件标识（ID）号。 file_name：一个 sysname 类型的表达式，表示要返回文件 ID 的文件的名称
FILE_NAME(file_id)	返回给定文件标识（ID）号的逻辑文件名。 file_id：是要返回其文件名的文件标识号。file_id 的数据类型为 int
FILEGROUP_ID(‘filegroup_name’)	返回指定文件组名称的文件组标识（ID）号。 filegroup_name：sysname 类型的表达式，表示要为其返回文件组 ID 的文件组名
FILEGROUP_NAME(filegroup_id)	返回指定文件组标识（ID）号的文件组名。 filegroup_id：要返回文件组名的文件组 ID 号，数据类型为 smallint
FILEGROUPPROPERTY (filegroup_name, property)	提供文件组和属性名时，返回指定的文件组属性值。 filegroup_name：类型为 sysname 的表达式，表示要为之返回指定属性信息的文件组名称。 property：类型为 varchar(128)的表达式，包含要返回的文件组属性的名称
FILEPROPERTY(file_name, property)	指定当前数据库中的文件名和属性名时，返回指定的文件名属性值。对于不在当前数据库中的文件，返回 NULL。 file_name：包含与将为之返回属性信息的当前数据库相关联的文件名的表达式，数据类型为 nchar(128)。 property：包含将返回的文件属性名的表达式，数据类型为 varchar(128)
FULLTEXTCATALOGPROPERTY (‘catalog_name’, ‘property’)	返回有关全文目录属性的信息。 catalog_name：包含全文目录名称的表达式。 property：包含全文目录属性名称的表达式
FULLTEXTSERVICEPROPERTY (‘property’)	返回与全文引擎属性有关的信息。可以使用 sp_fulltext_ service 设置和检索这些属性。 property：包含全文服务级别属性名称的表达式

（续表）

函　数	描　述
INDEXKEY_PROPERTY(object_ID, index_ID, key_ID, property)	返回有关索引键的信息。对于 XML 索引，返回 NULL。 object_ID：表或索引视图的对象标识号，数据类型为 int。 index_ID：索引标识号，数据类型为 int。 key_ID：索引键列的位置，数据类型为 int。 property：要返回其信息的属性的名称
INDEXPROPERTY(object_ID, index_or_statistics_name, property)	根据指定的表标识号、索引或统计信息名称以及属性名称，返回已命名的索引或统计信息属性值。对于 XML 索引，返回 NULL。 object_ID：包含要为其提供索引属性信息的表或索引视图对象标识号的表达式，数据类型为 int。 index_or_statistics_name：包含要为其返回属性信息的索引或统计信息名称的表达式，数据类型为 nvarchar(128)。 property：包含要返回的数据库属性名称的表达式
OBJECT_DEFINITION(object_id)	返回指定对象定义的 Transact-SQL 源文本。 object_id：要使用的对象的 ID，数据类型为 int，并假定表示当前数据库上下文中的对象
OBJECT_ID('[database_name. [schema_name] . | schema_name.] object_name' [, 'object_type'])	返回架构范围内对象的数据库对象标识号。 object_name：要使用的对象，数据类型为 varchar 或 nvarchar。如果 object_name 的数据类型为 varchar，就将其隐式地转换为 nvarchar。可以选择是否指定数据库和架构的名称。 object_type：架构范围的对象类型，数据类型为 varchar 或 nvarchar。如果 object_type 的数据类型为 varchar，就将其隐式转换为 nvarchar
OBJECT_NAME (object_id [, database_id])	返回架构范围内对象的数据库对象名称。 object_id：要使用的对象的 ID，数据类型为 int，并假定为指定数据库或当前数据库上下文中的架构范围内的对象。 database_id：要在其中查找对象的数据库的 ID，其数据类型为 int
OBJECT_SCHEMA_NAME (object_id [, database_id])	返回架构范围内对象的数据库架构名称。 object_id：要使用的对象的 ID，数据类型为 int，并假定为指定数据库或当前数据库上下文中的架构范围内的对象。 database_id：要在其中查找对象的数据库的 ID。数据类型为 int
OBJECTPROPERTY(id, property)	返回当前数据库中架构范围内的对象的有关信息。不能将此函数用于不属于架构范围内的对象，如数据定义语言（DDL）中的触发器和事件通知。 id：是表示当前数据库中对象 ID 的表达式。id 的数据类型为 int，并假定为当前数据库上下文中的架构范围内的对象。 property：提供 id 指定对象返回信息表达式
OBJECTPROPERTYEX(id, property)	返回当前数据库中架构范围内的对象的有关信息。 OBJECTPROPERTYEX 不能用于非架构范围内的对象，如数据定义语言（DDL）中的触发器和事件通知。 id：表示当前数据库中对象 ID 的表达式。数据类型为 int。 property：包含要为 ID 所指定对象返回信息的表达式。返回类型为 sql_variant
ORIGINAL_DB_NAME()	返回由用户在数据库连接字符串中指定的数据库名称。这是使用 sqlcmd-d 选项（USE database）或 ODBC 数据源表达式（initial catalog=数据库名称）指定的数据库。该数据库与默认用户数据库不同

（续表）

函 数	描 述
PARSENAME ('object_name', object_piece)	返回对象名称的指定部分。可以检索的对象部分有对象名、所有者名称、数据库名称和服务器名称。 object_name：要检索其指定部分的对象的名称。数据类型为 sysname。此参数是可选的限定对象名称。如果对象名称的所有部分都是限定的，此名称就包含 4 部分：服务器名称、数据库名称、所有者名称以及对象名称。 object_piece：要返回的对象部分。数据类型为 int
SCHEMA_ID([schema_name])	返回与架构名称关联的架构 ID。 schema_name：架构的名称，数据类型为 sysname。 如果未指定 schema_name，SCHEMA_ID 就返回调用方的默认架构的 ID
SCHEMA_NAME([schema_id])	返回与架构 ID 关联的架构名称。 schema_id：架构的 ID，数据类型为 int。 如果没有定义 schema_id，SCHEMA_NAME 就返回调用方的默认架构的名称
SCOPE_IDENTITY()	返回插入到同一作用域中的标识列内的最后一个标识值，范围是一个模块、存储过程、触发器、函数或批处理。因此，如果两个语句处于同一个存储过程、函数或批处理中，它们就位于相同的作用域中
SERVERPROPERTY(propertyname)	返回 SQL Server 2008 R2 中有关服务器实例的属性信息。 propertyname：一个表达式，包含要返回的服务器属性信息
TYPE_ID([schema_name] type_name)	返回指定数据类型名称的 ID。 type_name：数据类型的名称，数据类型为 nvarchar。 type_name 可以是系统数据类型或用户定义的数据类型
STATS_DATE(object_id, stats_id)	返回表或索引视图上统计信息的最新更新的日期。 object_id：具有统计信息的表或索引视图的 ID。 stats_id：统计信息对象的 ID
TYPE_NAME(type_id)	返回指定类型 ID 的未限定的类型名称。 type_id：要使用的类型的 ID，数据类型为 int，可以引用调用方有权访问的任意架构中的类型
TYPEPROPERTY(type, property)	返回有关数据类型的信息。 type：数据类型的名称。 property：为数据类型返回的信息类型

【例 5.22】以下程序代码使用@@PROCID 作为 OBJECT_NAME 函数中的输入参数，在 RAISERROR 消息中返回存储过程的名称：

```
USE AdventureWorks2008R2;
GO
IF OBJECT_ID ('usp_FindName', 'P') IS NOT NULL
DROP PROCEDURE usp_FindName;
GO
CREATE PROCEDURE usp_FindName
    @lastname varchar(40) = '%',
    @firstname varchar(20) = '%'
AS
DECLARE @Count int;
DECLARE @ProcName nvarchar(128);
SELECT LastName, FirstName
FROM Person.Person
WHERE FirstName LIKE @firstname AND LastName LIKE @lastname;
SET @Count = @@ROWCOUNT;
SET @ProcName = OBJECT_NAME(@@PROCID);
RAISERROR('Stored procedure %s returned %d rows.', 16,10, @ProcName,
```

```
@Count);
   GO
   EXECUTE dbo.usp_FindName 'P%', 'A%';
```

5.7 习题

1. 选择题

（1）下面存在于服务器端的组件是（ ）。

A. 服务器组件　　B. 企业管理器组件　　C. 查询分析器组件　　D. 导入导出组件

（2）下面描述错误的是（ ）。

A. 每个数据文件中有且只有一个主数据文件

B. 日志文件可以存在于任意文件组中

C. 主数据文件默认为 primary 文件组

D. 文件组是为了更好地实现数据库文件组织

（3）下面标志符不合法的是（）。

A. [my delete]　　B. _mybase　　C. $money　　D. trigger1

（4）下面字符串能与通配符表达式 [ABC]%a 进行匹配的是（ ）。

A. BCDEF　　B. A_BCD　　C. ABC_a　　D. A%a

（5）下面是合法的 smallint 数据类型数据的是（ ）。

A. 223.5　　B. 32768　　C. -32767　　D. 58345

2. 填空题

（1）在创建用户数据库时，必须至少包含一个_____。这个数据文件称为________（primary data file）。

（2）首次创建数据库时，必须定义一个________。________用来记录所有对数据库执行的修改，以保证事务的一致性和可恢复性。

（3）SQL Server 2016 对象分别定义在________、________和________这三个层次上。

（4）服务器作用域包括存在于 SQL Server 实例之上的所有________，无论它们属于哪个数据库或名称空间。数据库对象总是存在于服务器作用域中。

（5）数据库架构是一个包含数据库对象的________，也是一个完全可配置的安全性作用域。

3. 简述题

（1）简述 SQL Server 2016 的体系结构。

（2）简述 SQL Server Management Studio 的功能和作用。

第 6 章 SQL Server 2016创建和管理数据库

数据库是指长期存储在计算机内，有组织的、有结构的、可共享的数据集合。数据库中的数据按一定的数据模型组织、描述和存储，具有较小的冗余度、较高的数据独立性和易扩展性，可供各种用户共享。

数据库是很多应用程序的主要组成部分。在创建应用程序时，首先必须根据业务需求来设计数据库，使其覆盖应用中所有需要保存的业务信息。

数据库管理系统（DBMS）是一个能够让用户定义、创建和维护数据库以及控制对数据库访问的软件系统。它是与用户、应用程序和数据库进行相互作用的软件。DBMS 允许用户定义数据结构，以及从数据库中插入、更新、删除和检索数据。常用的数据库管理系统有 MySQL、SQL Server 和 Oracle 等。

本章主要介绍创建、查看、修改和删除数据库的方法，文件组的概念和作用，以及掌握创建和使用文件组的方法。

6.1 SQL Server Management Studio

SQL Server Management Studio（SSMS）将早期版本的 SQL Server 中所包含的企业管理器、查询分析器和 Analysis Manager 功能整合到单一的环境中。它是一个集成环境，用于访问、配置、管理和开发 SQL Server 的所有组件。

SQL Server Management Studio 是管理数据库引擎和编写 Transact-SQL 代码的主要工具。

数据库引擎是用于存储、处理和保护数据的核心服务。

6.1.1 打开 SSMS 并连接到数据库引擎

使用数据库引擎创建用于处理数据的关系数据库，这包括创建用于存储数据的表和其他数据库对象（如视图和存储过程），可以使用 SQL Server Management Studio（SSMS）管理数据库对象。

启动数据库引擎的操作步骤如下：

（1）依次选择“开始”→“所有程序”→Microsoft SQL Server 2016→SQL Server Management Studio 命令。

（2）打开“连接到服务器”对话框，在“服务器类型”下拉列表框中选择“数据库引擎”选项。图 6-1 所示为 SQL Server 2016 启动与“连接到服务器”对话框。

（3）在“服务器名称”文本框中输入 SQL Server 实例的名称，如 SC-201704052024；从下拉列表框选择已经安装的服务器的名称。

（4）在“身份验证”下拉列表框中选择“Windows 身份验证”选项。

（5）单击“连接”按钮，打开 SSMS 窗口并连接到数据库引擎，如图 6-2 所示。

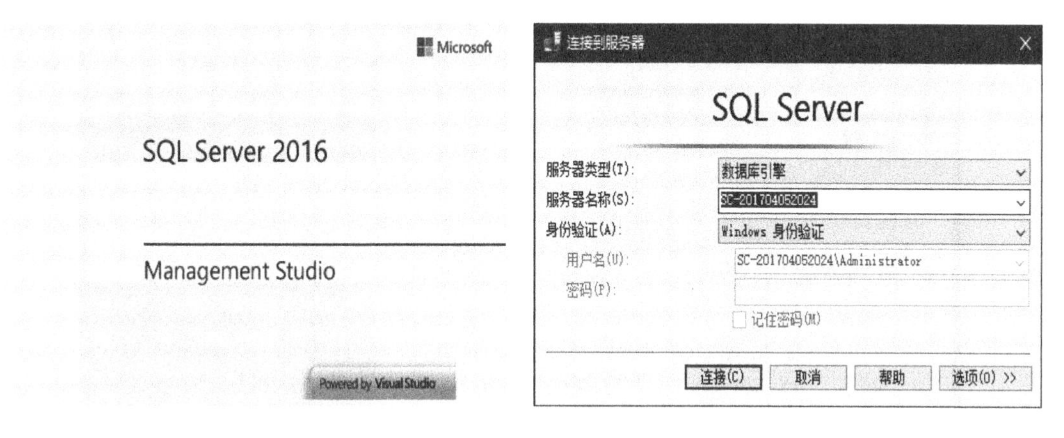

图 6-1　启动与“连接到服务器”对话框

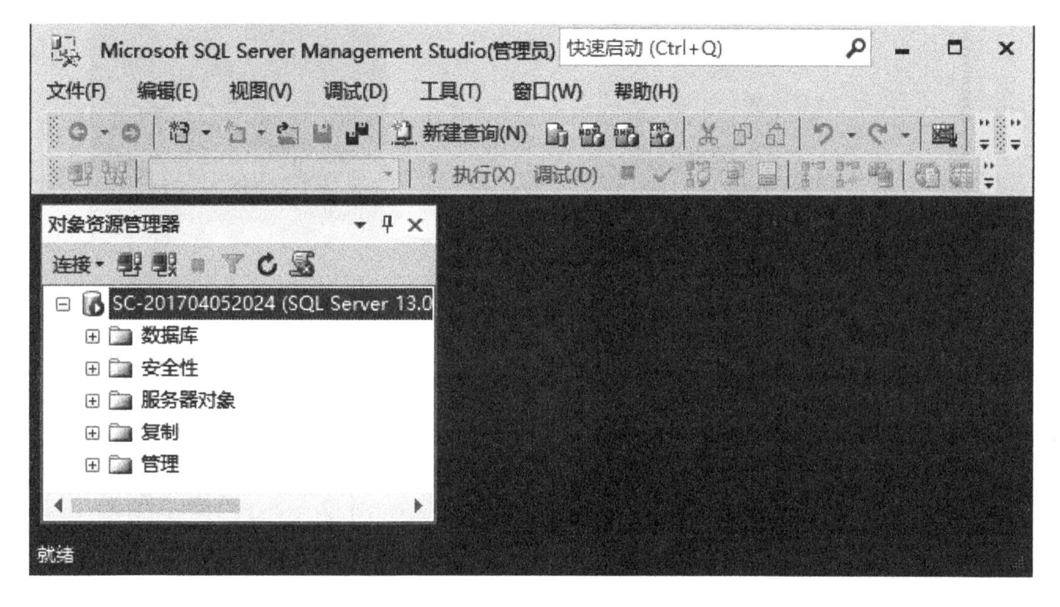

图 6-2　SSMS 窗口

6.1.2 显示“已注册的服务器”

显示【已注册的服务器】，步骤如下：

步骤01 打开 SQL Server Management Studio。

步骤02 在“视图”菜单中选择“已注册的服务器”命令，如图 6-3 所示。“已注册的服务器”窗格将显示在对象资源管理器的上面，列出的是经常管理的服务器，可以在此添加和删除服务器，如图 6-4 所示。右击 sc-201704052024 服务器，然后在弹出的快捷菜单中选择“删除”命令，如图 6-5 所示。

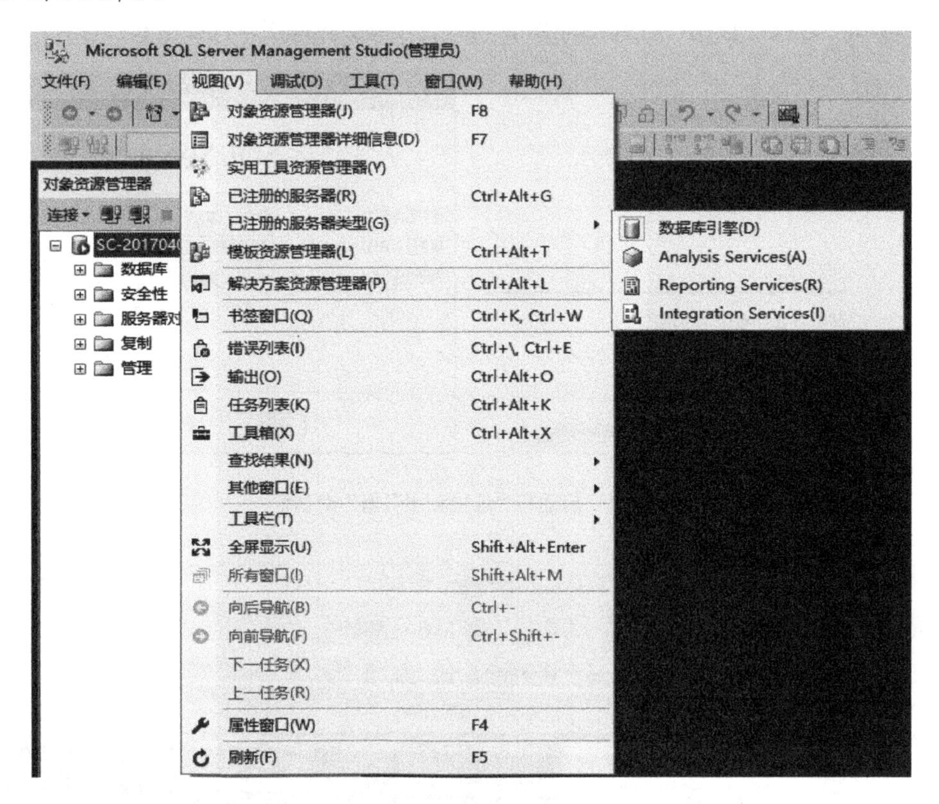

图 6-3 “视图”菜单

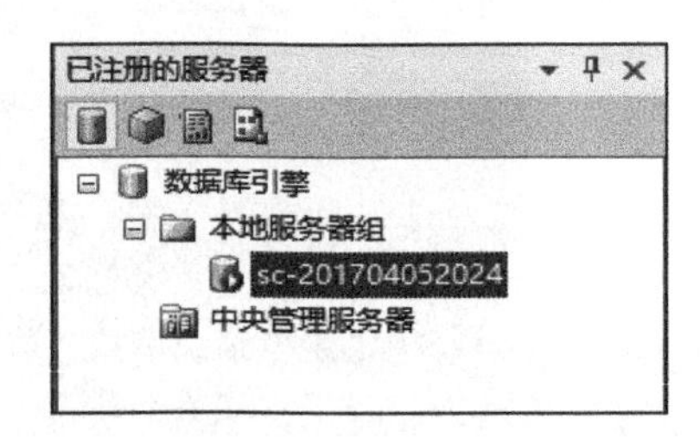

图 6-4 “已注册的服务器”窗格

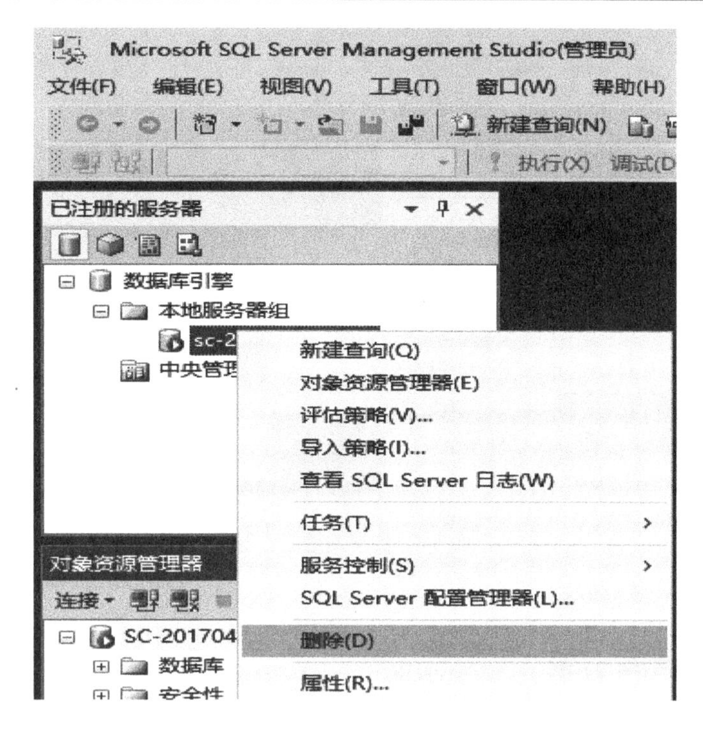

图 6-5　删除服务器

6.1.3　注册本地服务器

注册本地服务器的步骤如下：

步骤 01　以 Administrators 组成员身份登录到 Windows，并打开 SQL Server Management Studio。

步骤 02　在“连接到服务器”对话框中单击“取消”按钮。

步骤 03　如果未显示“已注册的服务器”，就在“视图”菜单中选择“已注册的服务器”命令。

步骤 04　在“已注册的服务器”树形列表中选择“数据库引擎”选项后，展开“数据库引擎”，右击“本地服务器组”，在快捷菜单中选择“任务”命令，再在级联菜单中选择“注册本地服务器”命令，如图 6-6 所示。然后显示计算机上安装的所有数据库引擎实例，包括 SQL Server 2008 和 SQL Server 2014 实例等。默认实例未命名，显示为计算机名称。命名实例显示为计算机名称后跟反斜杠（\）和实例名。

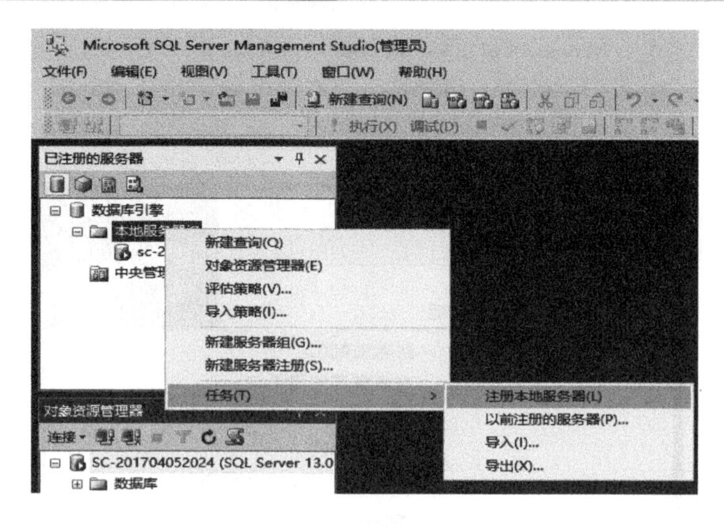

图 6-6 注册本地服务器

6.1.4 启动数据库引擎

启动数据库引擎的步骤如下：

步骤 01 按照 6.1.2 节的解决方案显示“已注册的服务器”窗格。

步骤 02 在“已注册的服务器”窗格中，如果 SQL Server 实例的名称中有绿色的点并在名称旁边有白色箭头，表示数据库引擎正在运行，无须执行其他操作。

步骤 03 如果 SQL Server 实例的名称中有红色的点并在名称旁边有白色正方形，就表示数据库引擎已停止。右击数据库引擎的名称，依次选择“服务控制”→“启动”命令，如图 6-7 所示。出现确认对话框之后，数据库引擎会启动，圆圈应变为绿色。

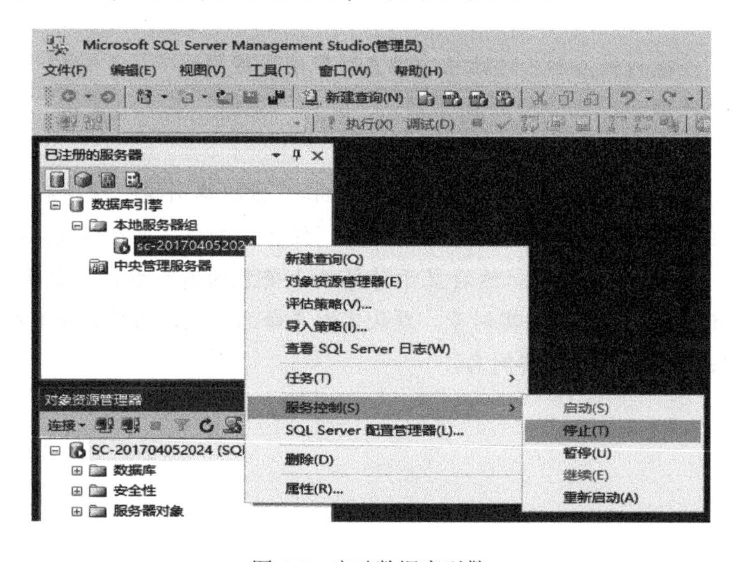

图 6-7 启动数据库引擎

6.1.5　连接对象资源管理器

连接对象资源管理器的步骤如下：

步骤01　以 Administrators 组成员身份登录到 Windows，并打开 SQL Server Management Studio。

步骤02　在“连接到服务器”对话框中单击“取消”按钮。

步骤03　在“文件”菜单中选择“连接对象资源管理器”选项。系统将打开“连接到服务器”对话框。“服务器类型”下拉列表框中将显示上次使用的类型。

步骤04　在“服务器类型”下拉列表框中选择“数据库引擎”选项。

步骤05　在“服务器名称”下拉列表框中输入数据库引擎实例的名称。

步骤06　在“身份验证”下拉列表框选择“Windows 身份验证”选项。

步骤07　单击“连接”按钮，直接返回到对象资源管理器，并将该服务器设置为焦点。

6.1.6　使用 SSMS 编写代码

使用 SSMS 编写代码的步骤如下：

步骤01　按照 6.1.5 节的解决方案连接到对象资源管理器。

步骤02　展开服务器对象，再展开“数据库”，然后选择 ReportServer。

步骤03　在工具栏上单击“新建查询”按钮，打开查询编辑器，如图 6-8 所示。

步骤04　在查询编辑器窗口中输入如图 6-9 所示的代码。

步骤05　在查询编辑器工具栏上单击“执行”按钮，得到如图 6-10 所示的结果。

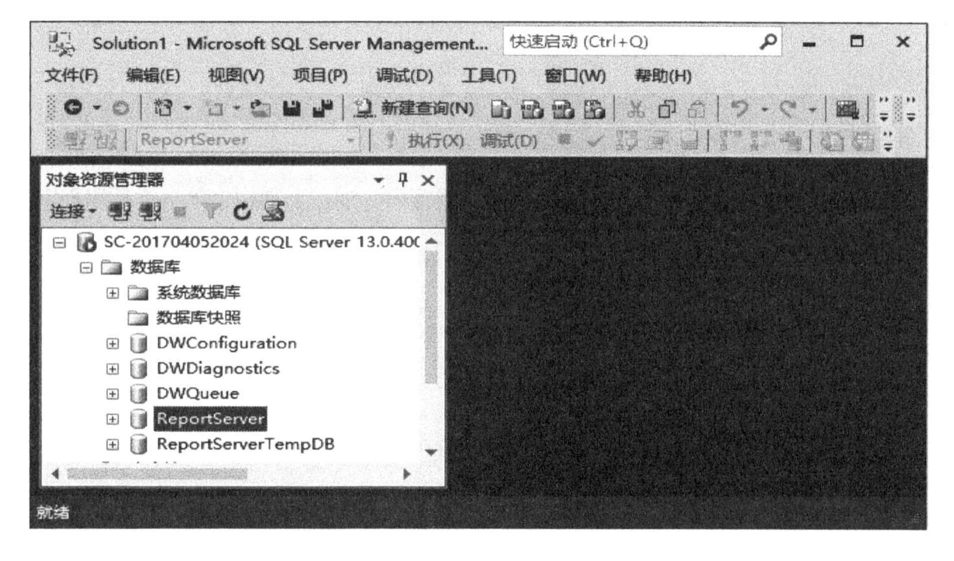

图 6-8　SSMS 窗口

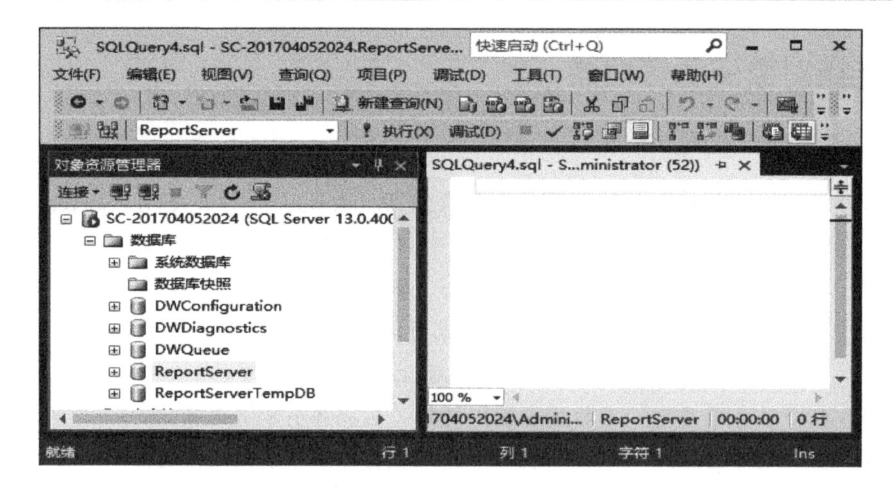

图 6-9　查询编辑器窗口

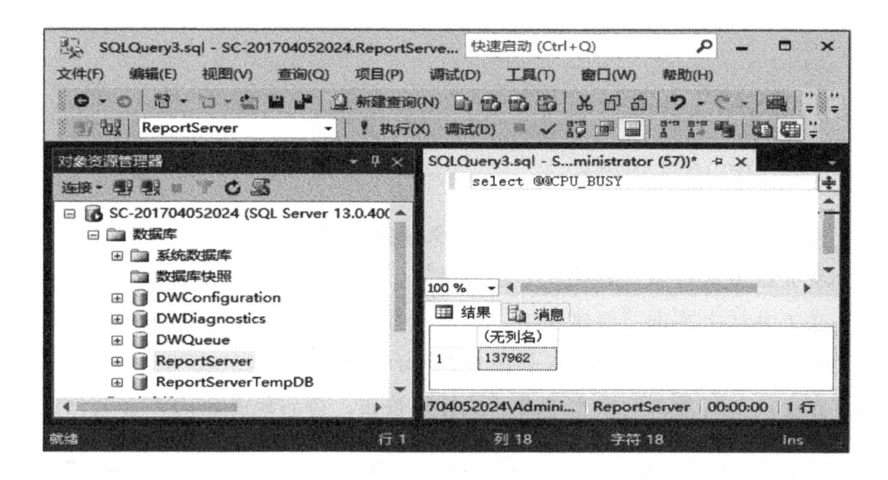

图 6-10　运行查询

注意事项：

（1）若要使用同一个连接打开另一个查询编辑器窗口，则在工具栏上单击“新建查询”按钮。

（2）若要更改连接，则在查询编辑器窗口中右击，在快捷菜单中依次选择“连接”→“更改连接”命令。

（3）在“连接到 SQL Server”对话框中选择 SQL Server 的另一个实例（如果有），再单击“连接”按钮。

（4）同时查看和操作多个代码窗口。

① 在“SQL 编辑器”工具栏中单击“新建查询”按钮，打开第二个查询编辑器窗口。

② 若要同时查看两个代码窗口，则右击查询编辑器的标题栏，然后在快捷菜单中选择“新建水平选项卡组”命令。此时将在水平窗格中显示两个查询窗口。

③ 单击上面的查询编辑器窗口将其激活，再单击“新建查询”按钮打开第三个查询窗口。该窗口将显示为上面窗口中的一个选项卡。

④ 在“窗口”菜单中选择“移动到下一个选项卡组”命令。第三个窗口将移动到下面的选项卡组中。使用这些命令可以用多种方式配置窗口。

⑤ 关闭第二个和第三个查询窗口。

6.2 创建数据库

数据库是自描述集成的表的集合。集成的表是指既存储数据又存储表间关系的表。“数据库是自描述的”是指，数据库除了包含用户的源数据外，还包含关于它本身结构的描述。也就是说，数据库不仅包括用户数据表，还包括用来描述用户数据的数据表。这些描述性的数据称为元数据，因为它们是关于数据的数据。元数据也以表的形式存储，称为系统表。除了用户表和元数据外，数据库还包括其他元素，如索引、存储过程、触发器、安全数据和备份/恢复数据等。

数据库应用程序是通过向 DBMS 发出合适的请求（一般是一个 SQL 语句）与数据库进行交互的计算机应用程序。用户与数据库应用程序交互，数据库应用程序和 DBMS 接口交互，DBMS 访问数据库中的数据。数据的物理结构和存储由 DBMS 管理。

SQL Server 2016 数据库相当于一个容器，容器中有表等数据库对象，有数据库关系图，还有使用 T-SQL 或.NET Framework 编程代码创建的视图、存储过程和函数等对象。表（Table）用于存储一组特定的结构化数据。

表由行（也称记录或元组）和列（也称字段或属性）组成。行用于存储实体的实例，每一行就是一个实例；列用于存储属性的具体取值。

如图 6-11 所示，表中还包含其他数据对象，如列、键、约束、触发器和索引等。键、约束用于保证数据的完整性，索引用于快速搜索所需要的信息。

存储在数据库中的数据通常与具体的应用有关。一个 SQLServer 实例可以支持多个数据库。例如，一个数据库用于网上商城系统；另一个数据库用于财务系统。

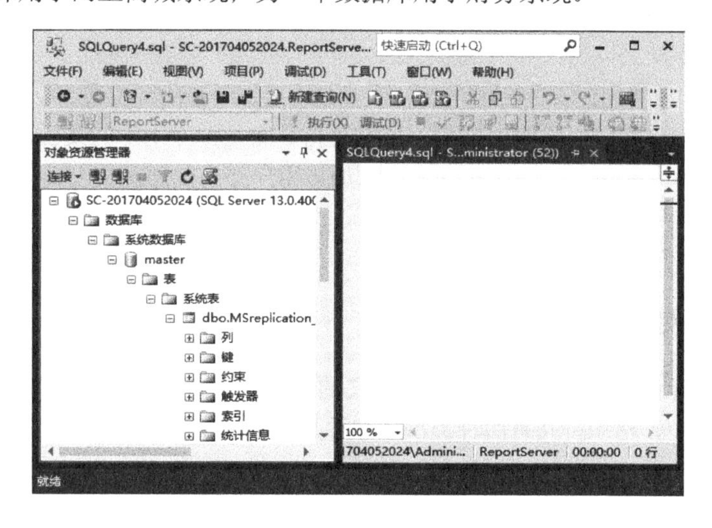

图 6-11　数据库组成

6.2.1 数据库对象

SQLServer 数据库中的数据在逻辑上被组织成一系列数据库对象，这些数据库对象包括表、视图、约束、索引、存储过程、触发器、用户定义函数、用户和角色。下面对这些常用数据库对象进行简单介绍。

1. 表

表是 SQL Server 数据库中最基本、最重要的对象，是关系模型中实体的表示方式，用于组织和存储具有行列结构的数据对象。行是组织数据的单位，列用于描述数据的属性，每一行都表示一条完整的信息记录，而每一列表示记录中相同的元素属性值。由于数据库中的其他对象都依赖于表，因此表也称为基本表。

2. 视图

视图是一种常用的数据库对象，它为用户提供了一种查看数据库中数据的方式，其内容由查询需求定义。视图是一个虚表，与表非常相似，也是由字段与记录组成的。与表不同的是，视图本身并不存储实际数据，它是基于表而存在的。

3. 索引

索引是为提高数据检索的性能而建立，利用它可快速地确定指定的信息。索引包含由表或视图中的一列或多列生成的键。这些键存储在一个结构（B 树）中，使 SQLServer 可以快速、有效地查找与键值关联的行。

4. 存储过程和触发器

存储过程和触发器是两个特殊的数据库对象。在 SQL Server 中，存储过程的存在独立于表，而触发器则与表紧密结合。用户可以使用存储过程来完善应用程序，使应用程序的运行更有效率；也可以使用触发器来实现复杂的业务规则，更加有效地实施数据完整性。

5. 用户和角色

用户是对数据库有存取权限的使用者。角色是指一组数据库用户的集合，与 Windows 中的用户组类似。数据库中的用户组可以根据需要添加，用户如果被加入某一角色，就将具有该角色的所有权限。

6.2.2 数据库对象标识符

数据库对象的标识符指数据库中由用户定义的、可唯一标识数据库对象的有意义的字符序列。在 SQL Server 中，标识符共有两种类型，一种是规则标识符，另一种是界定标识符。

1. 规则标识符

规则标识符严格遵守标识符的如下有关格式规定，所以在 Transact-SQL 中凡是规则标识符都不必使用界定符。

由字母、数字、下划线、@、#和$符号组成，其中字母可以是英文字母 a~z 或 A~Z，也可以是来自其他语言的字母字符。

- 首字符不能为数字和$符号。
- 标识符不允许是 Transact-SQL 的保留字。
- 标识符内不允许有空格和特殊字符。
- 长度小于 128。

2. 界定标识符

对于不符合标识符规则的标识符，如标识符中包含 SQL Server 关键字或包含内嵌的空格和其他不符合规则规定的字符，就要使用界定符方括号（[]）或双引号（""）括住名字。例如，标识符"Coures num" [update]分别使用了“空格”和保留字 update。

6.2.3　数据库对象结构

SQL Server 实现了 ANSI 中有关架构的概念。架构是一种允许我们对数据库对象进行分组的容器对象。架构对如何引用数据库对象具有很大的影响，在 SQL Server 中，一个数据库对象通常由 4 个命名部分组成的结构来引用，即：

```
[[[servername.][databasename].][schemaname].]objectname
```

完整的描述为：

<服务器>.<数据库>.<架构>.<数据库对象>

如果应用程序引用了一个没有限定架构的数据库对象，那么 SQL Server 将尝试在用户的默认架构（通常为 dbo）中找出这个对象。

例如，引用服务器 Prof 上的数据库 student 中的学生课程表 course 时，完整的引用为 Prof.student.dbo.course。

实际引用时，在能够区分对象的情况下，前 3 部分可能根据情况而省略。

6.2.4　使用 Management Studio 创建数据库

SQL Server 2016 中的数据库包括两类，一类是系统数据库，另一类是用户数据库。系统数据库在 SQL Server 2016 安装时就被安装，和 SQL Server 2016 数据库管理系统共同完成管理操作。用户数据库是由 SQL Server 2016 的用户在 SQL Server 2016 安装后创建的，专门用于存储和管理用户的特定业务信息。

1. 数据库类型

在 SQL Server 2016 中，系统数据库共有 4 个，即 master、model、tempdb、msdb 数据库。

（1）master 数据库用于记录 SQL Server 实例的所有系统级信息，不仅包含实例范围的元数据（如登录账户）、端点、链接服务器和系统配置设置，还保存了所有其他数据库的存在、数据库文件的位置及 SQL Server 的初始化信息。如果 master 数据库不可用，SQL Server 就无法启动。

（2）model 数据库是 SQL Server 实例上创建的所有数据库的模板。创建数据库时，SQL Server 将通过复制 model 数据库中的内容来创建数据库的第一部分，然后用空页填充新数据库的剩余部分。如果修改了 model 数据库的大小、排序规则、恢复模式和其他选项，以后创建的所有数据库就将随之改变。

（3）tempdb 数据库供连接到 SQL Server 实例的所有用户使用，专门用于保存临时对象（全局或局部临时表、临时存储过程、表变量或游标）或中间结果集。每次启动 SQL Server 时都会重新创建 tempdb，并存储本次启动后所有产生的临时对象和中间结果集，在断开连接时又会将它们自动删除。

（4）msdb 数据库用于 SQL Server 代理计划警报、作业、Service Broker 和数据库邮件等。

2. 数据库的文件组成

SQL Server 数据库建立后，通常其包含的文件包括 3 类。

（1）主要数据文件。主要数据文件的文件扩展名是 .mdf。主要数据文件在数据库创建时生成，可存储用户数据和数据库中的对象。每个数据库有一个主要数据文件。

（2）次要数据文件。次要数据文件的文件扩展名是.ndf。次要数据文件可在数据库创建时生成，也可在数据库创建后添加，可以存储用户数据。次要数据文件主要用于将数据分散到多个磁盘上。如果数据库文件过大，超过了单个 Windows 文件的最大尺寸，就可以使用次要数据文件将数据分开保存使用。每个数据库的次要数据文件个数可以是 0 至多个。

（3）事务日志。事务日志的文件扩展名是.ldf。事务日志文件在数据库创建时生成，用于记录所有事务以及每个事务对数据库所做的修改，这些记录就是恢复数据库的依据。在系统出现故障时，通过事务日志可将数据库恢复到正常状态。每个数据库必须至少有一个日志文件。

数据库文件的默认存储文件夹为 C:\Program Files\Microsoft SQL Server\MSSQL.n\MSSQL\Data（n 代表已安装的 SQL Server 实例的唯一编号）。

3.事务和事务日志

在 SQL Server 数据库文件中，事务日志文件是不可缺少的组成部分。使用事务日志可以恢复数据库，使其正常工作。

事务是 SQL Server 中最基本的工作单元，它由一个或多个 T-SQL 语句组成，执行一系列操作。事务中修改数据的语句要么全都执行，要么全都不执行。

SQL Server 2005 数据库中的事务日志用于记录所有事务以及每个事务对数据库所做的修改。事务日志中按时间顺序记录了各种类型的操作，分别包括：各个事务的开始和结束，插入、更新或删除数据，分配或释放区和页，创建、删除表或索引等。其中，数据修改的日志记录还记录操作前后的数据副本。

4. 数据存储方式

页是 SQL Server 中数据存储的基本单位。区是由 8 个物理上连续的页构成的集合。区有助于有效管理页。

在 SQL Server 中，页的大小为 8KB。每页的开头是 96 字节的标头，用于存储有关页的系统信息。此信息包括页码、页类型、页的可用空间以及拥有该页的对象的分配单元 ID。在 SQL Server 数据库中存储 1MB 需要 128 页。

SQL Server 以区作为管理页的基本单位。所有页都存储在区中。一个区包括 8 个物理上连续的页（即 64KB）。SQL Server 数据库中 1MB 有 16 个区。

SQL Server 有两种类型的区，即统一区和混合区。统一区指该区仅属于一个对象所有，也就是说，区中的 8 页由一个所属对象使用。混合区指该区由多个对象共享（对象的个数最多是 8），区中 8 页的每页由不同的所属对象使用。

SQL Server 在分配数据页时，通常首先从混合区分配页给表或索引，当表或索引的数据容量增长到 8 页时，就改为从统一区给表或索引的后续内容分配数据页。

5. 创建数据库

创建数据库有两种途径：一种是在对象资源管理器中通过菜单创建数据库；另一种是在查询编辑器中输入创建数据库的 T-SQL 语句并运行，完成创建数据库操作。

（1）在对象资源管理器中创建数据库

在对象资源管理器中，连接到 SQL Server 数据库引擎实例，并展开该实例。右击【数据库】节点，然后在弹出的快捷菜单中选择【新建数据库】命令，这时弹出【新建数据库】对话框。

其具体操作步骤如下。

① 从【开始】菜单上选择【所有程序】→Microsoft SQL Server 2016→SQL Server Management Studio，在出现的【连接到服务器】对话框中，使用 Windows 身份验证或 SQL Server 身份验证，单击【连接】按钮，启动 SQL Server Management Studio，并建立连接。

② 在 SQL Server Management Studio 窗口的【对象资源管理器】窗格中选择【数据库】并右击，从弹出的快捷菜单中选择【新建数据库】项，如图 6-12 所示。

③ 在弹出的【新建数据库】窗口的【常规】选项页中，在【数据库名称】文本框中输入数据库名称 D_sample1，再输入该数据库的所有者，这里使用【默认值】，如图 6-13 所示。

④ 单击【初始大小】列中的【行数据】行，设置初始大小为 8MB。

⑤ 单击【自动增长】列中的省略号按钮，在打开的【更改自动增长设置】对话框中进行设置，如图 6-14 所示。

⑥ 单击【路径】列中的省略号按钮，打开【定位文件夹】窗口，选择 C 盘的 C:\Program Files\Microsoft SQL Server\MSSQL13.MSSQLSERVER\MSSQL\DATA 文件夹，设置为数据库的存储路径，如图 6-15 所示。

⑦ 在【新建数据库】窗口中，选择【选项】选项页，在这里可以定义所创建数据库的排序规则、恢复模式、兼容级别、恢复、游标等其他选项，如图 6-16 所示。

⑧ 单击【确定】按钮，就完成了数据库的创建工作。

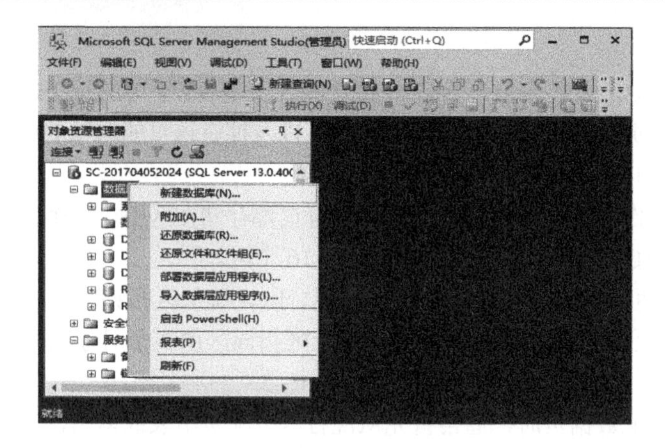

图 6-12　选择【新建数据库】项

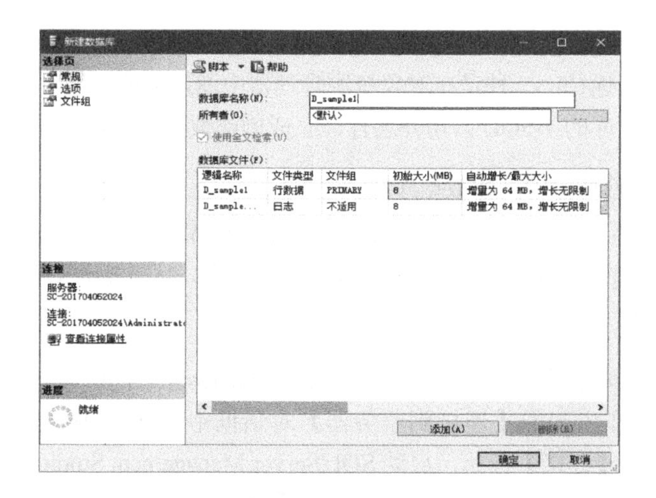

图 6-13【新建数据库】窗口

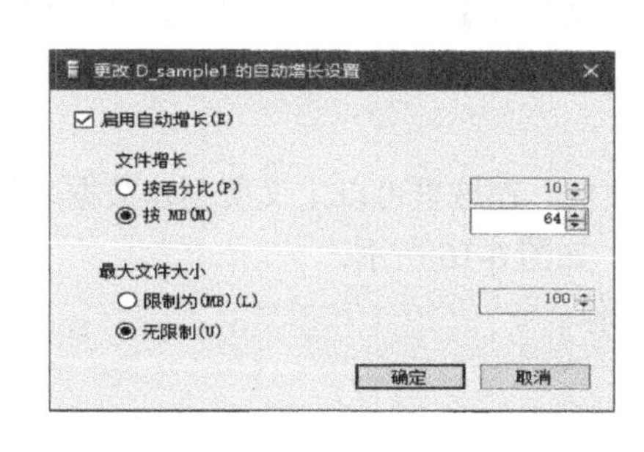

图 6-14　【更改自动增长设置】对话框

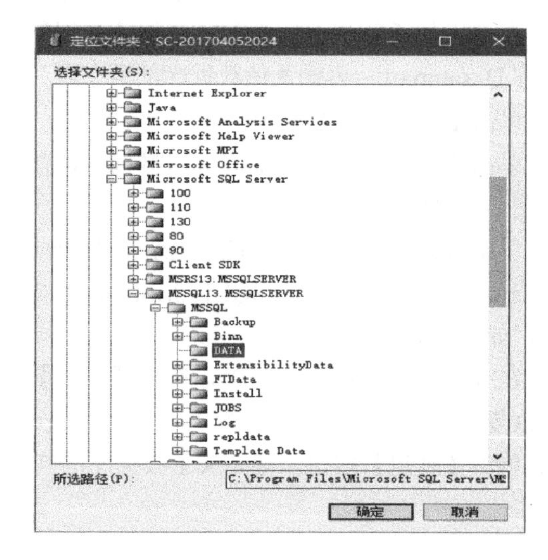

图 6-15　【定位文件夹】窗口

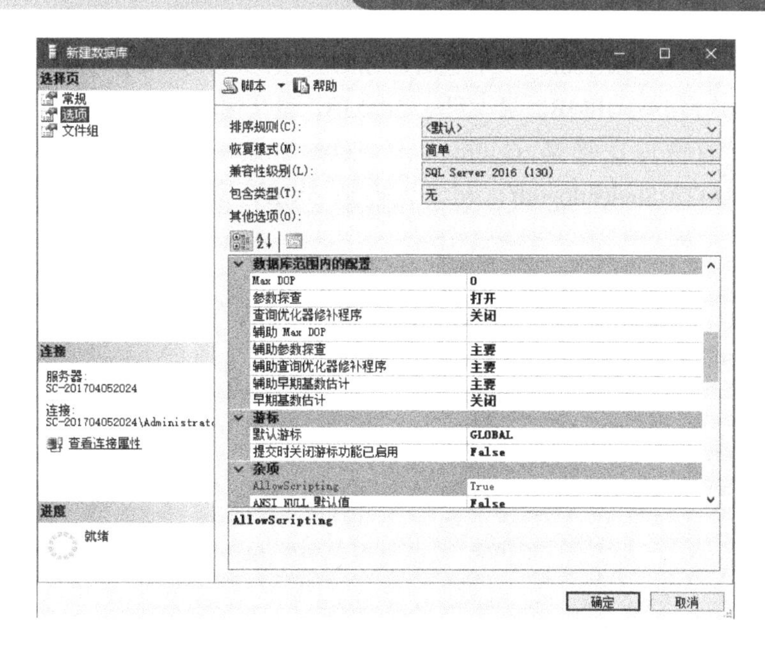

图 6-16　【新建数据库】窗口的【选项】页

（2）在查询编辑器中创建数据库

创建数据库的 T-SQL 语句是 CREATE DATABASE 语句。该语句的语法格式如下：

```
   CREATE DATABASE database_name
           [ ON  [ <filespec> [ ,...n ]
       LOG ON { <filespec> [ ,...n ] } ]]
   <filespec> ::= {(
       NAME = logical_file_name,FILENAME
               [ , SIZE = size [ KB | MB | GB | TB ] ]
               [ , MAXSIZE = { max_size [ KB | MB | GB | TB ] |
UNLIMITED } ]
               [ , FILEGROWTH = growth_increment [ KB | MB | GB | TB |
% ] ]
   ) [ ,...n ]}
```

其中，各参数的含义说明如下。

- database_name：新数据库的名称。
- filespec：数据文件或日志文件的描述。
- logical_file_name：文件的逻辑名称。
- FILENAME：文件的物理名称，必须包含完整路径名。
- SIZE：文件的大小。
- MAXSIZE：文件的最大尺寸。
- FILEGROWTH：文件的增长。

【例 6.1】创建数据库 Student。其中，主数据文件的逻辑名称是 Studentdata，对应的物理文件是 C:\Program Files\Microsoft SQL Server\MSSQL13.MSSQLSERVER\ MSSQL\DATA\Studentdata.mdf，初始大小是 10MB，最大尺寸 50 MB，增长幅度是 5%。日志文件的逻辑名称是 Studentlog，对应的物理文件是 C:\Program Files\Microsoft SQL Server\MSSQL13. MSSQL SERVER\MSSQL\DATA\Studentlog.ldf，初始大小是 5MB，最大尺寸是 10MB，增长幅度是 1MB。

```
    USE master
    GO
    CREATE DATABASE Student ON
    ( NAME = Studentdata, FILENAME = ' C:\Program Files\Microsoft SQL
Server\MSSQL13.
    MSSQLSERVER\MSSQL\DATA\Studentdata.mdf',
        SIZE = 10,MAXSIZE = 50,FILEGROWTH = 5 )
    LOG ON
    ( NAME = Studentlog,FILENAME = ' C:\Program Files\Microsoft SQL
Server\MSSQL13.
    MSSQLSERVER\MSSQL\DATA\Studentlog.ldf',
        SIZE = 5MB,MAXSIZE = 10MB,FILEGROWTH = 1MB )
    GO
```

6.3 文件组及其创建与使用

6.3.1 文件组

SQL Server 数据库是由一组文件组成的，数据和日志信息分属不同文件，每个文件属于一个数据库。文件组是数据库中数据文件的逻辑组合，可以通过文件组将数据文件分组，便于存放和管理数据。

一个文件只能是一个文件组的成员。如果指定表、索引和大型对象数据所属的文件组相关联，那么它们的数据页或者分区后的数据单元将被分配到该文件组。文件组内不包括日志文件。日志空间与数据空间分开管理。

使用文件和文件组可以改善数据库的性能，因为可以将数据库的数据文件分别放置在多个磁盘上，所以可以同时对所有磁盘并行地访问数据库中的数据，大大加快了数据库操作的速度。也可以通过指定表所属的文件组来调整数据的存放位置，从而使数据库得到良好的存储配置。

文件组有两种类型：一种是主文件组，其默认名称为 PRIMARY；另一种是用户定义文件组，名称由用户在创建时自定义。

主文件组在创建数据库时自动生成，包含主数据文件和所有未设置文件组的其他文件。系统表存储在主文件组中。用户定义的文件组是在创建数据库时或数据库创建后由用户添加的文件组。

通常情况下，数据库只需要一个数据文件和一个事务日志文件。如果需要增加次要数据文件，可以添加用户定义文件组，并将次要数据文件加入用户定义文件组中。根据具体的业务需求来添加文件组和设置文件所属的文件组，让不同的文件组位于不同的物理磁盘上。事务日志不能与数据库中其他文件和文件组共用一个物理磁盘。

6.3.2　创建文件组

可以在创建数据库时创建文件组，因此创建文件组和创建数据库的方法是一样的。一种是在对象资源管理器中通过菜单创建数据库，另一种是在查询编辑器中输入创建数据库的 T-SQL 语句并运行，完成创建数据库的操作。

1. 在对象资源管理器中创建数据库时创建文件组

在【新建数据库】对话框中选择【文件组】选项页进行设置，如图 6-17 所示。单击【添加文件组】按钮，然后在文件组记录行中添加新的文件组。也可以选中现有的文件组，单击【删除】按钮，删除所选中的文件组。设置结束后单击【确定】按钮，完成设置操作。

创建文件组后，选择对话框中的【常规】选项页，如图 6-18 所示，添加新的数据文件，并将其所属文件组设置为新创建的文件组。设置结束后单击【确定】按钮，完成设置操作。

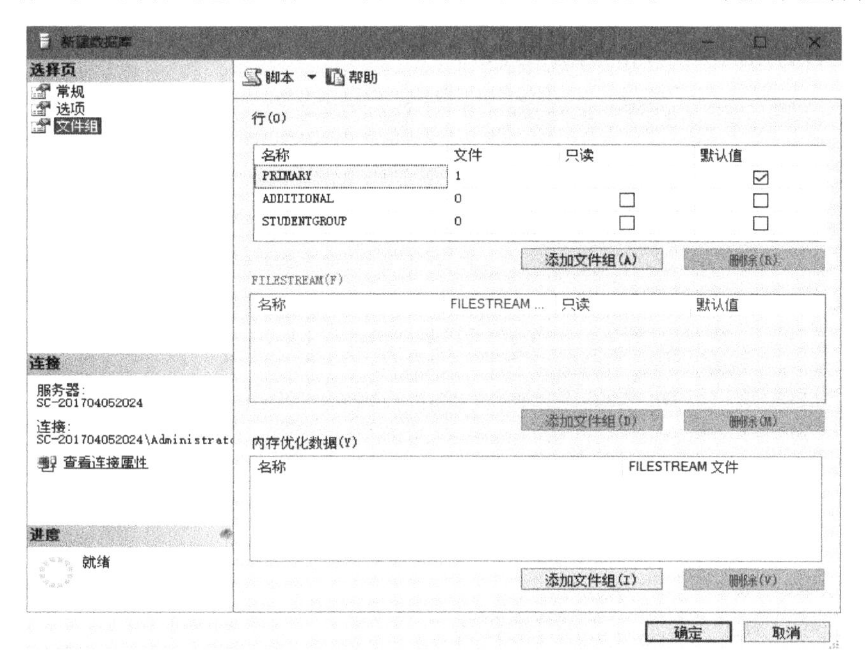

图 6-17　【新建数据库】对话框的【文件组】选项页

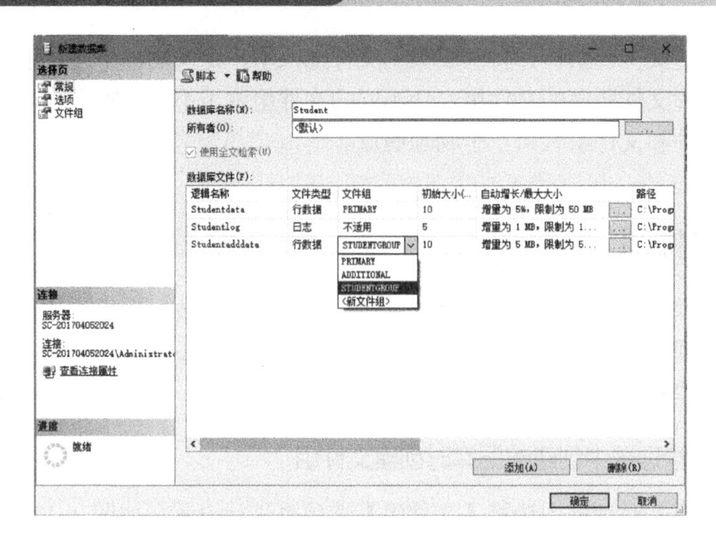

图 6-18 【数据库属性】对话框的【文件】选项页

2. 在查询编辑器中创建文件组

可以使用 CREATE DATABASE 语句创建带文件组的数据库。

CREATE DATABASE 语句的语法格式如下：

```
CREATE DATABASE database_name
    [ ON
        [ PRIMARY ] [ <filespec> [ ,...n ]
        [ , <filegroup> [ ,...n ] ]
      [ LOG ON { <filespec> [ ,...n ] } ]
    ]
<filespec> ::= {(
    NAME = logical_file_name ,FILENAME
[ , SIZE = size [ KB | MB | GB | TB ] ]
[ , MAXSIZE = { max_size [ KB | MB | GB | TB ] | UNLIMITED } ]
[ , FILEGROWTH = growth_increment [ KB | MB | GB | TB | % ] ]
) [ ,...n ]}
```

其中，各参数的含义说明如下。

- database_name：数据库名称。
- filespec：数据文件或日志文件的描述。
- filegroup：文件组名称。
- logical_file_name：文件的逻辑名称。
- FILENAME：文件的物理名称，必须包含完整路径名。
- SIZE：文件的大小。
- MAXSIZE：文件的最大尺寸。
- FILEGROWTH：文件的增长。

【例 6.2】创建数据库 Student。其中，主要数据文件的逻辑名称是 Studentdata，对应的物理文件是 D:\Studentdata.mdf，初始大小是 10MB，最大尺寸是 50MB，增长幅度是 5%。日志文件的逻辑名称是 Studentlog，对应的物理文件是 D:\Studentlog.ldf，初始大小是 5MB，最大尺寸是 10MB，增长幅度是 1MB。添加文件组 STUDENTGROUP，添加次要数据文件 Studentadddata，物理文件为 D:\Studentadd.ndf，初始大小为 10MB，最大尺寸为 50MB，自动增长为 5MB。

```
USE master
GO
CREATE DATABASE Student
ON PRIMARY
 ( NAME = Studentdata, FILENAME = 'D:\ Studentdata.mdf',
    SIZE = 10,MAXSIZE = 50,FILEGROWTH = 5 ),
FILEGROUP STUDENTGROUP
( NAME = Studentadddata,
 FILENAME = 'D:\Studentadddata.ndf',
    SIZE = 10,MAXSIZE = 50,FILEGROWTH = 5 )
LOG ON
( NAME = Studentlog,FILENAME = 'D:\Studentlog.ldf',
SIZE = 5MB,MAXSIZE = 10MB,FILEGROWTH = 1MB )
```

6.3.3 使用文件组

创建数据库后，可以添加文件组和文件组中的数据文件，方法有两种：一种是在对象资源管理器中通过菜单添加文件组；另一种是在查询编辑器中输入修改数据库的 T-SQL 语句并运行，完成添加文件组操作。

1. 在对象资源管理器中添加文件组

在【数据库属性】对话框中选择【文件组】选项页进行设置，如图 6-19 所示。单击【添加文件组】按钮，然后在文件组记录行中添加新的文件组。也可以选中现有的文件组，单击【删除】按钮，删除所选中的文件组。设置结束后单击【确定】按钮，完成设置操作。

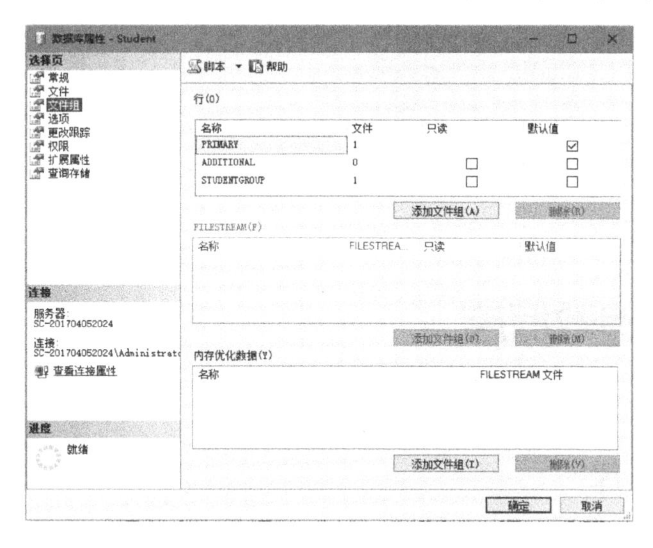

图 6-19 【数据库属性】对话框的【文件组】选项页

可以在创建数据库时创建文件组，也可以为已创建的数据库添加文件组，操作的位置可以是对象资源管理器，也可以是查询编辑器。

2. 在查询编辑器中创建文件组

可以使用 ALTER DATABASE 语句为数据库添加文件组。

ALTER DATABASE 语句的语法格式如下：

```
ALTER DATABASE database_name
{
   <add_or_modify_files>
   | <add_or_modify_filegroups>
}
```

其中，各参数的含义说明如下。

- database_name：数据库名称。
- add_or_modify_files：指定要添加、删除或修改的文件。
- add_or_modify_filegroups：在数据库中添加、修改或删除文件组。

【例 6.3】为数据库 Student 添加文件组 STUDENTGROUP，添加次要数据文件 Studentadddata，物理文件为 D:\Studentadddata.ndf，初始大小为 10MB，最大尺寸为 50MB，自动增长为 5MB，其他采用默认设置。

```
USE master
GO
ALTER DATABASE Student
ADD FILEGROUP STUDENTGROUP
GO
ALTER DATABASE Student
ADD FILE
( NAME = Studentadddata,
 FILENAME = 'D:\Studentadddata.ndf',
 SIZE = 10,MAXSIZE = 50,FILEGROWTH = 5 )
TO FILEGROUP STUDENTGROUP
GO
```

6.4 管理数据库

6.4.1 查看数据库

可以使用系统存储过程 sp_helpdb 查看所有或特定数据库的信息，数据库的信息包括数据库的名称、大小、所有者、ID、创建日期、数据库选项及数据库所有文件的信息。

【例 6.4】使用系统存储过程 sp_helpdb 查看所有数据库的信息。

```
USE master
GO
EXEC sp_helpdb
GO
```

如图 6-20 所示，使用系统存储过程 sp_helpdb 查看所有数据库信息。

【例 6.5】使用系统存储过程 sp_helpdb 查看 Student 数据库的信息。

```
USE master
GO
EXEC sp_helpdb 'Student'
GO
```

如图 6-21 所示，使用系统存储过程 sp_helpdb 查看 Student 数据库的信息。

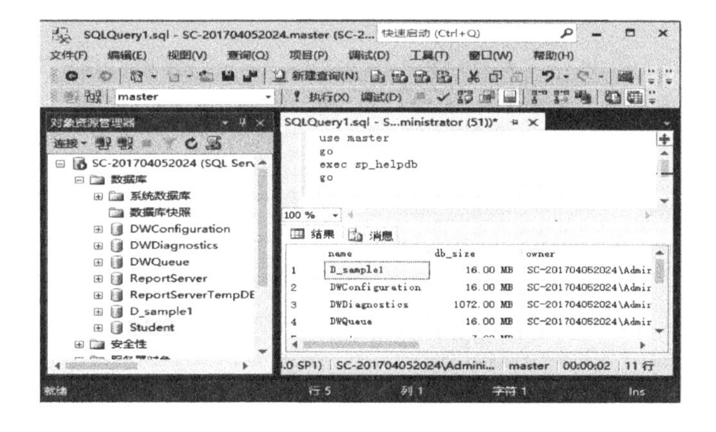

图 6-20　使用系统存储过程 sp_helpdb 查看所有数据库信息

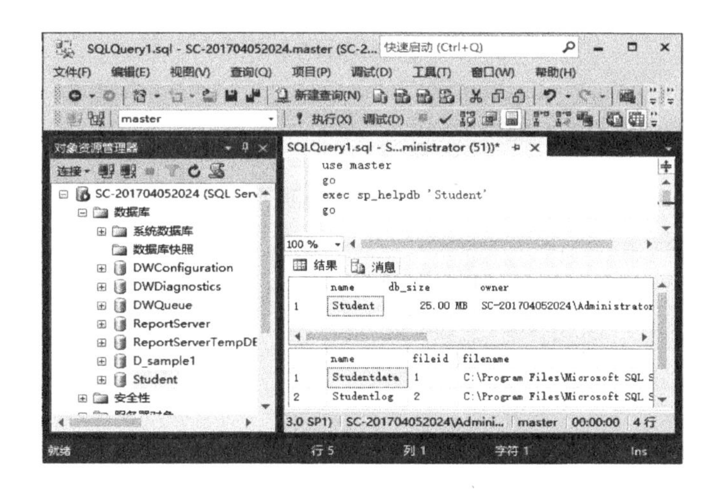

图 6-21　使用系统存储过程 sp_helpdb 查看 Student 数据库的信息

6.4.2 修改数据库

修改数据库有两种途径：一种是在对象资源管理器中通过菜单修改数据库；另一种是在查询编辑器中输入修改数据库的 T-SQL 语句并运行，完成修改数据库操作。

1. 在对象资源管理器中修改数据库

可以在对象资源管理器中右击需要修改选项的数据库，在弹出的快捷菜单中选择【属性】命令，打开【数据库属性】对话框进行设置，如图 6-22 所示。设置结束后单击【确定】按钮，完成修改操作。

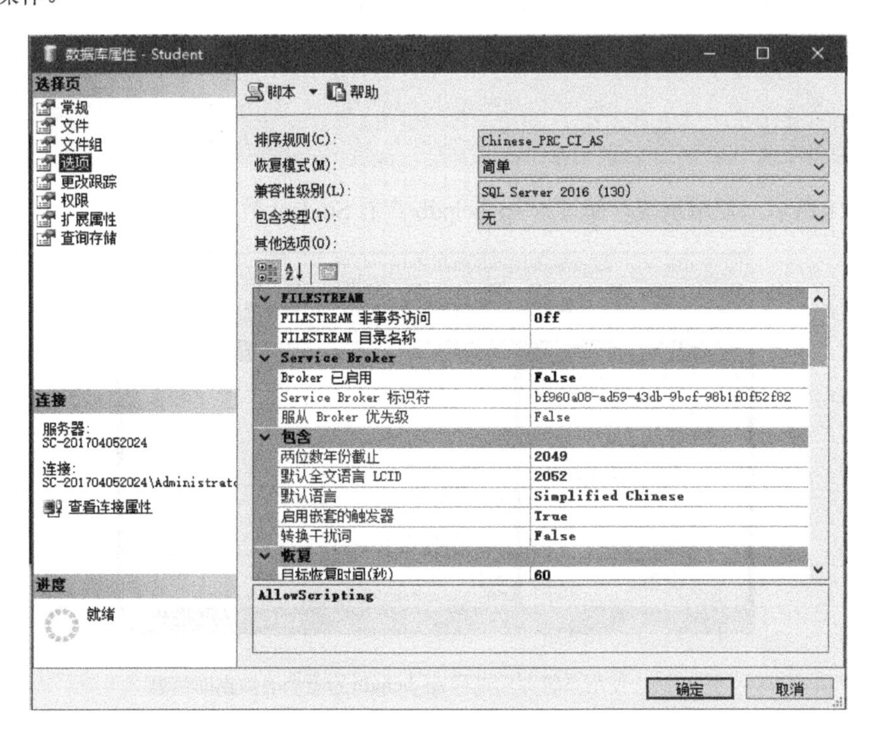

图 6-22 【数据库属性】对话框

2. 在查询编辑器中修改数据库

修改数据库的 T-SQL 语句是 ALTER DATABASE 语句。该语句的语法格式如下：

```
ALTER DATABASE database_name
{
    | MODIFY NAME = new_database_name
    | COLLATE collation_name
    | <file_and_filegroup_options>
    | <set_database_options>
}
```

其中，各参数的含义说明如下：

- database_name：数据库的原有名称。
- new_database_name：数据库的新名称。
- collation_name：指定数据库的排序规则。
- file_and_filegroup_options：文件和文件组选项。
- set_database_options：数据库设置选项。

【例 6.6】设置数据库 Student 的名称为 MyStudent。

```
USE master
GO
ALTER DATABASE Student Modify Name = MyStudent
GO
```

【例 6.7】设置数据库 Student 的排序规则为法语排序规则。

```
USE master
GO
ALTER DATABASE Student COLLATE French_CI_AI
GO
```

【例 6.8】设置数据库 Student 为只读数据库。

```
USE master
GO
ALTER DATABASE Student SET READ_ONLY
GO
```

6.4.3　删除数据库

删除数据库有两种途径：一种是在对象资源管理器中右击数据库，然后在弹出的快捷菜单中选择【删除】命令来删除数据库；另一种是在查询编辑器中输入删除数据库的 T-SQL 语句并运行，完成修改数据库操作。

1. 在对象资源管理器中删除数据库

可以在对象资源管理器中右击需要删除的数据库，在弹出的快捷菜单中选择【删除】命令，打开【删除对象】对话框进行设置。单击【确定】按钮，完成删除操作。

2. 在查询编辑器中删除数据库

删除数据库的 T-SQL 语句是 DROP DATABASE 语句。该语句的语法格式如下：

```
DROP DATABASE { database_name } [ ,...n ]
```

其中，参数 database_name 的含义是数据库名称。

【例 6.9】删除数据库 Student：

```
USE master
GO
```

```
DROP DATABASE Student
GO
```

6.5 扩大和收缩数据库

6.5.1 扩大数据库

随着数据量不断地增加，创建数据库文件时指定的大小不再能满足用户的需求，这时需要通过扩大数据库文件的方式满足用户的需求。解决办法有两个，一个是在图形界面的属性窗口中实现；另一种是使用语句实现。

1. 通过属性窗口扩大数据库

假设要对 Student 数据库的大小进行扩充，步骤如下：

（1）在【对象资源管理器】窗格中右击【Student】数据库，执行【属性】命令，打开【数据库属性】窗口。

（2）在弹出的属性窗口中的【初始大小】列中输入需要修改的初始值，如图 6-18 所示。

（3）使用同样的方法修改事务日志文件的初始大小。

（4）通过单击【自动增长】列的按钮，在打开的【更改自动增长设置】对话框中可分别设置数据文件和事务日志文件的自动增长方式及大小，如图 6-14 所示。

（5）单击【确定】按钮关闭对话框，然后再次单击【确定】按钮完成操作。

2. 通过语句扩大数据库

通过 ALTER DATABASE 语句的 ADD FILE 选项为数据库添加数据文件或事务日志文件来扩大数据库。

【例 6.10】假设要对 Student 数据库增加一个名为 Studentdata1 的数据文件来扩大数据库。使用 ALTER DATABASE 的实现语句如下：

```
ALTER  DATABASE  Student
ADD  FILE
(
NAME=Studentdata1,
FILENAME = ' C:\Program Files\Microsoft SQL Server\MSSQL13.
MSSQLSERVER\MSSQL\DATA\Studentdata1.ndf ',
SIZE=10MB,
MAXSIZE=20MB,
FILEGROWTH=5%
)
```

如果要增加事务日志文件，那么可以使用 ADD LOG FILE 子句，在一个 ALTER DATABASE 语句中，一次可以增加多个数据库文件或事务日志文件。

6.5.2 收缩数据库

在 SQL Server 2016 中主要有 3 种收缩数据库的方法，它们分别是自动数据库收缩、手动数据库收缩和图形界面数据库收缩。操作时要注意收缩后的数据库不能小于数据库的最小值。最小值是在数据库最初创建时指定的大小，或者上一次使用文件大小更改操作设置时显示的值。

1. 自动数据库收缩

默认数据库 AUTO_SHRINK 选项为 OFF，表示没有启用自动收缩。可以在 ALTER DATABASE 语句中将 AUTO_SHRINK 选项设置为 ON，此时数据库引擎将自动收缩有可用空间的数据库，并减少数据库中文件的大小。该活动在后台进行，并且不影响数据库内的用户活动。

2. 手动数据库收缩

手动收缩数据库是指在需要的时候运行 DBCC SHRINKDATABASE 语句进行收缩。该语句的语法如下：

```
DBCC SHRINKDATABASE(database_name|database_id|0[,target_percent])
```

语法说明如下：

Database_name|database_id|0　要收缩的数据库的名称或 ID 号。如果指定 0，就使用当前数据库。

Target_percent　数据库收缩后，数据库文件中所需的剩余可用空间百分比。

【例 6.11】使用 DBCC SHRINKDATABASE 语句对 Student 数据库进行手动收缩，实现语句如下：

```
DBCC SHRINKDATABASE (Student)
```

或者

```
USE Student
GO
DBCC SHRINKDATABASE (0,5)
```

3. 图形界面数据库收缩

也可以采用图形界面对 Student 数据库进行收缩，步骤如下。

（1）在【对象资源管理器】中的【数据库】节点下右击 Student 数据库，然后执行【任务】|【收缩】|【数据库】命令。

（2）在打开的对话框中启用【在释放未使用的空间前重新组织文件】复选框，然后为【收缩后文件中的最大可用空间】指定值（值介于 0~99），如图 6-23 所示。

（3）完成设置后单击【确定】按钮即可。

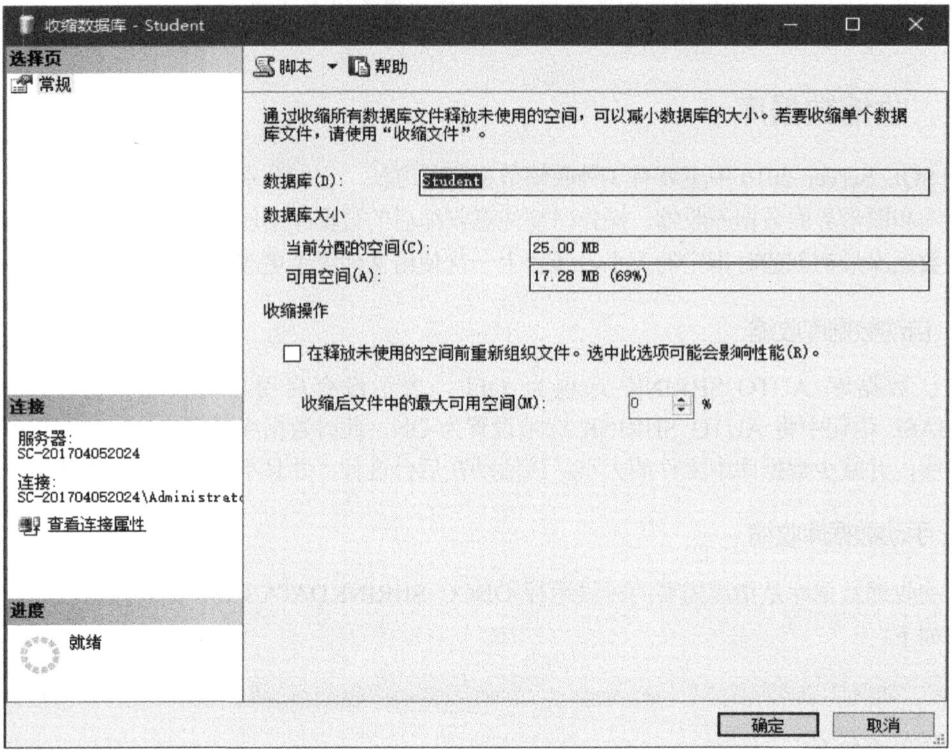

图 6-23　收缩数据库

6.6 导入/导出数据

在实际使用 SQL Server 2016 数据库的系统中，用户可能希望将自己存储的数据转移到 SQL Server 2016，或者因为特殊原因想实现 SQL Server 2016 数据库中的数据转移到别的数据库系统中。

SQL Server 2016 提供了导入数据和导出数据功能，可以在数据源及数据目标处使用以下类型数据源。

- 大多数 OLE DB 和 ODBC 数据源及指定的 OLE DB 数据源（包括 Microsoft ODBC Driver for Oracle、Microsoft ODBC Driver for SQL Server、Microsoft OLE DB Provider for OLAP Services、Microsoft OLE DB Provider for Oracle、Microsoft OLE DB Provider for SQL Server 等）。
- Oracle 和 Informix 数据库。
- Microsoft Excel 电子表格。

- Microsoft Access 数据库。
- Microsoft FoxPro 数据库。
- dBASE 数据库。
- Paradox 数据库(包括 Paradox 3.x、Paradox 4.x 、Paradox 5.x)。
- 其他 ODBC 数据源。
- 文本文件。

【例 6.12】例如，要将 Student 数据库的数据导出到 Access 数据库，保存名称为 S-C-SC.mdb（目标文件必须存在，否则显示目标文件不存在），主要步骤如下。

步骤 01 在【对象资源管理器】中的【数据库】节点下右击 Student 数据库，然后执行【任务】|【导出数据】命令，打开【SQL Server 导入和导出向导】窗口。

步骤 02 在【SQL Server 导入和导出向导】窗口显示了使用向导可以完成的功能，单击【下一步】按钮继续。

步骤 03 在【选择数据源】页选择要导出数据库所在的服务器名称、身份验证方式及源数据库名称，如图 6-24 所示。在【数据源】下拉列表框中提供了向导所支持的各种数据源的类型供用户选择；在【服务器名称】下拉列表框中可以选择数据源所在的服务器的名称；如果启用【使用 SQL Server 身份认证】选项，就必须分别在【用户名】和【密码】框中输入登录 SQL Server 的用户名和密码；【数据库】下拉列表框中是可选的数据库的名称，单击【刷新】按钮可使该窗口的内容恢复为系统默认设置的值。在这里使用 Windows 身份验证并选择 Student 数据库，再单击【下一步】按钮。

步骤 04 在【选择目标】页中对数据导出的目的地进行设置，这里要把数据导出到 Access 中，因此从【目标】下拉列表中选择【Microsoft Access】。然后单击【浏览】按钮，指定导出数据库的名称和保存位置，如图 6-25 所示。完成设置之后，还可以单击【高级】按钮，在弹出的对话框中单击【测试连接】按钮进行测试。

步骤 05 单击【下一步】按钮，进入【指定表复制或查询】页，设置从表、视图或者查询结果中进行复制。在这里单击【复制一个或多个表或视图的数据】单选按钮，然后单击【下一步】按钮。

步骤 06 在进入的【选择源表和源视图】页中列出了当前数据库中的所有表和视图，通过复选框来选择要复制的表或视图。单击【编辑映射】按钮可以修改源表和目标表之间的复制关系，也可以修改复制时目标表的名称。单击【预览】按钮可以查看表中的数据。

步骤 07 单击【下一步】按钮，查看具体每个源表与目标表的数据类型映射关系。

步骤 08 单击【下一步】按钮，在进入的【保存并运行包】页中设置是立即执行导出，还是保存到 SSIS 稍后导出。在这里启用【立即运行】复选框。

步骤 09 单击【下一步】按钮，在进入的【完成该向导】页中查看要导出数据的细节。

步骤 10 如果没有继续需要修改的设置，就单击【完成】按钮开始执行导出功能。执行完成后单击【关闭】按钮结束。

步骤 11 数据都导出到 Access 数据库之后，打开 D:\ 目录下的 Access 数据库 S-C-SC.mdb。在其中可以看到各个数据表的内容均与源数据库相同。

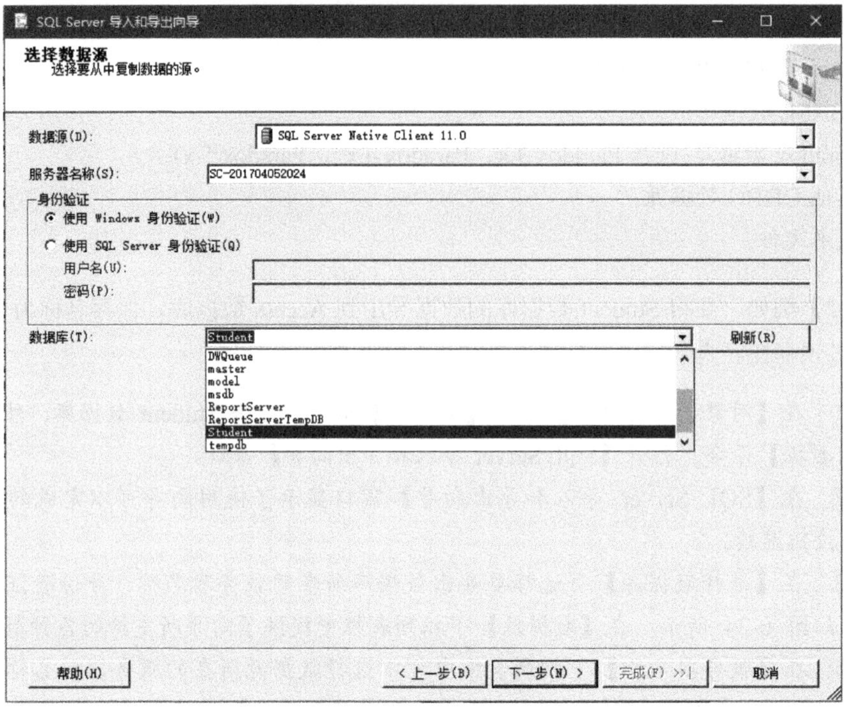

SQL Server 导入和导出向导

选择数据源
选择要从中复制数据的源。

数据源(D): SQL Server Native Client 11.0
服务器名称(S): SC-201704052024
身份验证
使用 Windows 身份验证(W)
使用 SQL Server 身份验证(Q)
用户名(U):
密码(P):
数据库(T): Student 刷新(R)
DWQueue
master
model
msdb
ReportServer
ReportServerTempDB
Student
tempdb

帮助(H) < 上一步(B) 下一步(N) > 完成(F) >>| 取消

图 6-24 【选择数据源】页

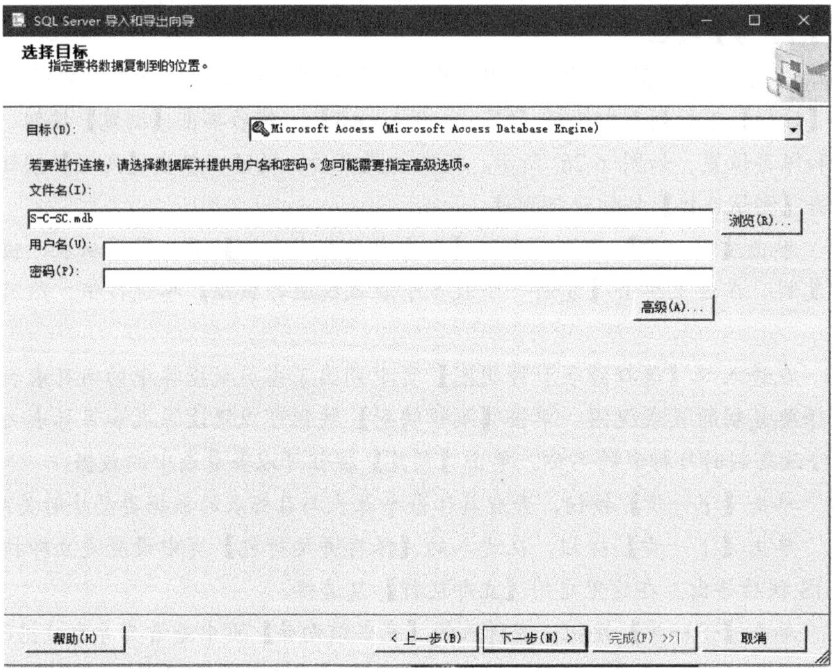

SQL Server 导入和导出向导

选择目标
指定要将数据复制到的位置。

目标(D): Microsoft Access (Microsoft Access Database Engine)
若要进行连接，请选择数据库并提供用户名和密码。您可能需要指定高级选项。
文件名(I):
S-C-SC.mdb 浏览(R)...
用户名(U):
密码(P):
高级(A)...

帮助(H) < 上一步(B) 下一步(N) > 完成(F) >>| 取消

图 6-25 【选择目标】页

6.7 备份与恢复数据库

对数据库执行备份后，在意外发生时可以通过备份恢复数据，本节讲解 SQL Server 2016 的备份和恢复数据库的具体方法。

6.7.1　备份类型

SQL Server 2016 提供了 4 种数据库备份类型：完整备份、差异备份、事务日志备份、文件和文件组备份。

1. 完整备份

完整备份是指备份所有数据文件和事务日志文件。完整备份是在某一时间点对数据库进行备份，以这个时间点作为恢复数据库的基点。无论采用何种备份类型或备份策略，在对数据库进行备份之前，必须首先对其进行完整备份。

在完整备份过程中，不允许执行下列操作：

- 创建或删除数据库文件。
- 在收缩操作过程中截断文件。

如果备份时上述某个操作正在进行，那么备份将等待该操作完成，直到会话超时。如果在备份操作执行过程中试图执行上面任一操作，该操作将失败，而备份操作继续进行。

2. 差异备份

差异备份仅捕获自上次完整备份后发生更改的数据，这称为差异备份的“基准”。差异备份仅包括建立差异基准后更改的数据，在还原差异备份之前，必须先还原其基准备份。

当数据库被频繁修改而又需要最小化备份时，可以使用差异备份。

3. 事务日志备份

事务日志备份中包括在前一个事务日志备份中没有备份的所有日志记录。只有在完整恢复模式和大容量日志恢复模式下才会有事务日志备份。

如果上一次完整备份数据库后，数据库中的某一行被修改了多次，那么事务日志备份包含该行所有被更改的历史记录，这与差异备份不同，差异备份只包含该行的最后一组值。

4. 文件和文件组备份

文件和文件组备份可以用来备份和还原数据库中的文件。使用文件备份可以使用户仅还原已损坏的文件，而不必还原数据库的其余部分，从而提高恢复速度，减少恢复时间。利用文件组备份，每次可以备份这些文件当中的一个或多个文件，而不是同时备份整个数据库。

6.7.2 恢复模式

SQL Server 2016 包括 3 种恢复模式：简单恢复模式、完整恢复模式和大容量日志恢复模式。每种恢复模式都能够在不同程度上恢复相关数据，且在恢复方式和性能方面存在差异。

1. 简单恢复模式

简单恢复模式可以将数据库恢复到上一次的备份。优点是日志的存储空间较小，能够提高磁盘的可用空间，而且也是最容易实现的模式。但是，使用简单恢复模式无法将数据库还原到故障点或特定的即时点。如果要还原到这些即时点，就必须使用完整恢复模式。

在简单恢复模式下可以执行完整备份和差异备份，适用于小型数据库或数据更改频度不高的数据库。

2. 完整恢复模式

完整恢复模式是 SQL Server 2016 的默认模式，在故障还原中具有最高的优先级。这种恢复模式使用完整备份和事务日志备份，能够较为安全地防范媒体故障。SQL Server 事务日志文件记录了对数据进行的全部更改，包括大容量数据操作，如 SELECT INTO、CREATE INDEX、大批量装载数据。并且，因为日志记录了全部事务，所以可以将数据库还原到特定即时点。

3. 大容量日志恢复模式

与完整恢复模式相似，大容量日志恢复模式使用完整备份和事务日志备份来恢复数据库。该模式在某些大规模或大容量数据操作（比如 INSERT INTO、CREATE INDEX、大量装载数据、处理大批量数据）时提供最佳性能和最少的日志使用空间。

在这种模式下，日志只记录多个操作的最终结果，而并非存储操作的过程细节，所以日志尺寸更小，大批量操作的速度也更快。如果事务日志文件没有受到破坏，除了故障期间发生的事务以外，SQL Server 能够还原全部数据。但是，由于使用最小日志的方式记录事务，因此不能恢复数据库到特定即时点。

在大容量日志恢复模式下，备份包含大容量日志记录的日志时，需要访问数据库中的所有数据文件。如果数据文件不可访问，就无法备份最后的事务日志文件，而且该日志中所有已提交的操作都会丢失。

6.7.3 备份数据库

在了解了备份类型、恢复模式之后，本节将详细介绍如何执行数据库的备份操作。针对每种备份类型都可以使用图形向导和语句来完成。下面以完整备份为例进行介绍，因为其他所有备份类型都依赖于完整备份。

1. 使用图形向导备份数据库

现在对 Student 数据库创建完整备份，具体步骤如下：

（1）在【对象资源管理器】中展开【服务器】|【数据库】节点，右击 Student 数据库，执行【任务】|【备份】命令打开【备份数据库】窗口，如图 6-26 所示。

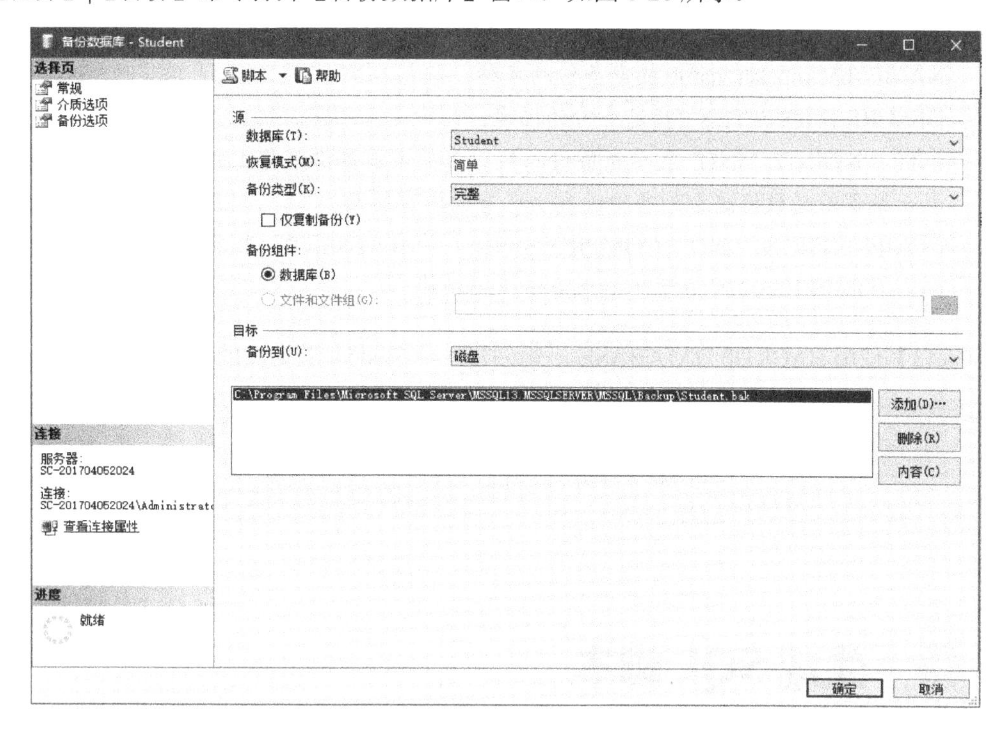

图 6-26 执行完整备份

（2）在【备份类型】下拉列表中选择【完整】，保留【名称】文本框的内容不变。

（3）在【目标】区域，通过单击【删除】按钮删除已存在的目标。然后单击【添加】按钮，打开【选择备份目标】窗口，单击【备份设备】单选按钮后，从下拉列表中选择目标文件路径。

（4）设置好以后，单击【确定】按钮返回【备份数据库】窗口。打开【选项】页面，启用【完成后验证备份】复选框。

（5）完成设置后单击【确定】开始备份，备份完成后系统将弹出备份成功完成提示信息框。

2. 使用 BACKUP DATABASE 语句备份数据库

使用 BACKUP DATABASE 语句完整备份数据库的语法格式如下：

```
BACKUP DATABASE database name
TO <backup device> [ n]
[WITH
[ [，] NAME=backup set name]
[ [，] DESCRIPITION='TEXT']
[ [，]{INIT | NOINIT } ]
[ [，]{ COMPRESSION | NO COMPRESSION }
]
```

语法说明如下：

- database_name 指定备份的数据库名称。
- backup_device 指定备份的设备名称。
- WITH 子句指定备份选项。
- NAME=backup_set_name 指定备份的名称。
- DESCRIPITION='TEXT'指定备份的描述。
- INIT | NOINIT INIT 表示新备份的数据覆盖当前备份设备上的每一项内容，NOINIT 表示新备份的数据追加到备份设备上已有的内容后面。
- COMPRESSION | NO _COMPRESSION COMPRESSION 表示启用备份压缩功能，NO_COMPRESSION 表示不启用备份压缩功能。

【例 6.13】使用 BACKUP DATABASE 语句创建一个 Student 数据库的完整备份，语句如下：

```
BACKUP DATABASE studentsys
TO S-C-SC
WITH INIT,
NAME='Student 完整备份'
```

6.8 生成 SQL 脚本

除了使用前面的导出数据和备份数据库来对重要数据进行备份外，还可以将数据库及其内容生成语句保存为 SQL 脚本文本。因此，通常利用 SQL 来创建数据库结构，再用备份来重建数据库，或者将 SQL 作为安装数据库的工具。

6.8.1 将数据表生成 SQL 脚本

当多个数据库需要相同的表，或者当前数据表需要重建时，直接执行创建表的 SQL 脚本要比手动创建节省许多操作时间，还可以避免出错。

在 SQL Server 2016 中，支持对数据表 CREATE、DROP、SELECT、INSERT、UPDATE 和 DELETE 语句的 SQL 脚本生成。

例如，要生成 Student 数据库中 Course 表 CREATE 语句的 SQL 脚本，可使用如下步骤。

（1）在【对象资源管理器】中展开【数据库】|Student|【表】节点。

（2）右击要生成 SQL 脚本的 Course 表，执行【编写表脚本为】|【CREATE 到】|【新查询编辑器窗口】命令，如图 6-27 所示。

（3）执行之后将会创建一个新的窗口，同时显示针对 Course 表的 CREATE 语句。

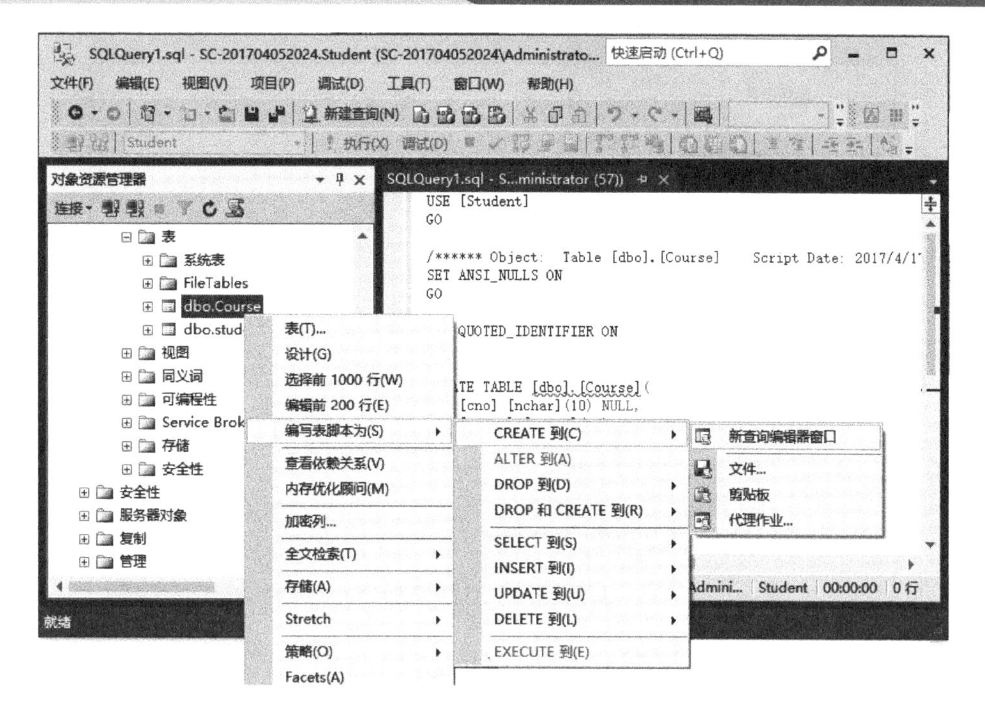

图 6-27　生成数据表 SQL 脚本

（4）执行【文件】|【保存】命令，在弹出的对话框中指定一个 SQL 文件名即可。经过上面的步骤，创建 Course 表的 SQL 语句已经保存了，下次需要时直接打开该文件并执行即可。

直接右击【表】，执行【编写表脚本为】|【CREATE 到】|【文件】命令，可以直接将脚本保存到外部文件中。

6.8.2　将数据库生成 SQL 脚本

当有多个表需要生成 SQL 脚本时，可以使用 SQL Server 2016 的数据库生成脚本功能。这个生成 SQL 脚本可以涵盖许多数据库对象，如表、视图、存储过程、对象权限、用户、组和角色等，同时可以将表的数据生成到 SQL 脚本中。

例如，要将 Student 数据库的所有内容都生成 SQL 脚本，可使用如下步骤。

（1）在【对象资源管理器】中右击 Student 节点，执行【任务】|【生成脚本】命令，打开【生成和发布脚本】窗口。

（2）在窗口第一页显示生成所需步骤的简介，单击【下一步】按钮进入【选择对象】页。在这里选择要包含在脚本中的对象，默认会选中【为整个数据库及所有数据库对象编写脚本】单选按钮。也可以选择【选择具体的数据库对象】单选按钮，然后在下面的列表中选择要在脚本中包含的对象，如图 6-28 所示。

（3）单击【下一步】按钮，设置脚本编写选项，包括脚本输出类型和保存文件位置等。

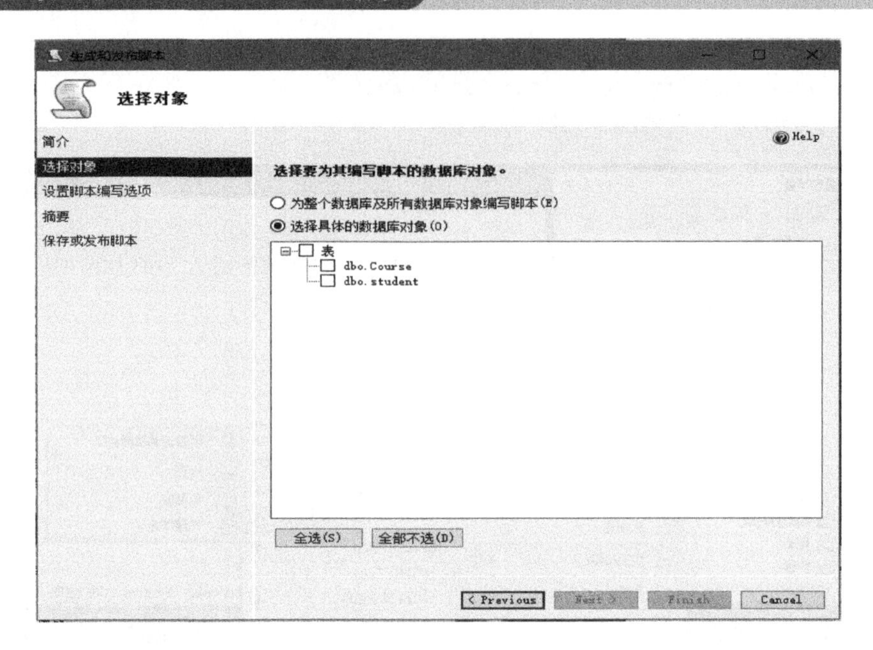

图 6-28 选择脚本中包含的对象

（4）单击【高级】按钮，在弹出的【高级脚本编写选项】对话框中进行详细设置。在表/视图选项的设置中，TRUE 表示启用，FALSE 表示禁用。

（5）设置完成后单击【下一步】按钮，在进入的【摘要】页查看最终选择的结果。

（6）单击【下一步】按钮，开始生成所选对象的脚本，单击【完成】按钮结束。

6.9 习题

1. 选择题

（1）执行 CREATE DATABASE 语句时，将通过复制（　　）数据库中的内容来创建数据库的第一部分。

A. Master　B. Msdb　C. Model　D. Tempdb

（2）主数据库文件的扩展名为（　　）。

A. mdf　B. ndf　C. ldf　D. pdf

（3）下面不属于数据库中包含的对象的是（　）。

A.存储过程　B.数据表　C.视图　D.服务器

2. 判断题

（1）SQL SERVER 2008 的主数据文件的扩展名是.ndf。（　　）

（2）SQL SERVER 2008 的日志文件的扩展名是.ldf。（　　）

（3）SQL SERVER 2008 的主数据文件可以有多个。（　　）

（4）SQL SERVER 2008 的辅助数据文件可以有多个。（　　）

（5）SQL SERVER 2008 的日志文件有且只能有一个。（　　）

（6）文件组有主文件组、用户定义文件组、默认文件组三种类型。（　　）

（7）主文件组是在创建数据库时系统自动创建的。（　　）

3. 简述题

（1）简述数据库导入导出的过程。

（1）简述利用 Management Studio 将数据表生成 SQL 脚本的过程。

第 7 章

创建与管理SQL Server 2016 数据库表

创建 Student 数据库之后，接下来要做的工作是向 Student 数据库加载数据，即创建表。在 SQL Server 2016 中，是以二维表的形式来存储数据的，能够存储用户输入的各种数据，包括以后使用数据库完成的各种应用也是以表为基础的。所以，表是数据库中最重要的对象，是组成数据库的基本元素。数据库中可包含一个或多个表。

SQL Server 2016 中的表是由行和列组成的，通过表名和列名来识别数据。表中各列包含列的名称（字段名）、数据类型和长度、是否为空值等。

7.1 数据类型

要处理数据，就要考虑数据的值和存储格式，数据的值所表达的信息有一定的范围和运算方式。比如，成绩一般是数字，范围通常是 0~100，能够进行数学运算。姓名一般是 4 个字以内的汉字，不能进行数学运算。成绩和姓名就是不同类型的数据，不同类型的数据存储格式也不相同。为了处理数据更加方便，SQL Server 2016 数据库提供了很多数据类型，称为系统数据类型。除此之外，还有用户定义数据类型，一般是在系统数据类型的基础上做一些取值范围等的重新定义。

表中的每一列（字段）都有特定的数据类型。数据类型定义了各列（字段）所允许的数据值。SQL Server 中的列可使用如下数据类型。

1. 使用整数数据类型

整数数据类型有 bigint、int、smallint、tinyint，它们表示的数的范围大小不一样，其表示的数据范围如表 7-1 所示。

表 7-1　整数数据类型

整数数据类型	范　围	存 储
bigint	-2^{63}(-9 223 372 036 854 775 808～2^{63}-1 (9 223 372 036 854 775 807)	8 字节
int	-2^{31} (-2 147 483 648) ～ 2^{31}-1 (2 147 483 647)	4 字节
smallint	-2^{15} (-32 768) ～ 2^{15}-1 (32 767)	2 字节
tinyint	0 ～ 255	1 字节

int 数据类型是 SQL Server 中的主要整数数据类型。bigint 数据类型用于整数值可能超过 int 数据类型支持范围的情况。

2. 带固定精度和小数位数的精确数值数据类型

带固定精度和小数位数的精确数值数据类型有 decimal(p,s)和 numeric(p,s)。

使用最大精度时，有效值为-1038 +1～1038 -1。numeric 在功能上等价于 decimal。

精度是数字中的数字个数。小数位数是数字中小数点右边的数字个数。例如，数字 8638.168 的精度是 7，小数位数是 3。

P（精度）：指定最多可以存储的十进制数字的总位数，包括小数点左边和右边的位数。该精度必须是从 1 到最大精度 38 之间的值，默认精度为 18。

S（小数位数）：指定小数点右边可以存储的十进制数字的最大位数。小数位数必须是从 0 到 p 之间的值。仅在指定精度后才可以指定小数位数。默认的小数位数为 0。因此，0≤s≤p。

3. 浮点数值数据类型

浮点数值数据类型有 float 和 real，使用科学计数法表示数据。科学记数法是采用指数形式的表示方法，如 1.25×105 可表示成 1.25E5。在科学计数法中，字母 E 表示 10 这个“底数”，而 E 之前为一个十进制表示的小数，称为“尾数”，E 之后必须为一个整数，称为“指数”。如，1.2345678 E10、1.2345678 E-8、1.2345678 E9。

float 和 real 表示的数据范围如表 7-2 所示。

表 7-2　float 和 real 数据类型

数据类型	范　围	存储大小
float	-1.79E+308 ～ -2.23E-308、0 以及 2.23E－308 ～ 1.79E+308	取决于 n 的值
real	-3.40E＋38 ～ -1.18E－38、0 以及 1.18E－38 ～ 3.40E＋38	4 字节

float(n)：其中 n 为用于存储 float 数值尾数的位数（以科学记数法表示），因此可以确定精度和存储大小。如果指定了 n，它就必须是介于 1～53 之间的某个值。n 的默认值为 53，如表 7-3 所示。

表 7-3　float(n)的精度和存储大小

n	精度	存储大小
1～24	7 位数	4 字节
25～53	15 位数	8 字节

SQL Server 将 n 视为这样两个可能的值之一。如果 1≤n≤24，就将 n 视为 24；如果 25≤n≤53，就将 n 视为 53。

real 的同义词为 float(24)。因此，float 叫双精度数据类型，real 叫单精度数据类型。

由表 7-3 可知，这种数据类型不能够提供精确表示数据的精度，因此浮点数数据类型也称近似数据类型。real 类型的数只有 7 位是有效的，float 类型的数只有 15 位是有效的。因此，并非数据类型范围内的所有值都能精确地表示。这种数据类型可用于取值范围非常大且对精度要求不是非常高的数值量，如一些统计量。

4. 固定长度或可变长度的字符串数据类型

char 和 varchar 数据类型存储由 ASCII 字符组成的字符串。

（1）char(n)：固定长度，ASCII 字符数据，长度为 n 个字符的字符串数据类型。n 的取值范围为 1～8000，n 是包含字符的个数，也就是说，char 数据是最多可以包含 8000 个字符的字符串。

如果 char 数据类型列的值的长度比指定的 n 值小，就将在值的右边填补空格，直到达到列的长度 n。例如，如果某列定义为 char（10），而要存储的数据是 music，SQL Server 就将数据存储为“music_”字符串，该字符串有 10 个字符，这里“_”表示空格。

（2）varchar(n)，varchar(max)：可变长度，ASCII 字符数据。n 的取值范围为 1～8000，n 是最多可以包含的字符个数。也就是说，varchar(n)数据是最多可以包含 8000 个字符的字符串，varchar（6）表示此数据类型最多存储 6 个字符。varchar(max)中的 max 表示 varchar 数据是最多可以包含 231 个字符的字符串。

varchar 数据类型是一种长度可变的数据类型。比列的长度小的值不会在值的右边填补来达到列的长度。

使用 char 或 varchar 数据类型的一般原则如下。

- 如果列数据项的大小一致，就使用 char。
- 如果列数据项的大小差异相当大，就使用 varchar。
- 如果列数据项大小相差很大，而且大小可能超过 8000 个字符，就使用 varchar(max)。

5. Unicode 字符串数据类型

（1）nchar(n)：n 个字符的固定长度的 Unicode 字符数据。n 值必须在 1～4000 之间（含）。

（2）nvarchar(n)，nvarchar(max)：nvarchar(n)表示可变长度 Unicode 字符数据。n 值在 1～4000 之间（含）。nvarchar(max)中的 max 指 varchar 数据是最多可以包含 231 个字符的字符串。

除下列情况之外，nchar、nvarchar 和 ntext 的使用与 char、varchar 的使用相同：

① Unicode 支持更大范围的字符。

② 存储 Unicode 字符需要更大的空间。

③ nchar 列的最大大小为 4000 个字符，而 char 和 varchar 列的最大大小为 8000 个字符。

④ 使用最大说明符，nvarchar 列的最大大小为 231-1 字节。

⑤ Unicode 常量以 N 开头指定，如 N'A Unicode string'。

⑥ 所有 Unicode 数据使用由 Unicode 标准定义的字符集。用于 Unicode 列的 Unicode 排序规则以这些属性为基础：区分大小写、区分重音、区分假名、区分全半角和二进制。

6. 货币数据类型

使用以下两种数据类型存储货币数据或货币值：money 和 smallmoney。这些数据类型可以使用表中任意一种货币符号。money 和 smallmoney 表示的数据范围如表 7-4 所示。

表7-4　money 和 smallmoney 数据类型

数据类型	范　围	存储大小
money	-922 337 203 685 477.580 8 ～ 922 337 203 685 477 580 7	8 字节
smallmoney	-214 748.364 8 ～ 214 748.364 7	4 字节

货币数据不需要用单引号（'）引起来。注意，虽然可以指定前面带有货币符号的货币值，但 SQL Server 不存储任何与符号关联的货币信息，它只存储数值。

如果一个对象被定义为 money，那么它最多可以包含 19 位数字，其中小数点后可以有 4 位数字。因此，money 数据类型的精度是 19，小数位数是 4。

money 和 smallmoney 限制小数点后有 4 位。如果需要小数点后有更多位，就使用 decimal 数据类型。

用句点分隔局部货币单位（如分）和总体货币单位。例如，￥2.15 表示 2 元 15 分。

7. 位数据类型(布尔数据类型)

位数据类型（布尔数据类型）为 bit 类型，它可以取值为 1、0 或 NULL 的整数数据类型。

字符串值 TRUE 和 FALSE 可以转换为 bit 值：TRUE 转换为 1，FALSE 转换为 0。

bit 数据类型只能包括 0 或 1。可以用 bit 数据类型代表 TRUE 或 FALSE、YES 或 NO。

当给 bit 类型数据赋 0 时，其值为 0；而非 0（如 28 或-5）时，其值为 1。

8. 二进制数据类型

二进制数据类型有 binary 和 varbinary，它们用来存储位串。

binary 数据最多可以存储 8000 字节。varbinary 使用最大说明符，最多可以存储 231 个字节。

二进制常量以 0x（一个零和小写字母 x）开始，后跟十六进制表示形式。例如，0x2A 表示十六进制值 2A，它等于十进制值 42。

存储十六进制值或用十六进制方式存储复杂数字时，可以使用二进制数据。

（1）binary(n)：长度为 n 字节的固定长度二进制数据，其中 n 是 1～8000 的值，存储大小为 n 字节。

（2）varbinary(n)，varbinary(max)：可变长度二进制数据。n 可以是从 1～8000 之间的值。varbinary (max)中的 max 表示最大存储大小为 231-1 字节。

如果没有在数据定义或变量声明语句中指定 n，默认长度就为 1。如果没有使用 CAST 函数指定 n，默认长度就为 30。

- 如果列数据项的大小一致，就使用 binary。
- 如果列数据项的大小差异相当大，就使用 varbinary。
- 当列数据条目超出 8 000 字节时，就使用 varbinary(max)。

9. 使用日期和时间数据类型

表 7-5 列出了日期和时间数据类型。

表 7-5　日期和时间数据类型

数据类型	格　式	范　围	精 确 度
time	hh:mm:ss[.nnnnnnn]	00:00:00.0000000 ～ 23:59:59.9999999	100 纳秒
date	YYYY-MM-DD	0001-01-01 ～ 9999-12-31	1 天
smalldatetime	YYYY-MM-DD hh:mm:ss	1900-01-01 ～ 2079-06-06	1 分钟
datetime	YYYY-MM-DD hh:mm:ss[.nnn]	1753-01-01 ～ 9999-12-31	0.00333 秒
datetime2	YYYY-MM-DD hh:mm:ss[.nnnnnnn]	0001-01-01 00:00:00.0000000 ～ 9999-12-31 23:59:59.9999999	100 纳秒
datetimeoffset	YYYY-MM-DD hh:mm:ss[.nnnnnnn] [+|-hh:mm]	0001-01-01 00:00:00.0000000 ～ 9999-12-31 23:59:59.9999999 (以 UTC 时间表示)	100 纳秒

其中：

- YYYY 是一个 4 位数，表示年份。
- MM 是一个两位数，表示指定年份中的月份。
- DD 是一个两位数，范围为 01 ~ 31（具体取决于月份），表示指定月份中的某一天。
- hh 是一个两位数，范围为 00 ~ 23，表示小时。
- mm 是一个两位数，范围为 00 ~ 59，表示分钟。
- ss 是一个两位数，范围为 00 ~ 59，表示秒钟。
- nnnnnnn 代表 0 ~ 7 位数字，范围为 0 ~ 9999999，表示秒的小数部分，即微秒数。
- nnn 代表 0 ~ 3 位的数字，范围为 0 ~ 999，表示秒的小数部分。

注意，方括号表示秒，小数部分是可选的。

这里要特别说明的是 datetimeoffset 日期时间类型。datetimeoffset 类型具有时区偏移量，此偏移量指定某个 time 或 datetime 值相对于 UTC（协调世界时）偏移的小时和分钟数。时区偏移量可以表示为[+|-]hh:mm。

10. 其他数据类型

（1）uniqueidentifier：以一个 16 位的十六进制数表示全局唯一标识符（GUID）。当需要在多行中唯一标识某一行时可使用 GUID。例如，可使用 unique identifier 数据类型定义一个客户标识代码列，以编辑公司来自多个国家/地区的总的客户名录。

uniqueidentifier 数据类型的列或局部变量可通过使用 NEWID 函数初始化为一个值。

通过从××××××××-××××-××××-××××-××××××××××××形式的字符串常量进行转换，其中每个×都是 0～9 或 a～f 范围内的十六进制数字。例如，6F9619FF-8B86-D011-B42D-00C04FC964FF 为有效的 uniqueidentifier 值。

（2）table：一种特殊的数据类型，存储供以后处理的结果集。table 数据类型只能用于定义 table 类型的局部变量或用户定义函数的返回值。

（3）rowversion 是二进制数字的数据类型，该数据类型列的值是数据库自动生成的，并且是唯一的。

每个数据库都有一个计数器，当对数据库中包含 rowversion 列的表执行插入或更新操作时，该计数器值就会增加。此计数器值是数据库行版本。每次修改或插入包含 rowversion 列的行时，就会在 rowversion 列中插入经过增量的数据库行版本值，即将原来的值加上一个增量。

这可以跟踪数据库内的相对时间，而不是时钟相关联的实际时间。一个表只能有一个 rowversion 列。rowversion 列的值实际上反映了对该行修改的相对（相对于其他行）顺序。

（4）xml：存储 XML 数据的数据类型。XML 数据包括格式正确的 XML 片段或 XML 文档。但存储的 XML 数据的大小不能超过 2GB。

（5）sql_variant：一种存储 SQL Server 所支持的各种数据类型（text、ntext、timestamp 和 sql_variant 除外）值的数据类型。

11. 空值的含义

创建表时，需要确定该列的取值能否为空值（NULL）。空值（NULL）通常是未知、不可用或在以后添加的数据。

若一个列允许为空值，则向表中输入数据值时可以不输入。而若一个列不允许为空值，则向表中输入数据值时必须输入具体的值。空值意味着没有值，并不是空格字符或数值。空格实际上是一个有效的字符。0 则表示一个有效的数字，而空值只不过表示一个概念，允许空值表示该列的取值是不确定的。

允许空值的列需要更多存储空间，并且可能会有其他性能问题或存储问题。

7.2 表的概念

数据是放在数据库的表中的，表是用来存储数据和操作数据的逻辑结构，关系数据库中的所有数据都表现为表的形式。在 SQL Server 中，创建表一般要经过定义表结构、设置约束和添加数据 3 步。而创建表之前的重要工作就是设计表结构，即确定表的名称、表所包含的各个列的列名、数据类型和长度、是否为空值等。

表是关系模型中表示实体的方式，是数据库存储数据的主要对象。

SQL Server 数据库的表由行和列组成，行有时也称为记录，列有时也称为字段或域，如表 7-6 所示。

表 7-6　订货单

订单号	客户代号	产品号	单价	数量	订单日期
10248	VINET	11	16.00	20	2010-07-05
10248	VINET	42	9.80	15	2010-07-05
10249	TOM	22	18.60	10	2010-07-06
10250	JACK	11	16.00	30	2010-07-08

属性　行　列

在表中，行的顺序可以是任意的，一般按照数据插入的先后顺序存储。在使用过程中，可以使用排序语句或按照索引对表中的行进行排序。

列的顺序也可以是任意的，对于每一个表，最多可以允许用户定义 1024 列。在同一个表中，列名必须是唯一的，即不能有名称相同的两个或两个以上的列同时存在于一个表中，并且在定义时为每一个列指定一种数据类型。但是，在同一个数据库的不同表中，可以使用相同的列名。

7.3 创建表

本节以 student（学生）表的创建为例，说明使用 Management Studio 和 T-SQL 方式创建数据表。表 7-7 所示为 student 表结构。

表 7-7　student 表结构

列　名	数据类型	长　度	允许为空
sno	char	12	NO
sname	char	8	NO
ssex	char	2	YES
birthdate	datetime	默认值	YES
adress	varchar	50	YES
sdept	varchar	50	YES

在 SQL Server 中，可以使用 SSMS 创建表，也可以通过 T-SQL 的 CREATE TABLE 命令在查询编辑器中创建表。

7.3.1 使用图形界面创建数据表

下面以创建 student 表为例说明使用 SSMS 创建表的过程。

（1）启动 SSMS，在“对象资源管理器”窗口中展开已经创建的 Student 数据库，右击“表”图标，在弹出的快捷菜单中选择“新建表”命令，如图 7-1 所示，启动表设计器。

（2）在表设计窗口中，根据 student 表结构，依次输入每一列的列名、数据类型、长度、是否为空等属性，如图 7-2 所示。

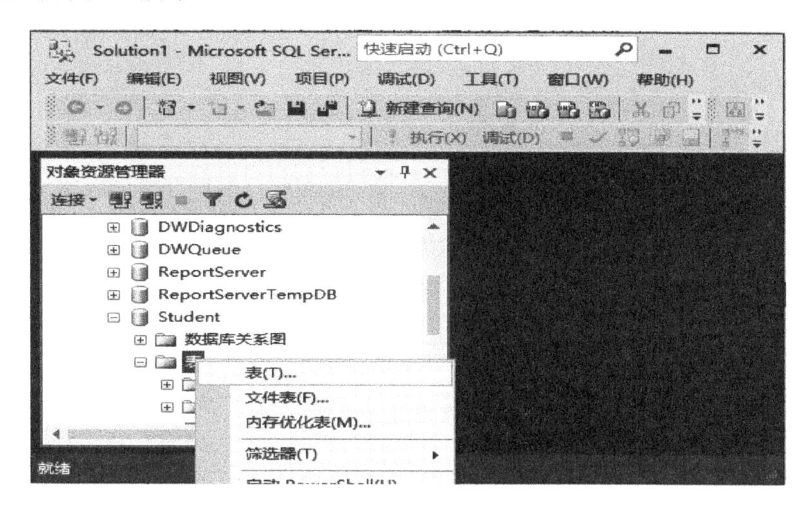

图 7-1　启动表设计器

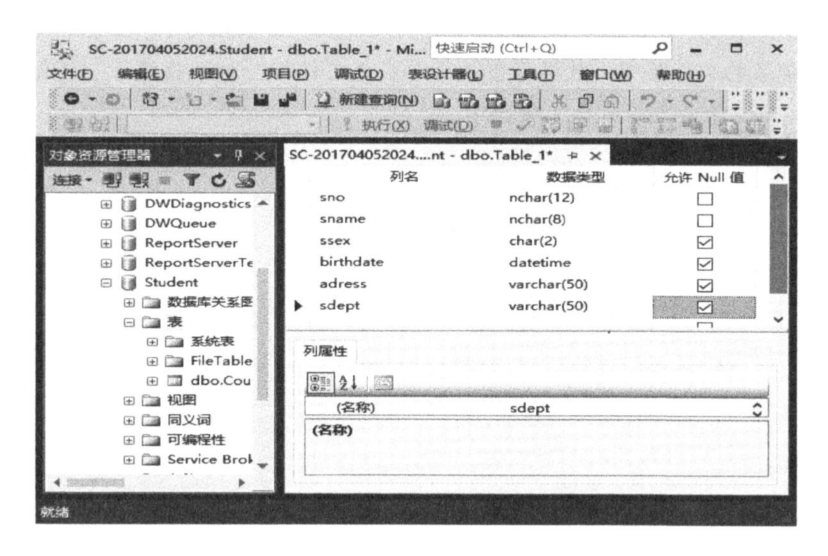

图 7-2　定义 student 表结构

（3）输入完各列后，单击工具栏上的【保存】按钮，在弹出的【选择名称】对话框中输入表名 student。

（4）单击【确定】按钮，完成 student 表结构的创建。

7.3.2　使用 SQL 的 CREATE TABLE 命令创建数据表

SQL 语言提供了 CREATE TABLE 命令来创建表，用户可以在查询编辑器中使用 CREATE TABLE 语句来创建表结构，基本语法如下：

```
CREATE TABLE[database_name ][owner ]table_name
```

```
Column_ name data_type{[NULL/NOT NULL]}
[,…n]
)
[ON{filegroup "default"}]
```

各参数说明如下。

- CREATE TABLE：创建表命令，关键字用大写字母来表示。
- database_name：指定新建表所属的数据库名称，若不指定，则在当前数据库中创建新表。
- owner：指定数据库所有者的名称，必须是 database_name 所指定的数据库中现有的用户 ID。
- table_name：是新建表的名称。
- column_name：是表中的列名，在表内必须是唯一的。
- data_type：指定列的数据类型。
- NULL/NOT NULL：允许列的取值为空或不为空，默认情况为 NULL。
- [，...n]：表明重复以上内容，即允许定义多个列。
- ON {filegroup "default"}：指定存储表的文件组。如果指定了 filegroup，那么该表将存储在命名的文件组中，数据库中必须存在该文件组。如果指定了 default，或省略 ON 子句，那么表存储在默认文件组中。

【例 7.1】利用 CREATE TABLE 命令创建 course 表。

操作步骤如下：

（1）在 SSMS 界面中打开查询编辑器。

（2）在查询编辑器的文本输入窗口中输入如下代码：

```
USE Student
GO
CREATE TABLE course
(
cno char (4)  NOT NULL,
cname char(20) NULL,
credit int ,
cpno char (4) ,
describe varchar(100)
)
GO
```

（3）单击工具栏上的分析按钮【□】，进行语法分析检查。

（4）检查通过后，单击执行按钮【!】，创建 course 表结构，结果如图 7-3 所示。

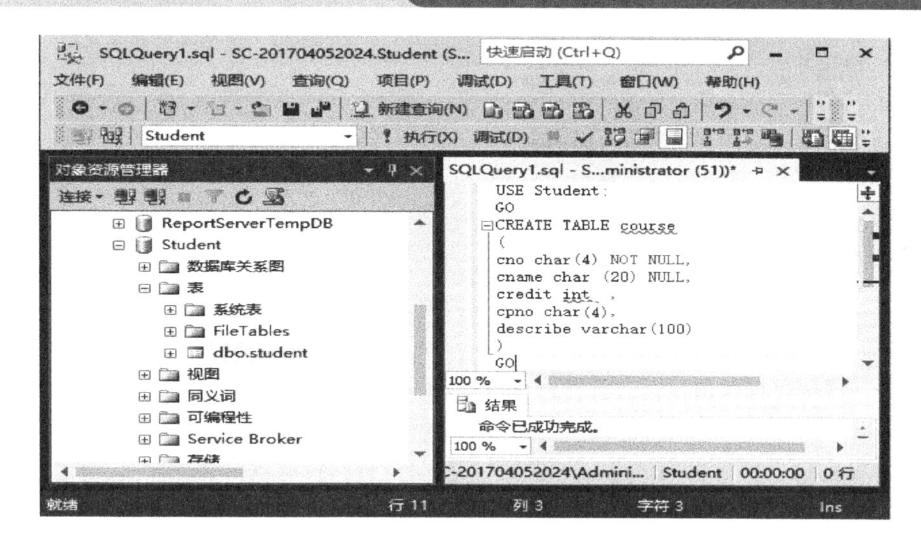

图 7-3　用 T-SQL 命令创建 course 表

为了提高系统的处理速度，表名和列名尽量使用西文或拼音简码标识符。在同一数据库中不能有相同的表名。

对于 binary、char、nchar、varbinary、varchar 或 nvarchar 数据类型的列可以设置数据长度属性。对于其他数据类型的列，其长度由数据类型确定，不可更改。

7.4 操作表

在表的使用过程中，往往需要对表的结构和属性等进行调整与修改。下面分别介绍使用 SSMS 或 T-SQL 语句管理表。

7.4.1　表结构的修改

1. 查看表属性

在 SQL Server Management Studio 中，选中要查看的数据表并右击，选择“属性”，将打开“表属性”对话框，如图 7-4 所示。

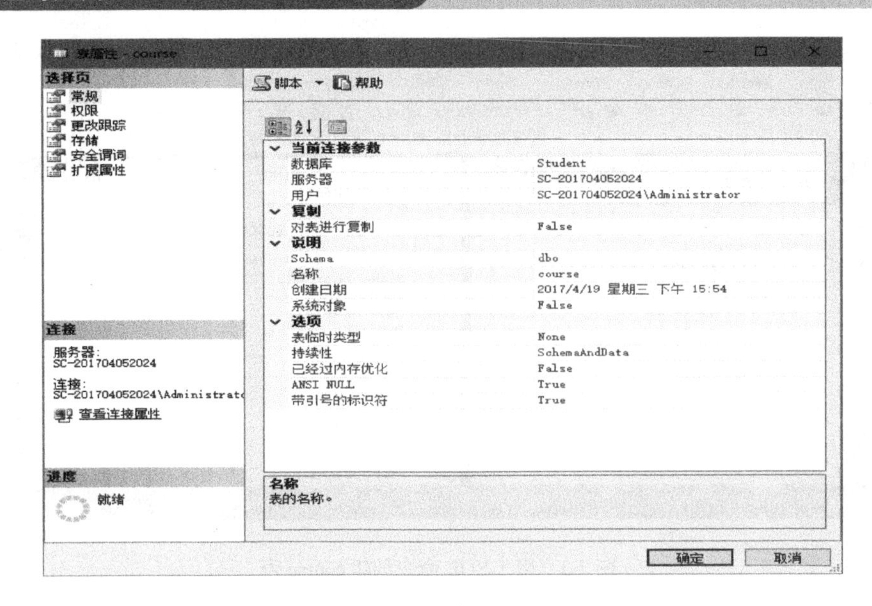

图 7-4　“表属性”对话框

另外，还可以通过 sp_help 存储过程查看表属性信息，如图 7-5 所示。

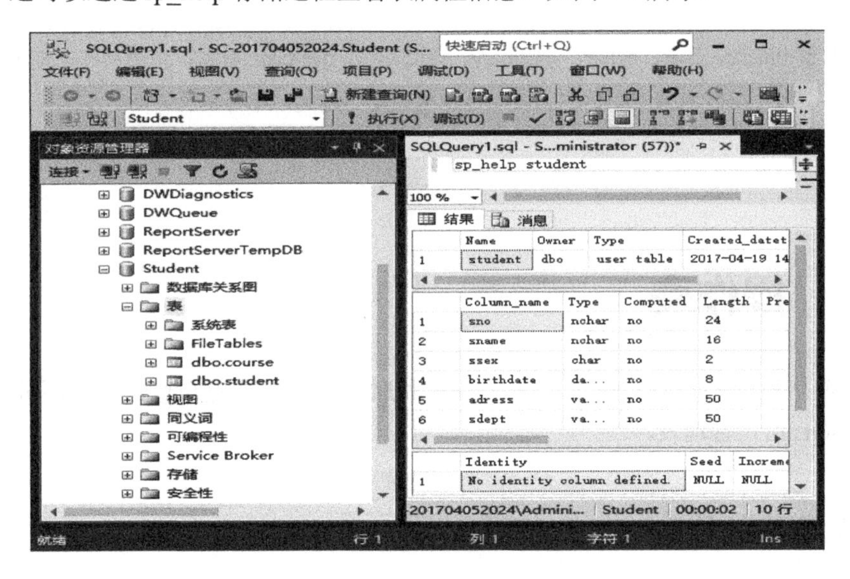

图 7-5　用 sp_help 存储过程查看表结构信息

2. 修改表结构

在 SQL Server Management Studio 中，选中要查看的数据表并右击，在弹出的菜单中选择“设计”，可以打开表设计器，在图形界面下修改表结构。

另一种很常用的方法是使用 SQL 命令的 ALTER TABLE 语句修改表结构，包括添加列、修改列、删除列、添加与删除约束等。

3. 更改表名

右击表名，在弹出的菜单中选择“重命名”，可以更改表名。

4. 使用 SQL 命令修改表，包括增加列、删除列、修改列和重命名表等操作

（1）增加列

基本语法如下：

ALTER TABLE 表名
ADD 列名 数据类型 NULL 或 NOT NULL

【例 7.2】修改 student 表，添加一个允许空值的列 Phone。各行的 Phone 列的值将为 NULL。

```
ALTER TABLE student
ADD Phone NVARCHAR(20) NULL
GO
```

增加列要修改表，ALTER TABLE 是修改表命令的关键字。其后的 student 是指定修改的表的名称。ADD 是关键字，表示添加，ADD 后是对添加列的定义，包括列名、数据类型等。

向一个表添加新列时，系统会在该列中为表中的每个现有数据行插入一个值。如果新列没有指定默认值，就必须指定该列允许 NULL 值。系统将 NULL 值插入该列，如果新列不允许 NULL 值，就返回错误。因此，不能添加不允许为空的列。

（2）删除列

删除列的基本语法如下：

ALTER TABLE 表名
DROP COLUMN 列名

【例 7.3】修改 student 表，删除列 Phone。

```
ALTER TABLE student
  DROP COLUMN Phone
```

删除列要修改表，ALTER TABLE 是修改表命令的关键字，student 是修改的表的名称。DROP COLUMN 是删除列的关键字。DROP COLUMN 后紧跟要删除列的名称。以上代码指定删除列的列名为 Phone。

3. 修改列的属性

修改列的属性的基本语法如下：

ALTER TABLE 表名
ALTER COLUMN 列名 数据类型 NULL 或 NOT NULL

【例 7.4】修改 student 表的 sname 列，将其数据类型改为 NCHAR，长度为 20。

```
ALTER TABLE student
  ALTER COLUMN sname NVARCHAR(20) NULL
```

注意事项：

（1）以上代码修改的是 student 表的 sname 列。

（2）表中每一列都有一组属性，如名称、数据类型、为空性和数据长度。列的所有属性构成表中列的定义。但使用 ALTER TABLE 命令不可以修改列的名称，其他列出的属性可以使用 ALTER TABLE 命令修改。

（3）ALTER COLUMN 是修改列的关键字，紧跟其后的是要修改列的名称。

① 修改列的数据类型。如果可以将现有列中的现有数据隐式转换为新的数据类型，就可以更改该列的数据类型。

由于原来的 sname 列的 nchar 类型的数据可以隐式转换为新的 NVARCHAR 数据类型，因此以上代码修改了 sname 列的数据类型。

② 修改列的数据长度。选择数据类型时，将自动定义长度。只能增加或减少具有 binary、char、nchar、varbinary、varchar 或 nvarchar 数据类型的列的长度属性。对于其他数据类型的列，其长度由数据类型确定，无法更改。如果新指定的长度小于原列长度，列中超过新列长度的所有值就会被截断，而无任何警告。

③ 修改列的精度。数值列的精度是选定数据类型所使用的最大位数。非数值列的精度是指最大长度或定义的列长度。

除 decimal 和 numeric 外，所有数值列数据类型的精度都是自动定义的。如果要重新定义那些具有 decimal 和 numeric 数据类型的列所使用的最大位数，就可以更改这些列的精度。系统不允许更改除 decimal 和 numeric 之外的数值列的精度。

④ 修改列的小数位数。numeric 或 decimal 列的小数位数是指小数点右侧的最大位数。选择数据类型时，列的小数位数默认设置为 0。对于含有近似浮点数的列，因为小数点右侧的位数不固定，所以不定义小数位数。如果要重新定义小数点右侧有效的位数，就可以更改 numeric 或 decimal 列的小数位数。

⑤ 修改列的为空性。可以将列定义为允许或不允许为空值。默认情况下，列允许为空值。仅当现有列中不存在空值时，才有可能将该列更改为不允许为空值。也就是说，只有列中不包含空值时，才有可能在 ALTER COLUMN 中指定 NOT NULL。否则必须先将空值更新为某个值后，才允许执行 ALTER COLUMN NOT NULL 语句。

可以将不允许为空值的现有列更改为允许为空值，除非为该列定义了 PRIMARY KEY 约束。PRIMARY KEY 约束将在后面继续讨论。

4. 重命名表

【例 7.5】将表 student 重命名为 newstudent。

```
EXEC sp_rename 'student', 'newstudent', 'TABLE'
```

sp_rename 是系统存储过程，通过使用 EXEC 命令执行该存储过程，以在当前数据库中更改用户创建对象的名称。EXEC sp_rename 中有三个字符串值，每个字符串值之间用逗号分隔，第一个字符串值指定要修改的对象的名称，第二个字符串值指定修改后新的名称，最后一个字符串值指定要修改的对象的类型。此示例中，三个字符串值分别为 student、newstudent 和 TABLE。此示例指定修改的对象的类型为 TABLE（表），将表名 student 修改为 newstudent。

5. 重命名列

【例 7.6】将表 newstudent 中的列 sname 重命名为 fullsname。

```
EXEC sp_rename ' newstudent.sname', ' fullsname', 'COLUMN'
```

通过使用 EXEC 执行 sp_rename 系统存储过程，将 newstudent 表的列名为 sname 的列重命名为 fullsname。此示例指定修改的对象的类型为 COLUMN（列）。

6. 删除表

有些情况下必须删除表。例如，要在数据库中实现一个新的设计或释放空间。删除表后，该表的结构定义、数据等都从数据库中永久删除。

【例 7.7】将表 newstudent 从数据库中删除。

```
DROP TABLE newstudent
```

DROP TABLE 是删除表的命令，其后紧跟要删除的表的名称。使用 DROP TABLE 命令删除表后，与该表相关的一切内容将永久删除，不可恢复。

7.4.2　操作表数据

经过物理设计阶段之后，已经在数据库系统中建立了存储数据的数据库和数据表，具备了向数据结构中填充数据的条件。

1. 使用 SQL Server Management Studio 直接输入和修改数据

（1）插入表数据

如果用户要查看表中的数据，可以在 SQL Server 对象资源管理器中选中要打开的数据表 student，然后右击，在弹出的快捷菜单中选择“编辑前 200 行”命令，在数据显示区域就会显示出这个表中的所有数据。这时用户可以直接在表中输入要插入的数据，如果一条记录还没有输入完成，已输入的字段会有 ❶ 标识提示，待该条记录输入完成后，这个提示会自动消失，如图 7-6 所示。

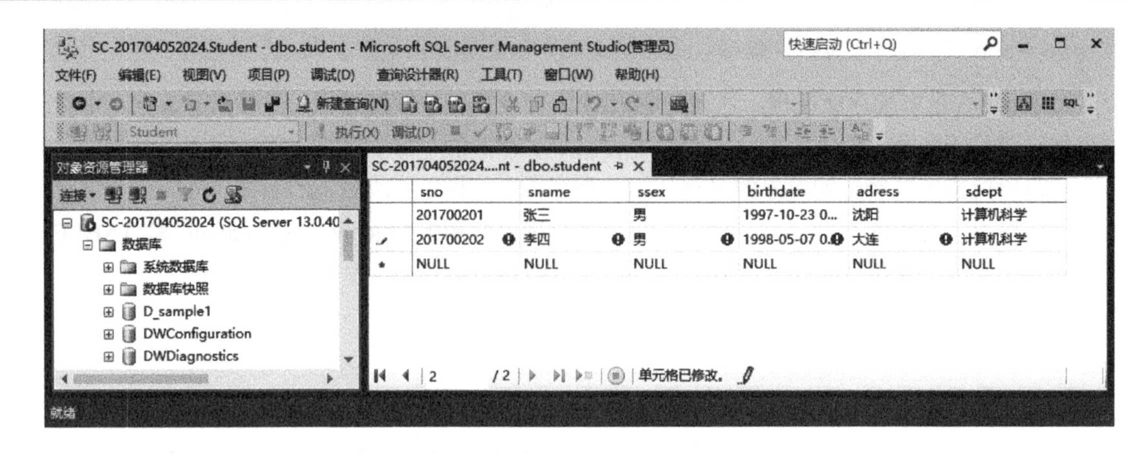

图 7-6　向数据表 student 中插入数据

如果表的某列不允许为空，就必须为该列输入值，如表 student 的 sno、sname 等列；如果允许为空，不输入值时，在表格中将显示 NULL 字样。

（2）删除表数据

当表中的某条记录不再需要时，可以将其删除。删除方法为：在操作表数据的窗口中定位需要删除的记录行，即将当前光标（窗口的第一列位置）移到要被删除的行，此时该行反相显示，右击该行，在弹出的快捷菜单中选择“删除”命令即可，如图 7-7 所示。

选择“删除”命令后，将弹出对话框，单击“是”按钮将删除所选的记录，单击“否”按钮不删除所选的记录。

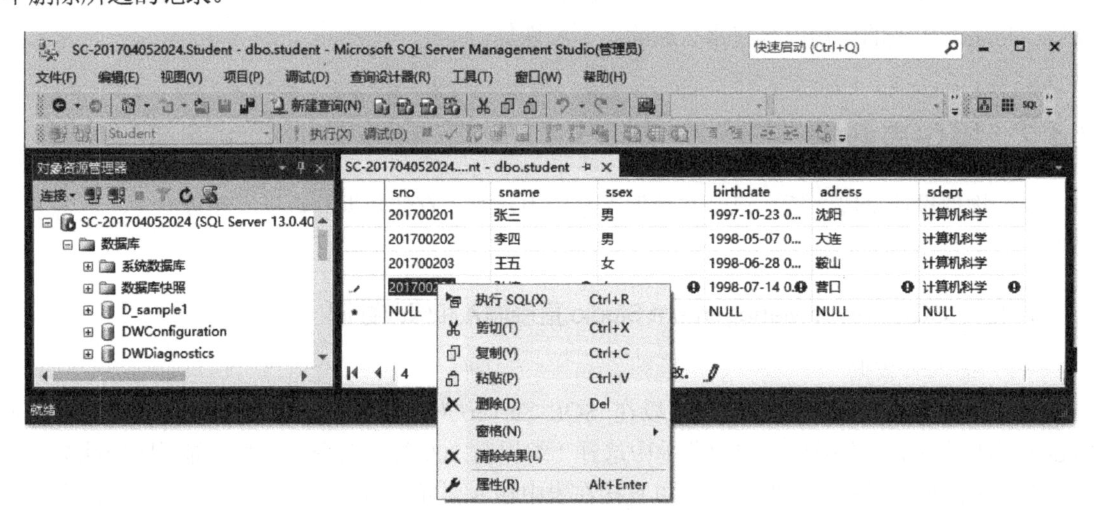

图 7-7　删除记录数据

（3）更改表数据

在 SQL Server 对象资源管理器中修改记录非常简单，只要先定位到被修改的记录字段，然后对该字段值进行修改即可。例如，修改王五的 adress 为太原，如图 7-8 所示。

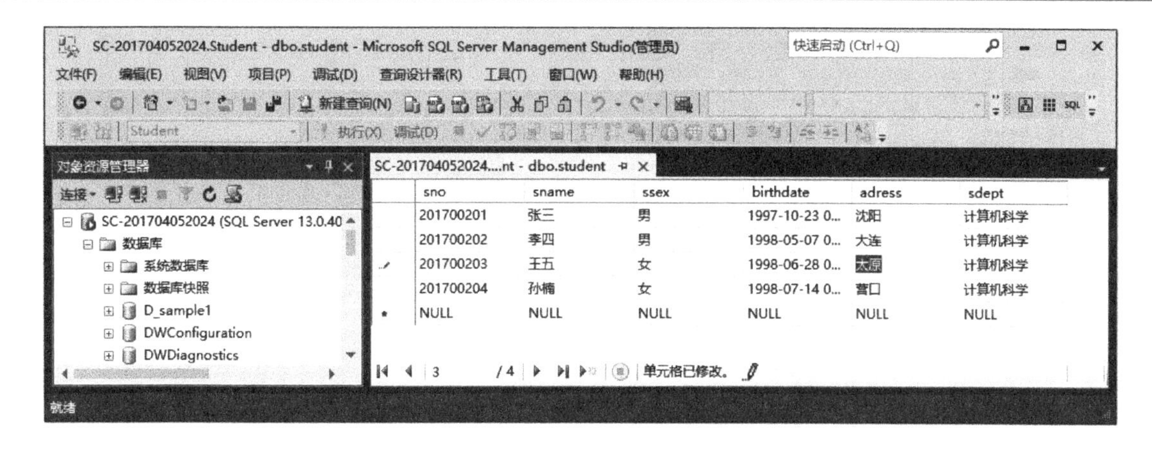

图 7-8　修改记录数据

2. 使用 T-SQL 语句查询、插入和更新表数据

（1）使用 SELECT 语句查看表数据

如果用户要操作表中的数据，首先要知道表中都有什么数据，以便对表中的数据做进一步处理，在这里简单介绍一下查询语句。单击工具栏中的“新建查询”按钮，然后在查询窗口中输入查询语句，再按 F5 键或单击“执行”按钮即可得到如图 7-9 所示的结果。

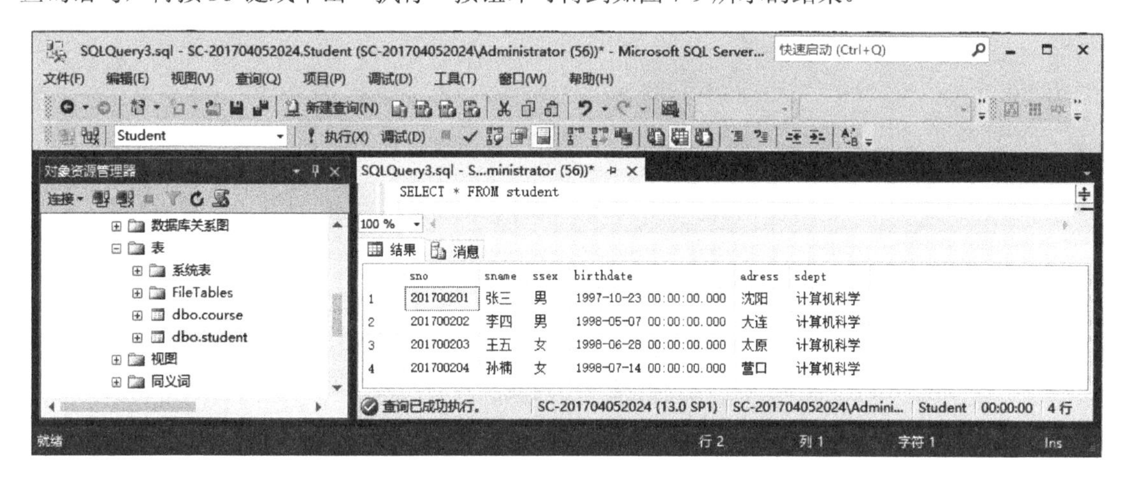

图 7-9　student 全表查询结果

【例 7.8】查看学生 student 表中的数据。

```
SELECT * FROM student
```

【例 7.9】查看 student 表中的 sno、sname 和 birhdate。

```
SELECT sno,sname,birhdate FROM student
```

单击“执行”按钮即可得到如图 7-10 所示的结果。

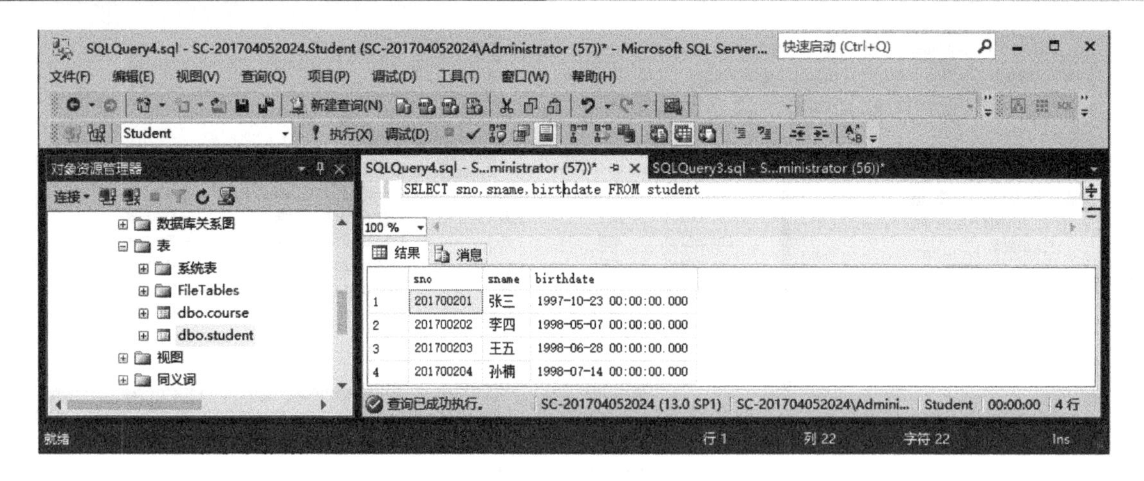

图 7-10　student 列查询结果

（2）使用 Insert 语句插入表数据

使用 Insert 语句插入表数据就是将一条或多条记录添加到表的末尾。在 SQL 中，使用 Insert 命令完成数据的插入，语法如下：

```
Insert
[Into]
{ table_or_view_name
[ ( column_list )]
{ Values ( { DEFAULT | NULL | expression } [ ,...n ] )
| derived_table
| execute_statement
}
}
| Default Values
```

- Into：一个可选的关键字，可以将它用在 Insert 和目标表之间。
- table_or view_name：要接收数据的表或视图的名称。
- （column_list）：要在其中插入数据的一列或多列的列表，必须用括号将 column_list 括起来，并且用逗号分隔。
- Values：引入要插入的数据值的列表。对于 column_list（如果已指定）或表中的每一列，都必须有一个数据值，且必须用圆括号将值列表括起来。
- DEFAULT：强制数据库引擎加载为列定义的默认值。如果某列并不存在默认值，并且该列允许空值，就插入 NULL。
- derived_table：任何有效的 Select 语句，返回将加载到表中的数据行。Select 语句 不能包含公用表表达式（CTE）。
- execute_statement：任何有效的 Execute 语句，使用 Select 或 ReadText 语句返回数据。Select 语句不能包含 CTE。
- Default Values：强制新行包含为每个列定义的默认值。

【例 7.10】用 Insert 语句在 student 表中插入如下记录，插入的结果如图 7-11 所示。

201700205，王菲，女，1998-05-12，丹东，计算机科学。

```
USE Student
GO
INSERT INTO student VALUES('201700205', '王菲', '女', '1998-05-12', '丹东', '计算机科学')
```

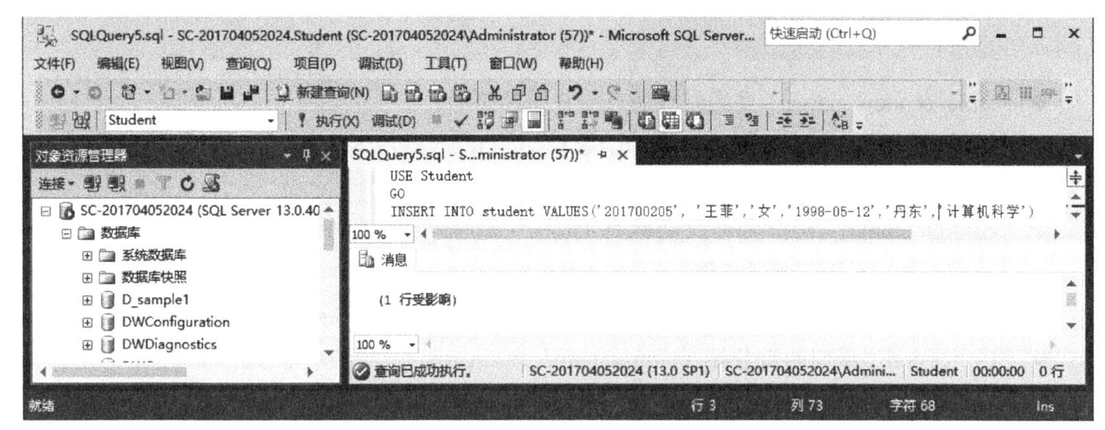

图 7-11　向 student 表中插入一条记录

【例 7.11】向 student 表中插入部分记录，只输入 3 个列值，即 201700206、王东、1998-08-10。

```
USE Student
GO
INSERT INTO student(sno,sname,birthdate) VALUES ('201700206', '王东', '1998-08-10')
```

提示　向表中插入数据的时候，插入的记录如果是每一列都有值，插入时的列名就可以省略。

（3）修改数据

创建表并添加数据之后，更改或更新表中的数据就成为维护数据库的日常操作之一。可使用 UPDATE 语句更改数据。

UPDATE 语句可以更改表中单行、多行或所有行的数据值。其基本语法为：

```
Update
{ table or view name | rowset function limited
}
Set
{ column name = { expression | DEFAULT | NULL }
| @variable = expression
| @variable = column = expression [ ,...n ]
} [ ,...n ]
[ From{ <table_source> } [ ,...n ] ]
```

```
[ Where { <search_condition>
| { [ CURRENT OF
{ { [ GLOBAL ] cursor_name }
| cursor_variable_name
}
]
}
}
]
[ Option ( <query_hint> [ ,...n ] )]
```

- table_or view_name：要更新行的表或视图的名称。
- rowset_function_limited：OPENQUERY 或 OPENROWSET 函数，视提供程序的功能而定。
- column_name：包含要更改的数据的列。column_name 必须已存在于 table_or view_name 中，不能更新标识列。
- expression：返回单个值的变量、文字值、表达式或嵌套 Select 语句（加括号）。
- expression：返回的值替换 column_name 或@variable 中的现有值。
- DEFAULT：用为列定义的默认值替换列中的现有值。如果该列没有默认值并且定义为允许空值，该参数就可用于将列更改为 NULL。
- From{<table_source>}：指定表、视图或派生表源为更新操作提供条件。
- Where：指定条件来限定所更新的行。根据所使用的 WHERE 子句的形式有两种更新形式，一种是搜索更新指定搜索条件来限定要删除的行；另一种是定位更新使用 CURRENT OF 子句指定游标，更新操作发生在游标的当前位置。
- <search_condition>：为要更新的行指定需满足的条件。
- CURRENT OF：指定更新在指定游标的当前位置进行。
- GLOBAL：指定 cursor_name 涉及全局游标。
- cursor_name：要从中提取的开放游标的名称。
- cursor_variable_name：游标变量的名称。
- Option（ <query_hint> [,…n]）：指定优化器提示用于自定义数据库引擎处理语句的方式。

【例 7.12】将学生表 student 中学号为 201700203 的学生的姓名改为谢霆锋。

```
Use Student
Go
Update student
Set sname='谢霆锋'
Where sno='201700203'
```

（4）删除数据

DELETE 语句可删除表或视图中的一行或多行。DELETE 命令的基本语法为：

```
Delete From
```

```
{ table_or_view
|table_sources
}
Where search_condition
```

- table_or_view：指定要删除行的表或视图。table_or_view 中所有符合 Where 搜索条件的行都将被删除，如果没有指定 Where 子句，将删除 table_or_view 中的所有行。
- table_sources：将在介绍 Select 语句时详细讨论。

任何已删除所有行的表仍会保留在数据库中。Delete 语句只从表中删除行，要从数据库中删除表，可以使用 Drop Table 语句。

【例 7.13】删除学生表 student 中 1988 年以前出生的学生。

```
Use Student
Go
Delete From student Where birthdate<='1988-01-01'
```

【例 7.14】将学生表 student 中性别为空的行删除。

```
Use Student
Go
Delete From student Where ssex is null
```

【例 7.15】删除学生表 student 中的所有数据（将学生表 student 清空）。

```
Delete From student
```

7.5 表约束

约束是自动强制数据库完整性的方式，通过定义列中允许值的规则来维护数据的完整性。在 SQL Server 中常用的约束有：

- PRIMARY KEY（主键）约束
- UNIQUE（唯一）约束
- CHECK（检查）约束
- DEFAULT（默认）约束
- NOT NULL（非空）约束
- FOREIGN KEY（外键）约束

7.5.1 创建 PRIMARY KEY 约束

表中经常有一个列或列的组合，其值能唯一地标识表中的每一行。这样的一列或多列称为表的主键，通过它可强制表的实体完整性。当创建或更改表时，可通过定义 PRIMARY KEY 约束来创建主键。

一个表只能有一个 PRIMARY KEY 约束，而且 PRIMARY KEY 约束中的列不能接受空值。由于 PRIMARY KEY 约束确保唯一数据，因此经常用来定义标识符列。

1. 在创建表时创建 PRIMARY KEY 约束

【例 7.16】在 NewDataBase 数据库中创建表 7-8 所示的 Categories 表，使 CategoryID 具有 PRIMARY KEY 约束。

表 7-8　Categories 表

列	说　明
CategoryID	类别 ID
CategoryName	类别名称
Description	类别的说明

解决方案 1：

```
USE NewDataBase;
GO
CREATE TABLE  Categories  (
  CategoryID   int  PRIMARY KEY ,
  CategoryName    nvarchar  (15) ,
  Description   ntext
)
GO
```

解决方案 2：

```
CREATE TABLE  Categories  (
  CategoryID int  CONSTRAINT column CategoryID pk PRIMARY KEY ,
  CategoryName    nvarchar  (15) ,
  Description   ntext
)
```

说明：

（1）通过在创建表时给列提供关键字 PRIMARY KEY，为该列创建 PRIMARY KEY 约束。如果不指定约束名，系统就会自动指定约束名，如解决方案 1；用户也可以自己指定约束名，如解决方案 2。

（2）在解决方案 2 中，CONSTRAINT 为关键字，column_CategoryID_pk 为给该约束取的名称（即约束名为 column_CategoryID_pk）。自己指定约束名时，必须有关键字 CONSTRAINT。

（3）创建表时指定的 PRIMARY KEY 约束列隐式转换为 NOT NULL。

2. 为现有表添加具有 PRIMARY KEY 约束的新列

【例 7.17】在 NewDataBase 数据库中，向表 7-9 所示的 Shippers 表中添加具有 PRIMARY KEY 约束的新列 ShipperID。

表 7-9　Shippers 表

列	说　明
ShipperID	运货商 ID
CompanyName	运货公司名称
Phone	电话

解决方案：

```
USE NewDataBase;
GO
CREATE TABLE  Shippers  (
  CompanyName    nvarchar  (40)  NOT NULL ,
  Phone    nvarchar  (24) NULL
)
GO
ALTER TABLE Shippers
ADD ShipperID INT
CONSTRAINT ShipperID pk PRIMARY KEY
GO
```

说明：

（1）由于有关键字 PRIMARY KEY，因此向 Shippers 表中添加的新列 ShipperID 具有 PRIMARY KEY 约束，其约束名为 ShipperID_pk。注意 CONSTRAINT 和 PRIMARY KEY 关键字在 ALTER TABLE 命令中的位置。

（2）PRIMARY KEY 约束的列不能有空值。因此，如果表中已有数据，就不能为该表添加具有 PRIMARY KEY 约束的新列。

3. 为已有的列定义 PRIMARY KEY 约束

【例 7.18】在 NewDataBase 数据库中为表 7-10 所示的 Employees 表的 EmployeeID 列定义 PRIMARY KEY 约束，使 EmployeeID 成为 Employees 表的主键。

表 7-10　Employees 表

列	说　明
EmployeeID	雇员 ID。自动赋予新雇员的编号。主关键字
LastName	雇员的姓氏
FirstName	雇员的名字
Title	雇员的职务。例如，销售代表
TitleOfCourtesy	尊称。礼貌的称呼。例如，先生或小姐
BirthDate	雇员的出生日期
HireDate	雇佣雇员的日期
Address	地址。街道或邮政信箱

（续表）

列	说　明
City	城市。市/县的名称
Region	地区。自治区或省
PostalCode	邮政编码
Country	国家
HomePhone	家庭电话。电话号码包括国家代号或区号
Extension	分机。内部电话分机号码
Photo	照片。雇员照片
Notes	备注。有关雇员背景的一般信息
PhotoPath	照片存放的位置（包括盘符和路径）

解决方案：

```
USE NewDataBase;
GO
ALTER TABLE Employees
ADD CONSTRAINT pk_empid
PRIMARY KEY(EmployeeID)
GO
```

说明：

（1）以上代码添加一个约束，CONSTRAINT 关键字后为约束名，PRIMARY KEY 后的括号中为创建约束的列。

（2）为表中的现有列添加 PRIMARY KEY 约束时，系统将检查现有列的数据，以确保列值符合以下规则。

①列不允许有空值。

②不能有重复的值。

如果为具有重复值或允许有空值的列添加 PRIMARY KEY 约束，数据库引擎就会返回一个错误并且不添加约束。

4. 删除约束

可使用修改表的 DROP CONSTRAINT 子句删除约束。

【例 7.19】在 NewDataBase 数据库中，删除 Shippers 表中名为 ShipperID_pk 的约束。

解决方案：

```
USE NewDataBase;
GO
ALTER TABLE Shippers
DROP CONSTRAINT ShipperID_pk
GO
```

说明：

（1）可使用 ALTER TABLE 命令的 DROP CONSTRAINT 子句删除约束，删除约束时需要知道约束名。删除约束同样是对表结构的修改。

（2）若要修改 PRIMARY KEY 约束，则必须先删除现有的 PRIMARY KEY 约束，然后用新定义重新创建该约束。

如果已存在 PRIMARY KEY 约束，就可以修改或删除它。例如，可以让表的 PRIMARY KEY 约束引用其他列。但是，不能更改使用 PRIMARY KEY 约束定义的列的长度。

7.5.2　创建 UNIQUE 约束

可使用 UNIQUE 约束确保在非主键列中不输入重复值。尽管 UNIQUE 约束和 PRIMARY KEY 约束都强制唯一性，不过想要强制一列或多列组合（不是主键）的唯一性应使用 UNIQUE 约束，而不是 PRIMARY KEY 约束。UNIQUE 约束可用于以下列：

（1）非主键的一列或列组合。

（2）允许空值的列。允许空值的列可以定义 UNIQUE 约束，但不能定义 PRIMARY KEY 约束。不过，参与 UNIQUE 约束的列，每列只允许一个空值。

一个表可以定义多个 UNIQUE 约束，但只能定义一个 PRIMARY KEY 约束。

1. 在创建表时创建 UNIQUE 约束

【例 7.20】如表 7-11 所示，在创建的 Customers 表中，使 Email 列是具有 UNIQUE 约束的列定义。

表 7-11　Customers 表

列	说　明
CustomerID	客户编号。主关键字
CompanyName	公司名称
ContactName	联系人姓名
ContactTitle	联系人职务
Address	地址
Email	邮箱
City	城市
Region	地区
PostalCode	邮政编码
Country	国家
Phone	与联系人关联的电话号码
Fax	传真

解决方案 1：

```
USE NewDataBase;
GO
DROP TABLE Customers
```

```
GO
CREATE TABLE  Customers  (
  CustomerID   nchar  (5)  PRIMARY KEY NOT NULL ,
  ContactName   nvarchar  (30) NULL ,
  Address   nvarchar  (60) NULL ,
  Email   nvarchar  (25) UNIQUE
)
GO
```

解决方案 2：

```
CREATE TABLE  Customers  (
  CustomerID   nchar  (5)  PRIMARY KEY NOT NULL ,
  ContactName   nvarchar  (30) NULL ,
  Address   nvarchar  (60) NULL ,
  Email   nvarchar  (25) CONSTRAINT column_email_uk UNIQUE
)
```

说明：

（1）通过在创建表时给列提供关键字 UNIQUE，为该列创建 UNIQUE 约束。如果不指定约束名，系统就会自动指定约束名，如解决方案 1，用户也可以自己指定约束名，如解决方案 2。

（2）在解决方案 2 中，CONSTRAINT 为关键字，column_email_uk 是为该约束取的名称（约束名为 column_email_uk）。自己指定约束名时，必须有关键字 CONSTRAINT。

2. 为现有的表添加具有 UNIQUE 约束的新列

【例 7.21】向 Shippers 表中添加具有 UNIQUE 约束的新列 E-mail。

解决方案：

```
USE NewDataBase;
GO
ALTER TABLE Shippers
ADD Email nvarchar  (25)
CONSTRAINT column_email_uk UNIQUE
GO
```

说明：

（1）向 Shippers 表中添加新列 E-mail 时，由于有 UNIQUE 关键字，因此该列具有 UNIQUE 约束，CONSTRAINT 后是为该约束指定的名称 column_email_uk。

（2）UNIQUE 约束的列允许空值，但是在 UNIQUE 约束的列中，每列只允许一个空值。因此，如果一个表有两行或两行以上的数据，就不能为该表添加具有 UNIQUE 约束的新列。

3. 为已有的列定义 UNIQUE 约束

【例 7.22】为 Employees 表的 FullName 列定义 UNIQUE 约束。

解决方案：

```
USE NewDataBase;
```

```
GO
ALTER TABLE Employees
ADD CONSTRAINT Fullname_uk
UNIQUE(FullName)
GO
```

说明：

（1）CONSTRAINT 后 fullname_uk 为约束名，PRIMARY KEY 后的括号中 FullName 为创建约束的列。

（2）如果向含有重复值的列（包括有两个或两个以上 NULL）添加 UNIQUE 约束，数据库引擎将返回错误消息，并且不添加约束。

4. 删除约束

【例 7.23】删除 Employees 表中名为 fullname_uk 的约束。

解决方案：

```
USE NewDataBase;
GO
ALTER TABLE Employees
DROP CONSTRAINT fullname_uk
GO
```

说明：

（1）可使用 DROP 命令删除指定的约束。

（2）若要修改 UNIQUE 约束，则必须首先删除现有的 UNIQUE 约束，然后用新定义重新创建。

7.5.3　创建 CHECK 约束

CHECK 约束通过限制输入到列中的值来强制域的完整性。CHECK 约束有列 CHECK 约束和表 CHECK 约束。在创建基于列的 CHECK 约束时，CHECK 约束判断哪些值有效是通过逻辑表达式判断的，而非基于其他列的数据。例如，通过创建 CHECK 约束可将 salary 列的取值范围限制在$15 000～$100 000 之间，从而防止输入的薪金值超出正常的薪金范围。

可以通过任何基于逻辑运算符返回结果 TRUE 或 FALSE 的逻辑（布尔）表达式来创建 CHECK 约束。对上例，逻辑表达式为：

```
salary >= 15000 AND salary <= 100000
```

对单独一列可使用多个 CHECK 约束，并按约束创建的顺序对其取值。通过在表一级上创建 CHECK 约束可以将该约束应用到多列上，这样就允许在一处同时检查多个条件，而且在判断哪些值有效时可以根据其他列的数据进行判断。

1. 在创建表时创建 CHECK 约束

【例 7.24】创建订单明细 Order Details 表，为 UnitPrice（单价）、Quantity（数量）和 Discount（折扣率）列创建 CHECK 约束。

解决方案 1：

```
CREATE TABLE [Order Details] (
  OrderID  int NOT NULL ,
  ProductID  int  NOT NULL ,
  UnitPrice  money DEFAULT (0) CHECK(UnitPrice>= 0),
  Quantity  smallint  DEFAULT (1)  CHECK(Quantity>0),
  Discount  real DEFAULT (0)  CHECK(Discount>=0 and Discount<=1)
)
```

解决方案 2：

```
CREATE TABLE [Order Details] (
  OrderID  int NOT NULL ,
  ProductID  int  NOT NULL ,
  UnitPrice  money DEFAULT (0)
CONSTRAINT ck_UnitPrice CHECK(UnitPrice>= 0),
  Quantity  smallint  DEFAULT (1)
CONSTRAINT ck _Quantity CHECK(Quantity>0),
  Discount  real DEFAULT (0)
CONSTRAINT ck_Discount CHECK(Discount>=0 and Discount<=1)
)
```

说明：

（1）通过在创建表时给列提供关键字 CHECK 后跟一逻辑表达式为该列创建 CHECK 约束，逻辑表达式是 CHECK 约束的条件，只有满足条件的列值才能被输入到列中。如果不指定约束名，系统就会自动指定约束名，如解决方案 1，用户也可以自己指定约束名，如解决方案 2。

（2）在解决方案 2 中，CONSTRAINT 为关键字，后跟约束名，如 ck_UnitPrice、ck _Quantity 和 ck_Discount 分别为 3 个 CHECK 约束的名称。自己指定约束名时，必须有关键字 CONSTRAINT。

2. 在现有的表中添加 CHECK 约束

【例 7.25】向 Employees 表中添加具有 CHECK 约束的新列 salary。

解决方案：

```
ALTER TABLE Employees
ADD salary  Decimal(6,2)
CONSTRAINT ck_salary CHECK (salary >= 1500 AND salary <= 100000)
```

说明：

可以通过任何基于逻辑运算符返回结果 TRUE 或 FALSE 的逻辑（布尔）表达式来创建

CHECK 约束。ck_salary 为 CHECK 约束的名称，salary >= 1500 AND salary <= 100000 为 CHECK 约束的逻辑表达式，只有使该逻辑表达式为 TRUE 的数据才能被添加到表中。

3. 为已有的列定义 CHECK 约束

【例 7.26】为 Employees 表的 BirthDate 列定义 CHECK 约束。

解决方案：

```
ALTER TABLE Employees
ADD CONSTRAINT ck BirthDate
CHECK (BirthDate  < getdate())
```

说明：

为已有的列定义 CHECK 约束需要修改表的结构，ck_BirthDate 是指定的约束名称，BirthDate <getdate()是约束条件，只有满足该约束条件的数据才能够输入 BirthDate 列。

4. 删除约束

【例 7.27】删除 Employees 表的名为 ck_ Date 的约束。

解决方案：

```
ALTER TABLE Employees
DROP CONSTRAINT ck_Date
```

说明：

删除约束需要修改表的结构，删除约束时要指定约束的名称。

7.5.4　比较列约束和表约束

约束可以是列约束或表约束。列约束被指定为列定义的一部分，并且仅适用于约束的列（前面示例中的约束就是列约束）。表约束的声明与列的定义无关，可以适用于表中一个以上的列。当一个约束中必须包含一个以上的列时，必须使用表约束。例如，如果一个表的主键内有两个或两个以上的列，就必须使用表约束将这两列加入主键内。

1. 创建表约束

【例 7.28】创建 Order_Details 表，并为该表创建 PRIMARY KEY 约束。

解决方案：

```
CREATE TABLE  Order_Details  (
  OrderID   int NOT NULL ,
  ProductID   int  NOT NULL ,
  UnitPrice   money DEFAULT  (0) NOT NULL CHECK(UnitPrice>= 0),
  Quantity   smallint  NOT DEFAULT  (1)  NULL CHECK(Quantity>0),
```

```
    Discount  real DEFAULT (0) NOT NULL CHECK(Discount>=0 and
Discount<=1) ,
   CONSTRAINT  PK_Order_Details  PRIMARY KEY (OrderID,ProductID)
   )
```

说明：

由于一个订单可以订购多种产品，因此 OrderID 列可以有重复值；由于一种产品可以被多个订单订购，因此 ProductID 列也可以有重复值，对 OrderID 列或 ProductID 列都不可以创建 PRIMARY KEY 约束。但(OrderID, ProductID)不能有重复值，这一点可以通过将 OrderID 列和 ProductID 列加入双列主键内来强制执行。

2. 创建引用多个列的约束

【例 7.29】为 Employees 表定义 CHECK 约束，强制输入 HireDate 列的日期必须大于 BirthDate 列的日期。

解决方案：

```
   ALTER TABLE Employees
   ADD CONSTRAINT ck_Date
   CHECK (BirthDate  < HireDate)
```

说明：

由于要创建的 CHECK 约束涉及两列，因此必须使用表约束。

7.6 关系图

关系图是一个描述表与表之间联系的图，数据库不止一个表，而且表与表之间、表和列之间大多是有联系的。这种关联在处理数据时有着一定影响，为了更好地描述这种联系，完善数据库，SQL Server 提供了关系图记录这种联系。

7.6.1 创建新的数据库关系图

可以使用“服务器资源管理器”创建新的数据库关系图。数据库关系图以图形的方式显示数据库的结构。使用数据库关系图可以创建和修改表、列、关系和键。另外，可以修改索引和约束。

关系图的创建使用对象资源管理器，在数据库下的【数据库关系图】节点右击，执行【新建数据库关系图】命令，如图 7-12 所示。在打开的【添加表】对话框中选择相关的表，如图 7-13 所示。选中并单击【添加】按钮，进入如图 7-14 所示的界面。

接下来是保存关系图，在关系图的页眉处右击，执行【保存】命令，如图 7-15 所示。然后在对话框中命名关系图，并单击【确定】按钮完成保存。

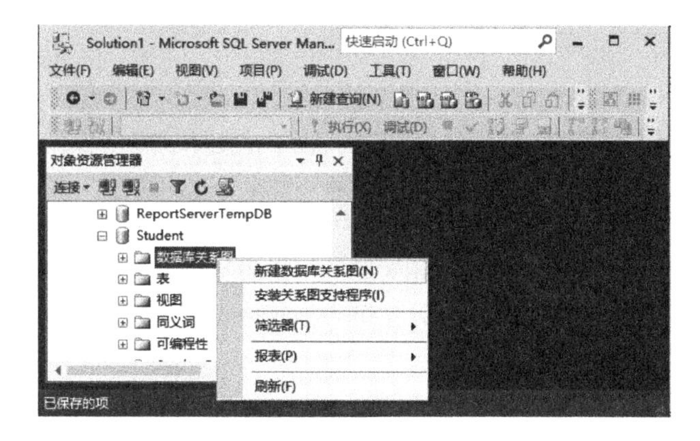

图 7-12　新建关系图

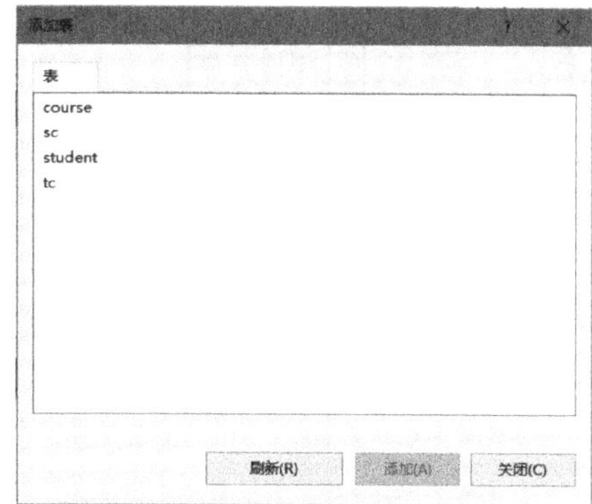

图 7-13　添加表

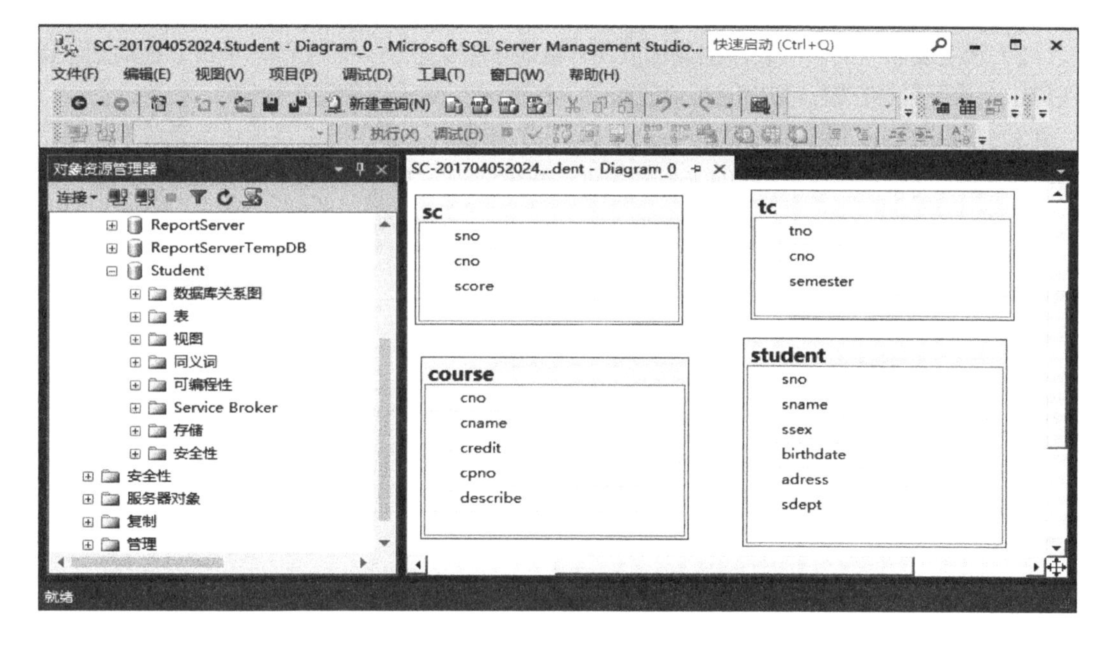

图 7-14　数据库关系图

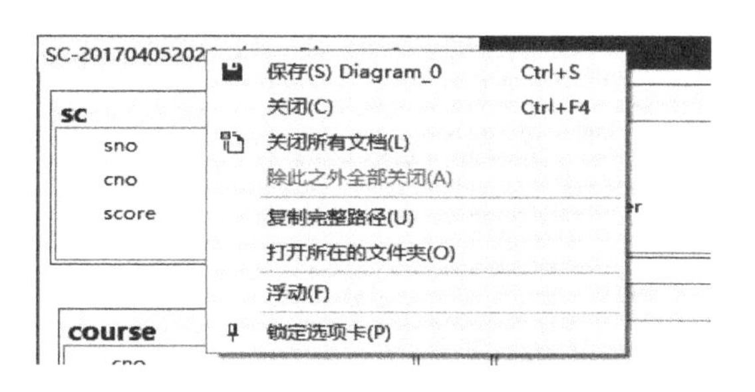

图 7-15　保存关系图

7.6.2 关系图的使用

创建的关系图要有内容才能显示它的作用，关系图的使用包含表之间联系的创建和删除等操作。

1. 创建表之间的关系

在数据库中，表与表之间的关系通过主键和外键来关联。相关联的两个表称为主键表和外键表。外键表指表中的列（主键除外）要与其他表的主键相关联，主键表指其他表中的列要与该表的主键相关联。主键表和外键表是共存的。

接下来介绍主键和外键的创建和关联。

（1）在表的设计器中右击创建主键的列，执行【设置主键】命令，列名的左侧出现一个金色小钥匙图标，表示选定主键。

（2）选定要联系的两个表，把鼠标放在外键表中要关联的列的左侧，单击并拖动到主键表的主键上，松开鼠标左键，弹出的对话框如图 7-16 所示，单击“确定”按钮。

（3）在如图 7-17 所示的对话框中单击【确定】按钮。关系图的关系描述就完成了，如图 7-18 所示。这时，关系图中所描述的关系就加进了数据库中，并对数据库产生了影响。

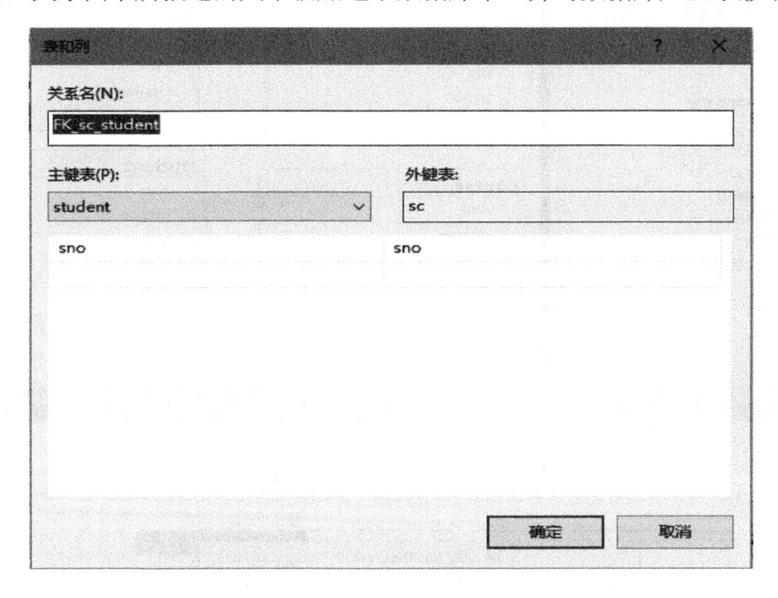

图 7-16 【表和列】对话框

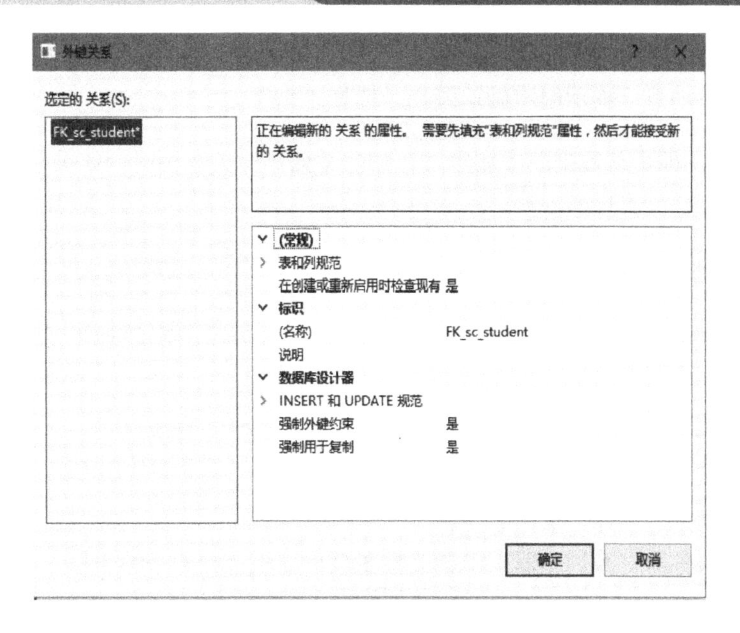

图 7-17　【外键关系】对话框

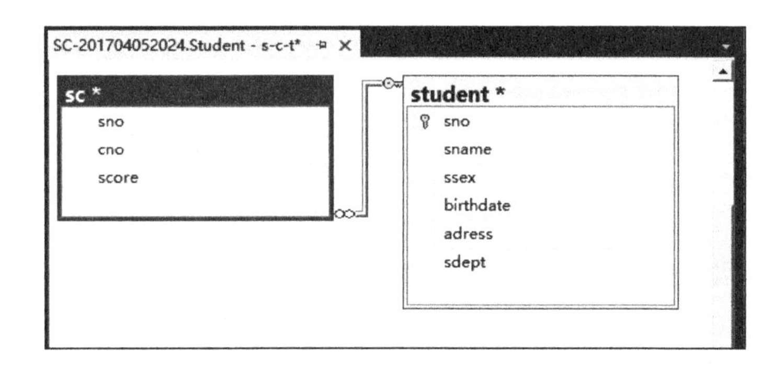

图 7-18　关系图实例

2. 两种打开数据库关系图的方法

（1）在服务器资源管理器中展开“数据库关系图”文件夹，双击要打开的数据库关系图的名称。

（2）右击要打开的数据库关系图的名称，然后选择“设计数据库关系图”。该数据库关系图在“数据库设计器”中打开，从中可以编辑该关系图。

只有该关系图的所有者或数据库的 db_owner 角色的成员才能打开该关系图。

3. 删除数据库关系图

当不再需要某数据库关系图时，可以将其删除。

（1）在服务器资源管理器中展开“数据库关系图”文件夹。

（2）右击要删除的数据库关系图。

（3）选择快捷菜单中的“删除”。
（4）出现一条消息，提示用户确认删除，选择“是”。

该数据库关系图即可从数据库中删除。在删除某数据库关系图时，该关系图中的表并不会被删除。

4. 重命名数据库关系图

如果对某个数据库具有 ALTER 权限，就可以在“服务器资源管理器”中重命名其数据库关系图。

（1）在“服务器资源管理器”中展开“数据库关系图”文件夹。
（2）右击要重命名的数据库关系图。
（3）从快捷菜单中选择“重命名”。
（4）将在“服务器资源管理器”中该关系图名称周围打开一个编辑框。
（5）输入该数据库关系图的新名称，然后按 Enter 键。

该数据库关系图即可以新名称显示在“服务器资源管理器”中了。

5. 使数据库关系图和已修改的数据库一致

（1）更新数据库以与关系图匹配

① 保存数据库关系图。如果以前未保存过关系图，就在“保存新的数据库关系图”对话框中键入该关系图的名称，然后单击“确定”按钮。
②“保存”对话框列出在保存关系图时将受到影响的表，选择“是”继续进行。
③“检测到数据库更改”对话框列出已被修改并将进行更改以与关系图匹配的对象，选择“是”保存该关系图并接受更改列表。

（2）更新关系图以与修改的数据库匹配

① 关闭关系图而不保存更改。
② 在服务器资源管理器中右击该关系图。
③ 从快捷菜单中单击“刷新”。
④ 重新打开该关系图。

6. 在“属性”窗口中显示数据库关系图属性

① 打开数据库关系图设计器。
② 确保没有在数据库关系图设计器中选择任何对象，方法是在该设计器中对象以外的任意位置单击。
③ 从“视图”菜单中单击“属性窗口”。

7.7 视图

视图是虚拟的表，是由从表中提取的列和数据组成的。在数据库中并不单独保存视图数据，而是保存提取数据的相关命令。那些提供数据的表称为基表。

7.7.1 视图概念

在数据查询中可以看到数据表设计过程中考虑到数据的冗余度低、数据一致性等问题，通常对数据表的设计要满足范式的要求，因此会造成一个实体的所有信息保存在多个表中。当检索数据时，往往在一个表中不能够得到想要的所有信息。为了解决这种矛盾，在 SQL Server 中提供了视图。

- 视图是一种数据库对象，是从一个或者多个数据表或视图中导出的虚表，视图的结构和数据是对数据表进行查询的结果。
- 只存放视图的定义，不存放视图对应的数据。
- 基表中的数据发生变化，从视图中查询出的数据也随之改变。

视图的特点：

- 视图能够简化用户的操作，从而简化查询语句。
- 视图使用户能以多种角度看待同一数据，增加可读性。
- 视图对重构数据库提供了一定程度的逻辑独立性。
- 视图能够对机密数据提供安全保护。
- 适当的利用视图可以更清晰地表达查询。

使用视图的注意事项：

- 只能在当前数据库中创建视图。
- 视图的命名必须遵循标识符命名规则，不可与表同名。
- 如果视图中某一列是函数、数学表达式、常量或来自多个表的列名相同，就必须为列定义名称。
- 当视图引用基表或视图被删除时，该视图也不能再被使用。
- 不能在视图上创建全文索引，不能在规则、默认的定义中引用视图。
- 一个视图最多可以引用 1024 个列。
- 视图最多可以嵌套 32 层。

用户可以根据自己的需要创建视图。在 SQL Server 2008 数据库系统中，通常通过两种方式创建视图：图形界面操作和使用 Transact-SQL 命令（CREATE VIEW 语句）。

7.7.2 创建视图

1. 使用图形界面创建视图

在 SQL Server Management Studio 中创建视图的方法主要在视图设计器中完成。在图形界面中通过完成下面的步骤来创建视图。

步骤01 在 SQL Server Management Studio 中，连接到包含默认的数据库的服务器实例。

步骤02 打开 SQL Server Management Studio 窗口，展开数据库 Student。右击【视图】节点，从弹出的快捷菜单中选择【新建视图】命令，弹出【添加表】对话框，如图 7-19 所示。

步骤03 在【添加表】对话框中选择 student、course、sc 表，单击【添加】按钮，然后单击【关闭】按钮关闭【添加表】对话框。

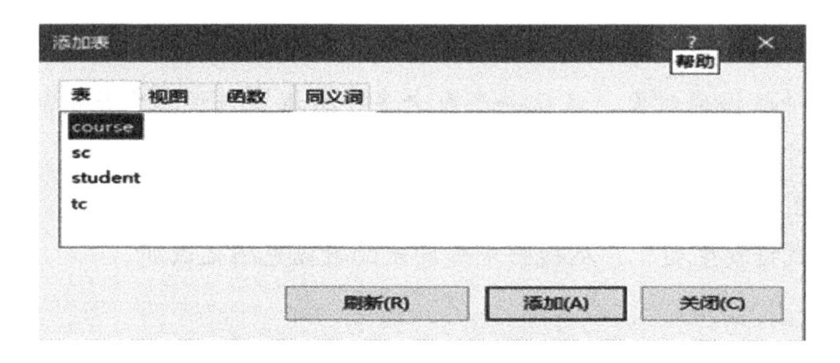

图 7-19 【添加表】对话框

步骤04 在视图窗口的【关系图】窗格中选择视图中查询的列，在【条件】窗格中就会相应地显示所选择的列名。【显示 SQL】窗格中显示了这 3 个基本表的查询语句，表示这个视图包含的数据的内容，如图 7-20 所示。

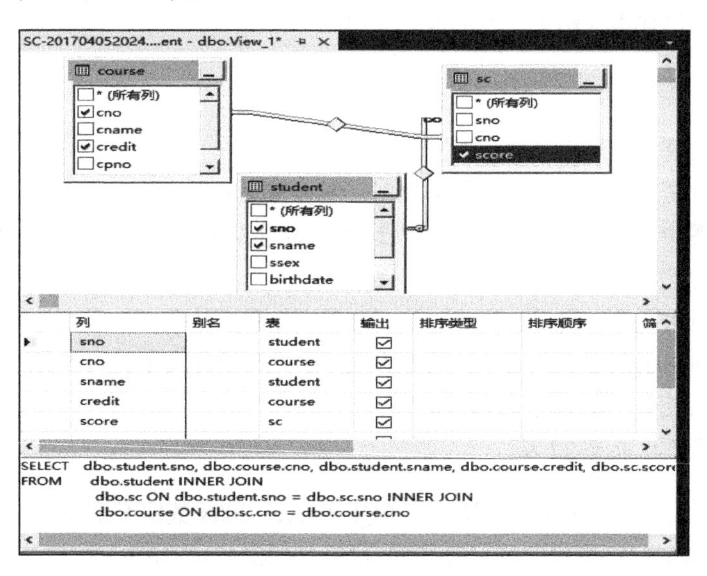

图 7-20 创建视图窗口

步骤05 单击【执行 SQL】按钮，在【显示结果】窗格中显示查询出的结果集，如图 7-21 所示。

步骤06 单击【保存】按钮，在打开的【选择名称】窗口中输入视图名称（如 View_Student），单击【确定】按钮即可。

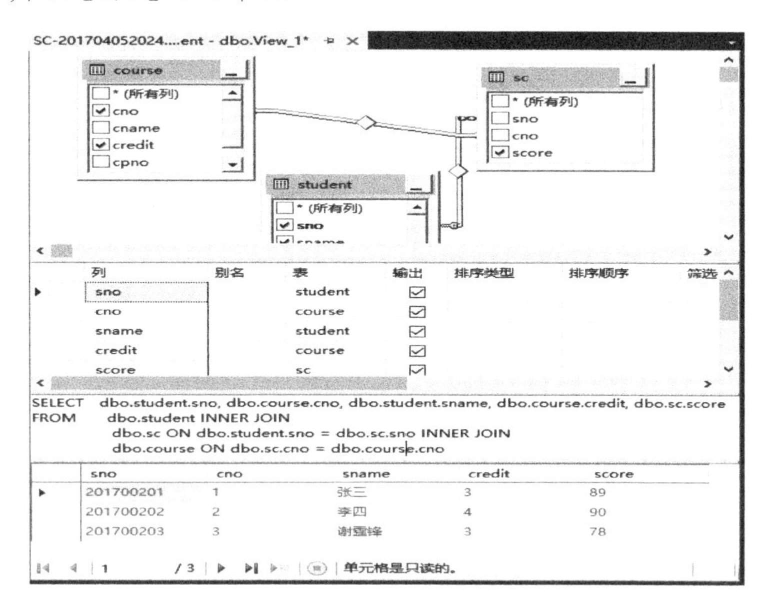

图 7-21　查看查询结果集

2. 使用 CREATE VIEW 语句创建视图

利用 CREATE VIEW 语句可以创建视图，该命令的基本语法如下：

```
  CREATE VIEW [ schema_name . ] view_name
  [ (column [ ,...n ] ) ]
[ WITH ENCRYPTION ]
AS SELECT_statement
[ WITH CHECK OPTION ]
```

参数说明如下。

- schema_name：视图所属架构名。
- view_name：视图名。
- column：视图中所使用的列名。
- WITH ENCRYPTION：加密视图。
- WITH CHECK OPTION：指出在视图上所进行的修改都要符合查询语句所指定的限制条件，这样可以确保数据修改后仍可通过视图看到修改的数据。

SELECT 语句也可以创建视图，但对 SELECT 语句有以下限制：

（1）定义视图的用户必须对所参照的表或视图有查询权限，才可以执行 SELECT 语句。

（2）不能使用 COMPUTE 或 COMPUTE BY 子句。

（3）不能使用 ORDER BY 子句。

（4）不能使用 INTO 子句。

（5）不能在临时表或表变量上创建视图。

【例 7.30】为 Student 数据库中的 student、course 和 sc 表创建一个视图 View_Student。要求视图中包含 sno、cno、sname、credit 和 score。其代码如下：

```
   CREATE VIEW View_Student
   (sno,cno,sname,credit,score
   )
   as
   SELECT   dbo.student.sno, dbo.course.cno, dbo.student.sname,
dbo.course.credit, dbo.sc.score
   FROM     dbo.student INNER JOIN
             dbo.sc ON dbo.student.sno = dbo.sc.sno INNER JOIN
             dbo.course ON dbo.sc.cno = dbo.course.cno
```

执行上面的代码就可以创建一个 View_Student 视图。成功创建视图之后，就可以使用 SELECT 语句进行查询了，和查询表的 SELECT 语句格式一样。

7.7.3 操作视图

视图创建之后，可以利用 SQL Server Management Studio 或 T-SQL 语句对视图进行管理。例如，在使用视图的过程中，可能经常会发生基表改变，而使视图无法正常工作的情况，这时就需要重新修改视图的定义。另外，一个视图如果不再具有使用价值，就可以将其删除。

1. 使用 sp_helptext 系统存储过程可以查看视图的定义文本

【例 7.31】查看 View_Student 视图的定义文本，代码如下：

```
USE Student
GO
EXEC sp_helptext View_Student
```

- sp_help 用于返回视图的特征信息。
- sp_helptext 查看视图的定义文本。
- sp_depends 查看视图对表的依赖关系和引用的字段。

2. 利用 T-SQL 语句修改视图定义

利用 ALTER VIEW 语句可以修改视图定义，该命令的基本语法如下：

```
ALTER VIEW [ schema_name . ] view_name
   [ (column [ ,...n ] ) ]
[ WITH ENCRYPTION ]
AS SELECT_statement
```

```
[ WITH CHECK OPTION ]
```

其中，参数的含义与创建视图 CREATE VIEW 命令中的参数含义相同。

【例 7.32】将 View_Student 视图修改为只包含 sno、cno 和 sname。

```
ALTER VIEW  View_Student
(sno,cno,sname
)
AS
SELECT   dbo.student.sno, dbo.course.cno, dbo.student.sname,
dbo.course.credit, dbo.sc.score
FROM     dbo.student INNER JOIN
          dbo.sc ON dbo.student.sno = dbo.sc.sno INNER JOIN
          dbo.course ON dbo.sc.cno = dbo.course.cno
```

3. 删除视图

使用 DROP VIEW 语句可以删除视图，删除一个视图就是删除其定义和赋予它的全部权限，并且使用 DROP VIEW 语句可以同时删除多个视图，语法格式如下：

```
DROP VIEW view_name
```

【例 7.33】删除 View_Student 视图，语句如下：

```
USE Student
GO
DROP VIEW View_Student
```

4. 利用视图管理数据

在创建视图之后，可以通过视图来对基表的数据进行管理。但是无论在什么时候对视图的数据进行管理，实际上都是对视图对应的数据表中的数据进行管理。

- 更新视图是指通过视图来插入（Insert）、修改（update）和删除（delete）数据。
- 由于视图是虚表，因此对视图的更新最终要转换为对基本表的更新。
- 为了防止用户对不属于视图范围内的基本表数据进行操作，可在定义视图时加上 with check option 子句。
- 在关系数据库中，并不是所有的视图都是可更新的，因为有些视图的更新并不能有意义地转换成相应表的查询。
- 要通过视图更新表数据，必须保证视图是可更新视图。
- 对视图进行更新操作时，还要注意基本表对数据的各种约束和规则要求。
- 创建视图的 select 语句中没有聚合函数，且没有 top、group by、having 及 distinct 关键字。
- 创建视图的 select 语句的各列必须来自于基表（视图）的列，不能是表达式。
- 视图定义必须是一个简单的 SELECT 语句，不能带连接、集合操作。即 SELECT 语句的 FROM 子句中不能出现多个表，也不能有 JOIN、EXCEPT、UNION、INTERSECT。

（1）在视图中插入数据

- 使用 insert 语句通过视图向基本表插入数据。
- 由于视图不一定包括表中的所有字段，因此在插入记录时可能会遇到问题。
- 视图中那些没有出现的字段无法显式插入数据，假如这些字段不接受系统指派的 null 值，那么插入操作将失败。

【例 7.34】创建一个基于 student 表的 View_st 视图，然后在视图中插入一条数据，INSERT 语句如下：

```
USE  Student
GO
INSERT INTO View_st
Values('201700207', '李玉凡', '女', '1998-10-14', '威海', '计算机科学')
```

在数据库中执行上面的语句，执行成功后查询 View_st 视图中的数据。

（2）更新数据

使用 UPDATE 语句可以通过视图修改基本表的数据。

【例 7.35】修改 View_st 视图中的学号 sno 为 201700207 的学生的地址 adress 为太原，语句如下：

```
USE Student
GO
UPDATE  View_st
SET  address='太原'
WHERE sno='201700207'
```

如果更新视图时只影响其中一个表，同时新数据值中含有主键值，系统将接受这个修改操作。

（3）删除数据

使用 DELETE 语句可以通过视图删除基本表的数据。但对于依赖于多个基本表的视图，不能使用 DELETE 语句。

【例 7.36】删除 View_st 视图中学号 sno 为 201700207 的学生信息，语句如下：

```
USE Student
GO
DELETE FROM  View_st
WHERE  sno='201700207'
```

7.8 索引

对数据查询及处理的速度已成为衡量应用系统成败的标准，而采用索引来加快数据处理速度通常是最普遍采用的优化方法。正如汉语字典中的汉字按页存放一样，SQL Server 中的数据记录也是按页存放的，每页容量一般为 4K。为了加快查找的速度，汉语字（词）典一般都有按拼音、笔画、偏旁部首等排序的目录（索引），我们可以选择按拼音或笔画查找的方式快速查找到需要的字（词）。

索引是什么？数据库中的索引类似于一本书的目录，在一本书中使用目录可以快速找到你想要的信息，而不需要读完全书。在数据库中，数据库程序使用索引可以查询到表中的数据，而不必扫描整个表。书中的目录是一个字词以及各个字词所在的页码列表，数据库中的索引是表中的值以及各个值存储位置的列表。

优点：

- 大大加快搜索数据的速度，这是引入索引的主要原因。
- 创建唯一性索引，保证数据库表中每一行数据的唯一性。
- 加速表与表之间的连接，特别是在实现数据的参考完整性方面特别有意义。
- 在使用分组和排序子句进行数据检索时，同样可以减少其使用时间。

缺点：

- 索引需要占用物理空间，聚集索引占的空间更大。
- 创建索引和维护索引需要耗费时间，这种时间会随着数据量的增加而增加。
- 当向一个包含索引的列的数据表中添加或修改记录时，SQL Server 会修改和维护相应的索引，这样增加系统的额外开销，降低处理速度。

7.8.1 数据表的存储结构

一个新表被创建时，系统将在磁盘中分配一段以 8K 为单位的连续空间，当字段的值从内存写入磁盘时，就在这一既定空间随机保存，当一个 8K 用完的时候，数据库指针会自动分配一个 8K 的空间。这里，每个 8K 空间被称为一个数据页（Page），又名页面或数据页面，并分配从 0~7 的页号，每个文件的第 0 页记录引导信息叫文件头（File header）；每 8 个数据页（64 K）的组合形成扩展区（Extent），称为扩展。全部数据页的组合形成堆（Heap）。

SQLS 规定行不能跨越数据页，所以每行记录的最大数据量只能为 8K。这就是 char 和 varchar 这两种字符串类型容量要限制在 8K 以内的原因，存储超过 8K 的数据应使用 text 类型。实际上，text 类型的字段值不能直接录入和保存，它只是存储一个指针，指向由若干 8K 的文本数据页所组成的扩展区，真正的数据正是放在这些数据页中。

页面有空间页面和数据页面之分。当一个扩展区的 8 个数据页中既包含空间页面又包含数据或索引页面时，称为混合扩展（Mixed Extent），每张表都以混合扩展开始；反之，称为一致扩展（Uniform Extent），专门保存数据及索引信息。

表被创建时，SQLS 在混合扩展中为其分配至少一个数据页面，随着数据量的增长，SQLS 可即时在混合扩展中分配出 7 个页面，当数据超过 8 个页面时，则从一致扩展中分配数据页面。

空间页面专门负责数据空间的分配和管理，包括：PFS 页面（Page free space），用于记录一个页面是否已分配、位于混合扩展还是一致扩展以及页面上还有多少可用空间等信息；GAM 页面（Global Allocation Map）和 SGAM 页面（Secodary Global Allocation Map），用来记录空闲的扩展或含有空闲页面的混合扩展的位置。SQLS 综合利用这 3 种类型的页面文件在必要时为数据表创建新空间。数据页或索引页则专门保存数据及索引信息，SQLS 使用 4 种类型的数据页面来管理表或索引，它们是 IAM 页、数据页、文本/图像页和索引页。

7.8.2 索引类型

数据库索引是对数据表中一个或多个列的值进行排序的结构，就像一本书的目录一样，索引提供了在行中快速查询特定行的能力。

索引类型：

- 唯一索引：唯一索引不允许两行具有相同的索引值。
- 主键索引：为表定义一个主键将自动创建主键索引，主键索引是唯一索引的特殊类型。主键索引要求主键中的每个值是唯一的，并且不能为空。
- 聚集索引（Clustered）：表中各行的物理顺序与键值的逻辑（索引）顺序相同，每个表只能有一个。
- 非聚集索引（Non-Clustered）：非聚集索引指定表的逻辑顺序。数据存储在一个位置，索引存储在另一个位置，索引中包含指向数据存储位置的指针。可以有多个，小于 249 个。

1. 唯一索引

唯一索引不允许两行具有相同的索引值。若现有数据中存在重复的键值，则大多数数据库都不允许将新创建的唯一索引与表一起保存。当新数据将使表中的键值重复时，数据库也拒绝接受此数据。例如，如果在 student 表中的学生学号（sno）列上创建了唯一索引，所有学生学号就不能重复。

创建了唯一约束将自动创建唯一索引。尽管唯一索引有助于找到信息，不过为了获得最佳性能，建议使用主键约束或唯一约束。

2. 主键索引

在数据库关系图中为表定义一个主键将自动创建主键索引，主键索引是唯一索引的特殊类型。主键索引要求主键中的每个值是唯一的。当在查询中使用主键索引时，还允许快速访问数据。

3. 聚集索引

在聚集索引中，表中各行的物理顺序与键值的逻辑（索引）顺序相同。表只能包含一个聚集索引。例如，汉语字（词）典默认按拼音排序编排字典中每页的页码。拼音字母 a，b，c，d，…，x，y，z 就是索引的逻辑顺序，而页码 1，2，3…就是物理顺序。默认按拼音排序的字典，其索引顺序和逻辑顺序是一致的。即拼音顺序较后的字（词）对应的页码也较大，如拼音 ha 对应的字（词）页码就比拼音 ba 对应的字（词）页码靠后。

4. 非聚集索引

如果不是聚集索引，表中各行的物理顺序与键值的逻辑顺序就不匹配。聚集索引比非聚集索引有更快的数据访问速度。例如，按笔画排序的索引就是非聚集索引，1 画的字（词）对应的页码可能比 3 画的字（词）对应的页码大（靠后）。

在 SQL Server 中，一个表只能创建 1 个聚集索引，多个非聚集索引。设置某列为主键，该列就默认为聚集索引。

7.8.3　创建表索引

对于一张表来说，索引的有无和建立什么样的索引要取决于 where 字句和 Join 表达式。一般来说，建立索引的原则包括以下内容：

- 系统一般会给关键字段自动建立聚集索引。
- 有大量重复值且经常有范围查询和排序、分组的列，或者经常频繁访问的列，考虑建立聚集索引。
- 在一个经常做插入操作的表中建立索引，应使用 fillfactor（填充因子）来减少页分裂，同时提高并发度降低死锁的发生。如果表为只读表，那么填充因子可设为 100。
- 在选择索引键时，尽可能采用小数据类型的列作为键，以使每个索引页能容纳尽可能多的索引键和指针。通过这种方式，可使一个查询必须遍历的索引页面降低到最小。此外，尽可能地使用整数作为键值，因为整数的访问速度最快。

1. 图形界面创建索引

为 Student 数据库的 student 表创建一个聚集索引，具体步骤如下：

（1）在 SQL Server Management Studio 中，连接到包含默认的数据库服务器实例。

（2）在【对象资源管理器】中，展开 Student|【表】|【student 表】节点，右击【索引】节点，在弹出的快捷菜单中选择【新建索引】|索引类型|【聚集索引】命令。

（3）在打开的【新建索引】对话框的【常规】页面配置索引的名称、选择索引的类型、设置是否是唯一索引、添加索引列等，如图 7-22 所示。

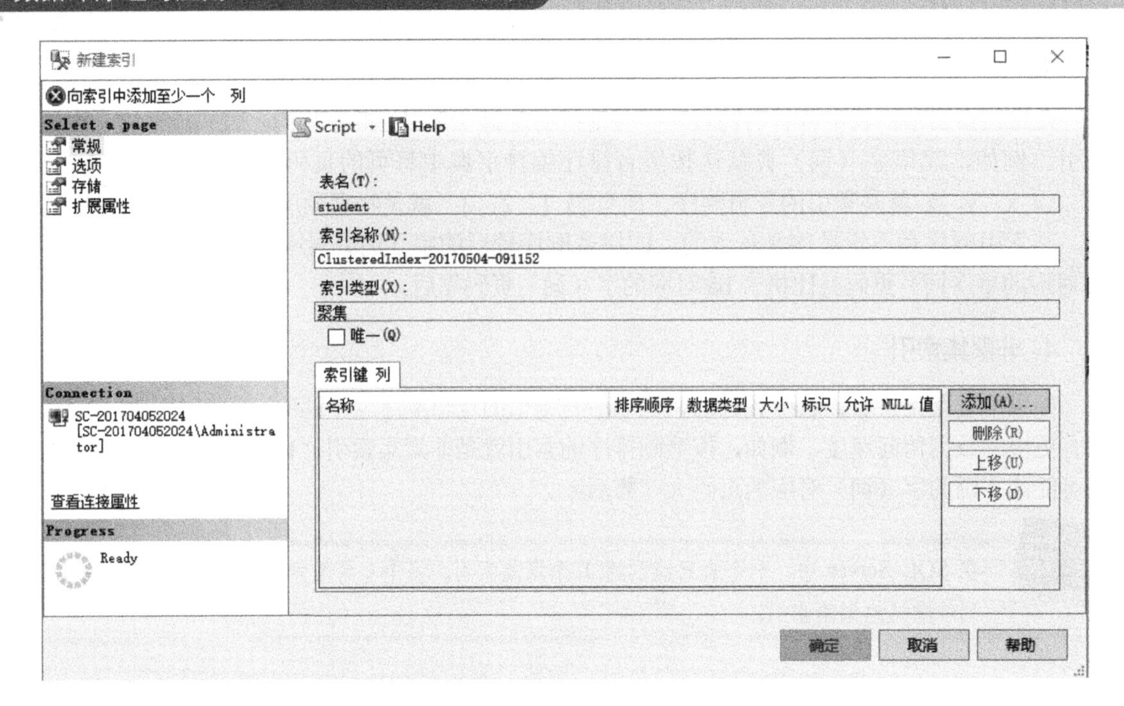

图 7-22　【新建索引】对话框

（4）单击【添加】按钮，打开【从“dbo.student”中选择列】对话框，在对话框中的【选择要添加到索引中的表列】列表框中选择 sno 复选框，如图 7-23 所示。

（5）单击【确定】按钮，返回【新建索引】对话框，最后单击【新建索引】对话框的【确定】按钮，这样【索引】节点下便生成一个名为“学号”的聚集索引，表示该索引创建成功。

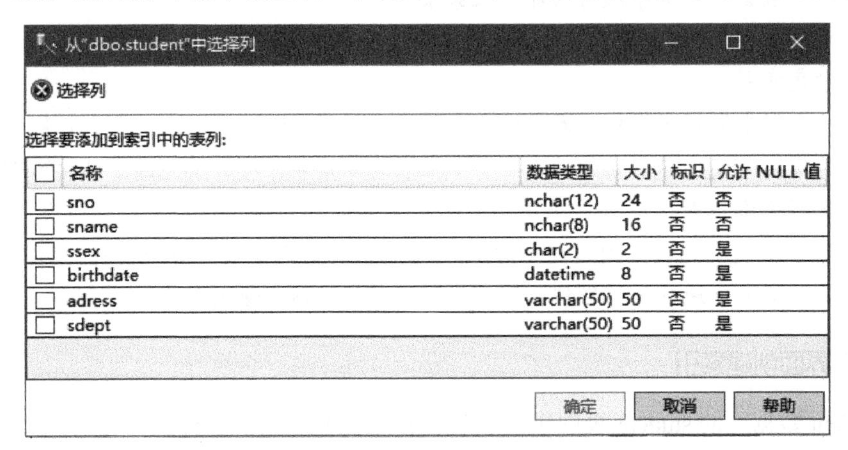

图 7-23　选择列

2. 使用 T-SQL 命令创建索引

使用 T-SQL 语句创建索引的语法如下：

```
CREATE [UNIQUE] [CLUSTERED| NONCLUSTERED ]
INDEX index_name ON { table | view } ( column [ ASC | DESC ]
```

```
[ ,...n ] )
   [with[PAD_INDEX][[,]FILLFACTOR=fillfactor]
   [[,]IGNORE_DUP_KEY]
   [[,]DROP_EXISTING]
   [[,]STATISTICS_NORECOMPUTE]
   [[,]SORT_IN_TEMPDB]
   ]
   [ ON filegroup ]
```

使用 CREATE INDEX 命令创建索引的各个参数说明如下。

- UNIQUE：用于指定为表或视图创建唯一索引，即不允许存在索引值相同的两行。
- CLUSTERED：用于指定创建的索引为聚集索引。
- NONCLUSTERED：用于指定创建的索引为非聚集索引。
- index_name：用于指定所创建的索引的名称。
- table：用于指定创建索引的表的名称。
- view：用于指定创建索引的视图的名称。
- ASC|DESC：用于指定具体某个索引列的升序或降序排序方向。
- Column：用于指定被索引的列。
- PAD_INDEX：用于指定索引中间级中每个页（节点）上保持开放的空间。
- FILLFACTOR = fillfactor：用于指定在创建索引时，每个索引页的数据占索引页大小的百分比，fillfactor 的值为 1 到 100。
- IGNORE_DUP_KEY：用于控制当往包含于一个唯一聚集索引中的列中插入重复数据时，SQL Server 所做的反应。
- DROP_EXISTING：用于指定应删除并重新创建已命名的先前存在的聚集索引或非聚集索引。
- STATISTICS_NORECOMPUTE：用于指定过期的索引统计不会自动重新计算。
- SORT_IN_TEMPDB：用于指定创建索引时的中间排序结果将存储在 TempDB 数据库中。
- ON filegroup：用于指定存放索引的文件组。

【例 7.37】在 Student 数据库中的 student 表上创建一个非聚集索引 studentid，语句如下：

```
USE Student
GO
CREATE UNIQUE NONCLUSTERED INDEX studentid
ON dbo.student
```

7.8.4 管理索引

在用户创建了索引以后，由于数据的增加、删除、更新等操作会使索引页出现碎块，因此为了提高系统的性能，必须对索引进行维护管理。和创建索引一样，管理索引的方法也有两种：SQL Server Management Studio 图形化工具和 T-SQL 语句。本节主要介绍使用 T-SQL 语句管理索引。

1. 查看索引

使用 Exec sp_helpindex index_name 命令查看已经创建的索引。

【例 7.38】查看 Student 数据库中的 student 表的索引，代码如下：

```
USE Student
GO
EXEC sp_helpindex student
```

2. 修改索引

使用 ALTER INDEX 语句的基本语法格式如下：

```
ALTER INDEX index_name ON table_or_view_name REBUILD
ALTER INDEX index_name ON table_or_view_name REORGANIZE
ALTER INDEX index_name ON table_or_view_name DISABLEs
```

以上语句分别表示重新生成索引、重新组织索引和禁用索引。index_name 表示要修改的索引名称，table_or_view_name 表示当前索引基于表名或视图名。

【例 7.39】使用 ALTER INDEX 语句重新生成 student 表索引 studentid，代码如下：

```
USE Student
GO
ALTER INDEX studentid ON student REBUILD
```

3. 删除索引

在 SQL Server 2016 中，使用 DROP INDEX 语句来删除索引，具体的语法格式如下：

```
DROP INDEX <table_or_view_name>.<index_name>
```

或者

```
DROP INDEX <index_name> ON <table_or_view_name>
```

【例 7.40】将 student 表中的名称为 studentid 的索引删除，代码如下：

```
DROP INDEX student.studentid
```

或者

```
DROP INDEX studentid ON student
```

不能用 DROP INDEX 语句删除由主键约束或唯一约束创建的索引。要想删除这些索引，必须先删除这些约束。当删除一个聚集索引时，该表的全部非聚集索引重新自动创建。不能在系统表上使用 DROP INDEX 语句。

7.9 习题

1. 选择题

（1）对视图的描述错误的是（　）。

A.是一张虚拟的表
B.在存储视图时存储的是视图的定义
C.在存储视图时存储的是视图中的数据
D.可以像查询表一样查询视图

（2）在 SQL Server 中，关于视图说法错误的是（　）。

A.对查询执行的大多数操作也可以在视图上进行
B.使用视图可以增加数据库的安全性
C.不能利用视图增加、删除、修改数据库中的数据
D.视图使用户更灵活地访问所需要的数据

（3）SQL 的视图是从（　）中导出的。

A.基本表　　　B.视图
C.基本表或视图　　D.数据库

（4）在视图上不能完成的操作是（　）。

A.在视图上定义新的视图　　B.查询操作
C.更新视图　　D.在视图上定义新的基本表

2. 判断题

（1）在创建表的过程中，如果一个属性是 DATETIME 类型就需要指定长度。（　）
（2）视图本身不保存数据，因为视图是一个虚拟的表。（　）
（3）因为通过视图可以插入、修改或删除数据，所以视图也是一个实在表。（　）
（4）视图删除后，与视图有关的数据表中的数据也会被删除。（　）

3. 简述题

（1）简述系统数据的组成和每个数据库的作用。
（2）简述使用 Management Studio 创建数据库的过程。
（3）简述使用 Management Studio 创建视图的过程。

第 8 章

操纵数据表的数据

在数据库中，数据是数据库的中心，数据的操作主要有 4 种，即插入、更新、删除和查询。在数据操作中，查询是数据库最常使用的。在 SQL Server 中，通过使用 SELECT 语句就可以从数据库中按照要求查询数据，并将结果以表格的形式输出。在使用 SELECT 语句查询数据时，还可以格式化结果集，包括排序、分组和统计。查询并不改变数据库中的数据，如果要改变数据库中的数据，就要使用插入、更新和删除这些操作，其基本语句分别是 INSERT、UPDATE 和 DELETE，分别实现向数据库的表中插入数据、更新数据和删除数据。

本章将详细讲述数据库中的数据操作，包括查询数据、插入数据、更新数据和删除数据。

8.1 标准查询

查询就是根据给定的条件从一个或多个表中查找数据。就像要找出某个地区某个小学的一个班，就要先找到这个地区，再根据小学的名称和班级的名称找到这个班。查询数据就是根据表中列的名称查出这个列的数据，查询的结果以列表的形式返回。

在 SQL Server 数据库系统中，我们可以通过单击程序主界面左上角的【新建查询】按钮创建查询窗口，然后在查询窗口中输入 SELECT 语句，最后单击【执行】按钮来查询结果，如图 8-1 所示。

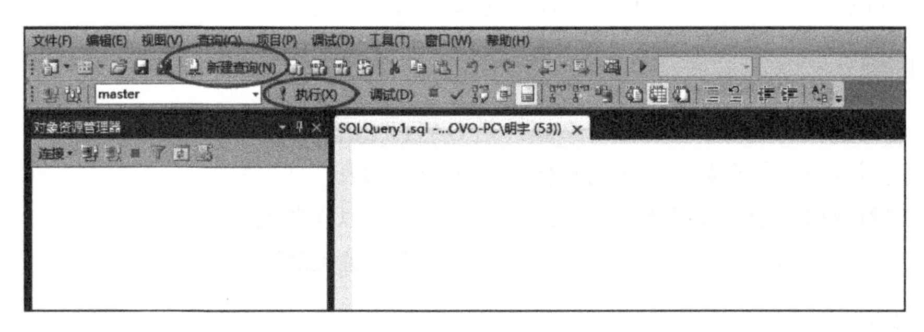

图 8-1　查询过程示意图

8.1.1 SELECT 语句的语法格式

SELECT 语句是查询表达式，它以关键字 SELECT 开头，并且包含大量构成表达式的元素。SELECT 语句的语法格式如下：

```
SELECT [ALL | DISTINCT] select list
FROM table name
[WHERE <search condition>]
[GROUP BY <group by expression>]
[HAVING <search condition>]
[ORDER BY <order_expression>[ASC | DESC]]
```

在上面的语句中，[]内的子句表示可选项。对各个关键字的说明如下。

- SELECT 子句：用来指定需要查询的列的列名。
- ALL| DISTINCT：指定在查询结果中对相同行的处理方式。其中，ALL 表示返回查询结果集的所有行，DISTINCT 表示若查询结果中有相同行，则只显示一行。默认值为 ALL。
- FROM 子句：用来指定需要查询的表名。
- WHERE 子句：用来指定查询的限定条件。
- GROUP BY 子句：用来指定查询结果的分组条件。
- HAVING 子句：与 GROUP BY 子句结合使用，用来指定查询的搜索条件，与 WHERE 子句类似但不相同。
- ORDER BY 子句：用来指定查询结果的排序方式。其中，ASC 表示升序排序，DESC 表示降序排序。默认升序排序。

8.1.2 获取若干列

SELECT 子句用于指出所要查询的目标列。目标列可以是直接从数据源中投影得到的字段、与字段相关的表达式或数据统计的函数表达式，还可以是常量。

1.查询指定列

当对指定列进行查询时，只需将 SELECT 子句输入相应的列名，这样就可以把指定的列值从数据库表中检索出来了。如果目标列不止一列，就需要用“,”隔开。其语法格式如下：

```
SELECT 列名1[,列名2,列名3,...]
FROM 表名
```

【例 8.1】从数据库 stusystem 的 Student 表中查询列 Sno、Sname 和 Ssex，可以使用下面的 SELECT 语句：

```
USE stusystem
SELECT Sno,Sname,Ssex
FROM Student
```

查询结果如图 8-2 所示。

	Sno	Sname	Ssex
1	15009001	李玲	女
2	15009002	刘哲	男
3	15009003	张浩天	男
4	15009004	宋云	男
5	15009005	马欣欣	女
6	15009006	王悦	女
7	15009007	李飞	男
8	15009008	张佳佳	女
9	15009009	周龙	男

图 8-2　【例 8.1】的运行结果

2. 指定列别名

在 SELECT 语句中，还可以为目标列指定别名，语法格式如下：

```
SELECT 字段名 AS 为列指定的别名
FROM 表名
```

【例 8.2】从数据库 stusystem 的 Student 表中查询列 Sno、Sname 和 Ssex，并为每一列指定别名，语句如下：

```
USE stusystem
SELECT Sno AS 学号,Sname AS 姓名,Ssex AS 性别
FROM Student
```

查询结果如图 8-3 所示。

	学号	姓名	性别
1	15009001	李玲	女
2	15009002	刘哲	男
3	15009003	张浩天	男
4	15009004	宋云	男
5	15009005	马欣欣	女
6	15009006	王悦	女
7	15009007	李飞	男
8	15009008	张佳佳	女
9	15009009	周龙	男

图 8-3　【例 8.2】的运行结果

8.1.3　获取所有列

使用 SELECT *或 SELECTtable_name.*获取所有列，并且输出顺序与表中的顺序相同。其语法格式如下：

```
SELECT *FROM table name
或
SELECT table_name.* FROM table_name
```

【例 8.3】查询数据库 stusystem 中 Student 表所有列的信息，语句如下：

```
USE stusystem
SELECT *
FROM student
```

查询结果如图 8-4 所示。

	Sno	Sname	Ssex	Sage	Sdept
1	15009001	李玲	女	19	IS
2	15009002	刘哲	男	20	IS
3	15009003	张浩天	男	20	CS
4	15009004	宋云	男	21	CS
5	15009005	马欣欣	女	18	MA
6	15009006	王悦	女	19	MA
7	15009007	李飞	男	20	CS
8	15009008	张佳佳	女	20	CS
9	15009009	周龙	男	21	MA

图 8-4　【例 8.3】的运行结果

8.1.4　使用 DISTINCT 关键字

在使用 SELECT 查询语句时，如果想对重复行只保留并显示一行，就可以使用 DISTINCT 关键字消除重复行。其语法格式如下：

```
SELECT DISTINCT 字段名1[,字段名2,字段名3,...]
FROM 表名
```

【例 8.4】在 Student 数据库表中插入一条重复的数据。例如，再插入一条姓名为李玲的学生信息，然后从数据库 stusystem 的 Student 表中查询列 Sname 和 Sage，使用 DISTINCT 关键字删除重复的行，语句如下：

```
USE stusystem
SELECT DISTINCT Sname,Sage
FROM Student
```

查询结果如图 8-5 所示。

	Sname	Sage
1	李飞	20
2	李玲	19
3	刘哲	20
4	马欣欣	18
5	宋云	21
6	王悦	19
7	张浩天	20
8	张佳佳	20
9	周龙	21

图 8-5　【例 8.4】的运行结果

8.1.5　使用 TOP 关键字

在查询信息时，如果需要表中的前 n 行数据，我们就可以选择使用 SELECT 语句中的 TOP 关键字完成操作。注意，使用 TOP 关键字返回的结果一定是表中从上往下的 n 行数据。其语法格式如下：

```
SELECT [TOP n] [字段名|*]
FROM 表名
```

【例 8.5】从数据库 stusystem 的 Student 表中查询列 Sno、Sname、Ssex 和 Sage，使用 TOP 关键字返回前两行记录，语句如下：

```
USE stusystem
SELECT TOP 2 Sno,Sname,Ssex
FROM Student
```

查询结果如图 8-6 所示。

	Sno	Sname	Ssex
1	15009001	李玲	女
2	15009002	刘哲	男

图 8-6　【例 8.5】的运行结果

8.2　使用 WHERE 子句

在查询数据时，有时用户只需要根据条件查询表中的部分数据而不是全部数据。此时，可以在 SELECT 语句中使用条件查询子句（WHERE 子句）进行查询，从而根据条件返回符合条件的结果集，语法格式如下：

```
SELECT [* | 列名]
FROM 表名
WHERE 限制条件
```

在上面的语法格式中，查询返回的行需要满足查询的条件，即返回结果集中的行都满足查询条件，不满足条件的行不会返回。在 SELECT 语句中的 WHERE 子句中可以使用的条件有很多，如比较运算符、逻辑运算符和列表运算符等。

8.2.1　使用比较运算符

WHERE 子句的运算符主要有=、<、>、>=、<=、<>和!=，使用这些比较运算符可以对查询条件进行限定。注意，如果连接的数据类型不是数字，就要用单引号把比较运算符后面的数据引起来，并且运算符两边表达式的数据类型必须保持一致。表 8-1 列出了比较运算符及其含义。

表 8-1　比较运算符

运算符	含义
>	大于
<	小于
=	等于
<>	不等于
>=	大于等于
<=	小于等于

参与比较运算的表达式，比较运算符和 WHERE 相结合，语法如下：

```
WHERE 表达式1 比较运算符表达式2
```

【例 8.6】查询 Student 表中年龄大于 19 岁的学生的信息，语句如下：

```
USE stusystem
SELECT *
FROM Student
WHERE Sage>19
```

查询结果如图 8-7 所示。

	Sno	Sname	Ssex	Sage	Sdept
1	15009002	刘哲	男	20	IS
2	15009003	张浩天	男	20	CS
3	15009004	宋云	男	21	CS
4	15009007	李飞	男	20	CS
5	15009008	张佳佳	女	20	CS
6	15009009	周龙	男	21	MA

图 8-7　【例 8.6】的运行结果

8.2.2　使用逻辑运算符

当使用 WHERE 语句处理多个条件的查询时，就要用到逻辑运算符 AND、OR 和 NOT。使用逻辑运算符可以连接两个以上的条件，当条件成立时返回结果集。下面介绍使用这些逻辑运算符需要遵守的规则。

- AND: 与，用于合并简单条件和包括 NOT 的条件，并且只有当所有条件都为真时才返回结果集。如果使用一个以上的 AND 条件，这些条件就可以以任意顺序合并在一起，不需要括号。
- OR: 或，表示只要所有条件中有一个条件为真就返回结果集。如果使用一个以上的 OR 条件，这些条件就可以以任意顺序合并在一起，不需要括号。

- NOT：非，表示否认一个表达式，当表达式成立时不需要返回结果集，只有是当表达式不成立时才返回结果集。NOT 只应用于简单条件，不能将 NOT 应用于包含 AND 或者 OR 条件的复合条件中。
- 3 个逻辑运算符的优先级从高到低为 NOT、AND、OR。可以使用“（）”改变系统执行顺序。

与 WHERE 关键字结合，语法格式如下：

```
WHERE 表达式1 AND 表达式2 [AND 表达式3 AND 表达式4 AND...]
WHERE 表达式1 OR 表达式2 [OR 表达式3 OR 表达式4 OR...]
WHERENOT 表达式
```

【例 8.7】查询 Student 表中年龄大于 19 岁的男生的信息，语句如下：

```
USE stusystem
SELECT *
FROM Student
WHERE Sage>19 AND Ssex='男'
```

查询结果如图 8-8 所示。

	Sno	Sname	Ssex	Sage	Sdept
1	15009002	刘哲	男	20	IS
2	15009003	张浩天	男	20	CS
3	15009004	宋云	男	21	CS
4	15009007	李飞	男	20	CS
5	15009009	周龙	男	21	MA

图 8-8 【例 8.7】的运行结果

8.2.3 使用范围运算符

在 WHERE 子句中，还可以使用范围运算符查询指定范围内的数据。范围运算符主要有两个：BETWEEN 与 NOT BETWEEN，语法格式如下：

```
WHERE 列名 [NOT] BETWEEN 表达式1 AND 表达式2
```

上述语法结构要满足以下两个条件：

- 两个表达式的数据类型要和 WHERE 后的列的数据类型保持一致。
- 表达式 1 小于等于表达式 2。

【例 8.8】查询 Student 表中年龄在 19 与 21 之间的学生的信息，语句如下：

```
USE stusystem
SELECT *
```

```
FROM Student
WHERE Sage BETWEEN 19 AND 21
```

查询结果如图 8-9 所示。

	Sno	Sname	Ssex	Sage	Sdept
1	15009001	李玲	女	19	IS
2	15009002	刘哲	男	20	IS
3	15009003	张浩天	男	20	CS
4	15009004	宋云	男	21	CS
5	15009006	王悦	女	19	MA
6	15009007	李飞	男	20	CS
7	15009008	张佳佳	女	20	CS
8	15009009	周龙	男	21	MA

图 8-9　【例 8.8】的运行结果

8.2.4　使用 IN 条件

在 WHERE 子句中，使用 IN 关键字可以确定表达式的取值是否属于某一列表值。同样，如果查询表达式不属于某一列表值，就可以使用 NOT IN 关键字。其语法格式如下：

```
WHERE 列名 [NOT] IN 列表值
```

其中，NOT 是可选项，当值有多个时，需要将这些值用括号括起来，各个列表值用“，”分开。

【例 8.9】查询 Student 表中学号是 15009003 和 15009005 的学生的信息，语句如下：

```
USE stusystem
SELECT *
FROM Student
WHERE Sno IN (15009003,15009005)
```

查询结果如图 8-10 所示。

	Sno	Sname	Ssex	Sage	Sdept
1	15009003	张浩天	男	20	CS
2	15009005	马欣欣	女	18	MA

图 8-10【例 8.9】的运行结果 1

如果查询学号不是 15009003 或 15009005 的学生的信息，那么可以执行以下语句：

```
USE stusystem
SELECT *
FROM Student
WHERE Sno NOT IN (15009003,15009005)
```

查询结果如图 8-11 所示。

	Sno	Sname	Ssex	Sage	Sdept
1	15009001	李玲	女	19	IS
2	15009002	刘哲	男	20	IS
3	15009004	宋云	男	21	CS
4	15009006	王悦	女	19	MA
5	15009007	李飞	男	20	CS
6	15009008	张佳佳	女	20	CS
7	15009009	周龙	男	21	MA

图 8-11　【例 8.9】的运行结果 2

8.2.5　使用 LIKE 条件

在 WHERE 子句中，使用字符匹配符 LIKE 或 NOT LIKE 可以对表达式与字符串进行比较，从而实现对字符串的模糊查询。字符匹配符的语法格式如下：

```
WHERE 列名 [NOT] LIKE '字符串'
```

WHERE 子句可以实现对字符串的模糊匹配，进行模糊匹配时，可以在字符串中使用通配符。使用通配符时必须将字符串和通配符都用单引号括起来。表 8-2 列出了几种比较常用的通配符。

表 8-2　通配符

通配符	含义
%	任意多个字符
_	单个字符
[]	指定范围内的单个字符
[^]	不在指定范围内的单个字符

【例 8.10】查询 Student 表中所有姓李的学生的信息，语句如下：

```
USE stusystem
SELECT *
FROM Student
WHERE Sname LIKE '李%'
```

查询结果如图 8-12 所示。

	Sno	Sname	Ssex	Sage	Sdept
1	15009001	李玲	女	19	IS
2	15009007	李飞	男	20	CS

图 8-12　【例 8.10】的运行结果 1

如果要查询所有不姓李的学生的信息，那么可以使用 NOT LIKE 关键字，语句如下：

```
USE stusystem
SELECT *
FROM Student
```

```
WHERE Sname NOT LIKE '李%'
```

查询结果如图 8-13 所示。

	Sno	Sname	Ssex	Sage	Sdept
1	15009002	刘哲	男	20	IS
2	15009003	张浩天	男	20	CS
3	15009004	宋云	男	21	CS
4	15009005	马欣欣	女	18	MA
5	15009006	王悦	女	19	MA
6	15009008	张佳佳	女	20	CS
7	15009009	周龙	男	21	MA

图 8-13　【例 8.10】的运行结果 2

8.2.6　使用 IS NULL 条件

在 WHERE 子句中运行 IS NULL 查询可以查询数据库中为 NULL 的值；反之，运用 IS NOT NULL 可以查询不为 NULL 的值。其语法格式如下：

```
WHERE 列名 IS [NOT] NULL
```

【例 8.11】查询 Student 表中所有年龄不为空的学生的信息，语句如下：

```
USE stusystem
SELECT *
FROM Student
WHERE Sage IS NOT NULL
```

查询结果如图 8-14 所示。

	Sno	Sname	Ssex	Sage	Sdept
1	15009001	李玲	女	19	IS
2	15009002	刘哲	男	20	IS
3	15009003	张浩天	男	20	CS
4	15009004	宋云	男	21	CS
5	15009005	马欣欣	女	18	MA
6	15009006	王悦	女	19	MA
7	15009007	李飞	男	20	CS
8	15009008	张佳佳	女	20	CS
9	15009009	周龙	男	21	MA

图 8-14　【例 8.11】的运行结果

8.3 格式化结果集

使用 SLEECT 语句查询数据时，可以对查询的结果进行排序、分组和统计。一旦为查询结果集进行了排序、分组和统计，就可以方便用户查询数据。本节主要介绍如何对查询结果集进行排序、分组和统计。

8.3.1 排序结果集

使用 ORDER BY 子句可以对查询结果集的相应列进行排序。ASC 关键字表示升序，DESC 关键字表示降序，默认情况下为 ASC。其语法格式如下：

```
SELECT 列名
FROM 表名
WHERE 表达式
ORDER BY 列名[ASC | DESC]
```

在上面的语法格式中，当有多个排序列时，每个排序列之间用“,”隔开，而且列后都可以跟一个排序要求。运用 ORDER BY 子句查询时，若存在 NULL 值，则按照升序排序含 NULL 值的元组在最后显示，按照降序排序在最前面显示。

【例 8.12】查询数据库 stusystem 的 Student 表中所有学生的信息，其中学号按照升序排序，年龄按照降序排序，语句如下：

```
USE stusystem
SELECT *
FROM Student
ORDER BY Sno ASC , Sage DESC
```

查询结果如图 8-15 所示。

结果 消息

	Sno	Sname	Ssex	Sage	Sdep
1	15009001	李玲	女	19	IS
2	15009002	刘哲	男	20	IS
3	15009003	张浩天	男	20	CS
4	15009004	宋云	男	21	CS
5	15009005	马欣欣	女	18	MA
6	15009006	王悦	女	19	MA
7	15009007	李飞	男	20	CS
8	15009008	张佳佳	女	20	CS
9	15009009	周龙	男	21	MA
10	15009010	张磊	男	20	CS
11	15009011	陈凡	男	20	IS
12	15009012	张怡	女	21	IS

图 8-15 【例 8.12】的运行结果

由图 8-15 可知，在使用多列进行排序时，SQL Server 会先按第一列进行排序，然后使用第二列对前面的排序结果中相同的值再进行排序。

8.3.2　分组结果集

在 SELECT 语句查询中，可以使用 GROUP BY 子句对结果集进行分组。其语法格式如下：

```
SELECT 列名
FROM 表名
WHERE 表达式
GROUP BY [ALL]列名 [WITH ROLLUP|CUBE]
```

语法说明如下。

- ALL：通常和 WHERE 一同使用，表示被 GROUP BY 分类的依据，即使不满足 WHERE 条件，也要显示查询结果。
- ROLLUP：在存在多个分组条件时使用，只返回第一个分组条件指定的列的统计行，若改变列的顺序，则会使返回的结果行数据发生变化。
- CUBE：ROLLUP 的扩展，除了返回 GROUP BY 子句指定的列以外，还要返回按照组统计的行。

GROUP BY 子句通常与统计函数一起使用，常见的统计函数如表 8-3 所示。

表 8-3　常见的统计函数

函数名	功能
COUNT	求组中的项数，返回整数
SUM	求和，返回表达式中所有值的和
AVG	求平均值，返回表达式中所有值的平均值
MAX	求最大值，返回表达式中所有值的最大值
MIN	求最小值，返回表达式中所有值的最小值
ABS	求绝对值，返回数值表达式的绝对值
ASCII	求 ASCII 码，返回字符型数据的 ASCII 码
RAND	产生随机数，返回一个位于 0 和 1 之间的随机数

【例 8.13】使用 COUNT 函数查询数据库 stusystem 的 Student 表中各个年龄段的学生的总人数，语句如下：

```
USE stusystem
SELECT Sage, COUNT(*)
FROM Student
GROUP BY Sage
```

查询结果如图 8-16 所示。

	Sage	(无列名)
1	18	1
2	19	2
3	20	6
4	21	3

图 8-16　【例 8.13】的运行结果

8.3.3　统计结果集

HAVING 子句查询与 WHERE 子句查询类似，不同的是 WHERE 子句限定于行的查询，而 HAVING 子句限定于对统计组的查询。HAVING 子句指定了组或聚合的查询条件，一般与 GROUP BY 一起使用。其语法格式如下：

```
HAVING 限制条件
```

使用 HAVING 语句查询和 WHERE 关键字类似，即在关键字后面插入条件表达式来规范查询结果，但两者也有以下 3 点区别：

- WHERE 关键字针对的是列的数据，HAVING 针对统计组。
- WHERE 关键字不能与统计函数一起使用，HAVING 语句可以，而且一般都和统计函数结合使用。
- WHERE 关键字在分组前对数据进行过滤，HAVING 语句只过滤分组后的数据。

【例 8.14】在数据库 stusystem 的 Student 表中，按照学生所在系和性别分组，筛选出性别为男，并且系中男学生多于 1 个的信息，语句如下：

```
USE stusystem
SELECT Ssex,Sdept,COUNT(Ssex)
FROM Student
GROUP BY Ssex,Sdept
HAVING Ssex='男'
AND COUNT(Ssex)>1
```

查询结果如图 8-17 所示。

	Ssex	Sdept	(无列名)
1	男	CS	4
2	男	IS	2

图 8-17　【例 8.14】的运行结果

8.4 插入数据

在实际应用中，不仅需要从数据库表中查询数据，还需要向数据表中插入新的数据。这些数据可以是从其他应用程序中得到，并根据需要转存或引入到数据表中，也可以将新数据添加到新创建或已存在的数据表中。

8.4.1 使用 INSERT 语句插入数据

在 SQL Server 中，使用 INSERT 语句向数据表中插入数据。INSERT 语句可以向表中添加一个或多个新行。其语法格式如下：

```
INSERT [INTO] 表名或视图名字段列表
VALUES 数据值列表
```

在使用 INSERT 语句插入数据时，我们需要注意以下几点：

- 字段列表放在“()”中，各字段之间用“,”隔开。
- 数据值列表放在“()”中，各项按与字段列表对应的顺序编辑并使用“,”隔开。若没有指定字段列表，则各项按数据表中字段顺序对应编辑。
- 数据值列表中的数据值的数据类型必须对应相关字段的数据类型，其中字符型数据要加“''”。
- 同时插入多行数据时，各行数据放在不同的“()”中，各个“()”之间用逗号隔开。
- 插入数据时，必须遵循定义在各列的约束和规则。
- 若在可以为空的字段插入值 NULL，则无论是否有默认值，插入该字段都为 NULL。
- 对于字段列表中遗漏的项是标识列或有默认值的，系统会根据标识属性和默认值自动输入。若该列不允许为空，则会出错。

【例 8.15】在数据库 stusystem 中的 Student 表中插入一条新纪录，要求该记录包括 Student 表中所有属性列的信息，语句如下：

```
USE stusystem
INSERT INTO Student(Sno,Sname,Ssex,Sage,Sdept)
VALUES('15009013','王平','男',18,'IS' )
```

或者

```
INSERT INTO Student
VALUES('15009013','王平','男',18,'IS' )
```

上述语句向 Student 表插入了一条新的学生信息记录。由于语句是将数据添加到一行中的所有列，因此无须给出所有列名，但插入的数据值必须与数据表定义时给出的列名顺序完全相同。执行语句将返回如下结果：

（1 行受影响）

返回结果说明已经向数据表中成功插入数据。如果想查看新添加的学生信息记录，那么可以使用 SELECT 语句进行查询，语句如下：

```
USE stusystem
SELECT *
FROM Student
```

查询结果如图 8-18 所示。

结果 消息

	Sno	Sname	Ssex	Sage	Sdept
1	15009001	李玲	女	19	IS
2	15009002	刘哲	男	20	IS
3	15009003	张浩天	男	20	CS
4	15009004	宋云	男	21	CS
5	15009005	马欣欣	女	18	MA
6	15009006	王悦	女	19	MA
7	15009007	李飞	男	20	CS
8	15009008	张佳佳	女	20	CS
9	15009009	周龙	男	21	MA
10	15009010	张磊	男	20	CS
11	15009011	陈凡	男	20	IS
12	15009012	张怡	女	21	IS
13	15009013	王平	男	18	IS

图 8-18 【例 8.15】的运行结果

8.4.2 使用 INSERT...SELECT 语句插入数据

使用 INSERT...SELECT 语句可以将某一个表中的数据插入另一个新数据表中。其语法格式如下：

```
INSERT 目标表名称
SELECT 字段列表
FROM 源表
WHERE 条件表达式
```

在使用 INSERT...SELECT 语句时，需要注意以下事项和原则：

- 在最外面的查询表中插入所有满足 SELECT 语句的数据行。
- 必须保证要插入新数据的表存在于数据库中。
- 对于插入新数据的表中的各列数据类型，必须和源表中各类数据类型保持一致。
- 必须明确是否存在默认值或是否允许被遗漏的列为 NULL，若不允许位 NULL，则必须为这些列提供列值。

【例 8.16】在 stusystem 数据库中创建一个临时的 nStudent 表，并使用 INSERT...SELECT 语

句将 Student 表中的数据保存到临时的 nStudent 表中。查询语句如下：

```
USE stusystem
INSERT nStudent
SELECT Sno,Sname,Ssex,Sage,Sdept
FROM Student
```

在查询窗口中执行上面的语句，将返回如下结果：

（13 行受影响）

通过结果，我们可以看出已经成功地向 nStudent 表中插入了 6 条新记录，使用 SELECT 查询语句可以查看刚才插入的记录，语句如下：

```
USE stusystem
SELECT *
FROM nStudent
```

查询结果如图 8-19 所示。

结果　消息

	Sno	Sname	Ssex	Sdept
1	15009001	李玲	女	IS
2	15009002	刘哲	男	IS
3	15009003	张浩天	男	CS
4	15009004	宋云	男	CS
5	15009005	马欣欣	女	MA
6	15009006	王悦	女	MA
7	15009007	李飞	男	CS
8	15009008	张佳佳	女	CS
9	15009009	周龙	男	MA
10	15009010	张磊	男	CS
11	15009011	陈凡	男	IS
12	15009012	张怡	女	IS
13	15009013	王平	男	IS

图 8-19　【例 8.16】的运行结果

8.4.3　使用 SELECT...INTO 语句创建表

使用 SELECT...INTO 语句可以把任何查询结果集导入一个新表中。其语法格式如下：

```
SELECT 字段列表
INTO 新建表名
FROM 源表
[WHERE 条件表达式]
```

SELECT 后的字段来源于源表，对源表中对应的列重命名，使用 AS 关键字，语法如下：

```
字段1 AS 新列名,字段2 AS 新列名,..
```

SELECT...INTO 语句是向不存在的表中添加数据，如果表已经存在，就会报错。因为它会自动创建一个新表，而使用 INSERT...SELECT 语句是向已存在的表中添加数据。

【例 8.17】将 stusystem 数据库的 Student 表中的学号、姓名、年龄保存到一个临时本地表 n_Student 中，语句如下：

```
USE stusystem
SELECT Sno,Sname,Sage
INTO n Student
FROM Student
```

通过 SELECT 语句查询，可以看出 Student 表中的指定列已经插入临时表 n_Student 中，在查询窗口中执行上面的语句，将返回如下结果：

（13 行受影响）

查询结果如图 8-20 所示。

	Sno	Sname	Sage
1	15009001	李玲	19
2	15009002	刘哲	20
3	15009003	张浩天	20
4	15009004	宋云	21
5	15009005	马欣欣	18
6	15009006	王悦	19
7	15009007	李飞	20
8	15009008	张佳佳	20
9	15009009	周龙	21
10	15009010	张磊	20
11	15009011	陈凡	20
12	15009012	张怡	21
13	15009013	王平	18

图 8-20 【例 8.17】的运行结果

8.5 更新数据

在数据库中保存的数据并不会永远不变，当数据发生变化时，就需要修改数据库中的数据。本节主要介绍如何更新数据库表中的数据。

8.5.1　修改表数据

使用 UPDATE 语句修改表中的数据，可以修改一个或多个字段值，也可以修改一行或多行，语法如下：

```
UPDATE 表名
SET 字段=数据值,...
[WHERE 条件表达式]
```

若不使用 WHERE，则将改变所有行的数值。这里要保证数据值的数据类型与字段数据类型一致。

【例 8.18】将学号为 15009003 的学生的年龄增加一岁，语句如下：

```
USE stusystem
UPDATE student
SET Sage=Sage+1
WHERE Sno='15009003'
```

语句执行完成后可以使用 SELECT 语句查询更新结果，更新前的结果如图 8-21 所示，更新后结果如图 8-22 所示。

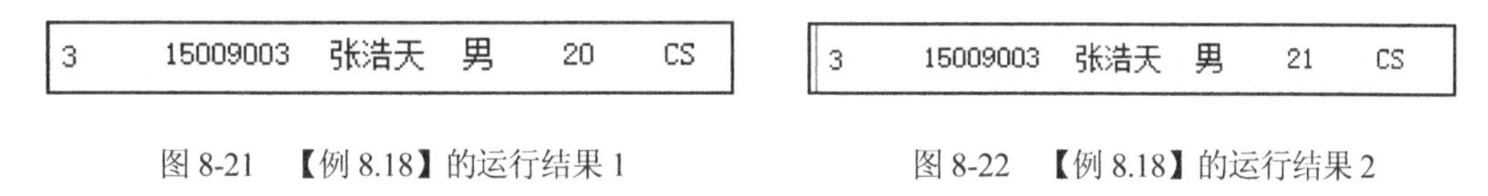

图 8-21　【例 8.18】的运行结果 1

图 8-22　【例 8.18】的运行结果 2

8.5.2　根据其他表更新数据

表之间是有联系的，有时候根据其他表中的数据来确定当前表需要修改的地方。这就是本节要讲的根据其他表更新数据。其语法结构如下：

```
UPDATE 表名
SET 字段=数据值
FROM 数据库名
WHERE 条件表达式
```

【例 8.19】更新 stusystem 数据库的 SC 表中符合条件的 Grade 列为 0，条件为 Sdept 列在 student 表中为 CS，语句如下：

```
UPDATE SC
SET Grade=0
WHERE Sno in (
SELECT Sno
FROM Student
WHERE Sdept='CS')
```

在查询窗口中执行上面的语句，将返回如下结果：

（4 行受影响）

更新前的结果如图 8-23 所示，更新后的结果如图 8-24 所示。

	Sno	Cno	Grade
1	15009001	01	58
2	15009002	03	94
3	15009003	02	83
4	15009004	01	77
5	15009005	01	92
6	15009006	02	89
7	15009007	03	90
8	15009008	04	56
9	15009009	04	88

图 8-23 【例 8.19】的运行结果 1

	Sno	Cno	Grade
1	15009001	01	58
2	15009002	03	94
3	15009003	02	0
4	15009004	01	0
5	15009005	01	92
6	15009006	02	89
7	15009007	03	0
8	15009008	04	0
9	15009009	04	88

图 8-24【例 8.19】的运行结果 2

8.5.3 使用 TOP 表达式修改数据

TOP 关键字在数据查询中使用过，使用 TOP 关键字不仅可以查询前几行或前多少百分比的数据，也可以一次性修改这些数据。具体语法如下：

```
UPDATE TOP(数值或百分比表名)
SET 字段=数据值...
```

【例 8.20】更新数据库 stusystem 的 Student 表，将表中前 3 行的学生所在系修改为 IS，语句如下：

```
UPDATE TOP (3) Student
SET Sdept='IS'
```

在查询窗口中执行上面的语句，将返回如下结果：

（3 行受影响）

更新前的结果如图 8-25 所示，更新后的结果如图 8-26 所示。

	Sno	Sname	Ssex	Sage	Sdept
1	15009001	李玲	女	19	IS
2	15009002	刘哲	男	20	IS
3	15009003	张浩天	男	21	CS
4	15009004	宋云	男	21	CS
5	15009005	马欣欣	女	18	MA
6	15009006	王悦	女	19	MA
7	15009007	李飞	男	20	CS
8	15009008	张佳佳	女	20	CS
9	15009009	周龙	男	21	MA
10	15009010	张磊	男	20	CS
11	15009011	陈凡	男	20	IS
12	15009012	张怡	女	21	IS
13	15009013	王平	男	18	IS

图 8-25 【例 8.20】的运行结果 1

	Sno	Sname	Ssex	Sage	Sdept
1	15009001	李玲	女	19	IS
2	15009002	刘哲	男	20	IS
3	15009003	张浩天	男	21	IS
4	15009004	宋云	男	21	CS
5	15009005	马欣欣	女	18	MA
6	15009006	王悦	女	19	MA
7	15009007	李飞	男	20	CS
8	15009008	张佳佳	女	20	CS
9	15009009	周龙	男	21	MA
10	15009010	张磊	男	20	CS
11	15009011	陈凡	男	20	IS
12	15009012	张怡	女	21	IS
13	15009013	王平	男	18	IS

图 8-26 【例 8.20】的运行结果 2

8.6 删除数据

数据库创建成功后，随着时间的变长，可能会出现一些无用的数据。这些无用的数据不仅会占用空间，还会影响修改和查询的速度，所以应及时将其删除。

8.6.1 使用 DELETE 语句删除数据

使用 DELETE 语句可以通过 WHERE 条件表达式删除表或视图中的一行或多行数据。注意，若省去 WHERE 语句，则将删除表或视图中所有数据。其语法格式如下：

```
DELETE
FROM 表或视图名[WHERE 条件表达式]
```

语法说明如下：

- DELETE 语句只能删除整行数据，无法删除单个字段数据。
- DELETE 语句只能删除数据，无法删除表或视图。
- 除了使用 WHERE 条件表达式，还可以使用 TOP 指定删除的数据行。
- 表与表之间的联系限定了一些数据不能随意删除。
- 误删的数据要尽快恢复，可以使用日志记录。

【例 8.21】删除 stusystem 数据库 Student 表中学号为 15009009 的学生的数据，语句如下：

```
USE stusystem
DELETE
FROM StudentWHERE Sno='15009009'
```

执行上述语句后，结果显示 1 行受影响，使用 SELECT 语句查看删除结果，查询结果如图 8-27 所示。

7	15009007	李飞	男	20	CS
8	15009008	张佳佳	女	20	CS
9	15009010	张磊	男	20	CS
10	15009011	陈凡	男	20	IS

图 8-27　【例 8.21】的运行结果

8.6.2 使用 TRUNCATE TABLE 语句

使用 TRUNCATE TABLE 语句可以快速删除表中所有记录，而且无日志记录，只记录整个数据页的释放操作。TRUCATE TABLE 语句在功能上与不含 WHERE 子句的 DELETE 语句相同，但是 TRUNCATE TABLE 语句的执行速度更快，使用的系统资源和事务日志资源更少。其语句格式如下：

```
TRUCATE TABLE 表或视图名
```

虽然使用 DELETE 语句和 TRUNCATE TABLE 语句都能够删除表中的所有数据，但执行 TRUNCATE TABLE 语句要比 DELETE 语句快得多，表现为以下两点：

- 使用 DELETE 语句，系统一次一行地处理要删除的表中的记录。在从表中删除行之前，在事务处理日志中记录相关的删除操作和删除行中的列值，以便在删除失败时使用事务处理日志恢复数据。
- TRUNCATE TABLE 语句一次性完成删除与表有关的所有数据页的操作。另外，TRUNCATE TABLE 语句并不更新事务处理日志。因此，在 SQL Server 中，使用 TRUNCATE TABLE 语句从表中删除行后，将不能用 ROLLBACK 命令取消对行的删除操作。

需要注意的是，TRUNCATE TABLE 语句不能用于有外关键字依赖的表。TRUNCATE TABLE 语句和 DELETE 语句都不删除表结构，若要删除表结构及其数据，则可以使用 DROP TABLE 语句。

【例 8.22】删除 Student 表中所有行的数据信息，可以使用如下语句：

```
USE stusystem
TRUNCATE TABLE Student
```

8.6.3 删除基于其他表中的数据行

使用带有连接或子查询的 DELETE 语句可以删除基于其他表中的行数据。在 DELETE 语句中，WHERE 子句可以引用自身表中的值，并决定删除哪些行。如果使用了附加的 FROM 子句，就可以引用其他表来决定删除哪些行。当使用带有附加 FROM 子句的 DELETE 语句时，第一个 FROM 子句指出要删除行所在的表，第二个 FROM 子句引入一个连接，作为 DELETE 语句的约束标准。

【例 8.23】删除 stusystem 数据库的 SC 表中的学生选课信息，并且学生所在系为 CS，语句如下：

```
USE stusystem
DELETE FROM SC
FROM student
INNER JOIN SC
ON student.Sno=SC.Sno
WHERE student.Sdept='CS'
```

在上述语句中，第一个 FROM 子句指定了删除数据所在的表，即 SC 表，第二个 FROM 子句指定一个连接作为 DELETE 语句的约束标准，使用 SELETE 语句查询，执行删除后的结果集如图 8-28 所示。

	Sno	Cno	Grade
1	15009001	01	58
2	15009002	03	94
3	15009003	02	0
4	15009005	01	92
5	15009006	02	89
6	15009009	04	88

图 8-28　【例 8.23】的运行结果

8.7 习题

1. 填空题

（1）在数据查询中，SELECT 和________语句是 SELECT 语句中必需的两个关键字。

（2）使用 ORDER BY 语句进行排序时，升序使用________关键字，降序使用________关键字，若缺省，则默认________排序。

（3）在 WHERE 子句中，可以使用字符匹配符________或________把表达式与字符串进行比较，从而实现对字符串的模糊查询。

（4）把数据添加到表中应使用________语句，删除表中的数据应使用________语句，更新表中的数据应使用________语句。

2. 简述题

（1）简述 SELECT 语句的基本用法。

（2）简述 WHERE 子句与 HAVING 子句的区别。

（3）简述在 INSERT 语句的 VALUES 子句中输入数据时应该注意哪些问题。

第 9 章

查询复杂数据

在 SQL Server 中，经常需要从多个表或多个数据库中查询所需要的数据信息，这就需要根据多个表和多个数据库之间的关系查询数据，也可以说是多表查询。多表查询实际上是通过各个表之间的共同列的相关性来查询数据，是数据库查询最主要的特征。多表查询首先要在这些表中建立连接，然后从数据库中查询数据。本章主要介绍使用连接查询、联合查询和子查询来查询复杂数据。

9.1 多表连接

在实际应用中，用户需要查询的数据并不全在同一个表或视图中，有时候可能会从多个表或视图中查询数据。如果要从多个表或视图中查询数据，就需要将这些表或视图连接起来，然后进行查询，这就是连接查询。本节将介绍如何在数据库中使用多表查询。

9.1.1 基本连接操作

基本连接操作是指在同一数据库内对表进行连接。基本连接操作就是在 SELECT 语句列表中引用多个表的字段，其 FROM 子句中用“，”将表隔开。如果使用 WHERE 子句创建一个同等连接，就能使查询结果集更加丰富。同等连接是指第一个基表中的一个或多个列值与第二个基表中对应的一个或多个列值相等的连接。其语法格式如下：

```
SELECT select_list
FROM table1,table2
WHERE table1.column=table2.column
```

在使用基本连接操作时，一般使用键码列建立连接，即一个基表中的主键码与第二个基表中的外键码保持一致，以保持整个数据库的参照完整性。用户在进行基本连接操作时，需要遵循以下基本原则。

- 在 SELECT 子句列表中，每个目标列前都要加上基表名称。
- FROM 子句应包括所有使用的基表。

- WHERE 子句应定义一个同等连接。

【例 9.1】在数据库 stusystem 中，从学生信息表（Student）和学生选课表（SC）两个表中查询学生的详细信息。要求返回的结果集包含学生学号、学生姓名、学生性别、学生所在系、学生所选课程号和成绩。其语句如下：

```
USEstusystem
SELECT Student.Sno,Student.Sname,Student.Ssex,Student.Sdept,
SC.Cno,SC.Grade
FROM Student,SC
WHERE Student.Sno=SC.Sno
```

在上述 SELECT 语句中，SELECT 子句列表中的每个列名前都指定了它的基表，以确定每个列的来源。在 FROM 子句中列出了两个基表，WHERE 子句中创建了一个同等连接，执行上述语句，查询结果如图 9-1 所示。

结果　消息

	Sno	Sname	Ssex	Sdept	Cno	Grade
1	15009001	李玲	女	IS	01	58
2	15009002	刘哲	男	IS	03	94
3	15009003	张浩天	男	CS	02	83
4	15009004	宋云	男	CS	01	77
5	15009005	马欣欣	女	MA	01	92
6	15009006	王悦	女	MA	02	89
7	15009007	李飞	男	CS	03	90
8	15009008	张佳佳	女	CS	04	56
9	15009009	周龙	男	MA	04	88

图 9-1　【例 9.1】的运行结果

9.1.2　使用别名

在 9.1.1 节中学习了基本连接操作，在使用基本连接查询数据时，编写的 SQL 语句显得冗长而杂乱。因此，需要使用为基表定义别名的方法简化语句，以增强可读性。要为基表定义别名需要使用 AS 关键字，当然也可以省略 AS 关键字，语法格式如下：

```
SELECT select list
FROM table1[AS] T1,table2[AS] T2
WHERE T1.column=T2.column
```

【例 9.2】修改【例 9.1】，在其 SQL 语句中使用别名，语句如下：

```
USEstusystem
SELECT s.Sno,s.Sname,s.Ssex,s.Sdept,
c.Cno,c.Grade
FROM Student AS s,SC AS c
WHERE s.Sno=c.Sno
```

上面的 SQL 语句为 Student 表和 SC 表定义了别名，这样就简化了 SQL 语句。其执行结果和【例 9.1】的执行结果相同。

9.1.3 多表连接查询

在多个表之间创建连接与两个表之间创建连接相似，只是在 WHERE 子句中需要使用 AND 关键字，关联两个同等连接条件。

【例 9.3】在 stusystem 数据库中，从 Student 表、SC 表、Course 表中查询学生学号、学生姓名、学生所选课程名及成绩。其语句如下：

```
USE stusystem
SELECT s.Sno,s.Sname,SC.Cname,c.Grade
FROM Student AS s,
     SC,
     Course AS c
WHERE s.Sno=SC.Sno AND SC.Cno=c.Cno
```

在上面的 SELECT 语句中，FROM 子句中列出了 3 个基表，WHERE 子句中创建了两个同等连接，当这两个连接条件都为 true 时，返回结果集。在查询窗口执行上面的 SQL 语句，查询结果如图 9-2 所示。

结果 消息

	Sno	Sname	Cname	Grade
1	15009001	李玲	高等数学	58
2	15009002	刘哲	大学外语	94
3	15009003	张浩天	数据结构	83
4	15009004	宋云	高等数学	77
5	15009005	马欣欣	高等数学	92
6	15009006	王悦	数据结构	89
7	15009007	李飞	大学外语	90
8	15009008	张佳佳	计算机应用基础	56
9	15009009	周龙	计算机应用基础	88

图 9-2 【例 9.3】的运行结果

多表查询中同样可以使用 WHERE 子句的各个搜索条件，如比较运算符、逻辑运算符。IN 条件、BETWEEN 条件、LIKE 条件及 IS NULL 条件等也可以规范化结果集。

9.1.4 含有 JOIN 关键字的连接查询

使用 JOIN 关键字同样可以连接多表，JOIN 连接查询和基本连接查询一样都是用来连接多个表进行操作的。其连接条件主要通过以下方法定义两个表在查询中的关系方式。

- 指定每个表中要用于连接的目标列。即在一个基表中指定外键，在另一个基表中指定与其关联的键。
- 指定比较各个目标列的值时要使用比较运算符，如=、<等。

连接可以在 SELECT 语句的 FROM 子句或 WHERE 子句中创建。连接条件与 WHERE 子句和 HAVING 子句组合，用于控制 FROM 子句引用的基表中所选定的行。JOIN 连接查询的语法格式为：

```
SELECT select list
FROM table1 join type table2 [ON join conditions]
[WHERE serch conditions]
[ORDER BY order_expression]
```

语法说明如下。

- table1 与 table2：基表。
- join_type：指定连接类型，连接类型可分为内连接、外连接、交叉连接和自连接。
- join_conditions：指定连接条件。

9.2 内连接

内连接使用比较运算符进行多个基表间数据的比较操作，并列出这些基表中与连接条件相匹配的所有数据行。一般用 INNER JOIN 或 JOIN 关键字来指定内连接。其语法格式如下：

```
SELECT select list
FROM table1 INNER JOIN table2 [ON join conditions]
[WHERE search conditions]
[ORDER BY order_expression]
```

内连接又可以分为等值连接、非等值连接和自然连接。本节将对这些内连接进行详细介绍。

9.2.1 等值连接查询

等值连接就是在连接条件中使用比较运算符等于号（=）来比较连接列的列值，在其查询结果中列出两表符合条件的所有数据，并且包括重复列。

内连接严格执行连接条件，在执行连接查询后，要从结果集中删除在其他表中没有匹配行的所有数据行，所以使用内连接可能不会显示表的所有信息。

【例 9.4】在数据库 stusystem 中，基于表 Student 与表 SC 使用内连接查询，查询条件为两个表中的 Sno 相等时返回，要求结果集中显示 Sno、Sname、Cno 和 Grade。其语句如下：

```
USE stusystem
SELECT s.Sno,s.Sname,SC.Cno,SC.Grade
FROM Student AS s INNER JOIN SC ON s.Sno=SC.Sno
```

在查询窗口中执行上面的 SQL 语句，查询结果如图 9-3 所示。

	Sno	Sname	Cno	Grade
1	15009001	李玲	01	58
2	15009002	刘哲	03	94
3	15009003	张浩天	02	83
4	15009004	宋云	01	77
5	15009005	马欣欣	01	92
6	15009006	王悦	02	89
7	15009007	李飞	03	90
8	15009008	张佳佳	04	56
9	15009009	周龙	04	88

图 9-3 【例 9.4】的运行结果

【例 9.5】在数据库 stusystem 中，基于表 Student、表 SC、表 Course 使用内连接查询。查询条件为表 Student 与表 SC 的 Sno 相等，表 Course 与表 SC 的 Cno 相等。要求结果集中显示学生与其所选课程的全部信息语句，语句如下：

```
USE stusystem
SELECT Student.*,Course.*
FROM Student INNER JOIN SC on Student.Sno=SC.Sno
    INNER JOIN Course ONCourse.Cno=SC.Cno
```

在查询窗口中执行上面的 SQL 语句，查询结果如图 9-4 所示。

	Sno	Sname	Ssex	Sage	Sdept	Cno	Cname	Ccredit
1	15009001	李玲	女	19	IS	01	高等数学	3
2	15009002	刘哲	男	20	IS	03	大学外语	4
3	15009003	张浩天	男	20	CS	02	数据结构	3
4	15009004	宋云	男	21	CS	01	高等数学	3
5	15009005	马欣欣	女	18	MA	01	高等数学	3
6	15009006	王悦	女	19	MA	02	数据结构	3
7	15009007	李飞	男	20	CS	03	大学外语	4
8	15009008	张佳佳	女	20	CS	04	计算机应用基础	4
9	15009009	周龙	男	21	MA	04	计算机应用基础	4

图 9-4 【例 9.5】的运行结果

9.2.2 非等值连接查询

非等值连接查询就是在等值查询的连接条件中不使用等号，而使用其他比较运算符。在非等值连接中，可以使用的比较连接符有>、<、>=、<=、<>，也可以使用范围运算符 BETWEEN。

【例 9.6】在数据库 stusystem 中，基于表 Student 和表 SC 查询成绩不及格的学生信息。要求结果集显示 Sno、Sname、Sdept 和 Grade，并按照成绩降序排序，语句如下：

```
USE stusystem
SELECT Student.Sno,Student.Sname,Student.Sdept,SC.Grade
FROM Student INNER JOIN SC ON Student.Sno=SC.Sno AND SC.Grade<60
```

```
ORDER BY SC.Grade DESC
```

在上面的 SELECT 语句中，首先在 FROM 子句中指定数据的来源 Student 表和 SC 表。INNER JOIN 则说明这是内连接查询，在 ON 关键字后的是内连接的条件。并且使用了“<”比较运算符，接下来使用 ORDER BY 子句对结果进行排序。在查询窗口中执行上面的 SQL 语句，查询结果如图 9-5 所示。

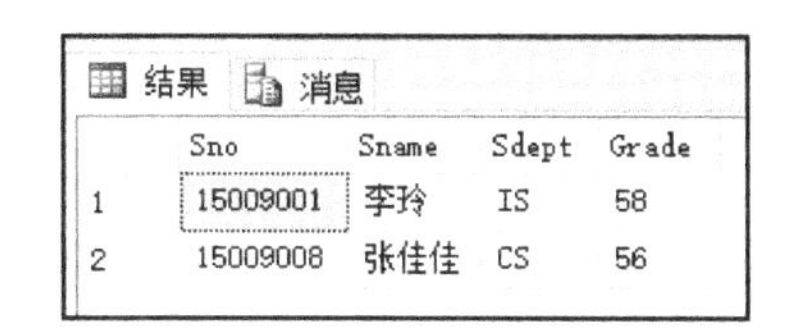

结果　消息

	Sno	Sname	Sdept	Grade
1	15009001	李玲	IS	58
2	15009008	张佳佳	CS	56

图 9-5　【例 9.6】的运行结果

9.2.3　自然连接查询

如果在等值连接中把目标列中重复的属性列去掉，就为自然连接。

【例 9.7】对【例 9.4】用自然连接完成查询，语句如下：

```
USE stusystem
SELECT s.Sno,Sname,Cno,Grade
FROM Student AS s
    INNER JOIN SCON s.Sno=SC.Sno
```

在上面的 SELECT 语句中，由于 Sname、Cno 和 Grade 属性列在 Student 表与 SC 表中是唯一的，因此引用时可以去掉表名前缀。但是 Sno 在两个表中都存在，因此引用时必须加上表名前缀或别名前缀。在查询窗口中执行上面的 SQL 语句，执行结果如图 9-6 所示。

结果　消息

	Sno	Sname	Cno	Grade
1	15009001	李玲	01	58
2	15009002	刘哲	03	94
3	15009003	张浩天	02	83
4	15009004	宋云	01	77
5	15009005	马欣欣	01	92
6	15009006	王悦	02	89
7	15009007	李飞	03	90
8	15009008	张佳佳	04	56
9	15009009	周龙	04	88

图 9-6【例 9.7】的运行结果

9.3 外连接

如果一些行在其他表中不存在匹配行，使用内连接查询时通常会删除原表中的这些行，而使用外连接时则会返回 FROM 子句中提到的至少一个表或视图的所有行，只要这些行符合任何搜索条件。

参与外连接查询的单表有主从之分，主表的每行数据去匹配从表中的数据行，如果符合连接条件，就直接返回到查询结果中。如果主表中的行没有在从表中找到匹配的行，那么主表的行仍然保留，相应地，从表中的行被填上 NULL 值并返回到查询结果中。

9.3.1 左外连接查询

在左外连接查询中，左表就是主表，右表就是从表。左外连接返回关键字 JOIN 左边的表中的所有行，但是这些行必须符合查询条件。如果左表的某数据行没有在右表中找到相应匹配的数据行，结果集中右表的对应位置就填入 NULL 值。其语法格式如下：

```
SELECT select list
FROM table1 LEFT OUTER JOIN table2 [ON join conditions]
[WHERE search conditions]
[ORDER BY order_expression]
```

【例 9.8】在数据库 stusystem 中，基于表 Student、表 SC 和表 Course 使用左外连接查询，要求结果显示 Student 表与 Course 表的所有信息。查询条件为表 Sudent 与表 SC 中的 Sno 相等，表 Course 与表 SC 中的 Cno 相等。其语句如下：

```
USE stusystem
SELECT Student.*,Course.*
FROM Student LEFT OUTER JOIN SC ON Student.Sno=SC.Sno
   LEFT OUTER JOIN Course ON Course.Cno=SC.Cno
```

在上面的 SELECT 语句中，表 Student 为主表，表 SC 与表 Course 为从表，在 ON 关键字后的是左外连接的条件。在查询窗口执行上面的 SQL 语句，查询结果如图 9-7 所示。

结果 消息

	Sno	Sname	Ssex	Sage	Sdept	Cno	Cname	Ccredit
1	15009001	李玲	女	19	IS	01	高等数学	3
2	15009002	刘哲	男	20	IS	03	大学外语	4
3	15009003	张浩天	男	20	CS	02	数据结构	3
4	15009004	宋云	男	21	CS	01	高等数学	3
5	15009005	马欣欣	女	18	MA	01	高等数学	3
6	15009006	王悦	女	19	MA	02	数据结构	3
7	15009007	李飞	男	20	CS	03	大学外语	4
8	15009008	张佳佳	女	20	CS	04	计算机应用基础	4
9	15009009	周龙	男	21	MA	04	计算机应用基础	4
10	15009010	张磊	男	20	CS	NULL	NULL	NULL
11	15009011	陈凡	男	20	IS	NULL	NULL	NULL
12	15009012	张怡	女	21	IS	NULL	NULL	NULL

图 9-7 【例 9.8】的运行结果

9.3.2　右外连接查询

在右外连接查询中，右表就是主表，左表就是从表。右外连接返回关键字 JOIN 右边的表中的所有行，但是这些行必须符合查询条件。右外连接是左外连接的反向，如果右表的某数据行没有在左表中找到相应匹配的数据行，结果集中左表的对应位置就填入 NULL 值。其语法格式如下：

```
SELECT select list
FROM table1 RIGHT OUTER JOIN table2 [ON join conditions]
[WHERE search conditions]
[ORDER BY order_expression]
```

【例 9.9】对【例 9.8】的左外连接进行右外连接，语句如下：

```
USE stusystem
SELECT Student.*,Course.*
FROM Student RIGHT OUTER JOIN SC ON Student.Sno=SC.Sno
    RIGHT OUTER JOIN Course ON Course.Cno=SC.Cno
```

在上面的 SELECT 语句中，表 Course 是主表，表 Student 与表 SC 为从表，在 ON 关键字后的是右外连接条件。在查询窗口中执行上面的 SQL 语句，查询结果如图 9-8 所示。

结果　消息

	Sno	Sname	Ssex	Sage	Sdept	Cno	Cname	Ccredit
1	15009001	李玲	女	19	IS	01	高等数学	3
2	15009004	宋云	男	21	CS	01	高等数学	3
3	15009005	马欣欣	女	18	MA	01	高等数学	3
4	15009003	张浩天	男	20	CS	02	数据结构	3
5	15009006	王悦	女	19	MA	02	数据结构	3
6	15009002	刘哲	男	20	IS	03	大学外语	4
7	15009007	李飞	男	20	CS	03	大学外语	4
8	15009008	张佳佳	女	20	CS	04	计算机应用基础	4
9	15009009	周龙	男	21	MA	04	计算机应用基础	4
10	NULL	NULL	NULL	NULL	NULL	05	数据库原理与应用	4

图 9-8　【例 9.9】的运行结果

9.3.3　完全外连接查询

完全外连接查询返回左表和右表中所有行的数据。当一个基表中的某行在另一个基表没有完全匹配行时，另一个基表与之相对应的列值设为 NULL 值。如果基表之间有匹配行，整个结果集就包含基表的数据值。其语法格式如下。

```
SELECT select_list
FROM table1 FULL OUTER JOIN table2 [ON join_conditions]
[WHERE search_conditions]
[ORDER BY order_expression]
```

【例 9.10】对【例 9.8】的左外连接进行完全外连接，语句如下：

```
USE stusystem
SELECT Student.*,Course.*
FROM Student FULL OUTER JOIN SC ON Student.Sno=SC.Sno
    FULL OUTER JOIN Course ON Course.Cno=SC.Cno
```

在查询窗口执行上面的 SQL 语句，查询结果如图 9-9 所示。

结果 消息

	Sno	Sname	Ssex	Sage	Sdept	Cno	Cname	Ccredit
1	15009001	李玲	女	19	IS	01	高等数学	3
2	15009002	刘哲	男	20	IS	03	大学外语	4
3	15009003	张浩天	男	20	CS	02	数据结构	3
4	15009004	宋云	男	21	CS	01	高等数学	3
5	15009005	马欣欣	女	18	MA	01	高等数学	3
6	15009006	王悦	女	19	MA	02	数据结构	3
7	15009007	李飞	男	20	CS	03	大学外语	4
8	15009008	张佳佳	女	20	CS	04	计算机应用基础	4
9	15009009	周龙	男	21	MA	04	计算机应用基础	4
10	15009010	张磊	男	20	CS	NULL	NULL	NULL
11	15009011	陈凡	男	20	IS	NULL	NULL	NULL
12	15009012	张怡	女	21	IS	NULL	NULL	NULL
13	NULL	NULL	NULL	NULL	NULL	05	数据库原理与应用	4

图 9-9 【例 9.10】的运行结果

9.4 交叉连接

当对两个基表使用交叉连接查询时，将生成来自这两个基表各行的所有可能组合。即在结果集中，两个基表中每两个可能成对的行占一行。在交叉连接中，查询条件一般限定在 WHERE 子句中。其语法格式如下：

```
SELECT select_list
FROM table1 CROSS JOIN table2 [ON join_conditions]
[WHERE search_conditions]
[ORDER BY order_expression]
```

使用交叉连接查询生成的结果集分为两种情况：一种是不使用 WHERE 子句，另一种是使用 WHERE 子句。本节将对这两种情况进行详细介绍。

9.4.1 不使用 WHERE 子句的交叉连接查询

当交叉连接查询语句中没有使用 WHERE 子句时，返回的结果集是被连接的两个基表所有行的笛卡尔积，即返回到结果集中的行数等于一个基表中符合查询条件的行数乘以另一个基表中符合查询条件的行数。

【例 9.11】查询 stusystem 数据库的 student 表和 SC 表中的所有数据信息，语句如下：

```
    USE stusystem
    SELECT
student.Sno,student.Sname,student.Ssex,student.Sage,student.Sdept,
    SC.*
    FROM student
    CROSS JOIN SC
```

在查询窗口中执行上面的语句，返回的结果集如图 9-10 所示，显示了 student 表与 class 表中所有行的笛卡尔积。

结果　消息

	Sno	Sname	Ssex	Sage	Sdept	Sno	Cno	Grade
1	15009001	李玲	女	19	IS	15009001	01	58
2	15009002	刘哲	男	20	IS	15009001	01	58
3	15009003	张浩天	男	20	CS	15009001	01	58
4	15009004	宋云	男	21	CS	15009001	01	58
5	15009005	马欣欣	女	18	MA	15009001	01	58
6	15009006	王悦	女	19	MA	15009001	01	58
7	15009007	李飞	男	20	CS	15009001	01	58
8	15009008	张佳佳	女	20	CS	15009001	01	58
9	15009009	周龙	男	21	MA	15009001	01	58
10	15009010	张磊	男	20	CS	15009001	01	58
11	15009011	陈凡	男	20	IS	15009001	01	58
12	15009012	张怡	女	21	IS	15009001	01	58
13	15009001	李玲	女	19	IS	15009002	03	94
14	15009002	刘哲	男	20	IS	15009002	03	94
15	15009003	张浩天	男	20	CS	15009002	03	94

图 9-10　【例 9.11】的运行结果

9.4.2　使用 WHERE 子句的交叉连接查询

当交叉连接查询语句中使用 WHERE 子句时，返回的结果集就是被连接的两个基表所有行的笛卡尔积减去 WHERE 子句条件搜索到的数据的行数。

9.5　自连接

自连接是指一个表与自身相连接的查询，连接操作是通过给基表定义别名的方式来实现的。实质上，这种自连接方式与两个表的连接操作完全相似，只是在每次列出这个表时便为其命名一个别名。也可以说，自连接可以将自身表的一个镜像当作另一个表来对待，从而能够得到一些特殊的数据。

9.6 联合查询

联合查询是指将多个不同的查询结果连接在一起组成一组数据的查询方式。联合查询使用UNION 关键字连接各个 SELECT 字句，语法格式如下：

```
SELECT select list
FROM table source
[WHERE search conditions]
{UNION [ALL]
SELECT select list
FROM table source
[WHERE search conditions]}
[ORDER BY order_expression]
```

在上面的语法格式中，ALL 关键字表示将所有行合并到结果集中。如果不使用 ALL 关键字，那么将只显示联合查询结果集重复行中的一行。

9.7 子查询

通过前面的学习可知，使用连接查询可以实现对多个表中的数据进行查询访问。同样，使用子查询也可以对多个表中的数据进行查询访问。子查询遵守 SQL Server 查询规则，可以运用在SELECT、INSERT、UPDATE 等语句中。根据子查询返回的行数不同可以将其分为：IN 关键字子查询、EXISTS 关键字子查询、多行子查询、单值子查询、嵌套子查询。下面将对这些子查询进行详细介绍。

9.7.1 使用 IN 关键字

IN 关键字的作用是判断一个表中指定列的值是否包含在已定义的列表中，或在另一个表中。通过使用 IN 关键字对原表中目标列的值和子查询的返回结果进行比较，如果列值与子查询的结果一致或存在与之匹配的数据行，查询结果集中就包含该数据行。其语法格式如下：

```
SELECT select_list
FROM table_source
WHERE expression IN|NOT IN (subquery)
```

语法说明如下。

- expression：表示所要查询的目标列或表达式。
- subquery：表示子查询内容。

【例 9.12】在 stusystem 数据库的 student 表中查询选 1 号课程的学生的信息，语句如下：

```
USE stusystem
SELECT *
FROM student
WHERE Sno IN(
  SELECT Sno FROM SC
  WHERE Cno= '01'
)
```

在查询窗口中执行上面的 SQL 语句，查询结果集如图 9-11 所示。

	Sno	Sname	Ssex	Sage	Sdept
1	15009001	李玲	女	19	IS
2	15009004	宋云	男	21	CS
3	15009005	马欣欣	女	18	MA

图 9-11　【例 9.12】的运行结果

9.7.2　使用 EXISTS 关键字

EXISTS 关键字用于在 WHERE 子句中测试子查询返回的数据行是否存在，但是子查询不会返回任何数据行，只产生逻辑值 true 或 false。如果子查询的值存在，就返回 true；否则返回 false。其语法格式如下：

```
SELECT select_list
FROM table_source
WHERE EXISTS|NOT EXISTS(subquery)
```

【例 9.13】查询所有男生的选课情况。

```
USE stusystem
SELECT * FROM SC
WHERE EXISTS (
  SELECT * FROM student
  WHERE student.Sno=SC.Sno
  AND Sno IN (
  SELECT Sno FROM student
  WHERE Ssex='男'
  )
)
```

上面的语句中使用了 EXISTS 关键字，若子查询中能够返回数据行，即查询成功，则子查询外围的查询也能成功；如果子查询失败，那么外围的查询也会失败，这里 EXISTS 连接的子查询可以理解为外围查询的触发条件。在查询窗口中执行上面的 SQL 语句，查询结果集如图 9-12 所示。

	Sno	Cno	Grade
1	15009002	03	94
2	15009003	02	83
3	15009004	01	77
4	15009007	03	90
5	15009009	04	88

图 9-12　【例 9.13】的运行结果

9.7.3　使用比较运算符

子查询可以由一个比较运算符和一些关键字引入，查询结果返回一个值列表。其语法格式如下：

```
SELECT select list
FROM table source
WHERE expression operator [ANY|ALL|SOME](subquery)
```

语法说明如下。

- operator：表示比较运算符。
- ANY、ALL 和 SOME：SQL 支持的在子查询中进行比较的关键字。

表 9-1 列出了比较运算符与关键字组合的类别与说明。

表 9-1　比较运算符与关键字组合的类别与说明

类别	说明
>ANY	大于子查询结果中的某个值
>ALL	大于子查询结果中的所有值
<ANY	小于子查询结果中的某个值
<ALL	小于子查询结果中的所有值
>=ANY	大于等于子查询结果中的某个值
>=ALL	大于等于子查询结果中的所有值
<=ANY	小于等于子查询结果中的某个值
<=ALL	小于等于子查询结果中的所有值
!=ANY(<>)	不等于子查询结果中的某个值
!=ALL(<>)	不等于子查询结果中的所有值

9.7.4　返回单值的子查询

返回单值的子查询就是子查询的查询结果只返回一个值，然后将一列值与这个返回的值进行比较。在返回单值的子查询中，比较运算符不需要使用 ANY、SOME 关键字；在 WHERE 子句中，可以使用比较运算符连接子查询。其语法格式如下：

```
SELECT select list
FROM table source
WHERE expression operator (subquery)
```

【例 9.14】在 stusystem 数据库中查询选 02 号课程的学生信息，语句如下：

```
USE stusystem
SELECT *
FROM student
WHERE student.Sno IN (
SELECT SC.Sno
FROM SC
WHERE Cno='02')
```

在查询窗口中执行上面的 SQL 语句，查询结果集如图 9-13 所示。

结果　消息

	Sno	Sname	Ssex	Sage	Sdept
1	15009003	张浩天	男	20	CS
2	15009006	王悦	女	19	MA

图 9-13　【例 9.14】的运行结果

9.7.5　使用嵌套子查询

在 SQL 语言中，一个 SELECT-FROM-WHERE 语句称为一个查询块。将一个查询块嵌套在另一个查询块的 WHERE 子句或 HAVING 子句条件中的查询称为嵌套查询。在 SQL Server 中，子查询允许嵌套使用，即子查询中还可以包含另一个子查询，这种查询方式称为嵌套子查询。

9.8　习题

1.填空题

（1）连接可以在 SELECT 语句的 FROM 子句或 WHERE 子句中创建连接条件与________子句和 HAVING 子句组合，用于控制 FROM 子句引用的基表中所选定的行。

（2）等值连接就是在连接条件中使用比较运算符________来比较连接列的列值，其查询结果中列出两表符合条件的所有数据，并且包括重复列。

（3）比较运算符和进行比较的关键字的不同组合所表示的意义也不同。例如，________表示大于等于子查询结果中的某个值，而________表示不等于子查询结果中的所有值。

2. 简述题

（1）简述内连接和外连接。

（2）简述左外连接和右外连接的主从表位置。

（3）简述比较运算符和关键字的组合。

第 10 章 存储过程与触发器

SQL Server 提供了 Transact-SQL 语句，用户可以自定义程序，用来满足数据库的应用需求。存储过程是由一系列 Transact-SQL 语句构成的程序，用于完成特定的功能。通过使用存储过程，可以将经常使用的语句封装起来，这样可以提高代码的重用性。存储过程是经过编译后存储在数据库中的，所以执行存储过程效率较高。存储过程还可以接受参数，提高存储过程的灵活性。存储过程可以通过名称直接调用。触发器是一种特殊类型的存储过程，是为了保证数据完整性和业务规则而提供的一种机制，这种机制是约束机制的补充。在数据库的表中执行插入、更新、删除等操作之前或者之后，当满足触发条件时，触发器会由 SQL Server 自动触发执行。

本章将介绍存储过程的创建、调用和管理，还将介绍触发器的创建和管理。

10.1 存储过程

存储过程是一组为了完成特定功能的 SQL 语句集。通过存储过程可以将经常使用的 SQL 语句封装起来，这样可以避免重复编写相同的 SQL 语句。另外，存储过程一般是经过编译后存储在数据库中的，所以执行存储过程要比执行存储过程中封装的 SQL 语句更有效率。除此之外，存储过程还可以接受输入参数、输出参数等，可以返回单个或多个结果集以及返回值。

本节将介绍存储过程的创建和使用、如何管理存储过程、处理存储过程中的错误信息以及优化存储过程。

10.1.1 使用存储过程

使用存储过程可以大大增强 SQL 语言的功能和灵活性，可以完成复杂的判断和运算，能够提高数据库的访问速度。

1. 存储过程的类型

在 SQL Server 中，可以使用的存储过程类型主要有：用户定义的存储过程、扩展存储过程和系统存储过程。

（1）用户定义的存储过程

用户定义的存储过程封装了可重用代码的模块或例程，可以接受输入参数、向客户端返回表格或标量结果和消息、调用数据定义语言（DLL）和数据操纵语言（DML）语句，然后返回输出参数。

用户定义的存储过程主要有如下两种。

① Transact-SQL 存储过程

在 Transact-SQL 存储过程中，保存的是 Transact-SQL 语句的集合，可以接受和返回用户提供的参数。

例如，在一个 Transact-SQL 存储过程中保存对学生表的操作语句，如 INSERT、UPDATE 语句等，在接收用户提供的某个学生的信息后，实现向学生表中添加或修改学生信息。当然，Transact 存储过程也可以接受用户提供的搜索条件，从而向用户返回搜索结果。

② CLR 存储过程

CLR 存储过程主要是针对.NET Framework 公共语言运行时（CLR）方法的引用，可以接受和返回用户提供的参数。

（2）扩展存储过程

扩展存储过程可以加载 SQL Server 以外的 DLL（Dynamic Link Library，动态链接库），允许使用编程语言（如 C 语言）创建自己的外部例程。

（3）系统存储过程

系统存储过程可以用来实现 SQL Server 中的许多管理活动，可以用来获取系统的数据等，主要存放在系统数据库 master 中，不过在其他数据库中也可以调用这些系统存储过程，而且在调用时可以只用存储过程的名称，而不需要在存储过程的名称之前添加数据库名。

SQL Server 中的系统存储过程的类型及其描述如表 10-1 所示。

表 10-1　SQL Server 中的系统存储过程的类型及其描述

类型	描述
活动目录存储过程	用于在 Windows 的活动目录中注册 SQL Server 实例和 SQL Server 数据库
目录访问存储过程	用于实现 ODBC 数据字典功能，并且隔离 ODBC 应用程序，使其不受基础系统表更改的影响
游标过程存储	用于实现游标变量功能
数据库引擎存储过程	用于 SQL Server 数据库引擎的常规维护
数据库邮件和 SQL Mail 存储过程	用于从 SQL Server 实例内执行电子邮件操作
数据库维护计划存储过程	用于设置管理数据库性能所需的核心维护任务
分布式查询存储过程	用于实现和管理分布式查询
全文搜索存储过程	用于实现和查询全文索引
日志传送存储过程	用于配置、修改和监视日志传送配置
自动化存储过程	用于在 Transact-SQL 批处理中使用 OLE 自动化对象
通知服务存储过程	用于管理 SQL Server 系统的通知服务
复制存储过程	用于管理复制操作
安全性存储过程	用于管理安全性
Profile 存储过程	在 SQL Server 代理中用于管理计划的活动和事件驱动活动
Web 任务存储过程	用于创建网页
XML 存储过程	用于 XML 文本管理

SQL Server 数据库系统中常用的系统存储过程及其作用如表 10-2 所示。

表 10-2　SQL Server 数据库系统中常用的系统存储过程的名称及其作用

名称	作用
sp_attach_db	将数据库附加到服务器上
sp_attach_single_file_db	将只有一个数据文件的数据库附加到当前服务器上
sp_changedbowner	更改当前数据库的所有者
sp_changeobjectowner	更改当前数据库中对象的所有者
sp_column_privileges	返回当前环境中单个表的列的特权信息
sp_help	报告有关数据库对象、用户定义数据类型或 SQL Server 提供的数据类型的信息
sp_password	修改而且只能修改标准登录的密码
sp_rename	更改用户创建对象的名称
sp_tables	更改数据库的名称

2. 创建存储过程

创建存储过程需要使用 CREATE PROCEDURE 语句，而且需要用户具有 CREATE PROCEDURE 系统权限。

（1）创建存储过程的语法

创建存储过程的语法如下：

```
CREATE PROC[EDURE] procedure_name[;number]
[{@parameter data_type}
[VARYING] [=default] [OUTPUT]] [,... n]
[WITH
{RECOMPILE|ENCRYPTION|RECOMPILE,ENCRYPTION}]
[FOR REPLICATION]
AS sql_statement [...n];
```

语法说明如下。

- PROC[EDURE]：表示创建的是存储过程。可以使用全称 PROCEDURE，也可以使用简称 PROC。
- Procedure_name：表示创建的存储过程的名称。
- ;number：一个整数，用来对同名的存储过程进行分组。分组后可以使用一个 DROP PROCEDURE 语句将这些分组过程一起删除。例如，存储过程 test;1、test;2 可以组成一个 text 组，使用 DROP PROCEDURE test 可以一次性删除这两个存储过程。
- @parameter：参数名。
- data_type：参数的数据类型。
- VARYING：指定输出参数所支持的结果集，仅适用于游标参数。
- Default：参数的默认值。
- OUTPUT：表示定义的参数是输出参数。

（2）创建存储过程

【例 10.1】下面创建一个不包含输入、输出参数的存储过程，对存储过程的创建进行简单介绍。其语句如下：

```
CREATE PROCEDURE pro_test1
AS
SELECT Sno,Sname,Ssex FROM student
WHERE Sno='15009001'
```

上面创建了一个简单的存储过程 pro_test1，该过程用于从 student 表中检索 Sno 为 15009001 的数据行的 Sno、Sname、Ssex 列。

3. 带参数的存储过程

上面我们已经建立了 pro_test1，用于检索 student 表中 Sno 为 15009001 的数据行的列信息，如果想要获取 Sno 为 15009002 或其他值的数据行信息，就不能使用该过程，而且该存储过程不输出任何内容。

（1）输入参数

在实际应用中，用户一般希望存储过程能够根据自己动态给定的 Sno 从 student 表中查询相应的信息，这时就需要使用输入参数。

【例 10.2】下面创建一个存储过程 pro_test2，该过程在 pro_test1 的基础上做简单改进，为其添加一个输入参数，语句如下：

```
CREATE PROCEDURE pro_test2
@Sno_in int
AS
SELECT Sno,Sname,Ssex FROM student
WHERE Sno=@Sno_in
```

上述存储过程 pro_test2，该过程中声明了一个输入参数：int 类型的 Sno_in。在调用该存储过程时，用户需要为变量 Sno_in 提供值。存储过程接受用户输入的变量值，并赋给 SELECT 语句中的 Sno，实现从 student 表中检索指定 Sno 所在数据行的 Sno、Sname 和 Ssex 列。

存储过程中允许有一个或多个输入参数，如果有多个输入参数，多个输入参数之间就需要使用逗号隔开。

（2）输出参数

如果用户想要了解存储过程中检索出来的字段信息，那么可以在存储过程中声明输出参数。

【例 10.3】下面创建一个存储过程 pro_test3，该过程在 pro_test2 的基础上增加输出参数，语句如下：

```
CREATE PROCEDURE pro_test3
@Sno_in int,
@Sno_out int OUTPUT
```

```
@Sname_out varchar (10)  OUTPUT
@Ssex_out char (2)  OUTPUT
AS
SELECT  @Sno_out = Sno,
@Sname_out =Sname,
@Ssex_out = Ssex
FROM student
WHERE Sno=@Sno_in
```

上述存储过程 pro_test3，输出参数包括 int 类型的 Sno_out、varchar 类型的 Sname_out、char 类型的 Ssex_out，分别用于接收并输出显示从 student 表中检索出来的 Sno、Sname、Ssex 列的值。

4. 执行存储过程

执行存储过程需要使用 EXECUTE 语句，EXECUTE 也可以简写为 EXEC。执行存储过程的语法如下：

```
[{EXEC|EXECUTE}]
{
[@return_status=]
{procedure_name [;number]|@procedure_name_var}
[[@parameter=]{value|@variable[OUTPUT]|[DEFAULT]}]
[,...n]
[WITH RECOMPILE]
```

语法说明如下。

- @return_status：可选的整型变量，存储模块的返回状态。这个变量用于 EXECUTE 语句前，必须在批处理、存储过程或函数中声明。
- Procedure_name：表示存储过程名。
- @procedure_name_var：表示局部定义的变量名。
- @parameter：表示参数。
- Value：表示参数值。
- @variable：用来存储参数或返回参数的变量。

（1）执行不含参数的存储过程

如果执行的存储过程没有参数，指定过程名称即可。

【例 10.4】执行存储过程 pro_test1 时，可以使用如下语句执行：

```
EXEC pro_test1
```

（2）执行含有输入参数的存储过程

如果存储过程有输入参数，就需要在执行该过程时为输入参数赋值。

【例 10.5】执行存储过程 pro_test2 的语句如下：

```
EXEC pro_test2 15009003
```

如上所示，在执行 pro_test2 存储过程时，为该过程中的输入变量 Sno_in 赋值为 15009003。

如果存储过程有多个输入参数，就需要为这些参数全部赋值，赋值时可以采用如下两种形式：

① 按参数顺序

【例 10.6】pro_test 存储过程中有两个输入参数：Sno_in 和 Sname_in，如果按参数顺序为其指定参数值，执行语句如下：

```
EXEC pro_test 15009003 ,'张昊一'
```

② 指明参数名

【例 10.7】如果记不清存储过程中的参数顺序，而知道参数名，就可以使用“@参数名=参数值”的形式为过程指定参数值，语句如下：

```
EXEC pro_test @Sno='张昊一',@Sno=15009003
```

（3）执行含有输出参数的存储过程

如果存储过程有输出参数，就需要先声明这些输出参数，并在执行存储过程时为其添加 OUTPUT 关键字。

【例 10.8】pro_test3 存储过程中有一个输入参数和三个输出参数，执行该过程的语句如下：

```
DECLARE @Sno out int,@Sname varchar (10) ,@Ssex out char (2)
EXEC pro test3
     15009003
     @Sno out OUTPUT,
     @Sname out OUTPUT,
     @Ssex_out OUTPUT
```

如上述示例，在执行存储过程 pro_test3 之前，先使用 DECLARE 关键字再次声明过程中的几个输出参数，并为其指定数据类型，然后在执行语句中使用这几个参数。

执行 pro_test3 存储过程后，该存储过程的输出参数中已经保存有值，但并不会输出显示。如果要显示存储过程中输出参数的值，就需要使用 PRINT 命令，该命令需要和上述语句一起被执行，语句如下：

```
...
PRINT @Sno out
PRINT @Sname out
PRINT @Ssex_out
```

10.1.2　管理存储过程

对存储过程的管理主要包括修改存储过程的内容、删除存储过程以及查询存储过程的结构、参数等信息。

1. 修改存储过程

修改存储过程需要使用 ALTER PROCEDURE 语句。默认情况下，只允许如下 3 种类型的用户执行 ALTER PROCEDURE 语句：

- 存储过程最初的创建者。
- sysadmin 服务器角色成员。
- db_owner 与 db_ddladmin 固定的数据库角色成员。

修改存储过程的语法如下：

```
ALTER PROCEDURE procedure name[;number]
[{@parameter data type}
[VARYING] [=default] [OUTPUT]] [,... n]
[WITH
{RECOMPILE|ENCRYPTION|RECOMPILE,ENCRYPTION}]
[FOR REPLICATION]
AS
sql_statement [...n];
```

从语法上可以看出，修改存储过程的语法与创建存储过程的语法几乎一样，只不过创建时使用 CREATE，修改时使用 ALTER。

2. 删除存储过程

删除存储过程需要使用 DROP PROCEDURE 语句，语法如下：

```
DROP PROCEDURE procedure_name[,...n]
```

【例 10.9】 删除 pro_test 存储过程的语句如下：

```
DROP PROCEDURE pro_test
```

3. 查看存储过程信息

在 SQL Server 中，可以使用系统存储过程、目录视图等查看存储过程的有关信息，如存储过程的定义信息、存储过程的依赖信息以及存储过程的名称和参数等信息。

使用系统存储过程查看某个存储过程的有关信息时，可以使用如下语句形式：

```
EXEC sp_procedure_name 'procedure_name'
```

其中，sp_procedure_name 表示系统存储过程；procedure_name 表示被查看的存储过程。使用目录视图查看某个存储过程的有关信息时，可以使用如下语句形式：

```
SELECT * FROM view_name WHERE name='procedure_name'
```

其中，view_name 表示目录视图。

（1）查看存储过程的定义信息

查看存储过程的定义信息可以使用目录视图 sys.sql_modules 和系统存储过程 sp_helptext 等。

【例 10.10】使用系统存储过程 sp_helptext 查看存储过程 pro_test1 的定义信息，语句如下：

```
USE stusystem
GO
EXEC sp_helptext 'pro_test1'
GO
```

（2）查看存储过程的依赖信息

查看存储过程的依赖信息也就是查看存储过程中涉及的数据库对象的信息，可以使用对象目录视图 sys.sql_dependencies 和系统存储过程 sp_depends 等。

【例 10.11】使用系统存储过程 sp_depends 查看存储过程 pro_test1 中的对象信息，语句如下：

```
USE stusystem
GO
EXEC sp_depends 'pro_test1'
GO
```

（3）查看存储过程的名称、参数等信息

查看存储过程的名称、参数等信息可以使用 sys.objects、sys.procedure、sys.parameters、sys.numbered_procedures 等目录视图。

【例 10.12】通过目录视图 sys.procedures 查看存储过程 pro_test1 的名称、参数等信息，语句如下：

```
USE stusystem
GO
SELECT * FROM sys.procedures WHERE name='pro_test1'
GO
```

10.1.3 处理错误信息

为了提高存储过程的使用频率，存储过程应该包含与用户进行交互的事务状态（成功或失败）的信息。因为在存储过程中执行的语句并不一定会成功，所以应该在存储过程中添加事务，在开始处理事务前要进行任务逻辑检查、业务逻辑检查和错误检查。

1. RETURN 语句

使用 RETURN 语句可以无条件地从查询或存储过程中退出，RETURN 语句后面的语句将不会被执行。RETURN 语句的语法如下：

```
RETURN [integer_expression]
```

其中，interger_expression 表示整型的返回值，即返回代码。

【例 10.13】使用如下代码创建一个存储过程 return_test1：

```
USE stusystem
GO
CREATE PROCEDURE return_test1
@Cno_in int
AS
DECLARE @count int
    IF(SELECT COUNT(*) FROM SC WHERE Cno=@Cno_in)=0
        BEGIN
            PRINT '不存在该课程号'
            RETURN
        END
    ELSE
        BEGIN
           SELECT @count=COUNT(*) FROM SC WHERE Cno=@Cno_in
           PRINT @count
        END
GO
```

上述过程中，return_test1 根据用户提供的课程号，首先在 SC 表中查询是否存在该课程，如果不存在，就显示提示信息，并使用 RETURN 语句退出存储过程，不执行后面的语句；如果存在，就显示选择该课程的人数。

2. 系统存储过程 sp_addmessage

使用系统存储过程 sp_addmessage 可以自定义错误消息，新的错误消息将被保存到 SQL Server 数据库引擎实例中，可以通过 sys.messages 目录视图进行查看。

使用 sp_addmessage 存储过程定义错误消息的语法如下：

```
EXEC  sp_addmessage
    [@msgnum=]msg_id,[@severity = ] severity,[@msgtext=] 'msg'
    [,[@lang=] 'language']
[,[@with_log=] {'TRUE'|'FALSE'}]
[,[@replace=] 'replace']
```

语法说明如下。

- @msgnum、@severity 等变量：在定义新错误消息时，可以使用“@变量名=变量值”的形式，也可以省略这些变量名。如果使用这些变量，就可以不考虑参数的顺序，否则需要严格按照参数顺序赋值。
- msg_id：消息的 ID。其数据类型为 int，默认值为 NULL。

- severity：错误的严重级别。其数据类型为 smallint，默认值为 NULL。
- msg：错误消息的文本。其数据类型为 nvarchar(255)，默认值为 NULL。
- language：消息所使用的语言。其数据类型为 sysname，默认值为 NULL。
- 'TRUE'|'FALSE'：是否在消息发生时将其写入 Windows 应用程序日志。

【例 10.14】用户自定义了一个管理员表 manager，该表中有一个管理员 admin 不允许删除。如果要对删除该管理员的操作进行错误提示，就需要用户自定义一个错误消息，语句如下：

```
EXEC  sp_addmessage
    1001,16,'admin 管理员不允许删除！' , 'us_english' , 'TRUE'
```

上面定义了一个 ID 为 1001 的消息，严重级别为 16，消息内容为“admin 管理员不允许删除！”，语言为 us_english，在消息发生时将其写入 Windows 应用程序日志。

3. RAISERROR 函数

RAISERROR 函数可以引用 sys.messages 目录视图中存储的用户定义消息，也可以动态建立消息。该消息作为服务器错误消息返回到调用的应用程序中。

RAISERROR 函数的使用语法如下：

```
RAISERROR({msg id | msg str | @local variable}
{ ,severity,state}
[ ,argument[ ,…n]])
[ WITH option[ , …n]]
```

语法说明如下。

- msg_id：使用 sp_addmessage 存储在 sys.messages 目录视图中的用户定义错误消息号。
- msg_str：使用此参数可以创建消息文本。
- @local_variable：一个可以为任何有效字符数据类型的变量。
- severity：消息的严重级别。
- argument：用于代替 msg_str 或对英语 msg_id 的消息中定义的变量的参数。
- option：错误的处理形式。

【例 10.15】使用 RAISERROR 函数调用前面定义的错误消息 1001，语句如下：

```
RAISERROR(1001,16,1)
```

4. 系统全局变量@@ERROR

@@ERROR 可以返回执行上一个 Transact-SQL 语句的错误号。如果上一个 Transact-SQL 语句执行没有错误，就返回 0。也就是说，@@ERROR 的值在每一条 Transact-SQL 语句执行后被重置，如果想要查看不是最近的 Transact-SQL 语句执行的错误号，就应该在该语句后面立刻跟上@@ERROR 进行查看，或者将其保存到一个局部变量中以备以后查看。

该函数的使用方法简单，直接使用@@ERROR 即可。

10.1.4　优化存储过程

在存储过程中封装了许多 SQL 语句，如果要提高存储过程的使用效率，首先就应该对存储过程中的 SQL 语句进行优化。除此之外，还应该注意存储过程的编译问题。

1. SQL 语句优化

对 SQL 语句的优化可以体现在很多方面，如关键字的选择、表的查询次数、运算符的使用等。本节介绍几种常见的 SQL 语句优化。

（1）使用列名代替“*”

在使用 SELECT 语句查询表中的所有列时，为了方便或没有记住表中的列名，往往使用“*”表示查询列。

使用“*”可以方便 SQL 语句的编写，但是却会降低 SQL 语句的执行效率。因为如果使用“*”，而不确切地告诉 SQL Server 到底是哪些列，那么 SQL Server 在执行该 SQL 语句时需要先“翻译”语句中的“*”所表示的列名，这自然要花费系统更多的时间与资源。

（2）使用“<=”代替“<”

“<=”与“<”的作用相信读者并不陌生，前者用来表示小于等于某个值，后者用来表示小于某个值。很多时候，这两个比较符可以替换着使用。

【例 10.16】判断 SC 表中成绩不及格的信息，也就是查找成绩小于 60 的行数据，语句如下：

```
SELECT * FROM SC WHERE Grade<60
或
SELECT * FROM SC WHERE Grade<=59
```

虽然这两条语句实现的查询结果一样，而且第一条语句看上去更容易让人理解，但是在实际应用中建议使用第二条查询语句，也就是使用“>=”代替“>”。

这两条语句的区别在于，如果使用“<60”，SQL Server 就会首先定位到 60，然后寻找比 60 小的数；如果使用“<=59”，SQL Server 就会直接定位到第一个比 60 小的数，也就是 59。

（3）减少查询次数

减少表的查询次数主要是指能使用一次查询获得的数据尽量不要通过两次或更多次的查询获得，因为对表的查询次数越多，查询速度越慢。

2. 使用 EXECUTE…WITH RECOMPILE 语句

在默认情况下，用户创建的存储过程是经过编译后存放在数据库中的，这样在以后执行该过程时，系统不需要再次编译该过程，可以大大提高存储过程的执行速度。

但是，有时候存储过程需要在运行时重新编译，如带有输入参数的存储过程，这些输入参数有可能在每次使用存储过程时都有极大变化，并可能影响到存储过程中的 JOIN 或 WHERE 从句。

如果需要存储过程在执行时被重新编译，最简单的方法就是在创建该过程时使用 WITH RECOMPILE 语句。

【例 10.17】使用 WITH RECOMPILE 语句创建如下存储过程：

```
CREATE PROCEDURE test
@param in int
WITH RECOMPILE
AS
…
```

使用 WITH RECOMPILE 语句后，每次执行存储过程时，系统都会重新编译它，并且不会将执行计划保存到系统的高速缓冲区中。如果不是每次都需要重新编译存储过程，而只是偶尔才需要，那么使用 WITH RECOMPILE 语句将会影响存储过程整体的执行速率。

既希望存储过程不要在每次被执行时都重新编译，又希望在需要的时候编译它，这个时候就可以使用 EXECUTE...WITH RECOMPILE 语句执行该存储过程，在创建存储过程时就不需要使用 WITH... RECOPILE 语句了。

10.2 触发器

在 SQL Server 中，为了保证数据的完整性和强制使用业务规则，除了提供约束以外，还提供了另一种机制——触发器。触发器和存储过程都是 SQL Server 的数据库对象。

本章将介绍 SQL Server 中的触发器类型和不同类型的触发器的创建方法。另外，还将介绍如何管理触发器，对触发器的管理包括修改、删除、启用和禁用等操作。

10.2.1 了解触发器

触发器是一种特殊的存储过程，它与表紧密相连，可以看作是表定义的一部分，用于对表进行完整性约束。

1. 触发器概述

触发器是建立在触发事件上的，如对表执行 INSERT、UPDATE 或 DELETE 等操作时，SQL Server 就会自动执行建立在这些操作上的触发器。在触发器中包含一系列用于定义业务规则的 SQL 语句，用来强制用户实现这些规则，从而确保数据的完整性。

（1）触发器的优点

触发器有以下优点。

- 触发器自动执行。当表中的数据做了任何修改时，触发器将立即激活。
- 触发器可以通过数据库中的相关表进行层叠更改。这比直接将代码写在前台的做法更安全合理。
- 触发器可以强制用户实现业务规则，这些限制比用 CHECK 约束所定义的更复杂。

（2）触发器的执行环境

所谓触发器的执行环境，可以看作是创建在内存中，用于在触发器执行过程中保存语句进程的空间。当调用触发器时，就会创建触发器的执行环境。如果调用多个触发器，就会分别为每个触发器创建执行环境。不过在任何时候，一个会话中只有唯一的一个执行环境是活动的。触发器执行环境示意图如图 10-1 所示。

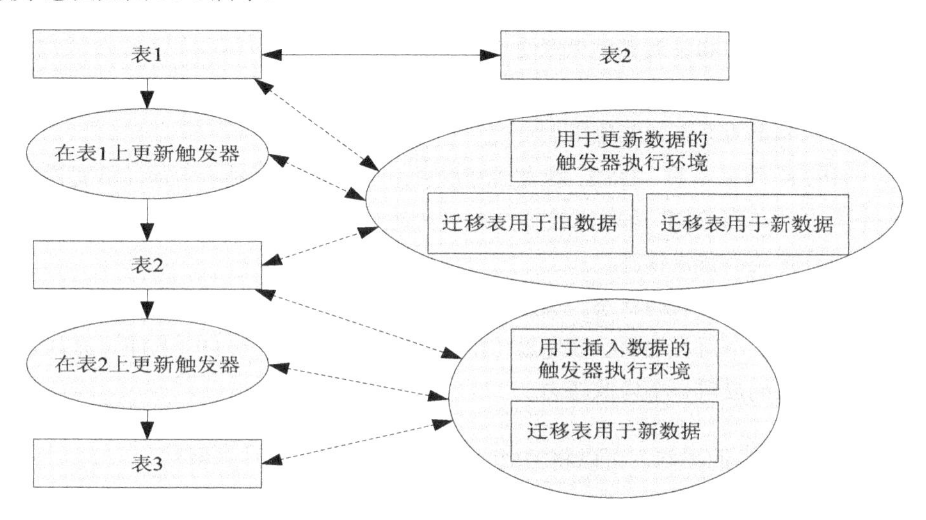

图 10-1　触发器执行环境示意图

图 10-1 中显示了两个触发器，一个是定义在表 1 上的 UPDATE 触发器，另一个是定义在表 2 上的 INSERT 触发器。当对表 1 执行 UPDATE 操作时，UPDATE 触发器被激活，系统为该触发器创建执行环境。而 UPDATE 触发器需要向表 2 中添加数据，这时就会触发表 2 上的 INSERT 触发器，此时系统为 INSERT 触发器创建执行环境，该环境变成活动状态。INSERT 触发器执行结束后，它所在的执行环境被销毁，UPDATE 触发器的执行环境再次变为活动状态。当 UPDATE 触发器执行结束后，它所在的执行环境也被销毁。

（3）触发器的作用

触发器的主要作用是能够实现有主键和外键所不能保证的、复杂的参照完整性和数据一致性。触发器能够对数据库中的相关表进行级联修改，还可以自定义错误消息、维护非规范化数据以及比较数据修改前后的状态。

在下列情况下，使用触发器将强制实现复杂的引用完整性。

- 强制数据库间的引用完整性。
- 创建多行触发器。当插入更新或删除多行数据时，必须编写一个处理多行数据的触发器。

- 执行级联更新或级联删除这样的操作。
- 撤销或回滚违反引用完整性的操作，防止非法修改数据。

2. 触发器的类型

SQL Server 中包含 3 种常规类型的触发器：DML 触发器、DDL 触发器和登录触发器。

（1）DML 触发器

当数据库中发生数据操纵语言（DML）事件时，将调用 DML 触发器。DML 事件包括在指定表或视图中修改数据的 INSERT 语句、UPDATE 语句或 DELETE 语句。

DML 触发器的作用如下。

- 通过数据库中的相关表实现级联更改。
- 防止恶意或错误的 INSERT、UPDATE 和 DELETE 操作，并强制执行比 CHECK 约束定义的限制更为复杂的其他限制。
- 与 CHECK 约束不同，DML 触发器可以引用其他表中的列。例如，触发器可以使用另一个表中的 SELECT 语句比较插入或更新的数据，以及执行其他操作，如修改数据或显示用户定义的错误信息。
- 评估数据修改前后表的状态，并根据该差异采取措施。
- 一个表中的多个同类 DML 触发器（INSERT、UPDATE 或 DELETE）允许采取多个不同的操作来响应同一个修改语句。

按照 DML 时间类型的不同，可以将 DML 触发器分为如下 3 种类型。

- INSERT 触发器：如果对表执行 INSERT 操作，将触发该表上的 INSERT 触发器。
- UPDATE 触发器：如果对表执行 UPDATE 操作，将触发该表上的 UPDATE 触发器。
- DELETE 触发器：如果对表执行 DELETE 操作，将触发该表上的 DELETE 触发器。

按照触发器和触发事件操作时间的不同，可以将 DML 触发器分为如下两类。

- AFTER 触发器：在执行了 INSERT、UPDATE 或 DELETE 操作之后执行的触发类型就是 AFTER 触发器。INSERT、UPDATE 或 DELETE 触发器都属于 AFTER 触发器，只能在表上指定。
- INSTEAD OF 触发器：执行 INSTEAD OF 触发器可以代替通常的触发动作。即可以使用 INSTEAD OF 触发器代替 INSERT、UPDATE 或 DELETE 触发事件的操作。

SQL Server 为每个 DML 触发器语句创建两种特殊的表：deleted 表和 inserted 表。这是两个逻辑表，由系统自动创建和维护，存放在内存而不是数据库中，用户不能对其进行修改。这两个表的结构总是与定义触发器的表结构相同。触发器执行完成后，与该触发器相关的这两个表也会被删除。这两个表的作用如下。

- deleted 表：用于存放对表执行 UPDATE 或 DELETE 操作时，要从表中删除的所有行。
- inserted 表：用于存放对表执行 INSERT 或 UPDATE 操作时，要向表中插入的所有行。

（2）DLL 触发器

当数据库中发生数据定义语言（DLL）事件时，将调用 DLL 触发器。DLL 事件主要包括 CREATE、ALTER、DROP、GRANT、DENY 和 REVOKE 等语句操作。

DLL 触发器可用于管理任务，如审核和控制数据库操作。如果要执行以下操作，可以使用 DLL 触发器。

- 要防止对数据库架构进行某些更改。
- 希望数据库中发生某种情况以响应数据库架构中的更改。
- 要记录数据库架构中的更改或事件。

（3）登录触发器

登录触发器响应 LOGON 事件而激发存储过程。与 SQL Server 实例建立用户会话时将引发此事件。登录触发器将在登录的身份验证阶段完成之后且用户会话实际建立之前激发。因此，来自触发器内部且通常将到达用户的所有消息回传到 SQL Server 错误日志。如果身份验证失败，将不激发登录触发器。

用户可以使用登录触发器来审核和控制服务器对话，如通过跟踪登录活动限制 SQL Server 的登录名或限制特定登录名的会话数。

10.2.2　创建触发器

创建触发器需要使用 CREATE TRIGGER 语句，该语句必须是批处理中的第一个语句，其后面的所有其他语句都将被解释为 CREATE TRIGGER 语句定义的一部分。

1. 创建 DML 触发器

默认情况下，表的所有者拥有该表上的 DML 触发器创建权限，但是不能将该权限转给其他用户。DML 触发器可以引用当前数据库以外的对象，但只能在当前数据库中创建 DML 触发器。DML 触发器可以引用临时表，但不能对临时表或系统表创建 DML 触发器。

创建 DML 触发器的语法如下：

```
CREATE TRIGGER [ schema name .]trigger name
ON{table|view}
[WITH <dml trigger option> [ ,…n] ]
{FOR|AFTER|INSTEAD OF}
{[INSERT] [,] [UPDATE] [,] [DELETE]}
AS{sqld_statement[;][,…]}
```

语法说明如下。

- schem_name：DML 触发器所属架构的名称。DML 触发器的作用域是为其创建该处发起的表或视图的架构。
- trigger_name：触发器的名称。
- table|view：对其执行 DML 触发器的表或视图，有时称为触发器表或触发器视图。可以

根据需要指定表或视图的完全限定名称。视图只能被 INSTEAD OF 触发器引用。不能对局部或全局临时表定义 DML 触发器。

- dml_trigger_option：创建触发器的选项。
- FOR|AFTER：AFTER 用于指定 DML 触发器仅在触发 SQL 语句中指定的所有操作都已成功执行后才被触发。所有的引用级联操作和约束检查也必须在激发此触发器之前成功完成。如果仅制定 FOR 关键字，AFTER 就为默认值。不能对视图定义 AFTER 触发器。
- INSTEAD OF：指定执行 DML 触发器而不是触发 SQL 语句，因此其优先级高于触发语句的操作。对于表或视图，每个 INSERT、UPDATE 或 DELETE 语句最多可定义一个 INSTEAD OF 触发器。
- [INSERT] [,] [UPDATE] [,] [DELETE]：用于指定数据操作语句，当对定义 DML 触发器的表或视图执行这些操作时，将触发触发器。必须至少指定一个选项，指定多个选项时，可以采用任何顺序。

（1）创建 INSERT 触发器

INSERT 触发器在对定义触发器的表执行 INSERT 语句时被执行。创建 INSERT 触发器需要在 CREATE TRIGGER 语句中指定 AFTER INSERT 选项。

【例 10.18】在表 student 上创建一个 INSERT 触发器 a_student，用于检查新添加的学生的性别是否填写规范，如果不规范，就拒绝添加该学生。触发器的创建语句如下：

```
USE stusystem
GO
CREATE TRIGGER a_student
ON student
WITH ENCRYPTION
AFTER INSERT
AS
IF (select Ssex FROM inserted) NOT IN ('男','女')
BEGIN
   PRINT'学生性别不符合规范。'
ROLLBACK TRANSACTION
END
```

在上述 INSERT 触发器 a_student 中，使用 SELECT 语句从系统自动创建的 inserted 表中查询新添加的学生的性别是否为“男”或 “女”，如果不是，就使用 PRINT 命令输出错误信息，并使用 ROLLBACK TRANSACTION 语句进行事务回滚，拒绝向 student 表中添加该学生。

（2）创建 UPDATE 触发器

当一个 UPDATE 语句在目标表上运行的时候，就会调用 UPDATE 触发器，这种类型的触发器专门用于约束用户能修改的现有的数据。

（3）创建 DELETE 触发器

当数据库运行 DELETE 语句时，就会激活 DELETE 触发器，DELETE 触发器用于约束用户能够从数据库中删除的数据，因为这些数据中，有些数据是不希望用户轻易删除的。

（4）创建 INSTEAD OF 触发器

INSTEAD OF 可以取代原本要执行的 SQL 语句，转为执行 INSTEAD OF 触发器中定义的 SQL 语句。创建 INSTEAD OF 触发器需要在 CREATE TRIGGER 语句中指定 INSTEAD OF 选项。

2. 创建 DLL 触发器

DDL 触发器是一种特殊的触发器，在响应数据定义语言（DDL）语句时触发。DDL 触发器可以用于在数据库中执行管理任务，如审核以及规范数据库操作等。

创建 DDL 触发器的语法如下：

```
CREATE TRIGGER trigger_name
ON{ALL SERVER|DATABASE}
[WITH <ddl_trigger_option> [ ,…n ] ]
{FOR|ALTER} {event_type|event_group} [ ,…n ]}
AS {sql_statement [;] [ ,…n ]}
```

语法说明如下。

- ALL SERVER：将 DLL 或登录触发器的作用域应用于当前服务器。
- DATABASE：将 DDL 触发器的作用域应用于当前数据库。
- event_type：执行之后将导致激发 DDL 触发器的 Transact-SQL 语言事件的名称。
- event_group：预定义的 Transact-SQL 语言事件分组的名称。

DML 触发器主要针对 INSERT、UPDATE 或 DELETE 这 3 种类型的 DML 触发事件，而 DDL 所针对的 DDL 触发事件就要复杂得多，分为数据库作用域的 DDL 语句和服务器作用域的 DDL 语句。

常见的数据库作用域的 DDL 语句如表 10-3 所示。

表 10-3　常见的数据库作用域的 DDL 语句

CREATE_APPLICATION_RPLE	ALTER_APPLICATION_RPLE	DROP_APPLICATION_RPLE
CREATE_FUNCTION	ALTER_FUNCTION	DROP_FUNCTION
CREATE_INDEX	ALTER_INDEX	DROP_INDEX
CREATE_PROCEDURE	ALTER_PROCEDURE	DROP_PROCEDURE
CREATE_TABLE	ALTER_TABLE	DROP_TABLE

常见的服务器作用域的 DDL 语句如表 10-4 所示。

表 10-4　常见的服务器作用域的 DDL 语句

CREATE_AUTHORIZATION_RPLE	ALTER_AUTHORIZATION_RPLE	DROP_AUTHORIZATION_RPLE
CREATE_DATABASE	ALTER_DATABASE	DROP_DATABASE
CREATE_LOGIN	ALTER_LOGIN	DROP_LOGIN

【例 10.19】在 stusystem 数据库中创建一个应用于当前数据库的 DDL 触发器 a_table，该触

发器用于拒绝用户对当前数据库中的表执行 DROP 或 ALTER 操作。触发器的创建语句如下：

```
USE stusystem
GO
CREATE TRIGGER a table
ON DATABASE
WITH ENCCRYPTION
FOR ALTER TABLE,DROP TABLE
AS
    BEGIN
        PRINT'不能对本数据库中的表进行删除或者修改操作'
        ROLLBACK
END
```

在上述触发器 a_table 中，使用 PRINT 命令输出针对 DDL 操作的错误信息，并使用 ROLLBACK 命令进行回滚。

3. 嵌套触发器

如果在执行某个触发器时会触发其他触发器，这些触发器就可以称为嵌套触发器。触发器最多可以嵌套 32 层。如果一个触发器更改了包含另一个触发器的表，第二个触发器就会被触发，然后该触发器又可以调用第三个触发器，以此类推。如果链中任何一个触发器引发了无限循环，就会超出嵌套级限制，从而导致取消触发器。

（1）使用嵌套触发器的注意事项与原则

使用嵌套触发器时，需要注意如下几点注意事项与原则。

- 默认情况下，嵌套触发器配置选项开启。
- 在同一个触发器事务中，一个嵌套触发器不能被触发两次，触发器不会调用它自己来响应触发器中对同一表的第二次更新。
- 触发器是一个事务，如果在一系列嵌套触发器的任意层中发生错误，那么整个事务都将被取消，而且所有数据修改都将回滚。

（2）禁用和启用嵌套

特殊情况下，如果需要禁用触发器的嵌套功能，就可以通过使用系统存储过程 sp_configure 设置服务器配置选项 nested triggers 的值为 0 来实现。

仅用嵌套的语句如下：

```
EXEC sp_configure 'nested triggers' , 0
```

如果需要重新启用嵌套，那么可以通过使用系统存储过程 sp_configure 设置服务器配置选项 nested triggers 的值为 1 来实现。

4. 递归触发器

任何触发器中都可以包含对同一个表或另一个表的 UPDATE、INSERT 或 DELETE 操作语句。如果启用递归触发器选项，那么改变表中数据的触发器通过递归执行就可以再次触发自己。

（1）递归触发器的不同类型

递归触发器有如下两种不同的类型。

① 直接递归

直接递归即触发器被触发并执行一个操作，而该操作又使同一个触发器再次被触发。例如，当对 A 表执行 UPDATE 操作时，触发了 A 表上的 a_update 触发器，而在 a-update 触发器中又包含对 A 表的 UPDATE 语句，这就导致 a_update 触发器再次被触发。

② 间接递归

间接递归即触发器被触发并执行一个操作，而该操作又使另一个触发器被触发；第二个触发器执行的操作又再次触发第一个触发器。例如，当对 A 表执行 UPDATE 操作时，触发了 A 表上的 a_update 触发器；而在 a_updale 触发器中又包含对 B 表的 UPDATE 语句，这就导致 B 表上的 b_update 触发器被触发；又由于 b_update 触发器中包含对 A 表的 UPDATE 语句，使得 a_update 触发器再次被触发。

2. 使用递归触发器的注意事项与原则

递归触发器具有复杂特性，可以用来解决诸如自引用这样的复杂关系。使用递归触发器时，需要注意如下几点注意事项和基本原则。

- 递归触发器很复杂，必须经过有条理的设计和全面的测试。
- 在任意点的数据修改都可能会触发一系列触发器。尽管具有处理复杂关系的能力，不过要求以特定的顺序更新用户的表时，使用递归触发器就会产生问题。
- 所有触发器一起构成一个大事务。任何触发器中的任何位置上的 ROLLBACK 命令都将取消所有数据的修改。
- 触发器最多只能递归 16 层。如果递归链中的第 16 个触发器激活了第 17 个触发器，结果就与使用 ROLLBACK 命令一样，将取消所有数据的修改。

10.2.3　管理触发器

对已创建的触发器可以进行管理，管理形式有修改触发器的定义、禁用与启用触发器以及删除触发器。

1. 修改触发器

修改触发器需要使用 ALTER TRIGGER 语句，该语句的使用语法与 CREATE TRIGGER 一样。

【例 10.20】修改触发器 a_table 的定义，语句如下：

```
USE scusystem
Go
ALTER TRIGGER a table
ON DATABASE
FOR DROP_TABLE
```

```
AS
BEGIN
PRINT '不能对本数据库中的表进行删除操作!'
ROLLBACK
END
```

上述语句将触发器 a_table 的定义修改为不加密，且只在执行删除表操作时触发。

2. 禁用与启用触发器

触发器在创建后将自动启用，不需要触发器起作用则可以禁用它，然后在需要的时候再次启用它。

（1）禁用触发器

禁用触发器的语法如下：

```
DISABLE TRIGGER { [schema_name. ] trgger_name [,... n ] | ALL}
ON { object_name I DATABASE ALL SERVER}
```

语法说明如下。

- Schea_name：触发器所属架构名称，只针对 DML 触发器。
- triggel_nam：触发器名称。
- ALL：指示禁用在 ON 子句作用域中定义的所有触发器。
- Object_name：触发器所在的表或视图名称。
- DATABASE|ALL SERVER：针对 DDL 触发器，指定数据库范围或服务器范围。

【例 10.21】禁用 DML 触发器 a_student，语句如下：

```
DISABLE TRIGGER a_student ON student
```

【例 10.22】禁用 DDL 触发器 a_table，语句如下：

```
DISABLE TRIGGER a_table ON DATASASE
```

（2）启用触发器

启用触发器的语法如下：

```
ENABLE TRIGGER { [ schem_name.] trigger_name [ ,… n] | ALL}
ON { object_name|DATABASE |ALL SERVER}
```

启用触发器的语法和禁用触发器的语法大致相同，只是一个使用 DISABLE 关键字，另一个使用 ENABLE 关键字。

3. 删除触发器

删除触发器需要使用 DROP TRIGGER 语句。针对 DML 触发器与 DDL 触发器两种不同类型的触发器，删除触发器的语句也不同。

（1）删除 DML 触发器

删除 DML 触发器的语法如下：

```
DROP TRIGGER trigger_name [ ,…n]
```

【例 10.23】删除 DML 触发器 a_student，语句如下：

```
DROP TRIGGER a_student
```

（2）删除 DDL 触发器

删除 DDL 触发器的语法如下：

```
DROP TRIGGER trigger name [ ,… n ]
ON {DATABASE|ALL SERVER}
```

其中，DATABASE 表示如果在创建或修改触发器时指定了 DATABASE，删除时就必须指定 DATABASE；ALL SERVER 同理。

【例 10.24】删除 DDL 触发器 a_table，语句如下：

```
DROP TRIGGER a_table ON DATABASE
```

10.3 习题

1. 填空题

（1）系统存储过程的名称一般以________开头，主要存放在 master 数据库中，但其他数据库也可以调用。

（2）想要修改表的名称，可以使用________系统存储过程。

（3）声明输出参数应该使用________关键字。

（4）SQL Server 中包含________、________、________三种常见的触发器类型。

（5）按 DML 事件类型的不同，可以将 DML 触发器分为________、________、________三种。按触发时间和触发事件操作时间的不同，可以将 DML 触发器分为________和________。

2. 简述题

（1）简述执行带参数的存储过程时应该注意的问题。

（2）如何创建一组存储过程，这样做有什么意义。

（3）简述 DML 触发器与 DDL 触发器有什么区别。

（4）简述触发器有什么用处，以及与 CHECK 约束相比，触发器有什么优点。

第 11 章

◄ 数据库安全 ►

数据库安全有两层含义：第一层是指系统运行安全，系统运行安全通常受到一些威胁，如网络不法分子通过网络、局域网等途径入侵电脑使系统无法正常启动、超负荷让机子运行大量算法、关闭 cpu 风扇并使 cpu 过热烧坏等破坏性活动；第二层是指系统信息安全，系统安全通常也会受到威胁，如黑客对数据库入侵，并盗取想要的资料。数据库系统的安全特性主要是针对数据而言的，包括数据独立性、数据安全性、数据完整性、并发控制、故障恢复等几个方面。

使用数据库管理数据时，我们关注的是其可用性、安全性，SQL Server 安全设置也是 DBA 关注的焦点。如果安全性得不到保障，那么数据库将面临各种各样的威胁，如数据丢失或系统瘫痪等。安全性控制是指要尽可能地杜绝所有可能的数据库非法访问。每种数据库管理系统都会提供一些安全性控制方法供数据库管理员选用，以下是常用的几种方法。

- 用户标识与鉴别。
- 授权。
- 视图定义与查询修改。
- 数据加密。
- 安全审计。

为了保证数据库安全，SQL Server 2016 提供了完善的管理机制与操作手册，把对数据库的访问分成了多个级别，对每个级别都进行安全控制。

11.1 数据库安全威胁

近两年，拖库现象频发，黑客盗取数据库的技术在不断提升。虽然数据库的防护能力也在提升，但相比黑客的手段来说，单纯的数据库防护还是心有余而力不足。数据库审计已经不是一种新兴的技术手段，但是在数据库安全事件频发的今天可以给我们新的启示。数据库受到的威胁大致有这么几种：

1. 内部人员错误

数据库安全的一个潜在风险就是“非故意的授权用户攻击”和内部人员错误。这种安全事件类型最常见的表现包括：由于不慎而造成意外删除或泄漏，非故意的规避安全策略。在授权用户无意访问敏感数据并错误地修改或删除信息时，就会发生第一种风险。在用户为了备份或“将工作带回家”而做了非授权的备份时，就会发生第二种风险。虽然这并不是一种恶意行为，但很明显，它违反了公司的安全策略，并会造成数据存放到存储设备上，在该设备遭到恶意攻击时，就会导致非故意的安全事件。例如，笔记本电脑就能造成这种风险。

2. 社交工程

由于攻击者使用的是高级钓鱼技术，在合法用户不知不觉地将安全机密提供给攻击者时，就会发生大量的严重攻击。这些新型攻击的成功意味着此趋势将会继续下去。在这种情况下，用户会通过一个受到损害的网站或一个电子邮件响应将信息提供给看似合法的请求。应当通知雇员这种非法的请求，并教育他们不要做出响应。此外，企业还可以通过适时地检测可疑活动来减轻成功的钓鱼攻击的影响。数据库活动监视和审计可以使这种攻击的影响最小化。

3. 内部人员攻击

很多数据库攻击源自企业内部。当前的经济环境和有关的裁员方法都有可能引起雇员的不满，从而导致内部人员攻击的增加。这些内部人员受到贪欲或报复欲的驱使，且不受防火墙及入侵防御系统等的影响，容易给企业带来风险。

4. 错误配置

黑客可以使用数据库的错误配置控制“肉机”访问点，借以绕过认证方法并访问敏感信息。这种配置缺陷成为攻击者借助特权提升发动某些攻击的主要手段。如果没有正确地重新设置数据库的默认配置，非特权用户就有可能访问未加密的文件，未打补丁的漏洞就有可能导致非授权用户访问敏感数据。

5. 未打补丁的漏洞

如今攻击已经从公开的漏洞利用发展到更精细的方法，并敢于挑战传统的入侵检测机制。漏洞利用的脚本在数据库补丁发布的几小时内就可以被发到网上。当即就可以使用漏洞、利用代码，再加上几十天的补丁周期（在多数企业中如此），实质上几乎把数据库的大门完全打开了。

6. 高级持续性威胁

之所以称其为高级持续性威胁，是因为实施这种威胁的是有组织的专业公司或政府机构，它们掌握了威胁数据库安全的大量技术和技巧，而且是“咬定青山不放松”“立根原在‘金钱（有资金支持）’中”，“千磨万击还坚劲，任尔东西南北风”。这是一种正甚嚣尘上的风险：热衷于窃取数据的公司甚至外国政府专门窃取存储在数据库中的大量关键数据，不再满足于获得一些简单的数据。特别是一些个人的私密及金融信息，一旦失窃，这些数据记录就可以在信息黑市上销售或使用，并被其他政府机构操纵。鉴于数据库攻击涉及成千上万甚至上百万的记录，所以其日益增长和普遍。通过锁定数据库漏洞并密切监视对关键数据存储的访问，数据库的专家们可以及时发现并阻止这些攻击。

11.2 安全策略

数据库在进行安全配置之前，首先必须对操作系统进行安全配置，保证操作系统处于安全状态。然后对要使用的操作数据库软件（程序）进行必要的安全审核（如对 ASP、PHP 等脚本），这是很多基于数据库的 Web 应用常出现的安全隐患。对于脚本，主要有过滤问题，需要过滤一些类似“,; @ /”等字符，防止破坏者构造恶意的 SQL 语句。接着，安装 SQL Server 2016 后，请打上最新 SQL 补丁。

下面介绍 SQL Server 的安全配置。

1. 使用安全的密码策略

我们把密码策略摆在所有安全配置的第一步。注意，很多数据库账号的密码过于简单，这跟系统密码过于简单是一个道理。对于 sa 更应该注意，同时不要让 sa 账号的密码写于应用程序或脚本中。健壮的密码是安全的第一步，建议密码含有多种数字、字母组合，并且在 9 位以上。SQL Server 2016 安装的时候，如果使用混合模式，就需要输入 sa 的密码，除非确认必须使用空密码，这比以前的版本有所改进。同时养成定期修改密码的好习惯，数据库管理员应该定期查看是否有不符合密码要求的账号。

2. 使用安全的账号策略

由于 SQL Server 不能更改 sa 用户名称，也不能删除这个超级用户，因此必须对这个账号进行最严的保护。当然，包括使用一个非常强壮的密码，最好不要在数据库应用中使用 sa 账号，只有当没有其他方法登录 SQL Server 实例（如其他系统管理员不可用或忘记密码时）时才使用 sa。建议数据库管理员新建立个拥有与 sa 一样权限的超级用户来管理数据库。安全的账号策略还包括不要让管理员权限的账号泛滥。

SQL Server 的认证模式有 Windows 身份认证和混合身份认证两种。如果数据库管理员不希望操作系统管理员通过操作系统登录接触数据库，那么可以在账号管理中把系统账号 BUILTIN\Administrators 删除。不过这样做的结果是，一旦 sa 账号忘记密码，就没有办法恢复了。很多主机使用数据库应用只是用来做查询、修改等简单功能的，请根据实际需要分配账号，并赋予仅仅能够满足应用要求和需要的权限。例如，只要查询功能的，就使用一个简单的 public 账号能够 select 就可以了。

3. 加强数据库日志的记录

审核数据库登录事件的“失败和成功”，在实例属性中选择“安全性”，将其中的审核级别选定为全部，这样在数据库系统和操作系统日志里面就详细记录了所有账号的登录事件。请定期查看 SQL Server 日志，检查是否有可疑的登录事件发生，或者使用 DOS 命令的情况。

4. 管理扩展存储过程

对存储过程进行大手术，并且对账号调用扩展存储过程的权限要慎重。其实，在多数应用中根本用不到多少系统的存储过程，而 SQL Server 的这么多系统存储过程只是用来适应广大用户的需求，所以请删除不必要的存储过程，因为有些系统的存储过程能很容易被人利用，用于提升权限或进行破坏。如果不需要扩展存储过程 Xp_cmdshell，就将其去掉。使用这个 SQL 语句：

```
use master
sp_dropextendedproc 'Xp_cmdshell'
```

Xp_cmdshell 是进入操作系统的最佳捷径，是数据库留给操作系统的一个大后门。如果需要这个存储过程，使用这个语句也可以恢复过来：

```
sp_addextendedproc 'xp_cmdshell', 'xpSQL70.dll'
```

如果不需要，请丢弃 OLE 自动存储过程（这会造成管理器中的某些特征不能使用）。

这些过程如下：

```
Sp_OACreate Sp_OADestroy Sp_OAGetErrorInfo Sp_OAGetProperty
Sp_OAMethod Sp_OASetProperty Sp_OAStop
```

去掉不需要的注册表访问的存储过程，注册表存储过程甚至能够读出操作系统管理员的密码，命令如下：

```
Xp_regaddmultistring Xp_regdeletekey Xp_regdeletevalue
Xp_regenumvalues Xp_regread Xp_regremovemultistring
Xp_regwrite
```

还有一些其他的扩展存储过程，也最好检查一下。在处理存储过程的时候，请确认一下，避免造成对数据库或应用程序的伤害。

5. 使用协议加密

SQL Server 2016 使用 Tabular Data Stream 协议进行网络数据交换，如果不加密，那么所有的网络传输都是明文的，包括密码、数据库内容等，这是一个很大的安全威胁。能被人在网络中截获他们需要的东西，包括数据库账号和密码。所以，在条件允许的情况下，最好使用 SSL 加密协议。当然，这需要一个证书来支持。

6. 不要让人随便探测到你的 TCP/IP 端口

默认情况下，SQL Server 使用 1433 端口监听，很多人都说 SQL Server 配置的时候要改变这个端口，这样别人就不会轻易地知道使用的是什么端口了。可惜，通过微软未公开的 1434 端口的 UDP 探测可以很容易地知道 SQL Server 使用的 TCP/IP 端口是什么。不过，微软还是考虑到了这个问题，毕竟公开而且开放的端口会引起不必要的麻烦。在实例属性中，选择 TCP/IP 协议的属性。选择隐藏 SQL Server 实例，若隐藏了 SQL Server 实例，则将禁止对试图枚举网络上现有的 SQL Server 实例的客户端所发出的广播做出响应。这样，别人就不能用 1434 探测你的 TCP/IP 端口了（除非用 Port Scan）。

7. 修改 TCP/IP 使用的端口

在上一步配置的基础上更改原来默认的 1433 端口。在实例属性中选择网络配置中的 TCP/IP 协议的属性，将 TCP/IP 使用的默认端口变为其他端口。

8. 拒绝来自 1434 端口的探测

由于 1434 端口探测没有限制，能够被别人探测到一些数据库信息，还可能遭到 DoS 攻击，让数据库服务器的 CPU 负荷增大，因此对 Windows 2000 操作系统来说，在 IPSec 过滤拒绝掉 1434 端口的 UDP 通信可以尽可能地隐藏你的 SQL Server。

9. 对网络连接进行 IP 限制

SQL Server 2016 数据库系统本身没有提供网络连接的安全解决办法，但是 Windows 2010 提供了这样的安全机制。使用操作系统自己的 IPSec 可以实现 IP 数据包的安全性。请对 IP 连接进行限制，只保证自己的 IP 能够访问，也拒绝其他 IP 进行的端口连接，对来自网络上的安全威胁进行有效的控制。

上面主要介绍了一些 SQL Server 的安全配置，经过以上配置，可以让 SQL Server 本身具备足够的安全防范能力。当然，更主要的是要加强内部的安全控制和管理员的安全培训，解决安全性问题是一个长期的过程，需要以后进行更多的安全维护。

11.3 SQL Server 2016 安全机制

安全性是评价一个数据库系统的重要指标。Microsoft SQL Server 2016 系统提供了一整套保护数据安全的机制，包括角色、架构、用户、权限等手段，这些安全机制可以有效地实现对系统访问和数据访问的控制。本节全面讲述 Microsoft SQL Server 2016 系统的安全机制。

安全性是数据库管理系统的一个重要特征。理解安全性问题是理解数据库管理系统安全性机制的前提。下面结合 Microsoft SQL Server 2016 系统的安全特征分析安全性问题和安全性机制之间的关系。

第一个安全性问题是：当用户登录数据库系统时，如何确保只有合法的用户才能登录系统？这是一个最基本的安全性问题，也是数据库管理系统提供的基本功能。在 Microsoft SQL Server 2016 系统中，这个问题是通过身份验证模式和主体解决的。

第二个安全性问题是：当用户登录系统后，可以执行哪些操作、使用哪些对象和资源？这也是一个非常基本的安全问题，在 Microsoft SQL Server 2016 系统中，这个问题是通过安全对象和权限设置来实现的。

第三个安全性问题是：数据库中的对象由谁所有？如果由用户所有，那么当用户被删除时，其所拥有的对象怎么办呢？在 Microsoft SQL Server 2016 系统中，这个问题是通过用户和架构分离来解决的。在该系统中，用户并不拥有数据库对象，架构可以拥有数据库对象。用户通过架构使用数据库对象。这种机制使得删除用户时不必修改数据库对象的所有者，提高了数据库对象的可管理性。

11.3.1　登录名管理

管理登录名包括创建登录名、设置密码策略、查看登录名信息、修改和删除登录名。下面讲述登录名管理的内容。注意，sa 是一个默认的 SQL Server 登录名，拥有操作 SQL Server 系统的所有权限。该登录名不能被删除。当采用混合模式安装 Microsoft SQL Server 系统后，应该为 sa 指定一个密码。

1. 创建登录名

在 Microsoft SQL Server 2016 系统中，许多操作既可以通过 Transact-SQL 语句完成，又可以通过 Microsoft SQL Server Management Studio 工具来完成。下面主要介绍如何使用 Transact-SQL 语句创建登录名。在创建登录名时，既可以通过将 Windows 登录名映射到 SQL Server 系统中，又可以创建 SQL Server 登录名。

首先讲述如何将 Windows 登录名映射到 SQL Server 系统中。在 Windows 身份验证模式下，只能使用基于 Windows 登录名的登录名。

【例 11.1】在 SQL Server 系统中，使用 Windows 登录名创建登录名。

（1）启动【查询编辑器】。
（2）在 Windows 操作系统中创建 Guest 用户。
（3）在如图 11-1 所示的示例中，使用 CREATE LOGIN 命令创建 SQL Server 登录名。

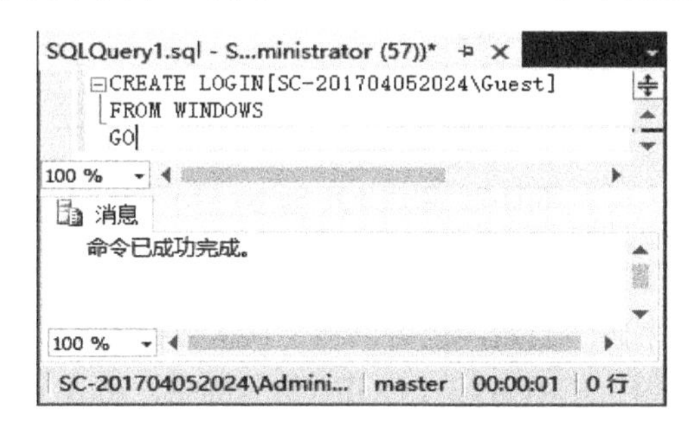

图 11-1　使用 Windows 登录名创建登录名

说明：[SC-201704052024\Guest]是将要创建的基于 Windows 登录名的登录名，其中方括号是必需的；SC-201704052024 指定域名；Guest 是 Windows 操作系统中已经存在的 Windows 登录名；FROM WINDOWS 是关键字，表示该登录名的来源是 Windows 登录名。

【例 11.1】的示例示意了一种最简单的创建登录名形式，没有为该登录名指定密码。注意，登录名信息是系统级信息。

这个创建登录名的示例没有为新建的登录名指定密码属性，这是因为基于 Windows 的登录名已经有密码了，并且使用 Windows 身份验证模式，不再需要额外提供密码信息。这样，Windows 登录名的密码策略就可以直接应用到 SQL Server 系统中了。

如果指定的 Windows 登录名不存在，就不能在 SQL Server 系统中基于 Windows 登录名创建登录名。否则，系统将产生错误信息。但是，如果某个 Windows 登录名存在，却没有基于该

Windows 登录名创建登录名，该 Windows 登录名就不能直接使用 Windows 身份验证模式访问 SQL Server 系统。

需要指出的是，在上面创建基于 Windows 登录名的登录名时，还有一个问题没有解决。当用户登录 SQL Server 系统后，需要直接访问某一个数据库，该数据库是这个登录名的默认数据库。如果没有为新建的登录名明确地指定默认数据库，那么默认数据库是 master 数据库。但是，如果希望为新建的登录名明确地指定默认数据库，就可以使用 WITH DEFAULT_DATABASE 子句。

使用 CREATE LOGIN 语句除了基于 Windows 登录名创建登录名外，还可以创建 SQL Server 自身的登录名，即 SQL Server 登录名。SQL Server 登录名必须通过 SQL Server 身份验证。在创建 SQL Server 登录名时，需要指定该登录名的密码策略。

【例 11.2】使用 CREATE LOGIN 语句创建 SQL Server 登录。

（1）启动【查询编辑器】。

（2）使用 CREATE LOGIN 语句创建 SQL Server 登录名的方式，如图 11-2 所示。

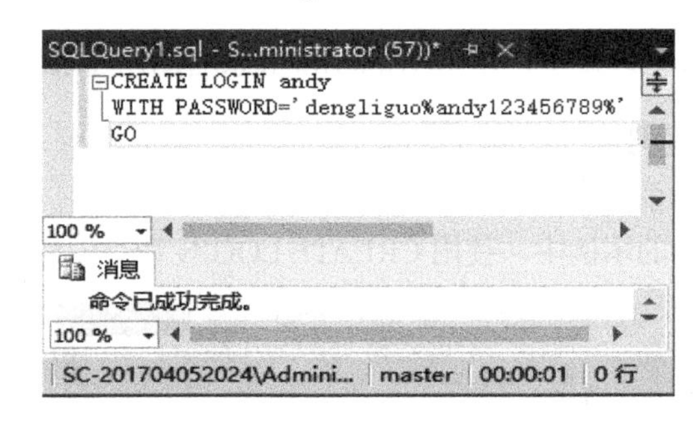

图 11-2　创建 SQL Server 登录名

【例 11.2】的示例演示了如何创建 SQL Server 登录名。这时，不需要事先有 Windows 登录名，且需要指定该登录名的密码。当然，也可以指定默认数据库和默认语言等其他属性。

在如图 11-2 所示的示例中，CREATE LOGIN 是关键字，andy 是将要创建的 SQL Server 登录名。WITH PASSWORD 是关键字，用于指定该登录名的密码。在该命令中，既没有使用 Windows 域名限定登录名，也没有使用 FROM 关键字指定登录名的来源，因此这是创建 SQL Server 登录名的方式。如果在创建 SQL Server 登录名时希望指定默认的数据库和使用默认的语言，那么可以使用 DEFAULT_DATABASE 关键字指定默认的数据库，使用 DEFAULT_LANGUASE 关键字指定默认的语言。

现在谈一下 Microsoft SQL Server 2016 系统的密码策略问题。实际上，Microsoft SQL Server 2016 系统使用了 Windows 的密码策略。当基于 Windows 登录名创建登录名时，虽然不需要明确地指定密码，但是由于 Windows 登录名本身有 Windows 密码，因此可以说系统自动使用了 Windows 的密码策略。但是，在创建 SQL Server 登录名时，如果依然希望使用 Windows 的密码策略，就需要使用一些关键字来明确指定。Windows 的密码策略包括密码复杂性和密码过期两大特征。

密码的复杂性是指通过增加更多可能的密码数量来阻止黑客的攻击。密码的复杂性策略应该遵循这些原则：密码不应该包含全部或部分登录名，如在前面的示例中，不应该为 Peter 登录名指定这样的密码：'andy'；密码长度至少为 6 个字符，不能太短，如'Peter'密码由于长度是 5 而不合理；密码应该包含 4 类字符中的 3 类：英文大写字母（A~Z）、英文小写字母（a~z）、10 个基本数字（0~9）和非字母数字（!、$、#、%等）。

密码过期策略是指如何管理密码的使用期限。在创建 SQL Server 登录名时，如果使用密码过期策略，那么系统将提醒用户及时更改旧密码和登录名，并且禁止使用过期的密码。

为了确保密码的安全，一般建议采取这些措施：密码中应该组合大小写字母、数字和特殊符号；密码在字典中查找不到；密码不是用户名或人名；密码不是地理位置名称；密码不是程序语言的命令名；密码需要定期更改；旧密码与新密码有比较大的差别。

在使用 CREATE LOGIN 语句创建 SQL Server 登录名时，为了实施上述密码策略，可以指定 HASHED、MUST_CHANGE、CHECK_EXPIRATION、CHECK_PLICY 等关键字。

HASHED 关键字用于描述如何处理密码的哈希运算。在使用 CREATE LOGIN 语句创建 SQL Server 登录名时，如果在 PASSWORD 关键字后面使用 HASHED 关键字，那么表示在作为密码的字符串存储到数据库之前对其进行哈希运算。如果在 PASSWORD 关键字后面没有使用 HASHED 关键字，那么表示作为密码的字符串已经是经过哈希运算的字符串，因此在存储到数据库之前不再进行哈希运算了。

MUST_CHANGE 关键字表示在首次使用新登录名时提示用户输入新密码。CHECK_EXPIRATION 关键字表示是否对该登录名实施密码过期策略。CHECK_PLICY 关键字表示对该登录名强制实施 Windows 密码策略。

需要特别指出的是，使用 ALTER LOGIN 语句可以禁用或启用指定的登录名。禁用登录名与删除登录名是不同的。禁用登录名时，登录名的所有信息依然存在于系统中，但是不能正常使用。只有被重新起用，该登录名才可以发挥作用。实际上，禁用登录名是一种临时禁止登录名起作用的措施。

【例 11.3】禁用和启用登录名。

（1）启动【查询编辑器】。
（2）在 ALTER LOGIN 语句中使用 DISABLE 关键字表示禁用登录名，如图 11-3 所示。
（3）在 ALTER LOGIN 语句中使用 ENABLE 关键字表示启用指定的登录名。

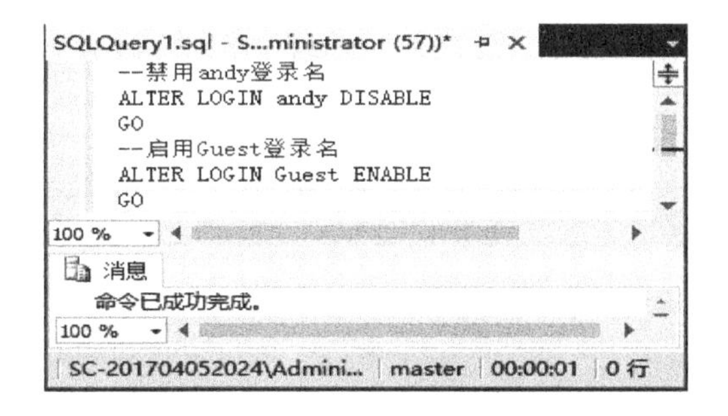

图 11-3　禁用和启用登录名

在【例 11.3】的示例中演示了禁用和启用登录名的操作。实际上，禁用就是暂停使用。这些操作在实际应用中非常有意义，可以大大方便对特殊环境下的安全管理。

如果某个登录名不再需要了，那么可以使用 DROP LOGIN 语句删除该登录名。删除登录名表示删除该登录名的所有信息。例如，如果 andy 登录名不再有用了，那么可以使用 DROP LOGIN andy 命令删除该登录名。需要注意的是，正在使用的登录名是不能被删除的，拥有任何安全对象、服务器级别的对象或代理作业的登录名也是不能被删除的。

11.3.2 数据库用户管理

前面介绍了 Windows 账户和 SQL Server 账户的创建步骤，这两种账户都属于登录账户，只是用来登录 SQL Server 的。使用登录账户登录 SQL Server 后，如果想要访问数据库，那么还需要为该账户映射一个或多个数据库用户。

数据库用户是数据库级的主体，是登录名在数据库中的映射，也是在数据库中执行操作和活动的执行者。在 Microsoft SQL Server 2016 系统中，数据库用户不能直接拥有表、视图等数据库对象，而是通过架构拥有这些对象。数据库用户管理包括创建用户、查看用户信息、修改用户名、删除用户名等操作。

【例 11.4】使用图形化界面创建数据库用户。

（1）打开 SQL Server Management Studio，展开【数据库】|Student|【安全性】|节点，右击【用户】节点，在弹出的快捷菜单中选择【新建用户】命令，打开【数据库用户-新建】窗口。

（2）单击【登录名】文本框后面【...】按钮，打开【选择登录名】对话框。

（3）单击【浏览】按钮，在打开的【查找对象】对话框中选择匹配的对象为 andy，将新用户名映射到这个登录账户。

（4）单击【确定】按钮，返回【选择登录名】对话框，在该对话框的【输入要选择的对象名称】文本域中将显示已经选择的登录账户。

（5）单击【确定】按钮，返回【数据库用户-新建】窗口。在该窗口中完成其他设置，如设置用户名为 deng 等。

（6）单击【确定】按钮，即可完成新用户 deng 的创建。

【例 11.5】通过命令创建数据库用户。

创建用户还可以使用 CREATE USER 语句，使用该语句需要用户具有 ALTER ANY USER 权限。CREATE USER 语句的语法如下：

```
CREATE USER user_name
[{FOR |FROM }
{
 LOGIN login_name
 |CERTIFICATE cert_name
 |ASYMMETRIC KEY asym_key_name
}
|WITHOUT LOGIN
]
[WITH DEFAULT_SCHEMA=schema_name]
```

语法说明如下：

- user_name：要创建的用户名。最多可以是 128 个字符。
- LOGIN login_name：指定为哪个 SQL Server 登录名创建数据库名。login_name 必须是服务器有效的登录名。
- CERTIFICATE cert_name：指定要创建数据库用户的证书。
- ASYMMETRIC KEY asym_key_name：指定要创建数据库用户的非对称秘钥。
- WITHOUT LOGIN：指定不应将用户映射到现有登录名。
- DEFAULT_SCHEMA=schema_name：为数据库用户指定一个默认架构。如果不指定默认架构，数据库用户将使用 dbo 作为默认架构。

（1）启动【查询编辑器】。

（2）使用如图 11-4 所示的 CREATE USER 语句在 Student 数据库中创建对应 andy 登录名的用户，其名称是 deng。

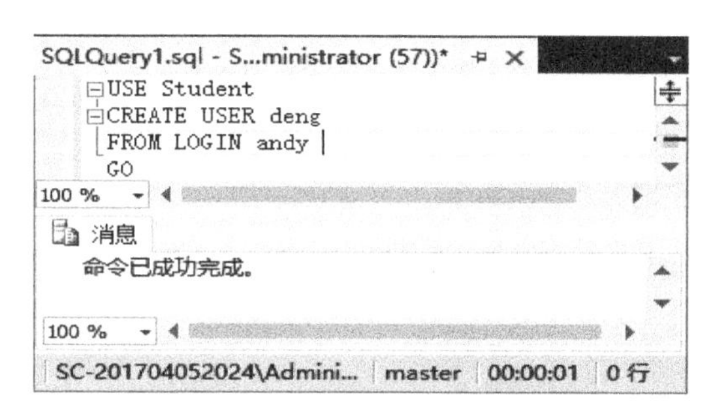

图 11-4　创建登录名的数据库用户

（3）说明用户是基于数据库的主体，在执行 CREATE USER 语句创建用户之前，应该使用 USE Student 命令设置当前的数据库。接下来，使用 CREATE USER 语句创建一个对应 andy 登录名的 deng 用户。注意，这里使用了 FROM LOGIN 关键字指定登录名，也可以使用 FOR LOGIN 关键字指定登录名。

在【例 11.5】的示例中，CREATE USER 语句中的两个参数非常重要，andy 是事先存在的登录名参数，deng 是在当前数据库中将要创建的数据库用户名。

用户名和登录名可以一样，也可以不一样。在数据库中创建用户时，如果用户名与登录名完全一样，那么可以省略 FROM LOGIN 关键字。也就是说，当 CREATE USER 语句中没有明确地指定登录名时，表示将创建一个与登录名完全一样的用户。

数据库中的每一个用户都可以对应多个架构，但是只能对应一个默认架构，只有这样才能通过架构引用数据库对象。当不明确指定架构时，使用该用户的默认架构。如果在 CREATE USER 语句中没有明确地指定架构，那么所创建的新用户使用 dbo 架构。dbo 是一个自动生成的架构，它可以拥有数据库中的所有对象。但是，如果希望为新用户明确地指定架构，那么可以在 CREATE USER 语句中使用 DEFAULT_SCHEMA 关键字来指定架构名称。

可以使用 ALTER USER 语句修改用户。修改用户包括两方面：第一，可以修改用户名；第二，可以修改用户的默认架构。

修改用户名与删除、重建用户是不同的。修改用户名仅仅是名称的改变，不是用户与登录名对应关系的改变，也不是用户与架构关系的变化。

【例 11.6】修改用户名。

（1）启动【查询编辑器】。

（2）使用命令将 deng 用户名修改为 wang 用户名，但是 wang 用户对应的登录名依然是 [SC-201704052024\deng]，即对应关系不变。

```
USE Student
ALTER USER deng
WITH NAME=wang
GO
```

也可以使用 ALTER USER 语句修改指定用户的默认架构，这时应该在 ALTER USER 语句中使用 WITH DEFAULT_SCHEMA 子句。如果不再需要某个指定的用户了，那么可以使用 DROP USER 语句删除该用户。

【例 11.7】删除用户名。

（1）启动【查询编辑器】。

（2）使用命令将 deng 用户从 Student 数据库中删除。数据库用户删除之后，其对应的登录名依然存在。

```
USE Student
DROP USER deng
GO
```

11.3.3 数据库角色

数据库角色是数据库级别的主体，也是数据库用户的集合。数据库用户可以作为数据库角色的成员，继承数据库角色的权限。数据库管理人员可以通过管理角色的权限来管理数据库用户的权限。Microsoft SQL Server 2016 系统提供了一些固定数据库角色和 public 特殊角色。下面详细描述数据库角色的特点和管理方式。

1. 管理数据库角色

管理数据库角色包括创建数据库角色、添加和删除数据库角色成员、查看数据库角色信息、修改和删除角色等。

可以使用 CREATE ROLE 语句创建角色。实际上，创建角色的过程就是指定角色名称和拥有该角色的用户的过程。如果没有明确地指定角色的所有者，那么当前操作的用户默认是该角色的所有者。

【例 11.8】练习使用 CREATE ROLE 语句创建简单的角色。

（1）启动【查询编辑器】。

（2）使用 CREATE ROLE 语句创建一个名称为 ProjectManager 的角色。角色创建之后，可以为其授权和添加成员。

```
USE Student
GO
CREATE ROLE ProjectManager
GO
```

由于没有明确指定角色的所有者，因此当前执行 CREATE ROLE 语句操作的用户是默认的所有者。如果希望明确地指定所有者，那么可以使用 AUTHORIZATION 关键字。

【例 11.9】练习使用 CREATE ROLE 语句创建带有所有者的角色。

（1）启动【查询编辑器】。

（2）在命令中，首先使用 USE 语句设置 Student 数据库为当前数据库，表示所有操作都在该数据库中执行。

（3）使用 DROP ROLE 语句删除现有的 ProjectManager 角色，目的是重建该角色。

（4）使用 CREATE ROLE 语句创建 ProjectManager 角色，并且使用 AUTHORIZATION 关键字指定该角色的所有者为 wang 用户。

```
USE Student
DROP ROLE ProjectManager
GO
CREATE ROLE ProjectManager
AUTHORIZATION wang
GO
```

如果希望为角色添加成员，那么可以使用 sp_addrolemember 存储过程。使用该存储过程可以为当前数据库中的数据库角色添加数据库用户、数据库角色、Windows 登录名和 Windows 组。sp_addrolemember 存储过程的使用方式如下：

```
sp_addrolemember 'role_name', 'security_account'
```

在上面的语法中，role_name 参数用于指定当前数据库角色，security_account 参数用于指定将要作为当前数据库角色成员的安全账户名称。

【例 11.10】为角色添加成员。

（1）启动【查询编辑器】。

（2）使用 sp_addrolemember 存储过程将 wang 用户添加到 ProjectManager 角色中。这时，wang 用户继承了 ProjectManager 角色的权限。

```
USE Student
GO
Sp_addrolemember 'ProjectManager',
                 'wang'
GO
```

在【例 11.10】的示例中，sp_addrolemember 存储过程的两个参数分别是角色名和用户名，角色名在前，用户名在后。这种顺序与添加固定服务器角色成员时的顺序恰好相反。

需要注意的是，如果某个 Windows 级别的主体（如 Windows 登录名或 Windows 组）在当前数据库中没有数据库用户，那么执行该存储过程之后可以自动在当前数据库中生成对应的数据库用户。

数据库角色可以包括其他数据库角色作为成员，但是数据库角色不能包含自己作为成员。无论是直接作为成员包含自身，还是通过其他中间的数据库角色间接地包含自身，这种操作都是无效的。

与 sp_addrolemember 存储过程相对应的是 sp_droprolemember 存储过程，后者可以删除指定数据库角色中的成员。

可以使用 sys.database_principals 安全性目录视图查看当前数据库中所有数据库角色信息，使用 sys.database_role_members 安全性目录视图查看当前数据库中所有数据库角色和其成员的信息。

如果希望修改数据库角色的名称，那么可以使用 ALTER ROLE 语句。如果某个角色确实不再需要了，那么可以使用 DROP ROLE 语句删除指定的角色。ALTER ROLE 语句和 DROP ROLE 语句的语法形式如下：

```
ALTER ROLE role_name WITH NAME new_role_name
DROP ROLE role_name
```

2. 固定数据库角色

就像固定服务器角色一样，固定数据库角色也具有预先定义好的权限。使用固定数据库角色可以大大简化数据库角色权限管理工作。

Microsoft SQL Server 2016 系统提供了 9 个固定数据库角色，这些固定数据库角色的清单和权限描述如表 11-1 所示。

表 11-1　固定数据库角色

固定数据库角色	描述
db_accessadmin	访问权限管理员，具有 ALTER ANY USER、CREATE SCHEMA、CONNECT、VIEW ANY DATABASE 等权限，可以为 Windows 登录名、Windows 组、SQL Server 登录名添加或删除访问权限
db_backupoperator	数据库备份管理员，具有 BACKUP DATABASE、BACKUP LOG、CHECKPOINT、VIEW DATABASE 等权限，可以执行数据库备份操作
db_datareader	数据检索操作员，具有 SELECT、VIEW DATABASE 等权限，可以检索所有用户表中的所有数据
db_datawriter	数据维护操作员，具有 DELETE、INSERT、UPDATE、VIEW DATABASE 等权限，可以在所有用户表中执行插入、更新、删除等操作
db_ddladmin	数据库对象管理员，具有创建和修改表、类型、视图、过程、函数、XML 架构、程序集等权限，可以执行对这些对象的管理操作

（续表）

固定数据库角色	描述
db_denydatareader	拒绝执行检索操作员，拒绝 SELECT 权限，具有 VIEW ANY DATABASE 权限，不能在数据库中对所有对象执行检索操作
db_denydatawriter	拒绝执行数据维护操作员，拒绝 DELETE、INSERT、UPDATE 权限，不能在数据库中执行所有的删除、插入、更新等操作
db_owner	数据库所有者，具有 CONTROL、VIEW ANY DATABASE 权限，能够在数据库中进行所有操作
db_securityadmin	安全管理员，具有 ALTER ANY APPLICATION ROLE、ALTER ANY ROLE、CREATE SCHEMA、VIEW DEFINITION、VIEW ANY DATABASE 等权限，可以执行权限管理和角色成员管理等操作

例如，如果 wang 用户是 db_owner 固定数据库角色的成员，那么该用户就可以在数据库中执行所有的操作。如果 deng 用户是 db_denydatareader 固定数据库角色的成员，那么该用户不能在数据库中执行所有的检索操作。

3. public 角色

除了前面介绍的固定数据库角色外，Microsoft SQL Server 系统成功安装之后，还有一个特殊的角色，即 public 角色。public 角色有两大特点：第一，初始状态时没有权限；第二，所有的数据库用户都是它的成员。

固定数据库角色都有预先定义好的权限，但是不能为这些角色增加或删除权限。虽然初始状态下 public 角色没有任何权限，但是可以为该角色授予权限。由于所有的数据库用户都是该角色的成员，并且这是自动的、默认的和不可变的，因此数据库中的所有用户都会自动继承 public 角色的权限。

从某种程度上可以这样说，当为 public 角色授予权限时，实际上就是为所有的数据库用户授予权限。

4. 固定服务器角色

固定服务器角色也是服务器级别的主体，其作用范围是整个服务器。固定服务器角色已经具备了执行指定操作的权限，可以把其他登录名作为成员添加到固定服务器角色中，这样该登录名就可以继承固定服务器角色的权限了。Microsoft SQL Server 2016 系统提供了 9 个固定服务器角色，这些角色的功能描述如表 11-2 所示。

表 11-2　固定服务器角色

固定服务器角色	描述
bulkadmin	块数据操作管理员，拥有执行块操作的权限，即拥有 ADMINISTER BULK OPERATIONS 权限，如执行 BULK INSERT 操作
dbcreator	数据库创建者，拥有创建数据库的权限，即拥有 CREATE DATABASE 权限
diskadmin	磁盘管理员，拥有修改资源的权限，即拥有 ALTER RESOURCE 权限
processadmin	进程管理员，拥有管理服务器连接和状态的权限，即拥有 ALTER ANY CONNECTION、ALTER SERVER STATE 权限
securityadmin	安全管理员，拥有执行修改登录名的权限，即拥有 ALTER ANY LOGIN 权限

（续表）

固定服务器角色	描述
serveradmin	服务器管理员，拥有修改端点、资源、服务器状态等权限，即拥有 ALTER ANY ENDPOINT、ALTER RESOURCES、ALTER SERVER STATE、ALTER SETTINGS、SHUTDOWN、VIEW SERVER STATE 权限
setupadmin	安装程序管理员，拥有修改链接服务器权限，即拥有 ALTER ANY LINKED SERVER 权限
sysadmin	系统管理员，拥有操作 SQL Server 系统的所有权限
public	公共角色，没有预先设置的权限。用户可以向该角色授权

固定服务器角色的权限是固定不变的（public 角色除外），既不能被删除，也不能增加。在这些角色中，sysadmin 固定服务器角色拥有的权限最多，可以执行系统中的所有操作。可以在 SQL Server Management Studio 的【对象资源管理器】窗口中的【安全性】|【服务器角色】节点中查看这些固定服务器角色的名称。右击某个固定服务器角色，从弹出的快捷菜单中选择【属性】命令，可以查看该角色的成员等信息。

5. 应用程序角色

应用程序角色是一个数据库主体，它使应用程序能够用其自身的、类似用户的权限来运行。在使用应用程序时，可以仅仅允许那些经过特定应用程序连接的用户来访问数据库中的特定数据，如果不通过这些特定的应用程序连接，就无法访问这些数据。这是使用应用程序角色实现安全管理的目的。

与数据库角色相比，应用程序角色有 3 个特点：第一，在默认情况下该角色不包含任何成员；第二，在默认情况下该角色是非活动的，必须激活之后才能发挥作用；第三，该角色有密码，只有拥有应用程序角色正确密码的用户才可以激活该角色。当激活某个应用程序角色之后，用户会失去自己原有的权限，转而拥有应用程序角色的权限。

在 Microsoft SQL Server 2016 系统中，可以使用 CREATE APPLICATION ROLE 语句创建应用程序角色。该语句的语法形式如下：

```
CREATE APPLICATION ROLE application_role_name
WITH PASSWORD = 'password',
DEFAULT_SCHEMA = schema_name
```

在上面的语法中，application_role_name 参数是将要新建的应用程序角色名称，可以使用 WITH PASSWORD 关键字指定该应用程序角色密码。如果没有明确指定该应用程序角色的架构，可以使用 DBO 架构。如果希望明确指定该应用程序角色的架构，可以使用 DEFAULT_SCHEMA 关键字。

【例 11.11】练习创建应用程序角色。

（1）启动【查询编辑器】。

（2）使用 CREATE APPLICATION ROLE 命令创建一个名称为 Ying、密码为 Ying%123456789%、所有者架构为 dbo 的应用程序角色。

```
USE Student
```

```
GO
CREATE APPLICATION ROLE Ying
   WITH PASSWORD='Ying%123456789%',
   DEFAULT_SCHEMA=dbo
GO
```

应用程序角色只有激活之后才能发挥作用，可以使用 sp_setapprole 存储过程激活应用程序角色。

【例 11.12】激活应用程序角色。

（1）启动【查询编辑器】。
（2）使用 sp_setapprole 存储过程激活 Ying 应用程序角色。

```
USE Student
GO
sp_setapprole 'Ying',
         'Ying%123456789%'
GO
```

应用程序角色激活之后一直处于活动状态，直到该连接断开或执行了 sp_unsetapprole 存储过程为止。可以使用 sp_helprole 存储过程查看有关应用程序角色的信息。应用程序角色的意义在于其权限的变换。理解这种变换过程有助于利用这种机制开发出更加安全有效的应用程序。

应用程序角色在访问 Microsoft SQL Server 系统中的权限变换过程如下。

第一步，用户执行客户端应用程序。

第二步，客户端应用程序作为用户连接到 Microsoft SQL Server 系统。

第三步，应用程序使用一个隐含在其内部的密码执行 sp_setapprole 存储过程。

第四步，Microsoft SQL Server 系统判断，如果应用程序角色的名称和密码都正确，那么将激活应用程序角色。

第五步，连接成功之后，用户将获得应用程序角色权限，并失去原有的权限。这种变换后的权限状态在本次连接期间一直有效。

对于应用程序角色来说，可以使用 ALTER APPLICATION ROLE 语句修改应用程序角色的名称、密码和所有者架构。

11.4 权限管理

权限是执行操作、访问数据的通行证。只有拥有了针对某种安全对象的指定权限，才能对该对象执行相应的操作。在 Microsoft SQL Server 2016 系统中，不同的对象有不同的权限。为了更好地理解权限管理的内容，下面从权限的类型、常用对象的权限、隐含的权限、授予权限、收回权限、否认权限等几个方面讲述。

11.4.1 权限类型

在 Microsoft SQL Server 2016 系统中，不同的分类方式可以把权限分成不同的类型。依据权限是否预先定义可以把权限分为预先定义的权限和未预先定义的权限。按照权限是否与特定的对象有关可以把权限分为针对所有对象的权限和针对特殊对象的权限。下面具体分析这些类型的特点。

理解哪些安全主体拥有预先定义的权限、哪些安全主体需要经过授权或继承才能获得对安全对象的使用权限将有助于对权限类型的理解。

预先定义的权限是指那些系统安装之后不必通过授予权限即拥有的权限。例如，固定服务器角色和固定数据库角色所拥有的权限就是预定义的权限，对象的所有者也拥有该对象的所有权限，以及该对象所包含的对象的所有权限。

未预先定义的权限是指那些需要经过授权或继承才能得到的权限。大多数安全主体都需要经过授权才能获得对安全对象的使用权限。

针对所有对象的权限表示这种权限可以针对 SQL Server 系统中所有的对象，如 CONTROL 权限就是所有对象都有的权限。针对特殊对象的权限是指某些权限只能对指定的对象上起作用，如 INSERT 可以是表的权限，但是不能是存储过程的权限；而 EXECUTE 可以是存储过程的权限，但是不能是表的权限。下面详细讨论这两种权限类型。

在 Microsoft SQL Server 2016 系统中，针对所有对象的权限包括 CONTROL、ALTER、ALTER ANY、TAKE OWNERSHIP、INPERSONATE、CREATE 及 VIEW DEFINITION 等。

CONTROL 权限为被授权者授予类似所有权的功能，被授权者拥有对安全对象所定义的所有权限。在 SQL Server 系统中，由于安全模型是分层的，因此 CONTROL 权限在特定范围内隐含着对该范围内的所有安全对象的 CONTROL 权限。例如，如果 ABCSERVER\Bobbie 登录名拥有对某个数据库的 CONTROL 权限，那么该登录名就会拥有对该数据库的所有权限、所有架构的所有权限、架构内所有对象的所有权限等。

ALTER 权限为被授权者授予更改特定安全对象的属性的权限，实际上这些权限包括该对象除所有权之外的权限。实际上，当授予对某个范围内的 ALTER 权限时，也会授予更改、删除或创建该范围内包含的任何安全对象的权限。

ALTER ANY 权限与 ALTER 权限是不同的。ALTER 权限需要指定具体的安全对象，但是 ALTER ANY 权限是与特定安全对象类型相关的权限，不针对某个具体的安全对象。例如，如果某个用户拥有 ALTER ANY LOGIN 权限，那么表示其可以执行创建、更改、删除 SQL Server 实例中任何登录名的权限。如果该用户拥有 ALTER ANY SCHEMA 权限，那么可以执行创建、更改、删除数据库中任何架构的权限。

如果 TAKE OWNERSHIP 权限允许被授权者获得所授予的安全对象的所有权，那么被授权者可以执行针对该安全对象的所有权限。TAKE OWNERSHIP 权限与 CONTROL 权限不同，TAKE OWNERSHIP 权限是通过所有权的转移实现的，CONTROL 权限则仅仅拥有类似所有权的操作。

IMPERSONATE 权限可以使被授权者模拟指定的登录名或指定的用户执行各种操作。如果拥有 IMPERSONATE <登录名>权限，那么表示被授权者可以模拟指定的登录名执行操作。如果拥有 IMPERSONATE <用户>权限，那么表示被授权者可以模拟指定的用户执行操作。这种模拟只是一种临时的权限获取方式。

CREATE 权限可以使得被授权者获取创建服务器安全对象、数据库安全对象、架构内的安全对象的权限。这是一种常用的权限。

如果希望查看系统或数据库元数据，那么应该具有 VIEW DEFINITION 权限。

在 Microsoft SQL Server 2016 系统中，常用的针对特殊对象的权限包括 SELECT、UPDATE、REFERENCES、INSERT、DELETE 及 EXECUTE 等。

SELECT 权限是对指定安全对象中数据的检索操作。这些安全对象包括同义词、表和列、表值函数、视图和列等。

UPDATE 权限是对指定安全对象中数据的更新操作，这些安全对象包括同义词、表和列、视图和列等。

REFERENCES 权限是对指定安全对象的引用操作，这些安全对象包括标量函数、聚合函数、队列、表和列、表值函数、视图和列等。

对指定安全对象进行插入数据的操作需要拥有针对该对象的 INSERT 权限。这些安全对象包括同义词、表和列、视图和列等。

DELETE 权限是对指定安全对象的删除数据的操作，这些安全对象包括同义词、表和列、视图和列等。

EXECUTE 权限是对指定安全对象的执行操作，这些安全对象包括过程、标量函数、聚合函数、同义词等。

11.4.2　常见对象的权限

11.4.1 节从权限的角度来看待对象，本节从对象的角度来看待权限。在使用 GRANT 语句、REVOKE 语句、DENY 语句执行权限管理操作时，经常使用 ALL 关键字表示指定安全对象的常用权限。不同的安全对象往往具有不同的权限。安全对象的常用权限如表 11-3 所示。

表 11-3　安全对象的常用权限

安全对象	常用权限
数据库	BACKUP DATABASE、BACKUP LOG、CREATE DATABASE、CREATE DEFAULT、CREATE FUNCTION、CREATE PROCEDURE、CREATE RULE、CREATE TABLE、CREATE VIEW
表	SELECT、DELETE、INSERT、UPDATE、REFERENCES
表值函数	SELECT、DELETE、INSERT、UPDATE、REFERENCES
视图	SELECT、DELETE、INSERT、UPDATE、REFERENCES
存储过程	EXECUTE、SYNONYM
标量函数	EXECUTE、REFERENCES

11.4.3　授予权限

在 Microsoft SQL Server 2016 系统中，可以使用 GRANT 语句将安全对象的权限授予指定的安全主体。这些可以使用 GRANT 语句授权的安全对象包括应用程序角色、程序集、非对称密钥、证书、约定、数据库、端点、全文目录、函数、消息类型、对象、队列、角色、路由、架构、服务器、服务、存储过程、对称密钥、系统对象、表、类型、用户、视图、XML 架构集合等。

GRANT 语句的语法比较复杂，不同的安全对象有不同的权限，因此也有不同的授权方式。其语法格式如下：

```
GRANT{ALL[PRIVILEGES]}
     |permission[(column[,…n])][,…n]
     [ON[class::]securable] TO principal [,…n]
     [WITH GRANT OPTION] [AS principal]
```

语法说明如下。

- ALL：表示授予对象的所有权限。
- PRIVILEGES：包含此参数是为了符合 ISO 标准。
- Permission：表示权限的名称。
- Column：表或视图的对象权限可以细化到列，此参数用来指定列的名称。
- Class：指定对象的类。
- Securable：指定对象。
- Principal：指定为其授予对象权限的主体的名称。主体可以是数据库用户。
- WITH GRANT OPTION：允许用户将对象权限授予其他用户。
- AS principal：指定一个主体，执行该查询的主体从这个主体获得授予该权限的权利。

【例 11.13】使用 GRANT 命令向数据库用户 deng 授予 Student 数据库中的 course 表的 DELETE 权限，语句如下：

```
USE Student
GO
GRANT DELETE ON course TO deng
```

11.4.4 收回和否认权限

1. 撤销对象权限

如果希望从某个安全主体处收回权限，就可以使用 REVOKE 语句。REVOKE 语句是与 GRANT 语句相对应的，可以把通过 GRANT 语句授予给安全主体的权限收回。也就是说，使用 REVOKE 语句可以删除通过 GRANT 语句授予给安全主体的权限。使用 REVOKE 语句撤销对象权限的语法如下：

```
REVOKE [ GRANT OPTION FOR]
{
[ALL [PRIVILEGES]]
|
Permission[(column[,…n])][,…n]
}
```

```
[ON[class::] securable]
{TO|FROM} principal [,…n]
[CASCADE][AS principal]
```

语法说明如下。

GRANT OPTION FOR：表示撤销授予指定权限的能力。若主体具有不带此选项的指定权限，则将撤销该权限本身。如果使用了 CASCADE 参数，就需要指定此选项。

CASCADE：表示撤销当前主体的对象权限的同时，还将撤销当前主体为其他主体授予的该对象权限。如果 GRANT 语句中使用了 WITH GRANT OPTION 语句，那么将对象权限 P 授予 A 主体后，A 又可以将该权限授予 B 主体。如果在撤销 A 主体的对象权限 P 时使用了 CASCADE 参数，那么不仅会撤销 A 主体的对象权限 P，还将撤销 B 主体的对象权限 P。

【例 11.14】使用 REVOKE 命令撤销数据库用户 deng 对数据库 Student 中 course 表的 DELETE 权限，语句如下：

```
USE Student
GO
REVOKE DELETE ON course FROM deng
```

2. 拒绝对象权限

为了阻止用户使用某对象权限，除了可以撤销用户的该对象权限以外，还可以使用 DENY 语句拒绝该对象权限的访问。使用 DENY 语句拒绝对象权限访问的语法如下：

```
DENY [GRANT OPTION FOR]
{
[ALL [PRIVILEGES]]
|
Permission[(column[,…n])][,…n]
}
[ON [class::] securable]
{TO|FROM} principal [,…n]
[CASCADE] [AS principal]
```

从语法上可以看出，DENY 语句的使用与 REVOKE 语句差不多。

11.5 习题

（1）数据库经常面临哪些安全性问题？
（2）如何理解主体的层次？
（3）如何理解架构和用户的关系？
（4）什么是“孤儿”数据库对象？
（5）安全主体获得权限的渠道是什么？

（6）sa 登录名的特点是什么？

（7）分析登录名和数据库用户之间的关系。

（8）固定服务器角色的作用是什么？

（9）应用程序角色的特点和作用是什么？

（10）练习分别使用 Transact-SQL 命令和 SQL Server Management Studio 图形工具完成应用程序角色的管理操作，并且比较这两种操作方式的优缺点。

（11）练习创建基于 Windows 操作系统登录名的登录名，并将其添加到 sysadmin 固定服务器角色中。

（12）如何理解收回权限和否认权限的不同？

第 12 章 图书管理系统

通过前面对 SQL Server 2016 数据库的学习，读者应该已经对数据库具有一定的了解。本章将开发一个基于 SQL Server 数据库的应用管理系统，本系统对数据库中的数据进行界面化管理。通过图书管理系统，用户能查看图书分类、增加图书、修改图书、删除图书等数据库的数据，还能对该图书管理系统进行权限管理。

图书管理系统分为 3 个管理模块，即分类管理、信息管理和系统管理。本章主要介绍如何使用 C#语言和 Visual Studio 2017 工具开发系统。首先分析系统的应用背景和功能模块，然后分析 SQL Server 2016 数据库中设计数据库和存储的过程，接下来搭建项目开发的环境并实现功能模块。

本章主要关注点是系统功能模块的划分方法、掌握数据分析并设计数据库、熟悉 Visual Studio 2017 数据库系统开发项目搭建和引用关系、了解数据库在应用项目中的应用等。

12.1 系统概述

要开发出完善的系统，需要根据应用做出详尽的分析，遵循数据库设计原则与步骤，以确保系统的质量和可控性。因此，需要针对系统做出一个明确的需求分析，确定系统实现的功能模块，同时设定功能界面。

需求分析是从客户的需求中提取出软件系统能够帮助客户解决的业务问题。通过对用户业务问题的分析规划出系统的功能模块。

12.1.1 需求分析

图书管理信息系统是典型的信息管理系统（MIS），其开发内容主要包括后台数据库的建立和维护以及前端应用程序的开发两方面。对于前者，要求建立起数据一致性和完整性强、数据安全性好的库。而对于后者，要求应用程序具备功能完备、易使用等特点。系统开发的总体任务是实现各种信息的系统化、规范化和自动化。

随着图书数量的不断扩大，图书的频繁借还操作也不断增加，手工记账的方式已经不能满足现在的需求。特别是网络新媒体时代对图书管理的要求越来越高，必须改变传统的图书管理模式，在时效性、数据流通、准确性上适应新的图书管理方式。

设计图书管理系统时要考虑信息时代的特点，取代原来的计算机管理模式，开发大数据库、自动分类图书、图片展示图书信息及安全性更高的图书管理系统。

基于以上情况，本图书管理系统考虑以简单、安全、快捷的理念设计一款基本型的图书管理系统，预留接口可以功能扩展。本图书管理系统包含以下功能：

- 图书分类存储。
- 修改图书的分类，如添加、修改和删除。
- 提供图书列表。
- 按类查看图书信息。
- 对图书添加、修改和删除。
- 用户登录验证。
- 权限验证，用户分类，如系统管理员用户和普通用户权限。

12.1.2　功能分析

根据前面的功能分析得到具体的图书管理系统的功能模块划分。本图书管理系统具体包含三个功能模块，分别是分类管理、信息管理和系统管理模块。图 12-1 所示为图书管理系统功能结构图。

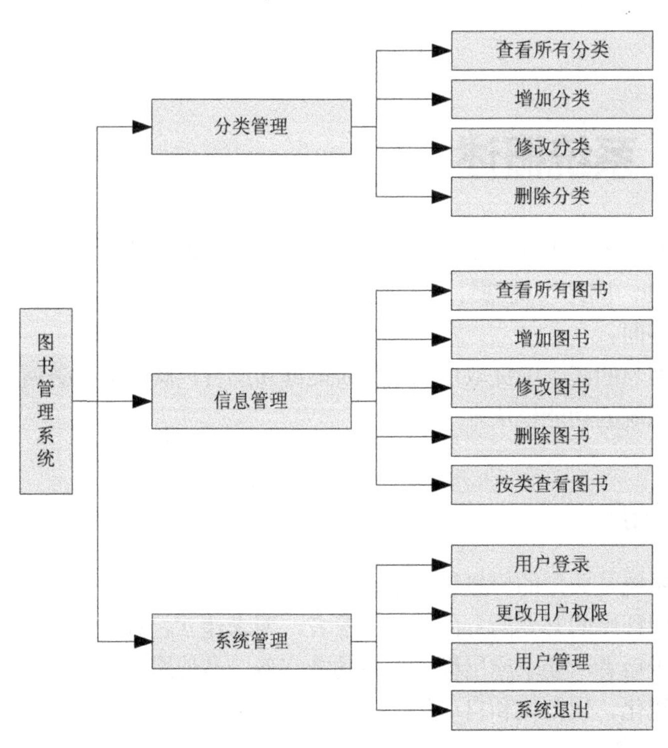

图 12-1　图书管理系统功能结构图

12.2 数据库设计

进行实际的数据库系统开发之前，首先要确定图书管理系统涉及的数据表的类型及其结构。本系统采用 SQL Server 2016 数据库作为后台数据库。在 SQL Server 2016 中，首先创建一个数据库 booksys，用以存放图书管理系统的所有数据。下面详细介绍设计数据库的数据表及存储过程。

12.2.1 设计数据表

管理员表（users）保存了系统中具有管理权限的用户名和密码，各字段的详细结构如表 12-1 所示。

表 12-1　users 表结构

字段	数据类型	是否为空	备注
id	int	否	主键，自动增长
username	Varchar(20)	否	管理员用户
password	Varchar(50)	否	管理员密码
issysadmin	int	否	是否为系统管理员

图书分类表（sorts）主要用于存储图书分类的名称、封面图片、建设时间和描述等信息，如表 12-2 所示。

表 12-2　sorts 表结构

字段	数据类型	是否为空	备注
id	int	否	主键，自增，分类号
booktypename	Varchar(50)	否	图书分类名称
remark	text	是	分类描述

图书信息表（books）主要用于存储图书名称、价格、作者和出版社等信息，如表 12-3 所示。

表 12-3　books 表结构

字段	数据类型	是否为空	备注
id	int	否	主键，自增，图书编号
bookname	Varchar(100)	否	图书名称
typeid	int	否	分类编号
author	Varchar(50)	否	作者
press	Varchar(50)	否	出版社
pubdate	datetime	否	出版时间
pricing	float	是	价格
page	int	是	总页数
coverimage	Varchar(50)	是	封面图片
summary	text	是	详细信息

12.2.2　设计存储过程

存储过程能有效提高程序的执行效率，本章介绍的存储过程围绕 3 个表的数据进行。下面以管理员（users）表的存储过程为例介绍存储过程的设计。

1. 编写返回所有管理员的存储过程

其代码如下：

```
CREATE  procedure  proc SelectUsers
as
begin
select * from users
end
```

2. 编写根据编号返回管理员信息的存储过程

其代码如下：

```
CREATE  procedure  proc SelectUser
@id int
as
begin
select * from users where id=@id
end
```

3. 编写用于增加管理员的存储过程

其代码如下：

```
CREATE  procedure  proc InsertUser
@username varchar(20),@password varchar(50),@issysadmin int
As
Begin
    INSERT INTO users values(@username,@password,@issysadmin)
End
```

4. 编写根据编号更新管理员密码的存储过程

其代码如下：

```
ALTER procedure proc UpdateUser
@id int,@password varchar(50)
as
begin
update users set password=@password where id=@id
end
```

5. 编写根据编号删除管理员的存储过程

其代码如下：

```
CREATE  procedure proc DeleteUser
@id int
as
begin
```

```
delete users where id=@id
end
```

12.3 创建图书管理系统项目

之前分析了图书管理系统的功能需求、实现背景、功能模块的划分等，又设计了系统的数据表和存储过程。下面开始采用开发工具实现系统，创建项目和搭建系统的运行环境。

12.3.1 搭建项目

本系统主要基于 C#开发工具 Visual Studio 2017 进行，采用三层框架实现系统，主要是数据访问层、业务逻辑层和表示层。数据访问层用于处理数据库细节，业务逻辑层是对数据层的操作，表示层是用于交互的应用服务图形界面。本系统采用 Windows 窗体实现。下面介绍具体项目的搭建步骤：

（1）打开 Visual Studio 2017，执行【文件】|【新建】|【项目】命令，打开【新建项目】对话框，选择【Windows 窗体应用程序】类型，创建一个基于 Windows 窗体应用程序的解决方案，命名为 BookManageSystem，如图 12-2 所示。

（2）在【解决方案资源管理器】窗格中右击解决方案名称，执行【添加】|【新建项目】命令，弹出【添加新项目】对话框。选择【类库】类型，设置名称为 BLL，如图 12-3 所示。

（3）重复执行步骤（2），依次添加名称为 DAL、DALFactory、IDAL 和 Model 的类库。

系统中共建立了 6 个项目，BookManageSystem 是窗体和启动项目，其他都是类库项目。整体解决方案效果如图 12-4 所示。

图 12-2 添加项目解决方案

图 12-3　添加类库

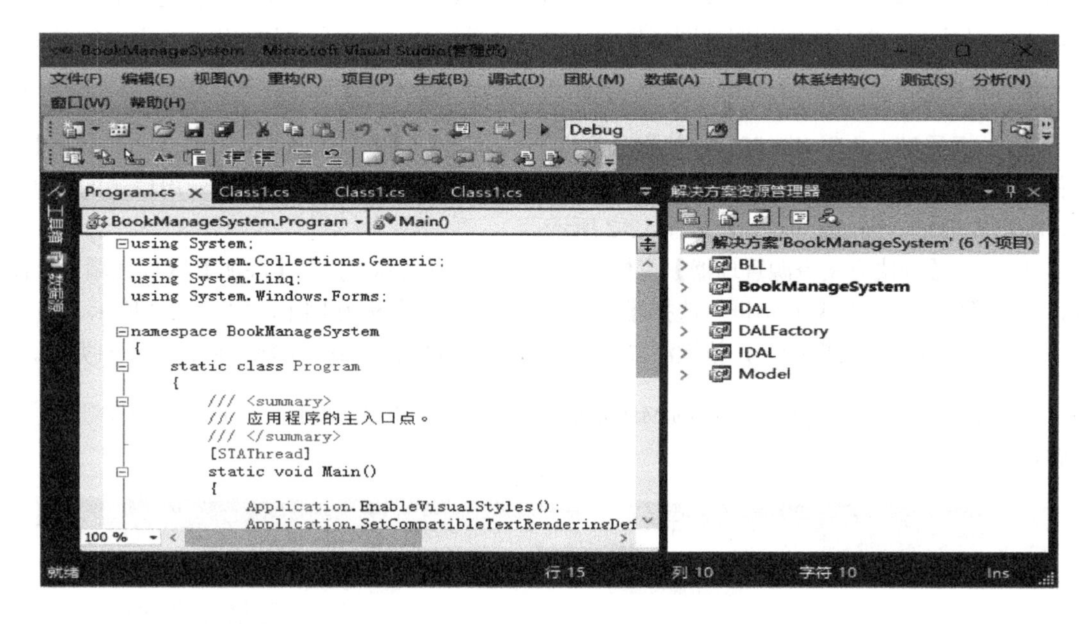

图 12-4　搭建项目完成后的效果

12.3.2　应用引用

由于系统是分层设计，因此外层数据访问需要建立外部层的引用，这里以项目 BLL 为例在 Visual Studio 2017 中添加引用。

在【解决方案资源管理器】窗格中展开【BLL】项目，然后右击【引用】节点，执行【添加引用】命令，如图 12-5 所示。从弹出的【添加引用】对话框的【项目】选项中选择要引用的项目，这里需要引用另外 3 个项目（DALFactory、IDAL 和 Model 项目），最后引用的效果如图 12-6 所示，然后单击【确定】按钮完成引用。

图 12-5　添加引用

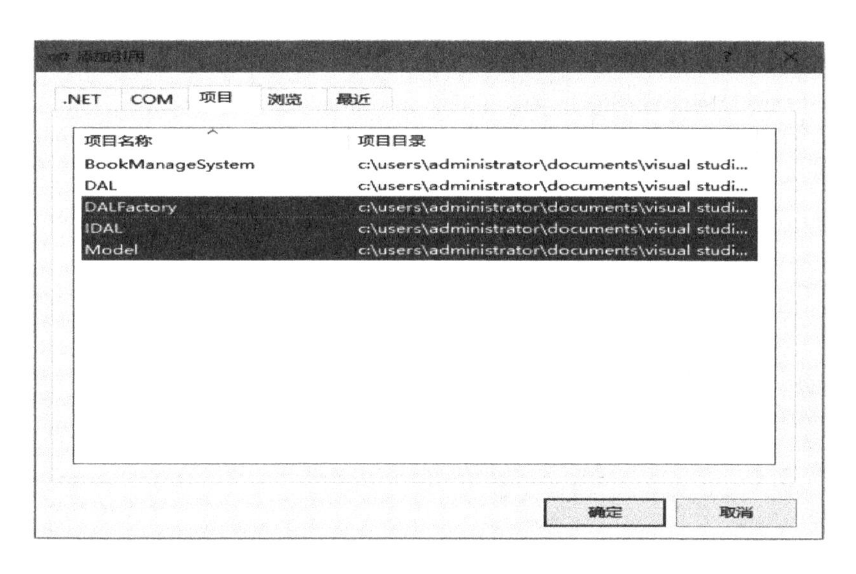

图 12-6　选择引用的项目

系统引用的项目关系如下：

- BookManageSystem 项目引用 BLL 和 Model 项目。
- DAL 项目引用 IDAL 和 Model 项目。
- DALFactory 引用 DAL 和 IDAL 项目。
- IDAL 引用 Model 项目。
- Model 项目无引用项目。

12.3.3　提取公共模块

在系统实现中，有些公共部分可以实现代码重用，这样可以提高程序的性能和可读性。下面介绍分散到层中的公共模块的图书分类操作的代码。

1. Model 模型层

Model 模型层是其他项目的基础，Model 模型层的代码是根据数据表建立相应的实体类实现的。例如，图书分类表 sorts 的实体类为 Sort，保存在 Sort.cs 类文件中。

（1）Sort.cs 具体代码如下：

```
namespace Model
{
    public class Sort
    {
        /*
            ID int identity(1,1) primary key, --图书分类编号
            SortName varchar(50) not null,--图书分类名称
            Remark varchar(50) --图书分类备注
            */

        /// <summary>
        /// 图书分类编号
        /// </summary>
        public int Id { get; set; }

        /// <summary>
        /// 图书分类名称
        /// </summary>
        public string SortName { get; set; }

        /// <summary>
        /// 图书分类备注
        /// </summary>
        public string Remark { get; set; }
    }
}
```

（2）Book.cs 具体代码如下：

```
namespace Model
{
    public class Book
    {
        /*
            ID int identity(1,1) not null, --图书编号
        BookName varchar(50) not null,    --图书名称
        TypeID int foreign key references SortInfo(SortID),--图书分类编号
        Author varchar(50) not null,--作者
        Press varchar(50) not null,--出版社
        PubDate datetime not null,--出版日期
        Pricing float check(Pricing>0),--定价
        Page int check(Page>1),--页数
        CoverImage varchar(50),--图书封面
        Summary text              --图书简介
```

```
 */

/// <summary>
/// 图书编号
/// </summary>
public int Id { get; set; }

/// <summary>
/// 图书名称
/// </summary>
public string BookName { get; set; }

/// <summary>
/// 图书分类编号
/// </summary>
public int TypeID { get; set; }

/// <summary>
/// 作者
/// </summary>
public string Author { get; set; }

/// <summary>
/// 出版社
/// </summary>
public string Press { get; set; }

/// <summary>
/// 出版日期
/// </summary>
public string PubDate { get; set; }

/// <summary>
/// 定价
/// </summary>
public float Pricing { get; set; }

/// <summary>
/// 页数
/// </summary>
public int Page { get; set; }

/// <summary>
/// 图书封面
/// </summary>
public string CoverImage { get; set; }

/// <summary>
/// 图书简介
/// </summary>
public string Summary { get; set; }
```

```
        /// <summary>
        /// 图书类型
        /// </summary>
        public string SortName { get; set; }
    }
}
```

（3）User.cs 具体代码如下：

```
namespace Model
{

    public class User
    {
     /*
    id int identity(1,1) primary key not null,  --管理员 ID
    UserName nvarchar(20) not null,       --管理员用户名
    PassWord nvarchar(16) not null        --管理员密码
  */

        /// <summary>
        /// 管理员 ID
        /// </summary>
        public int Id { get; set; }

        /// <summary>
        /// 管理员用户名
        /// </summary>
        public string UserName { get; set; }

        /// <summary>
        /// 管理员密码
        /// </summary>
        public string PassWord { get; set; }

        /// <summary>
        /// 是否是管理员
        /// </summary>
        public int IsSysAdmin { get; set; }
    }
}
```

2. IDAL 数据访问接口层

数据访问接口层通过接口实现对数据的各种操作，数据访问接口层位于 IDAL 项目中。IDAL 项目中封装了 3 个接口代码，分别为 ISortService.cs、IBookService.cs 和 IUserService.cs。

（1）ISortService.cs 具体代码如下：

```
namespace IDAL
```

```
{
    public interface ISortService
    {
        //查询所有图书类型信息
        List<Sort> SelectSort();

        //新增图书类型
        int InsertSort(Sort btInfo);

        //修改图书类型信息
        int UpdateSort(Sort btInfo);

        //删除图书信息
        int DeleteSort(Sort btInfo);
    }
}
```

（2）IBookService.cs 具体代码如下：

```
namespace IDAL
{
    public interface IBookService
    {
        //查询所有书籍信息
        List<Book> SelectBook();

        //由书籍编号查询单个书籍
        Book SelectOnBookId(int b);

        //查询指定类型的图书信息
        List<Book> SelectOnBookTypeName(string booktype);

        //新增书籍信息
        int InsertBook(Book BookInfo);

        //修改书籍信息
        int UpdateBook(Book BookInfo);

        //删除书籍信息
        int DeleteBook(Book BookInfo);
    }
}
```

（3）IUserService.cs 具体代码如下：

```
namespace IDAL
{
    public interface IUserService
    {
        /// <summary>
        /// 验证管理员用户名和密码
```

```
        /// </summary>
        /// <param name="User">管理员信息</param>
        /// <returns>判断返回的 admininfo 是否为空，不为空则登录成功</returns>
        User SelectUser(User admininfo);

        /// <summary>
        /// 新增管理员
        /// </summary>
        /// <param name="admininfo">管理员信息</param>
        /// <returns>受影响的行数</returns>
        int InsertUser(User admininfo);

        /// <summary>
        /// 查询所有管理员
        /// </summary>
        /// <returns>管理员集合</returns>
        List<User> SelectAllUser();

        /// <summary>
        /// 修改管理员信息
        /// </summary>
        /// <param name="admininfo">管理员信息</param>
        /// <returns>受影响的行数</returns>
        int UpdateUser(User admininfo);

        /// <summary>
        /// 注销管理员
        /// </summary>
        /// <param name="admininfo">管理员信息</param>
        /// <returns>受影响的行数</returns>
        int DeleteUser(User admininfo);
    }
}
```

3. 访问数据层

接口层定义的操作是在访问数据层。本项目的数据访问层在 DAL 项目中，针对不同的数据库实现编码代码，本系统使用 SQL Server 数据库，DAL 项目中的数据访问层分别针对数据访问接口层的接口类代码编码，DBHelper.cs、SortService.cs、BookService.cs 和 UserService.cs 都包含在 DAL.Mssql 中。

（1）DBHelper.cs 具体代码如下：

```
namespace DAL.Mssql
{
    class DBHelper
    {
        /// <summary>
        /// 获取连接字符串
        /// </summary>
```

```
        public static readonly string connstr =
ConfigurationManager.ConnectionStrings["connstr"].ToString();

        #region 单例模式创建连接对象
        private static SqlConnection conn;
        public DBHelper()
        {
            if (conn == null)
            {
                conn = new SqlConnection(connstr);
            }
        }
        #endregion

        /// <summary>
        /// 执行查询
        /// </summary>
        /// <param name="sql">SQL 命令</param>
        /// <returns>Dataset 数据集</returns>
        public DataSet ExcuteQuery(string sql)
        {
            DataSet ds = new DataSet();
            SqlDataAdapter sda = new SqlDataAdapter(sql,conn);
            sda.Fill(ds);
            return ds;
        }


        /// <summary>
        /// 执行增、删、改操作
        /// </summary>
        /// <param name="sql">SQL 命令</param>
        /// <returns>受影响的行数</returns>
        public int ExecuteCommand(string sql)
        {
            SqlTransaction stran = null;

            try
            {
                int result = 0;
                using (SqlCommand cmd = new SqlCommand(sql, conn))
                {
                    conn.Open();
                    stran = conn.BeginTransaction();
                    cmd.Transaction = stran;

                    result = cmd.ExecuteNonQuery();
                    stran.Commit();
                }
                return result;
            }
```

```
            catch (Exception ex)
            {
                stran.Rollback();
                throw ex;
            }
            finally
            {
                conn.Close();
            }
        }

        /// <summary>
        /// 执行增、删、改的方法，支持存储过程
        /// </summary>
        /// <param name="commandType">命令类型，如果是 sql 语句，就为
CommandType.Text,否则为 CommandType.StoredProcdure</param>
        /// <param name="sql">SQL 语句或者存储过程名称</param>
        /// <param name="para">SQL 参数，如果没有参数，就为 null</param>
        /// <returns>受影响的行数</returns>
        public int ExecuteNonQuery(CommandType commandType, string sql,
params SqlParameter[] para)
        {
            using (SqlConnection conn = new SqlConnection(connstr))
            {
                SqlCommand cmd = new SqlCommand();
                cmd.Connection = conn;
                cmd.CommandType = commandType;
                cmd.CommandText = sql;
                if (para != null)
                {
                    foreach (SqlParameter sp in para)
                    {
                        cmd.Parameters.Add(sp);
                    }
                }
                conn.Open();
                return cmd.ExecuteNonQuery();
            }
        }
        /// <summary>
        /// 执行查询的方法，支持存储过程
        /// </summary>
        /// <param name="commandType">命令类型，如果是 sql 语句，就为
CommandType.Text,否则为 CommandType.StoredProcdure</param>
        /// <param name="sql">SQL 语句或者存储过程名称</param>
        /// <param name="para">SQL 参数，如果没有参数，就为 null</param>
        /// <returns>读取器 SqlDataReader</returns>
        public SqlDataReader ExecuteReader( CommandType commandType,
string sql, params SqlParameter[] para)
        {
            SqlConnection conn = new SqlConnection(connstr);
```

```
            SqlDataReader dr = null;
            SqlCommand cmd = new SqlCommand();
            cmd.Connection = conn;
            cmd.CommandType = commandType;
            cmd.CommandText = sql;
            if (para != null)
            {
                foreach (SqlParameter sp in para)
                {
                    cmd.Parameters.Add(sp);
                }
            }
            try
            {
                conn.Open();
                dr = cmd.ExecuteReader(CommandBehavior.CloseConnection);
            }
            catch (Exception ex)
            {
                Console.WriteLine(ex.Message);
                conn.Close();
            }

            return dr;
        }
        /// <summary>
        /// 执行查询的方法，支持存储过程
        /// </summary>
        /// <param name="commandType">命令类型，如果是 sql 语句，就为
CommandType.Text,否则为 CommandType.StoredProcdure</param>
        /// <param name="sql">SQL 语句或者存储过程名称</param>
        /// <param name="para">SQL 参数，如果没有参数，就为 null</param>
        /// <returns>数据集</returns>
        public  DataSet GetDataSet( CommandType commandType, string sql,
params SqlParameter[] para)
        {
            using (SqlConnection conn = new SqlConnection(connstr))
            {
                SqlDataAdapter da = new SqlDataAdapter();
                da.SelectCommand = new SqlCommand();
                da.SelectCommand.Connection = conn;
                da.SelectCommand.CommandText = sql;
                da.SelectCommand.CommandType = commandType;
                if (para != null)
                {
                    foreach (SqlParameter sp in para)
                    {
                        da.SelectCommand.Parameters.Add(sp);
                    }
                }
                DataSet ds = new DataSet();
```

```
                conn.Open();
                da.Fill(ds);
                return ds;
            }
        }
        /// <summary>
        /// 执行查询单个值的方法，支持存储过程
        /// </summary>
        /// <param name="commandType">命令类型，如果是 sql 语句，就为
CommandType.Text,否则为 CommandType.StoredProcdure</param>
        /// <param name="sql">SQL 语句或者存储过程名称</param>
        /// <param name="para">SQL 参数，如果没有参数，就为 null</param>
        /// <returns>单个值</returns>
        public  object ExecuteScalar( CommandType commandType, string
sql, params SqlParameter[] para)
        {
            using (SqlConnection conn = new SqlConnection(connstr))
            {
                SqlCommand cmd = new SqlCommand();
                cmd.Connection = conn;
                cmd.CommandType = commandType;
                cmd.CommandText = sql;
                if (para != null)
                {
                    foreach (SqlParameter sp in para)
                    {
                        cmd.Parameters.Add(sp);
                    }
                }
                conn.Open();
                return cmd.ExecuteScalar();
            }
        }

    }
}
```

（2）SortService.cs 具体代码如下：

```
namespace DAL.Mssql
{
    public class SortServices : ISortService
    {
        DBHelper db = new DBHelper();

        /// <summary>
        /// 查询所有图书类型信息
        /// </summary>
        /// <returns>所有图书类型集合</returns>
        public List<Sort> SelectSort()
        {
```

```
            List<Sort> list = new List<Sort>();

            string sql = "select * from sorts";

            DataSet ds = db.ExcuteQuery(sql);

            foreach (DataRow dr in ds.Tables[0].Rows)
            {
                Sort bt = new Sort
                {
                    Id = Convert.ToInt32(dr["ID"]),
                    SortName = dr["BookTypeName"].ToString(),
                    Remark = dr["Remark"].ToString()
                };
                list.Add(bt);
            }
            return list;
        }

        /// <summary>
        /// 新增图书类型
        /// </summary>
        /// <param name="b">图书类型实体</param>
        /// <returns>受影响的行数</returns>
        public int InsertSort(Sort b)
        {
            try
            {
                string sql = "insert into sorts
values(@BookTypeName,@Remark)";
                SqlParameter[] sps = new SqlParameter[] {
                new SqlParameter("@BookTypeName",b.SortName),
                new SqlParameter("@Remark",b.Remark)
                };
                return db.ExecuteNonQuery(CommandType.Text, sql, sps);
            }
            catch (Exception ex)
            {
                throw ex;
            }
        }

        /// <summary>
        /// 修改图书类型
        /// </summary>
        /// <param name="b">图书类型实体</param>
        /// <returns>受影响的行数</returns>
        public int UpdateSort(Sort b)
        {
            try
            {
```

```
                string sql = "update sorts set 
BookTypeName=@BookTypeName,Remark=@Remark where ID=@id";
               SqlParameter[] sps = new SqlParameter[] {
                new SqlParameter("@BookTypeName",b.SortName),
                new SqlParameter("@Remark",b.Remark),
                 new SqlParameter("@id",b.Id)
                };
               return db.ExecuteNonQuery(CommandType.Text, sql, sps);
            }
            catch (Exception ex)
            {

                throw ex;
            }
        }

        /// <summary>
        /// 删除图书类型
        /// </summary>
        /// <param name="b">图书类型实体</param>
        /// <returns>受影响的行数</returns>
        public int DeleteSort(Sort b)
        {
            try
            {
                string sql = "delete sorts where id=@id";
                SqlParameter[] sps = new SqlParameter[] {
                    new SqlParameter("@id",b.Id)
                };
                return db.ExecuteNonQuery(CommandType.Text, sql, sps);
            }
            catch (Exception)
            {
                throw new Exception("请先删除当前类型下的所有图书信息");
            }
        }

    }
}
```

（3）BookService.cs 具体代码如下：

```
namespace DAL.Mssql
{
    public class BookServices:IBookService
    {
        #region BookInfoService 成员

        DBHelper db = new DBHelper();

        /// <summary>
```

```
        /// 查询所有图书信息
        /// </summary>
        /// <returns>查询到的所有图书信息</returns>
        public List<Book> SelectBook()
        {
            List<Book> list = new List<Book>();

            string sql = "select * from books as a,Sorts as b where
a.TypeID=b.ID";

            DataSet ds = db.ExcuteQuery(sql);

            foreach (DataRow dr in ds.Tables[0].Rows)
            {
                Book bi = new Book
                {
                    Author = dr["Author"].ToString(),
                    BookName = dr["BookName"].ToString(),
                    SortName = dr["BookTypeName"].ToString(),
                    CoverImage = dr["CoverImage"].ToString(),
                    Id = Convert.ToInt32(dr["ID"]),
                    Page = Convert.ToInt32(dr["Page"]),
                    Press = dr["Press"].ToString(),
                    Pricing = Convert.ToSingle(dr["Pricing"]),
                    PubDate = dr["PubDate"].ToString(),
                    Summary = dr["Summary"].ToString(),
                    TypeID = Convert.ToInt32(dr["TypeID"])
                };
                list.Add(bi);
            }
            return list;
        }

        /// <summary>
        /// 由图书编号查询图书信息
        /// </summary>
        /// <param name="b">图书编号</param>
        /// <returns>查询到的图书信息实体</returns>
        public Book SelectOnBookId(int b)
        {
            Book bi = null;
            string sql = "select * from books where ID=@id";
            SqlParameter[] sps = new SqlParameter[] {
                new SqlParameter("@id",b)
                };
            DataSet ds = db.GetDataSet(CommandType.Text, sql, sps);
            foreach (DataRow dr in ds.Tables[0].Rows)
            {
                bi = new Book
                {
                    Author = dr["Author"].ToString(),
```

```
                    BookName = dr["BookName"].ToString(),
                    CoverImage = dr["CoverImage"].ToString(),
                    Id = Convert.ToInt32(dr["ID"]),
                    Page = Convert.ToInt32(dr["Page"]),
                    Press = dr["Press"].ToString(),
                    Pricing = Convert.ToSingle(dr["Pricing"]),
                    PubDate = dr["PubDate"].ToString(),
                    Summary = dr["Summary"].ToString(),
                    TypeID = Convert.ToInt32(dr["TypeID"])
                };
            }
            return bi;
        }

        /// <summary>
        /// 由图书类型名称查询图书信息
        /// </summary>
        /// <param name="booktype">图书类型名称</param>
        /// <returns></returns>
        public List<Book> SelectOnBookTypeName(string booktype)
        {
            List<Book> list = new List<Book>();
            string sql = "select * from books as a,Sorts as b where
a.TypeID=b.ID and BookTypeName='" + booktype + "'";
            DataSet ds = db.ExcuteQuery(sql);

            foreach (DataRow dr in ds.Tables[0].Rows)
            {
                Book bi = new Book
                {
                    Author = dr["Author"].ToString(),
                    BookName = dr["BookName"].ToString(),
                    SortName = dr["BookTypeName"].ToString(),
                    CoverImage = dr["CoverImage"].ToString(),
                    Id = Convert.ToInt32(dr["ID"]),
                    Page = Convert.ToInt32(dr["Page"]),
                    Press = dr["Press"].ToString(),
                    Pricing = Convert.ToSingle(dr["Pricing"]),
                    PubDate = dr["PubDate"].ToString(),
                    Summary = dr["Summary"].ToString(),
                    TypeID = Convert.ToInt32(dr["TypeID"])
                };
                list.Add(bi);
            }
            return list;
        }

        /// <summary>
        /// 新增图书
        /// </summary>
        /// <param name="b">图书实体</param>
```

```
        /// <returns>受影响的行数</returns>
        public int InsertBook(Book b)
        {
            try
            {
                string sql = string.Format("insert into books
values('{0}',{1},'{2}','{3}','{4}',{5},{6},'{7}','{8}')", b.BookName,
b.TypeID, b.Author, b.Press, b.PubDate, b.Pricing, b.Page, b.CoverImage,
b.Summary);
                return db.ExecuteCommand(sql);
            }
            catch (Exception)
            {

                throw new Exception("添加失败，请检查输入格式");
            }
        }

        /// <summary>
        /// 修改图书
        /// </summary>
        /// <param name="b">图书实体</param>
        /// <returns>受影响的行数</returns>
        public int UpdateBook(Book b)
        {
            try
            {
                string sql = string.Format("update books set
BookName='{0}',TypeID='{1}',Author='{2}',Press='{3}',PubDate='{4}',Pricin
g='{5}',Page='{6}',CoverImage='{7}',Summary='{8}' where ID='{9}'",
b.BookName, b.TypeID, b.Author, b.Press, b.PubDate, b.Pricing, b.Page,
b.CoverImage, b.Summary, b.Id);
                return db.ExecuteCommand(sql);
            }
            catch (Exception)
            {
                throw new Exception("修改失败，请检查输入格式");
            }
        }

        /// <summary>
        /// 删除图书
        /// </summary>
        /// <param name="b">图书实体</param>
        /// <returns>受影响的行数</returns>
        public int DeleteBook(Book b)
        {
            try
            {
                string sql = string.Format("delete books where ID='{0}'",
b.Id);
```

```
                return db.ExecuteCommand(sql);
            }
            catch (Exception ex)
            {

                throw ex;
            }
        }
        #endregion
    }
}
```

（4）UserService.cs 具体代码如下：

```
namespace DAL.Mssql
{
    public class UserServices : IUserService
    {
        #region
        /// <summary>
        /// 实例化 DBHelper
        /// </summary>
        DBHelper db = new DBHelper();

        /// <summary>
        /// 由账号密码查询管理员信息，验证登录
        /// </summary>
        /// <param name="a">AdminInfo 实体</param>
        /// <returns>查询到的管理员信息</returns>
        public User SelectUser(User a)
        {
            string sql = "select * from users where UserName=@UserName
and PassWord=@PassWord ";

            SqlParameter[] sps = new SqlParameter[]{
                    new SqlParameter("@UserName",a.UserName),
                    new SqlParameter("@PassWord",a.PassWord)
                };
            DataSet ds = db.GetDataSet(CommandType.Text, sql, sps); ;
            if (ds.Tables[0].Rows.Count > 0)
            {
                a.Id = Convert.ToInt32(ds.Tables[0].Rows[0]["id"]);
                a.IsSysAdmin =
Convert.ToInt32(ds.Tables[0].Rows[0]["IsSysAdmin"]);
                return a;
            }
            return null;
        }

        /// <summary>
        /// 查询所有管理员信息
```

```
        /// </summary>
        /// <returns>查询到的所有管理员信息集合</returns>
        public List<User> SelectAllUser()
        {
            List<User> list = new List<User>();
            //string sql = "select * from users";
            DataSet ds = db.GetDataSet(CommandType.StoredProcedure,
"proc_SelectUsers");
            foreach (DataRow dr in ds.Tables[0].Rows)
            {
                User ai = new User
                {
                    Id = Convert.ToInt32(dr["id"]),
                    UserName = dr["UserName"].ToString(),
                    IsSysAdmin = Convert.ToInt32(dr["IsSysAdmin"])
                };
                list.Add(ai);
            }
            return list;
        }

        /// <summary>
        /// 新增管理员
        /// </summary>
        /// <param name="a">AdminInfo 实体</param>
        /// <returns>受影响的行数</returns>
        public int InsertUser(User a)
        {
            try
            {
                //string sql = string.Format("insert into users
values('{0}','{1}','{2}')", a.UserName, a.PassWord, a.IsSysAdmin);
                //SqlParameter[] sps = new SqlParameter[]{
                //    new SqlParameter("@username",a.UserName)
                //    new SqlParameter("@password"a.PassWord),
                //new SqlParameter("@issysadmin"a.IsSysAdmin)
                //};

                SqlParameter[] sps = new SqlParameter[]{
                    new SqlParameter("@username",a.UserName),
                    new SqlParameter("@password",a.PassWord),
                    new SqlParameter("@issysadmin",a.IsSysAdmin)
                };
                return db.ExecuteNonQuery(CommandType.StoredProcedure,
"proc_InsertUser", sps);

                //return db.ExecuteCommand(sql);
            }
            catch (Exception ex)
            {
                throw ex;
```

```
            }
        }

        /// <summary>
        /// 修改管理员信息
        /// </summary>
        /// <param name="a">AdminInfo 实体</param>
        /// <returns>受影响的行数</returns>
        public int UpdateUser(User a)
        {
            try
            {
                //string sql = string.Format("update users set
PassWord='{0}' where UserName='{1}'", a.PassWord, a.UserName);
               // return db.ExecuteCommand(sql);
                SqlParameter[] sps = new SqlParameter[]{
                    new SqlParameter("@id",a.Id),
                    new SqlParameter("@password",a.PassWord)
                };
                return db.ExecuteNonQuery(CommandType.StoredProcedure,
"proc_UpdateUser", sps);
            }
            catch (Exception ex)
            {
                throw ex;
            }
        }

        /// <summary>
        /// 删除管理员信息
        /// </summary>
        /// <param name="a">AdminInfo 实体</param>
        /// <returns>受影响的行数</returns>
        public int DeleteUser(User a)
        {
            try
            {
                //string sql = string.Format("delete AdminInfo where
UserName='{0}'", a.Id);

                SqlParameter[] sps = new SqlParameter[]{
                    new SqlParameter("@id",a.Id)
                };
                return db.ExecuteNonQuery(CommandType.StoredProcedure,
"proc_DeleteUser", sps);
            }
            catch (Exception ex)
            {
                throw ex;
            }
        }
```

```
        #endregion

    }
}
```

4. 数据访问工厂层

对于数据库的映射，根据设置有不同的数据访问层。数据访问工厂层位于 DALFactory 项目中，本系统选择 SQL Server 数据库类型，具体代码如下。

（1）AbstractFactory.cs 具体代码如下：

```
namespace DALFactory
{
    public abstract class AbstractFactory
    {
        /// <summary>
        /// 创建工厂
        /// </summary>
        /// <returns></returns>
        public static AbstractFactory CreateFactory()
        {
            //获取配置文件中 dbType 的值
            string dbType =
ConfigurationManager.AppSettings.Get("dbType");

            //加载 DALFactory 程序集
            Assembly ass = Assembly.Load("DALFactory");

            //通过反射动态创建具体工厂类的实例，返回指向抽象工厂类的引用
            return
ass.CreateInstance(string.Format("DALFactory.{0}Factory", dbType)) as
AbstractFactory;
        }

        /// <summary>
        /// 创建抽象工厂
        /// </summary>
        public abstract IBookService CreateIBookService();
        public abstract ISortService CreateISortService();
        public abstract IUserService CreateIUserService();
    }
}
```

（2）SqlServerFactory.cs 具体代码如下：

```
namespace DALFactory
{
    class SqlServerFactory : AbstractFactory
    {
```

```
        /// <summary>
        /// 创建抽象工厂
        /// </summary>
        /// <returns>具体工厂</returns>
        public override IBookService CreateIBookService()
        {
            return new BookServices();
        }

        /// <summary>
        /// 创建抽象工厂
        /// </summary>
        /// <returns>具体工厂</returns>
        public override ISortService CreateISortService()
        {
            return new SortServices();
        }

        /// <summary>
        /// 创建抽象工厂
        /// </summary>
        /// <returns>具体工厂</returns>
        public override IUserService CreateIUserService()
        {
            return new UserServices();
        }
    }
}
```

5. 业务逻辑层

数据工厂和数据访问层提供的功能在业务逻辑层封装，被最终的应用程序调用。业务逻辑层位于 BLL 项目中，具有 3 个类。

（1）SortManage.cs 具体代码如下：

```
namespace BLL
{
    public class SortManage
    {
        /// <summary>
        /// 创建抽象工厂
        /// </summary>
        static AbstractFactory Factory =
AbstractFactory.CreateFactory();
        static ISortService Ibtis = Factory.CreateISortService();

        /// <summary>
        /// 查询所有图书类型
        /// </summary>
        /// <returns>所有图书类型集合</returns>
```

```
        public static List<Sort> SelectBookTypeInfo()
        {
            return Ibtis.SelectSort();
        }

        /// <summary>
        /// 增加图书类型
        /// </summary>
        /// <param name="b">类型实体</param>
        /// <returns>受影响的行数</returns>
        public static int InsertBookTypeInfo(Sort b)
        {
            return Ibtis.InsertSort(b);
        }

        /// <summary>
        /// 修改图书类型信息
        /// </summary>
        /// <param name="b">图书类型实体</param>
        /// <returns>受影响的行数</returns>
        public static int UpdateBookTypeInfo(Sort b)
        {
            return Ibtis.UpdateSort(b);
        }

        /// <summary>
        /// 删除图书类型信息
        /// </summary>
        /// <param name="b">图书类型实体</param>
        /// <returns>受影响的行数</returns>
        public static int DeleteBookTypeInfo(Sort b)
        {
            return Ibtis.DeleteSort(b);
        }

    }
}
```

（2）UserManage.cs 具体代码如下：

```
namespace BLL
{
    public class UserManage
    {
        /// <summary>
        /// 创建抽象工厂
        /// </summary>
        static AbstractFactory Factory =
AbstractFactory.CreateFactory();
        static IUserService Iais = Factory.CreateIUserService();
```

```
        /// <summary>
        /// 验证登录，创建抽象产品
        /// </summary>
        /// <param name="a">AdminInfo 实体</param>
        /// <returns>查询到的管理员信息，具体产品</returns>
        public static User SelectAdminInfo(User a)
        {
            return Iais.SelectUser(a);
        }

        /// <summary>
        /// 查询所有管理员信息
        /// </summary>
        /// <returns>查询到的具体管理员信息</returns>
        public static List<User> SelectAllAdminInfo()
        {
            return Iais.SelectAllUser();
        }

        /// <summary>
        /// 添加管理员
        /// </summary>
        /// <param name="a">管理员 Admininfo 实体</param>
        /// <returns>受影响的行数</returns>
        public static int InsertAdminInfo(User a)
        {
            return Iais.InsertUser(a);
        }

        /// <summary>
        /// 修改管理员密码
        /// </summary>
        /// <param name="a">管理员 Admininfo 实体</param>
        /// <returns>受影响的行数</returns>
        public static int UpdateAdminInfo(User a)
        {
            return Iais.UpdateUser(a);
        }

        /// <summary>
        /// 注销管理员
        /// </summary>
        /// <param name="a">管理员 Admininfo 实体</param>
        /// <returns>受影响的行数</returns>
        public static int DeleteAdminInfo(User a)
        {
            return Iais.DeleteUser(a);
        }
    }
}
```

（3）BookManage.cs 具体代码如下：

```
namespace BLL
{
    public class BookManage
    {
        /// <summary>
        /// 创建抽象工厂
        /// </summary>
        static AbstractFactory Factory =
AbstractFactory.CreateFactory();
        static IBookService Ibis = Factory.CreateIBookService();

        /// <summary>
        /// 查询所有图书信息
        /// </summary>
        /// <returns>具体图书信息</returns>
        public static List<Book> SelectBookInfo()
        {
            return Ibis.SelectBook();
        }

        /// <summary>
        /// 由图书编号查询图书信息
        /// </summary>
        /// <param name="b">图书编号</param>
        /// <returns>查询到的图书信息</returns>
        public static Book SelectOnBookId(int b)
        {
            return Ibis.SelectOnBookId(b);
        }

        /// <summary>
        /// 由图书类型查询图书信息
        /// </summary>
        /// <param name="booktype">图书类型</param>
        /// <returns>查询到的所有图书信息</returns>
        public static List<Book> SelectOnBookTypeName(string booktype)
        {
            return Ibis.SelectOnBookTypeName(booktype);
        }

        /// <summary>
        /// 添加图书信息
        /// </summary>
        /// <param name="b">BookInfo 图书信息实体</param>
        /// <returns>受影响的行数</returns>
        public static int InsertBookInfo(Book b)
        {
            return Ibis.InsertBook(b);
```

```
        }

        /// <summary>
        /// 修改图书信息
        /// </summary>
        /// <param name="b">BookInfo 图书信息实体</param>
        /// <returns>受影响的行数</returns>
        public static int UpdateBookInfo(Book b)
        {
            return Ibis.UpdateBook(b);
        }

        /// <summary>
        /// 删除图书信息
        /// </summary>
        /// <param name="b">BookInfo 图书信息实体</param>
        /// <returns>受影响的行数</returns>
        public static int DeleteBookInfo(Book b)
        {
            return Ibis.DeleteBook(b);
        }
    }
}
```

12.4 管理员登录

本节实现系统功能：管理员登录。为保证图书管理系统的安全性，在登录时需要验证账号和密码。登录系统成功后才能执行图书管理系统的管理操作。

在 BookManageSystem 项目中创建一个名为 frmLogin 的窗体，再添加用于输入账号、密码和验证码的文本框以及登录按钮。图 12-7 所示为登录窗体设计效果。

整个系统登录窗体的代码放在 frmLogin.cs 中，具体代码如下：

图 12-7 登录窗体

```
    using System;
```

```
using System.Collections.Generic;
using System.ComponentModel;
using System.Data;
using System.Drawing;
using System.Linq;
using System.Text;
using System.Windows.Forms;
using System.Diagnostics;
using Model;
using BLL;
using System.Security.Cryptography;

namespace BookManageSystem
{
    public partial class frmLogin : Form
    {
        public frmLogin()
        {
            InitializeComponent();
        }

        private void frmLogin_Load(object sender, EventArgs e)
        {
            ValidationCode();
        }
        /// <summary>
        /// 获取验证码
        /// </summary>
        public void ValidationCode()
        {
            string yzm = "";
            Random rd = new Random();
            for (int i = 0; i < 4; i++)
            {
                yzm += rd.Next (10) .ToString();
            }
            lbl_yzm.Text = yzm;
        }

        /// <summary>
        /// 清空输入框
        /// </summary>
        /// <param name="sender"></param>
        /// <param name="e"></param>
        private void button2_Click(object sender, EventArgs e)
        {
            txt_name.Text = "";
            txt_pwd.Text = "";
        }

        /// <summary>
```

```
        /// 加载验证码
        /// </summary>
        /// <param name="sender"></param>
        /// <param name="e"></param>
        private void linkLabel1_LinkClicked(object sender,
LinkLabelLinkClickedEventArgs e)
        {
            ValidationCode();
        }

        /// <summary>
        /// 登录密码加密
        /// </summary>
        /// <param name="s">明文密码</param>
        /// <returns>加密后的密码</returns>
        private string jiami(string s)
        {
            Encoding ascii = Encoding.ASCII;
            string EncryptString;
            EncryptString = "";
            for (int i = 0; i < s.Length; i++)
            {
                int j;
                byte[] b = new byte[1];
                j = Convert.ToInt32(ascii.GetBytes(s[i].ToString())[0]);
                j = j + 6;
                b[0] = Convert.ToByte(j);
                EncryptString = EncryptString + ascii.GetString(b);
            }

            //如果密码中有'，就换成9
            string pwd1 = EncryptString.Replace("'", "9");
            string pwd2 = pwd1.Replace("-", "9");
            string pwd3 = pwd2.Replace("/", "9");
            string newpwd = pwd3.Replace(" ", "9");
            return newpwd;
        }

        /// <summary>
        /// 32位MD5二次加密密码
        /// </summary>
        /// <param name="str">第一次加密后的密码</param>
        /// <returns>32位二次加密密码<returns>
        public static string GetMD5String(string str)
        {
            MD5 md5 = MD5.Create();
            byte[] b = Encoding.UTF8.GetBytes(str);
            byte[] md5b = md5.ComputeHash(b);
            md5.Clear();
            StringBuilder sb = new StringBuilder();
            foreach (var item in md5b)
```

```
            {
                sb.Append(item.ToString("x2"));
            }
            return sb.ToString();
        }

        private void button1_Click(object sender, EventArgs e)
        {
            LoginSystem();
          //frmMain fm = new frmMain();
            //fm.lbl_admin.Text = txt_name.Text;
            //fm.quanxian = 1;
            //fm.Show();
            //this.Hide();
        }

        public void LoginSystem()
        {
            if (txt_name.Text == "")
            {
                MessageBox.Show("请输入用户名", "操作提示",
MessageBoxButtons.OK, MessageBoxIcon.Information);
                return;
            }
            if (txt_pwd.Text == "")
            {
                MessageBox.Show("请输入密码","操作提示",
MessageBoxButtons.OK, MessageBoxIcon.Information);
                return;
            }
            if (txt_yanzhengma.Text == lbl_yzm.Text)
            {
                //实例化 Admininfo 对象
                User ai = new User();

                ai.UserName = txt_name.Text;

                ai.PassWord = GetMD5String(jiami(txt_pwd.Text));

                //执行查询，验证登录账号和密码
                User msg = UserManage.SelectAdminInfo(ai);

                if (msg != null)
                {
                   frmMain fm = new frmMain();
                    fm.lbl_admin.Text = txt_name.Text;
                    fm.quanxian = msg.IsSysAdmin;
                    fm.Show();
                    this.Hide();
                    //this.DialogResult = DialogResult.OK;
                    //this.Close();
```

```
                    }
                    else
                    {
                        txt_name.Text = "";
                        txt_pwd.Text = "";
                        txt_yanzhengma.Text = "";
                        ValidationCode();
                        MessageBox.Show("用户名或密码错误", "操作提示",
MessageBoxButtons.OK, MessageBoxIcon.Information);
                    }
                }
                else
                {
                    txt_yanzhengma.Text = "";
                    ValidationCode();
                    MessageBox.Show("验证码错误", "操作提示",
MessageBoxButtons.OK, MessageBoxIcon.Information);
                }
            }

            private void pictureBox2_DoubleClick(object sender, EventArgs e)
            {
                //退出系统
                this.Close();
            }

            private void 退出系统ToolStripMenuItem1_Click(object sender,
EventArgs e)
            {
                Application.Exit();
            }

            /// <summary>
            /// 设置验证码输入框只能输入数字
            /// </summary>
            private void txt_yanzhengma_KeyPress(object sender,
KeyPressEventArgs e)
            {
                if (e.KeyChar == 0x20)
                {
                    e.KeyChar = (char)0;  //禁止空格键
                }
                if ((e.KeyChar == 0x2D) && (((TextBox)sender).Text.Length
== 0)) //处理负数
                {
                    return;
                }

                if (e.KeyChar > 0x20)
                {
                    try
```

```
                {
                    double.Parse(((TextBox)sender).Text +
e.KeyChar.ToString());
                }
                catch
                {
                    e.KeyChar = (char)0;   //处理非法字符
                }
            }
        }


        private void lbl_yzm_LinkClicked(object sender,
LinkLabelLinkClickedEventArgs e)
        {
            ValidationCode();
        }

        private void txt_yanzhengma_KeyUp(object sender, KeyEventArgs e)
        {
            if (e.KeyCode == Keys.Enter)
            {
                LoginSystem();
            }
        }

        private void txt_name_TextChanged(object sender, EventArgs e)
        {

        }

    }
}
```

单击登录按钮，触发调用 LoginSystem()方法实现登录验证。在窗体代码中，利用 if 语句判断登录账号、密码和验证是否正确。在相同的情况下，创建一个管理员对象 ai，之后调用 UserManage 对象的 SelectAdminInfo()方法验证 ai 对象是否存在。如果存在，就表示验证成功，然后创建主窗体并显示，否则清空登录输入窗体输入框并给出错误信息。密码加密则可以调用 jiami()和 GetDM5String()两个自定义方法。

12.5 主界面功能模块实现

在登录窗体的账号、密码和验证码中输入正确的信息，单击“登录”按钮，即可进入图书管理系统主窗体。主窗体的下方显示登录账号和登录时间，主窗体的上方显示菜单栏、工具栏和快捷菜单，如图 12-8 所示。

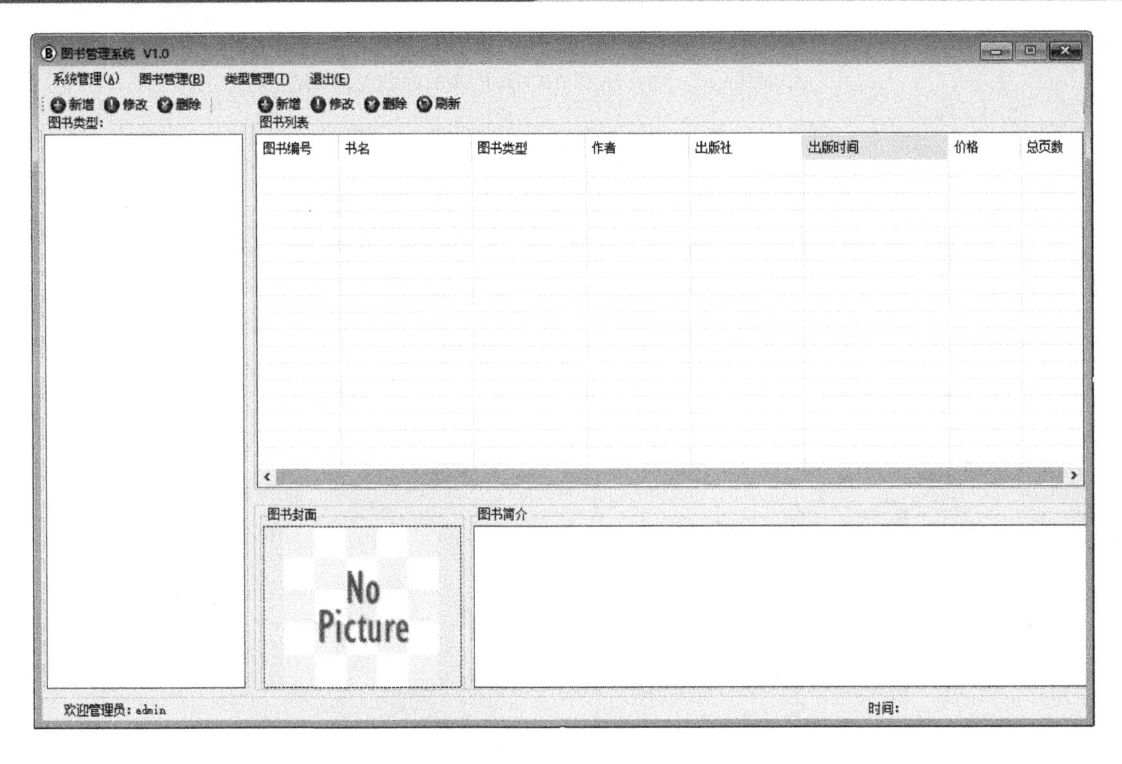

图 12-8　图书管理系统主窗体设计

12.5.1　主窗体设计与代码实现

从主操作界面布局和显示的控件来看，界面分为 3 部分，分别显示菜单栏、内容显示区和登录状态。本节从系统管理、图书管理、类型管理、图书列表和图书封面与图书简介等方面详细介绍功能模块的代码实现。主窗体代码包含在 frmMain.cs 类中。下面介绍主窗体的代码实现。

```
namespace BookManageSystem
{
    partial class frmMain
    {
        /// <summary>
        /// 必需的设计器变量
        /// </summary>
        private System.ComponentModel.IContainer components = null;

        /// <summary>
        /// 清理所有正在使用的资源
        /// </summary>
        /// <param name="disposing">如果应释放托管资源，为 true；否则为
false。</param>
        protected override void Dispose(bool disposing)
        {
            if (disposing && (components != null))
```

```
            {
                components.Dispose();
            }
            base.Dispose(disposing);
        }

        #region Windows 窗体设计器生成的代码

        /// <summary>
        /// 设计器支持所需的方法，不要使用代码编辑器修改此方法的内容
        /// </summary>
        private void InitializeComponent()
        {
            this.components = new System.ComponentModel.Container();
            System.ComponentModel.ComponentResourceManager resources =
new System.ComponentModel.ComponentResourceManager(typeof(frmMain));
            this.menuStrip1 = new System.Windows.Forms.MenuStrip();
            this.系统 ToolStripMenuItem = new
System.Windows.Forms.ToolStripMenuItem();
            this.修改密码 ToolStripMenuItem = new
System.Windows.Forms.ToolStripMenuItem();
            this.修改密码 ToolStripMenuItem1 = new
System.Windows.Forms.ToolStripMenuItem();
            this.增加用户 ToolStripMenuItem = new
System.Windows.Forms.ToolStripMenuItem();
            this.删除用户 ToolStripMenuItem = new
System.Windows.Forms.ToolStripMenuItem();
            this.退出 ToolStripMenuItem = new
System.Windows.Forms.ToolStripMenuItem();
            this.图书管理 ToolStripMenuItem = new
System.Windows.Forms.ToolStripMenuItem();
            this.新增 ToolStripMenuItem = new
System.Windows.Forms.ToolStripMenuItem();
            this.修改 ToolStripMenuItem = new
System.Windows.Forms.ToolStripMenuItem();
            this.删除 ToolStripMenuItem = new
System.Windows.Forms.ToolStripMenuItem();
            this.图书类型管理 ToolStripMenuItem = new
System.Windows.Forms.ToolStripMenuItem();
            this.新增 ToolStripMenuItem1 = new
System.Windows.Forms.ToolStripMenuItem();
            this.修改 ToolStripMenuItem1 = new
System.Windows.Forms.ToolStripMenuItem();
            this.删除 ToolStripMenuItem1 = new
System.Windows.Forms.ToolStripMenuItem();
            this.退出 EToolStripMenuItem = new
System.Windows.Forms.ToolStripMenuItem();
            this.toolStrip1 = new System.Windows.Forms.ToolStrip();
            this.toolStripLabel1 = new
System.Windows.Forms.ToolStripButton();
            this.toolStripLabel2 = new
```

```
System.Windows.Forms.ToolStripButton();
            this.toolStripLabel3 = new
System.Windows.Forms.ToolStripButton();
            this.toolStripSeparator1 = new
System.Windows.Forms.ToolStripSeparator();
            this.toolStripButton1 = new
System.Windows.Forms.ToolStripLabel();
            this.toolStripButton2 = new
System.Windows.Forms.ToolStripButton();
            this.toolStripButton3 = new
System.Windows.Forms.ToolStripButton();
            this.toolStripButton4 = new
System.Windows.Forms.ToolStripButton();
            this.toolStripButton5 = new
System.Windows.Forms.ToolStripButton();
            this.groupBox1 = new System.Windows.Forms.GroupBox();
            this.tv_BookType = new System.Windows.Forms.TreeView();
            this.contextMenuStrip2 = new
System.Windows.Forms.ContextMenuStrip(this.components);
            this.刷新ToolStripMenuItem = new
System.Windows.Forms.ToolStripMenuItem();
            this.新增ToolStripMenuItem2 = new
System.Windows.Forms.ToolStripMenuItem();
            this.修改ToolStripMenuItem2 = new
System.Windows.Forms.ToolStripMenuItem();
            this.删除ToolStripMenuItem2 = new
System.Windows.Forms.ToolStripMenuItem();
            this.详细ToolStripMenuItem = new
System.Windows.Forms.ToolStripMenuItem();
            this.groupBox2 = new System.Windows.Forms.GroupBox();
            this.lbl_admin = new System.Windows.Forms.Label();
            this.lbl_time = new System.Windows.Forms.Label();
            this.lbl_welcome = new System.Windows.Forms.Label();
            this.groupBox3 = new System.Windows.Forms.GroupBox();
            this.lv_bookinfo = new System.Windows.Forms.ListView();
            this.columnHeader1 =
((System.Windows.Forms.ColumnHeader)(new
System.Windows.Forms.ColumnHeader()));
            this.columnHeader2 =
((System.Windows.Forms.ColumnHeader)(new
System.Windows.Forms.ColumnHeader()));
            this.columnHeader3 =
((System.Windows.Forms.ColumnHeader)(new
System.Windows.Forms.ColumnHeader()));
            this.columnHeader4 =
((System.Windows.Forms.ColumnHeader)(new
System.Windows.Forms.ColumnHeader()));
            this.columnHeader5 =
((System.Windows.Forms.ColumnHeader)(new
System.Windows.Forms.ColumnHeader()));
            this.columnHeader6 =
```

```
((System.Windows.Forms.ColumnHeader)(new
System.Windows.Forms.ColumnHeader()));
            this.columnHeader7 =
((System.Windows.Forms.ColumnHeader)(new
System.Windows.Forms.ColumnHeader()));
            this.columnHeader8 =
((System.Windows.Forms.ColumnHeader)(new
System.Windows.Forms.ColumnHeader()));
            this.contextMenuStrip3 = new
System.Windows.Forms.ContextMenuStrip(this.components);
            this.toolStripMenuItem1 = new
System.Windows.Forms.ToolStripMenuItem();
            this.toolStripMenuItem2 = new
System.Windows.Forms.ToolStripMenuItem();
            this.toolStripMenuItem3 = new
System.Windows.Forms.ToolStripMenuItem();
            this.刷新ToolStripMenuItem1 = new
System.Windows.Forms.ToolStripMenuItem();
            this.groupBox4 = new System.Windows.Forms.GroupBox();
            this.groupBox6 = new System.Windows.Forms.GroupBox();
            this.txt_BookSum = new System.Windows.Forms.TextBox();
            this.groupBox5 = new System.Windows.Forms.GroupBox();
            this.ptb_bimg = new System.Windows.Forms.PictureBox();
            this.toolTip1 = new
System.Windows.Forms.ToolTip(this.components);
            this.skinEngine1 = new Sunisoft.IrisSkin.SkinEngine();
            this.timer1 = new
System.Windows.Forms.Timer(this.components);
            this.notifyIcon1 = new
System.Windows.Forms.NotifyIcon(this.components);
            this.contextMenuStrip1 = new
System.Windows.Forms.ContextMenuStrip(this.components);
            this.打开主菜单ToolStripMenuItem = new
System.Windows.Forms.ToolStripMenuItem();
            this.toolStripMenuItem4 = new
System.Windows.Forms.ToolStripMenuItem();
            this.系统默认ToolStripMenuItem = new
System.Windows.Forms.ToolStripMenuItem();
            this.清爽绿色ToolStripMenuItem = new
System.Windows.Forms.ToolStripMenuItem();
            this.office2007ToolStripMenuItem = new
System.Windows.Forms.ToolStripMenuItem();
            this.mac系统ToolStripMenuItem = new
System.Windows.Forms.ToolStripMenuItem();
            this.longhorn系统ToolStripMenuItem = new
System.Windows.Forms.ToolStripMenuItem();
            this.toolStripMenuItem5 = new
System.Windows.Forms.ToolStripSeparator();
            this.退出系统ToolStripMenuItem = new
System.Windows.Forms.ToolStripMenuItem();
            this.imageList1 = new
```

```
System.Windows.Forms.ImageList(this.components);
            this.imageList2 = new
System.Windows.Forms.ImageList(this.components);
            this.menuStrip1.SuspendLayout();
            this.toolStrip1.SuspendLayout();
            this.groupBox1.SuspendLayout();
            this.contextMenuStrip2.SuspendLayout();
            this.groupBox2.SuspendLayout();
            this.groupBox3.SuspendLayout();
            this.contextMenuStrip3.SuspendLayout();
            this.groupBox4.SuspendLayout();
            this.groupBox6.SuspendLayout();
            this.groupBox5.SuspendLayout();

((System.ComponentModel.ISupportInitialize)(this.ptb_bimg)).BeginInit();
            this.contextMenuStrip1.SuspendLayout();
            this.SuspendLayout();
            //
            // menuStrip1
            //
            this.menuStrip1.BackColor =
System.Drawing.Color.Transparent;
            this.menuStrip1.Items.AddRange(new
System.Windows.Forms.ToolStripItem[] {
            this.系统ToolStripMenuItem,
            this.图书管理ToolStripMenuItem,
            this.图书类型管理ToolStripMenuItem,
            this.退出EToolStripMenuItem});
            this.menuStrip1.Location = new System.Drawing.Point(0, 0);
            this.menuStrip1.Name = "menuStrip1";
            this.menuStrip1.Size = new System.Drawing.Size(1016, 25);
            this.menuStrip1.TabIndex = 0;
            this.menuStrip1.Text = "menuStrip1";
            //
            // 系统ToolStripMenuItem
            //
            this.系统ToolStripMenuItem.DropDownItems.AddRange(new
System.Windows.Forms.ToolStripItem[] {
            this.修改密码ToolStripMenuItem,
            this.退出ToolStripMenuItem});
            this.系统ToolStripMenuItem.Font = new System.Drawing.Font("
宋体", 9F);
            this.系统ToolStripMenuItem.Name = "系统ToolStripMenuItem";
            this.系统ToolStripMenuItem.ShortcutKeyDisplayString = "";
            this.系统ToolStripMenuItem.ShortcutKeys =
((System.Windows.Forms.Keys)((System.Windows.Forms.Keys.Control |
System.Windows.Forms.Keys.A)));
            this.系统ToolStripMenuItem.Size = new System.Drawing.Size(83,
21);
            this.系统ToolStripMenuItem.Text = "系统管理(&A)";
            this.系统ToolStripMenuItem.Click += new
```

```
System.EventHandler(this.系统 ToolStripMenuItem_Click);
            //
            // 修改密码 ToolStripMenuItem
            //
            this.修改密码 ToolStripMenuItem.DropDownItems.AddRange(new
System.Windows.Forms.ToolStripItem[] {
            this.修改密码 ToolStripMenuItem1,
            this.增加用户 ToolStripMenuItem,
            this.删除用户 ToolStripMenuItem});
            this.修改密码 ToolStripMenuItem.Name = "修改密码
ToolStripMenuItem";
            this.修改密码 ToolStripMenuItem.Size = new
System.Drawing.Size(152, 22);
            this.修改密码 ToolStripMenuItem.Text = "用户管理";
            //
            // 修改密码 ToolStripMenuItem1
            //
            this.修改密码 ToolStripMenuItem1.Name = "修改密码
ToolStripMenuItem1";
            this.修改密码 ToolStripMenuItem1.Size = new
System.Drawing.Size(152, 22);
            this.修改密码 ToolStripMenuItem1.Text = "修改密码";
            this.修改密码 ToolStripMenuItem1.Click += new
System.EventHandler(this.修改密码 ToolStripMenuItem1_Click);
            //
            // 增加用户 ToolStripMenuItem
            //
            this.增加用户 ToolStripMenuItem.Name = "增加用户
ToolStripMenuItem";
            this.增加用户 ToolStripMenuItem.Size = new
System.Drawing.Size(152, 22);
            this.增加用户 ToolStripMenuItem.Text = "增加用户";
            this.增加用户 ToolStripMenuItem.Click += new
System.EventHandler(this.增加用户 ToolStripMenuItem_Click);
            //
            // 删除用户 ToolStripMenuItem
            //
            this.删除用户 ToolStripMenuItem.Name = "删除用户
ToolStripMenuItem";
            this.删除用户 ToolStripMenuItem.Size = new
System.Drawing.Size(152, 22);
            this.删除用户 ToolStripMenuItem.Text = "删除用户";
            this.删除用户 ToolStripMenuItem.Click += new
System.EventHandler(this.删除用户 ToolStripMenuItem_Click);
            //
            // 退出 ToolStripMenuItem
            //
            this.退出 ToolStripMenuItem.Name = "退出 ToolStripMenuItem";
            this.退出 ToolStripMenuItem.Size = new
System.Drawing.Size(152, 22);
            this.退出 ToolStripMenuItem.Text = "系统退出";
```

```
            this.退出ToolStripMenuItem.Click += new
System.EventHandler(this.退出ToolStripMenuItem_Click);
            //
            // 图书管理ToolStripMenuItem
            //
            this.图书管理ToolStripMenuItem.DropDownItems.AddRange(new
System.Windows.Forms.ToolStripItem[] {
            this.新增ToolStripMenuItem,
            this.修改ToolStripMenuItem,
            this.删除ToolStripMenuItem});
            this.图书管理ToolStripMenuItem.Name = "图书管理
ToolStripMenuItem";
            this.图书管理 ToolStripMenuItem.ShortcutKeyDisplayString = "";
            this.图书管理ToolStripMenuItem.ShortcutKeys =
((System.Windows.Forms.Keys)((System.Windows.Forms.Keys.Control |
System.Windows.Forms.Keys.B)));
            this.图书管理ToolStripMenuItem.Size = new
System.Drawing.Size(84, 21);
            this.图书管理ToolStripMenuItem.Text = "图书管理(&B)";
            //
            // 新增ToolStripMenuItem
            //
            this.新增ToolStripMenuItem.Name = "新增ToolStripMenuItem";
            this.新增ToolStripMenuItem.Size = new
System.Drawing.Size(152, 22);
            this.新增ToolStripMenuItem.Text = "新增";
            this.新增ToolStripMenuItem.Click += new
System.EventHandler(this.新增ToolStripMenuItem_Click);
            //
            // 修改ToolStripMenuItem
            //
            this.修改ToolStripMenuItem.Name = "修改ToolStripMenuItem";
            this.修改ToolStripMenuItem.Size = new
System.Drawing.Size(152, 22);
            this.修改ToolStripMenuItem.Text = "修改";
            this.修改ToolStripMenuItem.Click += new
System.EventHandler(this.修改ToolStripMenuItem_Click);
            //
            // 删除ToolStripMenuItem
            //
            this.删除ToolStripMenuItem.Name = "删除ToolStripMenuItem";
            this.删除ToolStripMenuItem.Size = new
System.Drawing.Size(152, 22);
            this.删除ToolStripMenuItem.Text = "删除";
            this.删除ToolStripMenuItem.Click += new
System.EventHandler(this.删除ToolStripMenuItem_Click);
            //
            // 图书类型管理ToolStripMenuItem
            //
            this.图书类型管理ToolStripMenuItem.DropDownItems.AddRange(new
System.Windows.Forms.ToolStripItem[] {
```

```
            this.新增ToolStripMenuItem1,
            this.修改ToolStripMenuItem1,
            this.删除ToolStripMenuItem1});
            this.图书类型管理ToolStripMenuItem.Name = "图书类型管理
ToolStripMenuItem";
            this.图书类型管理ToolStripMenuItem.ShortcutKeys =
((System.Windows.Forms.Keys)((System.Windows.Forms.Keys.Control |
System.Windows.Forms.Keys.T)));
            this.图书类型管理ToolStripMenuItem.Size = new
System.Drawing.Size(83, 21);
            this.图书类型管理ToolStripMenuItem.Text = "类型管理(&T)";
            //
            // 新增ToolStripMenuItem1
            //
            this.新增ToolStripMenuItem1.Name = "新增ToolStripMenuItem1";
            this.新增ToolStripMenuItem1.Size = new
System.Drawing.Size(152, 22);
            this.新增ToolStripMenuItem1.Text = "新增";
            this.新增ToolStripMenuItem1.Click += new
System.EventHandler(this.新增ToolStripMenuItem1_Click);
            //
            // 修改ToolStripMenuItem1
            //
            this.修改ToolStripMenuItem1.Name = "修改ToolStripMenuItem1";
            this.修改ToolStripMenuItem1.Size = new
System.Drawing.Size(152, 22);
            this.修改ToolStripMenuItem1.Text = "修改";
            this.修改ToolStripMenuItem1.Click += new
System.EventHandler(this.修改ToolStripMenuItem1_Click);
            //
            // 删除ToolStripMenuItem1
            //
            this.删除ToolStripMenuItem1.Name = "删除ToolStripMenuItem1";
            this.删除ToolStripMenuItem1.Size = new
System.Drawing.Size(152, 22);
            this.删除ToolStripMenuItem1.Text = "删除";
            this.删除ToolStripMenuItem1.Click += new
System.EventHandler(this.删除ToolStripMenuItem1_Click);
            //
            // 退出EToolStripMenuItem
            //
            this.退出EToolStripMenuItem.Name = "退出EToolStripMenuItem";
            this.退出EToolStripMenuItem.ShortcutKeys =
((System.Windows.Forms.Keys)((System.Windows.Forms.Keys.Control |
System.Windows.Forms.Keys.E)));
            this.退出EToolStripMenuItem.Size = new
System.Drawing.Size(59, 21);
            this.退出EToolStripMenuItem.Text = "退出(&E)";
            this.退出EToolStripMenuItem.Click += new
System.EventHandler(this.退出EToolStripMenuItem_Click);
            //
```

```
            // toolStrip1
            //
            this.toolStrip1.BackColor =
System.Drawing.Color.Transparent;
            this.toolStrip1.Items.AddRange(new
System.Windows.Forms.ToolStripItem[] {
            this.toolStripLabel1,
            this.toolStripLabel2,
            this.toolStripLabel3,
            this.toolStripSeparator1,
            this.toolStripButton1,
            this.toolStripButton2,
            this.toolStripButton3,
            this.toolStripButton4,
            this.toolStripButton5});
            this.toolStrip1.Location = new System.Drawing.Point(0, 25);
            this.toolStrip1.Name = "toolStrip1";
            this.toolStrip1.Size = new System.Drawing.Size(1016, 25);
            this.toolStrip1.TabIndex = 1;
            this.toolStrip1.Text = "toolStrip1";
            this.toolTip1.SetToolTip(this.toolStrip1, "刷新");
            //
            // toolStripLabel1
            //
            this.toolStripLabel1.Image =
((System.Drawing.Image)(resources.GetObject("toolStripLabel1.Image")));
            this.toolStripLabel1.ImageTransparentColor =
System.Drawing.Color.Magenta;
            this.toolStripLabel1.Name = "toolStripLabel1";
            this.toolStripLabel1.Size = new System.Drawing.Size(52, 22);
            this.toolStripLabel1.Text = "新增";
            this.toolStripLabel1.ToolTipText = "新增";
            this.toolStripLabel1.Click += new
System.EventHandler(this.toolStripLabel1_Click);
            //
            // toolStripLabel2
            //
            this.toolStripLabel2.Image =
((System.Drawing.Image)(resources.GetObject("toolStripLabel2.Image")));
            this.toolStripLabel2.ImageTransparentColor =
System.Drawing.Color.Magenta;
            this.toolStripLabel2.Name = "toolStripLabel2";
            this.toolStripLabel2.Size = new System.Drawing.Size(52, 22);
            this.toolStripLabel2.Text = "修改";
            this.toolStripLabel2.ToolTipText = "修改";
            this.toolStripLabel2.Click += new
System.EventHandler(this.toolStripLabel2_Click);
            //
            // toolStripLabel3
            //
            this.toolStripLabel3.Image =
```

```
((System.Drawing.Image)(resources.GetObject("toolStripLabel3.Image")));
            this.toolStripLabel3.ImageTransparentColor =
System.Drawing.Color.Magenta;
            this.toolStripLabel3.Name = "toolStripLabel3";
            this.toolStripLabel3.Size = new System.Drawing.Size(52, 22);
            this.toolStripLabel3.Text = "删除";
            this.toolStripLabel3.ToolTipText = "删除";
            this.toolStripLabel3.Click += new
System.EventHandler(this.toolStripLabel3_Click);
            //
            // toolStripSeparator1
            //
            this.toolStripSeparator1.Name = "toolStripSeparator1";
            this.toolStripSeparator1.Size = new System.Drawing.Size(6,
25);
            //
            // toolStripButton1
            //
            this.toolStripButton1.DisplayStyle =
System.Windows.Forms.ToolStripItemDisplayStyle.Text;
            this.toolStripButton1.Image =
((System.Drawing.Image)(resources.GetObject("toolStripButton1.Image")));
            this.toolStripButton1.ImageTransparentColor =
System.Drawing.Color.Magenta;
            this.toolStripButton1.Name = "toolStripButton1";
            this.toolStripButton1.Size = new System.Drawing.Size(40,
22);
            this.toolStripButton1.Text = "       ";
            //
            // toolStripButton2
            //
            this.toolStripButton2.Image =
((System.Drawing.Image)(resources.GetObject("toolStripButton2.Image")));
            this.toolStripButton2.ImageTransparentColor =
System.Drawing.Color.Magenta;
            this.toolStripButton2.Name = "toolStripButton2";
            this.toolStripButton2.Size = new System.Drawing.Size(52,
22);
            this.toolStripButton2.Text = "新增";
            this.toolStripButton2.Click += new
System.EventHandler(this.toolStripButton2_Click);
            //
            // toolStripButton3
            //
            this.toolStripButton3.Image =
((System.Drawing.Image)(resources.GetObject("toolStripButton3.Image")));
            this.toolStripButton3.ImageTransparentColor =
System.Drawing.Color.Magenta;
            this.toolStripButton3.Name = "toolStripButton3";
            this.toolStripButton3.Size = new System.Drawing.Size(52,
22);
```

```
            this.toolStripButton3.Text = "修改";
            this.toolStripButton3.Click += new
System.EventHandler(this.toolStripButton3_Click);
            //
            // toolStripButton4
            //
            this.toolStripButton4.Image =
((System.Drawing.Image)(resources.GetObject("toolStripButton4.Image")));
            this.toolStripButton4.ImageTransparentColor =
System.Drawing.Color.Magenta;
            this.toolStripButton4.Name = "toolStripButton4";
            this.toolStripButton4.Size = new System.Drawing.Size(52,
22);
            this.toolStripButton4.Text = "删除";
            this.toolStripButton4.Click += new
System.EventHandler(this.toolStripButton4_Click);
            //
            // toolStripButton5
            //
            this.toolStripButton5.Image =
((System.Drawing.Image)(resources.GetObject("toolStripButton5.Image")));
            this.toolStripButton5.ImageTransparentColor =
System.Drawing.Color.Magenta;
            this.toolStripButton5.Name = "toolStripButton5";
            this.toolStripButton5.Size = new System.Drawing.Size(52,
22);
            this.toolStripButton5.Text = "刷新";
            this.toolStripButton5.Click += new
System.EventHandler(this.toolStripButton5_Click);
            //
            // groupBox1
            //
            this.groupBox1.BackColor = System.Drawing.Color.Transparent;
            this.groupBox1.BackgroundImageLayout =
System.Windows.Forms.ImageLayout.None;
            this.groupBox1.Controls.Add(this.tv_BookType);
            this.groupBox1.Location = new System.Drawing.Point(2, 48);
            this.groupBox1.Name = "groupBox1";
            this.groupBox1.Size = new System.Drawing.Size(200, 546);
            this.groupBox1.TabIndex = 2;
            this.groupBox1.TabStop = false;
            this.groupBox1.Text = "图书类型：";
            //
            // tv_BookType
            //
            this.tv_BookType.BackColor = System.Drawing.Color.White;
            this.tv_BookType.ContextMenuStrip = this.contextMenuStrip2;
            this.tv_BookType.Dock = System.Windows.Forms.DockStyle.Fill;
            this.tv_BookType.Location = new System.Drawing.Point(3, 17);
            this.tv_BookType.Name = "tv_BookType";
            this.tv_BookType.ShowNodeToolTips = true;
```

```
            this.tv_BookType.Size = new System.Drawing.Size(194, 526);
            this.tv_BookType.TabIndex = 0;
            this.tv_BookType.AfterSelect += new
System.Windows.Forms.TreeViewEventHandler(this.tv_BookType_AfterSelect);
            //
            // contextMenuStrip2
            //
            this.contextMenuStrip2.Items.AddRange(new
System.Windows.Forms.ToolStripItem[] {
            this.刷新ToolStripMenuItem,
            this.新增ToolStripMenuItem2,
            this.修改ToolStripMenuItem2,
            this.删除ToolStripMenuItem2,
            this.详细ToolStripMenuItem});
            this.contextMenuStrip2.Name = "contextMenuStrip2";
            this.contextMenuStrip2.Size = new System.Drawing.Size(101,
114);
            //
            // 刷新ToolStripMenuItem
            //
            this.刷新ToolStripMenuItem.Name = "刷新ToolStripMenuItem";
            this.刷新ToolStripMenuItem.Size = new
System.Drawing.Size(100, 22);
            this.刷新ToolStripMenuItem.Text = "刷新";
            this.刷新ToolStripMenuItem.Click += new
System.EventHandler(this.刷新ToolStripMenuItem_Click);
            //
            // 新增ToolStripMenuItem2
            //
            this.新增ToolStripMenuItem2.Name = "新增ToolStripMenuItem2";
            this.新增ToolStripMenuItem2.Size = new
System.Drawing.Size(100, 22);
            this.新增ToolStripMenuItem2.Text = "新增";
            this.新增ToolStripMenuItem2.Click += new
System.EventHandler(this.新增ToolStripMenuItem2_Click);
            //
            // 修改ToolStripMenuItem2
            //
            this.修改ToolStripMenuItem2.Name = "修改ToolStripMenuItem2";
            this.修改ToolStripMenuItem2.Size = new
System.Drawing.Size(100, 22);
            this.修改ToolStripMenuItem2.Text = "修改";
            this.修改ToolStripMenuItem2.Click += new
System.EventHandler(this.修改ToolStripMenuItem2_Click);
            //
            // 删除ToolStripMenuItem2
            //
            this.删除ToolStripMenuItem2.Name = "删除ToolStripMenuItem2";
            this.删除ToolStripMenuItem2.Size = new
System.Drawing.Size(100, 22);
            this.删除ToolStripMenuItem2.Text = "删除";
```

```
            this.删除 ToolStripMenuItem2.Click += new
System.EventHandler(this.删除 ToolStripMenuItem2_Click);
            //
            // 详细 ToolStripMenuItem
            //
            this.详细 ToolStripMenuItem.Name = "详细 ToolStripMenuItem";
            this.详细 ToolStripMenuItem.Size = new
System.Drawing.Size(100, 22);
            this.详细 ToolStripMenuItem.Text = "详细";
            this.详细 ToolStripMenuItem.Click += new
System.EventHandler(this.详细 ToolStripMenuItem_Click);
            //
            // groupBox2
            //
            this.groupBox2.BackColor = System.Drawing.Color.Transparent;
            this.groupBox2.Controls.Add(this.lbl_admin);
            this.groupBox2.Controls.Add(this.lbl_time);
            this.groupBox2.Controls.Add(this.lbl_welcome);
            this.groupBox2.Location = new System.Drawing.Point(0, 592);
            this.groupBox2.Name = "groupBox2";
            this.groupBox2.Size = new System.Drawing.Size(1021, 33);
            this.groupBox2.TabIndex = 3;
            this.groupBox2.TabStop = false;
            //
            // lbl_admin
            //
            this.lbl_admin.AutoSize = true;
            this.lbl_admin.Location = new System.Drawing.Point(89, 13);
            this.lbl_admin.Name = "lbl_admin";
            this.lbl_admin.Size = new System.Drawing.Size(35, 12);
            this.lbl_admin.TabIndex = 2;
            this.lbl_admin.Text = "admin";
            //
            // lbl_time
            //
            this.lbl_time.AutoSize = true;
            this.lbl_time.Location = new System.Drawing.Point(803, 13);
            this.lbl_time.Name = "lbl_time";
            this.lbl_time.Size = new System.Drawing.Size(41, 12);
            this.lbl_time.TabIndex = 1;
            this.lbl_time.Text = "时间: ";
            //
            // lbl_welcome
            //
            this.lbl_welcome.AutoSize = true;
            this.lbl_welcome.Location = new System.Drawing.Point(20,
13);
            this.lbl_welcome.Name = "lbl_welcome";
            this.lbl_welcome.Size = new System.Drawing.Size(77, 12);
            this.lbl_welcome.TabIndex = 0;
            this.lbl_welcome.Text = "欢迎管理员: ";
```

```
            //
            // groupBox3
            //
            this.groupBox3.BackColor = System.Drawing.Color.Transparent;
            this.groupBox3.Controls.Add(this.lv_bookinfo);
            this.groupBox3.Location = new System.Drawing.Point(208, 48);
            this.groupBox3.Name = "groupBox3";
            this.groupBox3.Size = new System.Drawing.Size(810, 356);
            this.groupBox3.TabIndex = 4;
            this.groupBox3.TabStop = false;
            this.groupBox3.Text = "图书列表";
            //
            // lv_bookinfo
            //
            this.lv_bookinfo.BackColor = System.Drawing.Color.White;
            this.lv_bookinfo.Columns.AddRange(new
System.Windows.Forms.ColumnHeader[] {
            this.columnHeader1,
            this.columnHeader2,
            this.columnHeader3,
            this.columnHeader4,
            this.columnHeader5,
            this.columnHeader6,
            this.columnHeader7,
            this.columnHeader8});
            this.lv_bookinfo.ContextMenuStrip = this.contextMenuStrip3;
            this.lv_bookinfo.Dock = System.Windows.Forms.DockStyle.Fill;
            this.lv_bookinfo.FullRowSelect = true;
            this.lv_bookinfo.GridLines = true;
            this.lv_bookinfo.Location = new System.Drawing.Point(3, 17);
            this.lv_bookinfo.MultiSelect = false;
            this.lv_bookinfo.Name = "lv_bookinfo";
            this.lv_bookinfo.Size = new System.Drawing.Size(804, 336);
            this.lv_bookinfo.TabIndex = 0;
            this.lv_bookinfo.UseCompatibleStateImageBehavior = false;
            this.lv_bookinfo.View = System.Windows.Forms.View.Details;
            this.lv_bookinfo.SelectedIndexChanged += new
System.EventHandler(this.lv_bookinfo_SelectedIndexChanged);
            //
            // columnHeader1
            //
            this.columnHeader1.Text = "图书编号";
            this.columnHeader1.Width = 80;
            //
            // columnHeader2
            //
            this.columnHeader2.Text = "书名";
            this.columnHeader2.Width = 130;
            //
            // columnHeader3
            //
```

```
            this.columnHeader3.Text = "图书类型";
            this.columnHeader3.Width = 110;
            //
            // columnHeader4
            //
            this.columnHeader4.Text = "作者";
            this.columnHeader4.Width = 100;
            //
            // columnHeader5
            //
            this.columnHeader5.Text = "出版社";
            this.columnHeader5.Width = 110;
            //
            // columnHeader6
            //
            this.columnHeader6.Text = "出版时间";
            this.columnHeader6.Width = 140;
            //
            // columnHeader7
            //
            this.columnHeader7.Text = "价格";
            this.columnHeader7.Width = 71;
            //
            // columnHeader8
            //
            this.columnHeader8.Text = "总页数";
            //
            // contextMenuStrip3
            //
            this.contextMenuStrip3.Items.AddRange(new
System.Windows.Forms.ToolStripItem[] {
            this.toolStripMenuItem1,
            this.toolStripMenuItem2,
            this.toolStripMenuItem3,
            this.刷新ToolStripMenuItem1});
            this.contextMenuStrip3.Name = "contextMenuStrip2";
            this.contextMenuStrip3.Size = new System.Drawing.Size(101,
92);
            //
            // toolStripMenuItem1
            //
            this.toolStripMenuItem1.Name = "toolStripMenuItem1";
            this.toolStripMenuItem1.Size = new System.Drawing.Size(100,
22);
            this.toolStripMenuItem1.Text = "新增";
            this.toolStripMenuItem1.Click += new
System.EventHandler(this.toolStripMenuItem1_Click);
            //
            // toolStripMenuItem2
            //
            this.toolStripMenuItem2.Name = "toolStripMenuItem2";
```

```
            this.toolStripMenuItem2.Size = new System.Drawing.Size(100, 
22);
            this.toolStripMenuItem2.Text = "修改";
            this.toolStripMenuItem2.Click += new 
System.EventHandler(this.toolStripMenuItem2_Click);
            //
            // toolStripMenuItem3
            //
            this.toolStripMenuItem3.Name = "toolStripMenuItem3";
            this.toolStripMenuItem3.Size = new System.Drawing.Size(100, 
22);
            this.toolStripMenuItem3.Text = "删除";
            this.toolStripMenuItem3.Click += new 
System.EventHandler(this.toolStripMenuItem3_Click);
            //
            // 刷新 ToolStripMenuItem1
            //
            this.刷新 ToolStripMenuItem1.Name = "刷新 ToolStripMenuItem1";
            this.刷新 ToolStripMenuItem1.Size = new 
System.Drawing.Size(100, 22);
            this.刷新 ToolStripMenuItem1.Text = "刷新";
            this.刷新 ToolStripMenuItem1.Click += new 
System.EventHandler(this.刷新 ToolStripMenuItem1_Click);
            //
            // groupBox4
            //
            this.groupBox4.BackColor = System.Drawing.Color.Transparent;
            this.groupBox4.Controls.Add(this.groupBox6);
            this.groupBox4.Controls.Add(this.groupBox5);
            this.groupBox4.Location = new System.Drawing.Point(208, 
410);
            this.groupBox4.Name = "groupBox4";
            this.groupBox4.Size = new System.Drawing.Size(813, 184);
            this.groupBox4.TabIndex = 5;
            this.groupBox4.TabStop = false;
            //
            // groupBox6
            //
            this.groupBox6.Controls.Add(this.txt_BookSum);
            this.groupBox6.Location = new System.Drawing.Point(212, 10);
            this.groupBox6.Name = "groupBox6";
            this.groupBox6.Size = new System.Drawing.Size(601, 174);
            this.groupBox6.TabIndex = 1;
            this.groupBox6.TabStop = false;
            this.groupBox6.Text = "图书简介";
            //
            // txt_BookSum
            //
            this.txt_BookSum.BackColor = System.Drawing.Color.White;
            this.txt_BookSum.Dock = System.Windows.Forms.DockStyle.Fill;
            this.txt_BookSum.Location = new System.Drawing.Point(3, 17);
```

```
            this.txt_BookSum.Multiline = true;
            this.txt_BookSum.Name = "txt_BookSum";
            this.txt_BookSum.ReadOnly = true;
            this.txt_BookSum.Size = new System.Drawing.Size(595, 154);
            this.txt_BookSum.TabIndex = 0;
            //
            // groupBox5
            //
            this.groupBox5.Controls.Add(this.ptb_bimg);
            this.groupBox5.Location = new System.Drawing.Point(6, 10);
            this.groupBox5.Name = "groupBox5";
            this.groupBox5.Size = new System.Drawing.Size(200, 174);
            this.groupBox5.TabIndex = 0;
            this.groupBox5.TabStop = false;
            this.groupBox5.Text = "图书封面";
            //
            // ptb_bimg
            //
            this.ptb_bimg.Dock = System.Windows.Forms.DockStyle.Fill;
            this.ptb_bimg.ErrorImage =
global::BookManageSystem.Properties.Resources.nopic;
            this.ptb_bimg.Image =
global::BookManageSystem.Properties.Resources.nopic;
            this.ptb_bimg.Location = new System.Drawing.Point(3, 17);
            this.ptb_bimg.Name = "ptb_bimg";
            this.ptb_bimg.Size = new System.Drawing.Size(194, 154);
            this.ptb_bimg.SizeMode =
System.Windows.Forms.PictureBoxSizeMode.Zoom;
            this.ptb_bimg.TabIndex = 0;
            this.ptb_bimg.TabStop = false;
            this.toolTip1.SetToolTip(this.ptb_bimg, "图书封面预览");
            //
            // skinEngine1
            //
            this.skinEngine1.@__DrawButtonFocusRectangle = true;
            this.skinEngine1.DisabledButtonTextColor =
System.Drawing.Color.Gray;
            this.skinEngine1.DisabledMenuFontColor =
System.Drawing.SystemColors.GrayText;
            this.skinEngine1.InactiveCaptionColor =
System.Drawing.SystemColors.InactiveCaptionText;
            this.skinEngine1.SerialNumber = "";
            this.skinEngine1.SkinFile = null;
            //
            // timer1
            //
            this.timer1.Enabled = true;
            this.timer1.Interval = 1000;
            this.timer1.Tick += new
System.EventHandler(this.timer1_Tick);
            //
```

```
            // notifyIcon1
            //
            this.notifyIcon1.BalloonTipText = "图书管理系统_V1.0";
            this.notifyIcon1.ContextMenuStrip = this.contextMenuStrip1;
            this.notifyIcon1.Icon =
((System.Drawing.Icon)(resources.GetObject("notifyIcon1.Icon")));
            this.notifyIcon1.Text = "图书管理系统_V1.0";
            this.notifyIcon1.Visible = true;
            //
            // contextMenuStrip1
            //
            this.contextMenuStrip1.Items.AddRange(new
System.Windows.Forms.ToolStripItem[] {
            this.打开主菜单ToolStripMenuItem,
            this.toolStripMenuItem4,
            this.toolStripMenuItem5,
            this.退出系统ToolStripMenuItem});
            this.contextMenuStrip1.Name = "contextMenuStrip1";
            this.contextMenuStrip1.Size = new System.Drawing.Size(137,
76);
            //
            // 打开主菜单ToolStripMenuItem
            //
            this.打开主菜单ToolStripMenuItem.Name = "打开主菜单
ToolStripMenuItem";
            this.打开主菜单ToolStripMenuItem.Size = new
System.Drawing.Size(136, 22);
            this.打开主菜单ToolStripMenuItem.Text = "打开主窗体";
            this.打开主菜单ToolStripMenuItem.Click += new
System.EventHandler(this.打开主菜单ToolStripMenuItem_Click);
            //
            // toolStripMenuItem4
            //
            this.toolStripMenuItem4.DropDownItems.AddRange(new
System.Windows.Forms.ToolStripItem[] {
            this.系统默认ToolStripMenuItem,
            this.清爽绿色ToolStripMenuItem,
            this.office2007ToolStripMenuItem,
            this.mac系统ToolStripMenuItem,
            this.longhorn系统ToolStripMenuItem});
            this.toolStripMenuItem4.Name = "toolStripMenuItem4";
            this.toolStripMenuItem4.Size = new System.Drawing.Size(136,
22);
            this.toolStripMenuItem4.Text = "切换主题";
            //
            // 系统默认ToolStripMenuItem
            //
            this.系统默认ToolStripMenuItem.Name = "系统默认
ToolStripMenuItem";
            this.系统默认ToolStripMenuItem.Size = new
System.Drawing.Size(156, 22);
```

```
            this.系统默认ToolStripMenuItem.Text = "系统默认";
            this.系统默认ToolStripMenuItem.Click += new
System.EventHandler(this.系统默认ToolStripMenuItem_Click);
            //
            // 清爽绿色ToolStripMenuItem
            //
            this.清爽绿色ToolStripMenuItem.Name = "清爽绿色
ToolStripMenuItem";
            this.清爽绿色ToolStripMenuItem.Size = new
System.Drawing.Size(156, 22);
            this.清爽绿色ToolStripMenuItem.Text = "清爽绿色";
            //
            // office2007ToolStripMenuItem
            //
            this.office2007ToolStripMenuItem.Name =
"office2007ToolStripMenuItem";
            this.office2007ToolStripMenuItem.Size = new
System.Drawing.Size(156, 22);
            this.office2007ToolStripMenuItem.Text = "Office 2007";
            //
            // mac系统ToolStripMenuItem
            //
            this.mac系统ToolStripMenuItem.Name = "mac系统
ToolStripMenuItem";
            this.mac系统ToolStripMenuItem.Size = new
System.Drawing.Size(156, 22);
            this.mac系统ToolStripMenuItem.Text = "Mac系统";
            //
            // longhorn系统ToolStripMenuItem
            //
            this.longhorn系统ToolStripMenuItem.Name = "longhorn系统
ToolStripMenuItem";
            this.longhorn系统ToolStripMenuItem.Size = new
System.Drawing.Size(156, 22);
            this.longhorn系统ToolStripMenuItem.Text = "Longhorn系统";
            //
            // toolStripMenuItem5
            //
            this.toolStripMenuItem5.Name = "toolStripMenuItem5";
            this.toolStripMenuItem5.Size = new System.Drawing.Size(133,
6);
            //
            // 退出系统ToolStripMenuItem
            //
            this.退出系统ToolStripMenuItem.Name = "退出系统
ToolStripMenuItem";
            this.退出系统ToolStripMenuItem.Size = new
System.Drawing.Size(136, 22);
            this.退出系统ToolStripMenuItem.Text = "退出系统";
            //
            // imageList1
```

```
            //
            this.imageList1.ColorDepth =
System.Windows.Forms.ColorDepth.Depth8Bit;
            this.imageList1.ImageSize = new System.Drawing.Size(16, 16);
            this.imageList1.TransparentColor =
System.Drawing.Color.Transparent;
            //
            // imageList2
            //
            this.imageList2.ImageStream =
((System.Windows.Forms.ImageListStreamer)(resources.GetObject("imageList2
.ImageStream")));
            this.imageList2.TransparentColor =
System.Drawing.Color.Transparent;
            this.imageList2.Images.SetKeyName(0, "2.ico");
            this.imageList2.Images.SetKeyName(1, "33323.ico");
            //
            // frmMain
            //
            this.AutoScaleDimensions = new System.Drawing.SizeF(6F,
12F);
            this.AutoScaleMode =
System.Windows.Forms.AutoScaleMode.Font;
            this.ClientSize = new System.Drawing.Size(1016, 621);
            this.Controls.Add(this.groupBox4);
            this.Controls.Add(this.groupBox3);
            this.Controls.Add(this.groupBox2);
            this.Controls.Add(this.groupBox1);
            this.Controls.Add(this.toolStrip1);
            this.Controls.Add(this.menuStrip1);
            this.DoubleBuffered = true;
            this.Icon =
((System.Drawing.Icon)(resources.GetObject("$this.Icon")));
            this.MainMenuStrip = this.menuStrip1;
            this.MaximizeBox = false;
            this.MaximumSize = new System.Drawing.Size(1032, 660);
            this.MinimumSize = new System.Drawing.Size(1032, 660);
            this.Name = "frmMain";
            this.StartPosition =
System.Windows.Forms.FormStartPosition.CenterScreen;
            this.Text = "图书管理系统  V1.0";
            this.FormClosing += new
System.Windows.Forms.FormClosingEventHandler(this.frmMain_FormClosing);
            this.Load += new System.EventHandler(this.frmMain_Load);
            this.menuStrip1.ResumeLayout(false);
            this.menuStrip1.PerformLayout();
            this.toolStrip1.ResumeLayout(false);
            this.toolStrip1.PerformLayout();
            this.groupBox1.ResumeLayout(false);
            this.contextMenuStrip2.ResumeLayout(false);
            this.groupBox2.ResumeLayout(false);
```

```
            this.groupBox2.PerformLayout();
            this.groupBox3.ResumeLayout(false);
            this.contextMenuStrip3.ResumeLayout(false);
            this.groupBox4.ResumeLayout(false);
            this.groupBox6.ResumeLayout(false);
            this.groupBox6.PerformLayout();
            this.groupBox5.ResumeLayout(false);

((System.ComponentModel.ISupportInitialize)(this.ptb_bimg)).EndInit();
            this.contextMenuStrip1.ResumeLayout(false);
            this.ResumeLayout(false);
            this.PerformLayout();

        }

        #endregion

        private System.Windows.Forms.MenuStrip menuStrip1;
        private System.Windows.Forms.ToolStripMenuItem 图书管理
ToolStripMenuItem;
        private System.Windows.Forms.ToolStripMenuItem 图书类型管理
ToolStripMenuItem;
        private System.Windows.Forms.ToolStripMenuItem 退出
EToolStripMenuItem;
        private System.Windows.Forms.ToolStrip toolStrip1;
        private System.Windows.Forms.GroupBox groupBox1;
        private System.Windows.Forms.GroupBox groupBox2;
        private System.Windows.Forms.GroupBox groupBox3;
        private System.Windows.Forms.GroupBox groupBox4;
        private System.Windows.Forms.ToolTip toolTip1;
        private System.Windows.Forms.ToolStripButton toolStripLabel1;
        private System.Windows.Forms.ToolStripButton toolStripLabel2;
        private System.Windows.Forms.ToolStripButton toolStripLabel3;
        private System.Windows.Forms.ToolStripButton toolStripButton2;
        private System.Windows.Forms.ToolStripButton toolStripButton3;
        private System.Windows.Forms.ToolStripButton toolStripButton4;
        private System.Windows.Forms.GroupBox groupBox6;
        private System.Windows.Forms.GroupBox groupBox5;
        private System.Windows.Forms.PictureBox ptb_bimg;
        private Sunisoft.IrisSkin.SkinEngine skinEngine1;
        private System.Windows.Forms.ToolStripLabel toolStripButton1;
        private System.Windows.Forms.ToolStripMenuItem 系统
ToolStripMenuItem;
        private System.Windows.Forms.ToolStripMenuItem 修改密码
ToolStripMenuItem;
        private System.Windows.Forms.ToolStripMenuItem 退出
ToolStripMenuItem;
        private System.Windows.Forms.ToolStripMenuItem 新增
ToolStripMenuItem;
        private System.Windows.Forms.ToolStripMenuItem 修改
ToolStripMenuItem;
```

```
        private System.Windows.Forms.ToolStripMenuItem 删除
ToolStripMenuItem;
        private System.Windows.Forms.ToolStripMenuItem 新增
ToolStripMenuItem1;
        private System.Windows.Forms.ToolStripMenuItem 修改
ToolStripMenuItem1;
        private System.Windows.Forms.ToolStripMenuItem 删除
ToolStripMenuItem1;
        private System.Windows.Forms.Label lbl_time;
        private System.Windows.Forms.Timer timer1;
        private System.Windows.Forms.ColumnHeader columnHeader1;
        private System.Windows.Forms.ColumnHeader columnHeader2;
        private System.Windows.Forms.ColumnHeader columnHeader3;
        private System.Windows.Forms.ColumnHeader columnHeader4;
        private System.Windows.Forms.ColumnHeader columnHeader5;
        private System.Windows.Forms.ColumnHeader columnHeader6;
        private System.Windows.Forms.ColumnHeader columnHeader7;
        private System.Windows.Forms.ColumnHeader columnHeader8;
        private System.Windows.Forms.TextBox txt_BookSum;
        private System.Windows.Forms.NotifyIcon notifyIcon1;
        private System.Windows.Forms.ContextMenuStrip contextMenuStrip1;
        private System.Windows.Forms.ToolStripMenuItem 打开主菜单
ToolStripMenuItem;
        private System.Windows.Forms.ToolStripMenuItem 退出系统
ToolStripMenuItem;
        private System.Windows.Forms.ImageList imageList1;
        public System.Windows.Forms.ListView lv_bookinfo;
        private System.Windows.Forms.ContextMenuStrip contextMenuStrip2;
        private System.Windows.Forms.ToolStripMenuItem 新增
ToolStripMenuItem2;
        private System.Windows.Forms.ToolStripMenuItem 修改
ToolStripMenuItem2;
        private System.Windows.Forms.ToolStripMenuItem 删除
ToolStripMenuItem2;
        private System.Windows.Forms.ContextMenuStrip contextMenuStrip3;
        private System.Windows.Forms.ToolStripMenuItem
toolStripMenuItem1;
        private System.Windows.Forms.ToolStripMenuItem
toolStripMenuItem2;
        private System.Windows.Forms.ToolStripMenuItem
toolStripMenuItem3;
        private System.Windows.Forms.ToolStripButton toolStripButton5;
        private System.Windows.Forms.ToolStripMenuItem 刷新
ToolStripMenuItem;
        private System.Windows.Forms.ToolStripMenuItem 刷新
ToolStripMenuItem1;
        private System.Windows.Forms.ToolStripMenuItem 修改密码
ToolStripMenuItem1;
        private System.Windows.Forms.ToolStripMenuItem 增加用户
ToolStripMenuItem;
        private System.Windows.Forms.ToolStripMenuItem 删除用户
```

```
ToolStripMenuItem;
         public System.Windows.Forms.Label lbl_admin;
         private System.Windows.Forms.Label lbl_welcome;
         private System.Windows.Forms.ToolStripMenuItem 详细
ToolStripMenuItem;
         public System.Windows.Forms.TreeView tv_BookType;
         private System.Windows.Forms.ImageList imageList2;
         private System.Windows.Forms.ToolStripMenuItem
toolStripMenuItem4;
         private System.Windows.Forms.ToolStripMenuItem 系统默认
ToolStripMenuItem;
         private System.Windows.Forms.ToolStripMenuItem 清爽绿色
ToolStripMenuItem;
         private System.Windows.Forms.ToolStripMenuItem
office2007ToolStripMenuItem;
         private System.Windows.Forms.ToolStripMenuItem mac 系统
ToolStripMenuItem;
         private System.Windows.Forms.ToolStripMenuItem longhorn 系统
ToolStripMenuItem;
         private System.Windows.Forms.ToolStripSeparator
toolStripMenuItem5;
         private System.Windows.Forms.ToolStripSeparator
toolStripSeparator1;

      }
   }出 ToolStripMenuItem
            //
            this.退出 ToolStripMenuItem.Name = "退出 ToolStripMenuItem";
            this.退出 ToolStripMenuItem.Size = new
System.Drawing.Size(152, 22);
            this.退出 ToolStripMenuItem.Text = "系统退出";
            this.退出 ToolStripMenuItem.Click += new
System.EventHandler(this.退出 ToolStripMenuItem_Click);
            //
            // 图书管理 ToolStripMenuItem
            //
            this.图书管理 ToolStripMenuItem.DropDownItems.AddRange(new
System.Windows.Forms.ToolStripItem[] {
            this.新增 ToolStripMenuItem,
            this.修改 ToolStripMenuItem,
            this.删除 ToolStripMenuItem});
            this.图书管理 ToolStripMenuItem.Name = "图书管理
ToolStripMenuItem";
            this.图书管理 ToolStripMenuItem.ShortcutKeyDisplayString = "";
            this.图书管理 ToolStripMenuItem.ShortcutKeys =
((System.Windows.Forms.Keys)((System.Windows.Forms.Keys.Control |
System.Windows.Forms.Keys.B)));
            this.图书管理 ToolStripMenuItem.Size = new
System.Drawing.Size(84, 21);
            this.图书管理 ToolStripMenuItem.Text = "图书管理(&B)";
            //
```

```
            // 新增 ToolStripMenuItem
            //
            this.新增 ToolStripMenuItem.Name = "新增 ToolStripMenuItem";
            this.新增 ToolStripMenuItem.Size = new
System.Drawing.Size(152, 22);
            this.新增 ToolStripMenuItem.Text = "新增";
            this.新增 ToolStripMenuItem.Click += new
System.EventHandler(this.新增 ToolStripMenuItem_Click);
            //
            // 修改 ToolStripMenuItem
            //
            this.修改 ToolStripMenuItem.Name = "修改 ToolStripMenuItem";
            this.修改 ToolStripMenuItem.Size = new
System.Drawing.Size(152, 22);
            this.修改 ToolStripMenuItem.Text = "修改";
            this.修改 ToolStripMenuItem.Click += new
System.EventHandler(this.修改 ToolStripMenuItem_Click);
            //
            // 删除 ToolStripMenuItem
            //
            this.删除 ToolStripMenuItem.Name = "删除 ToolStripMenuItem";
            this.删除 ToolStripMenuItem.Size = new
System.Drawing.Size(152, 22);
            this.删除 ToolStripMenuItem.Text = "删除";
            this.删除 ToolStripMenuItem.Click += new
System.EventHandler(this.删除 ToolStripMenuItem_Click);
            //
            // 图书类型管理 ToolStripMenuItem
            //
            this.图书类型管理 ToolStripMenuItem.DropDownItems.AddRange(new
System.Windows.Forms.ToolStripItem[] {
            this.新增 ToolStripMenuItem1,
            this.修改 ToolStripMenuItem1,
            this.删除 ToolStripMenuItem1});
            this.图书类型管理 ToolStripMenuItem.Name = "图书类型管理
ToolStripMenuItem";
            this.图书类型管理 ToolStripMenuItem.ShortcutKeys =
((System.Windows.Forms.Keys)((System.Windows.Forms.Keys.Control |
System.Windows.Forms.Keys.T)));
            this.图书类型管理 ToolStripMenuItem.Size = new
System.Drawing.Size(83, 21);
            this.图书类型管理 ToolStripMenuItem.Text = "类型管理(&T)";
            //
            // 新增 ToolStripMenuItem1
            //
            this.新增 ToolStripMenuItem1.Name = "新增 ToolStripMenuItem1";
            this.新增 ToolStripMenuItem1.Size = new
System.Drawing.Size(152, 22);
            this.新增 ToolStripMenuItem1.Text = "新增";
            this.新增 ToolStripMenuItem1.Click += new
System.EventHandler(this.新增 ToolStripMenuItem1_Click);
```

```
            //
            // 修改 ToolStripMenuItem1
            //
            this.修改 ToolStripMenuItem1.Name = "修改 ToolStripMenuItem1";
            this.修改 ToolStripMenuItem1.Size = new
System.Drawing.Size(152, 22);
            this.修改 ToolStripMenuItem1.Text = "修改";
            this.修改 ToolStripMenuItem1.Click += new
System.EventHandler(this.修改 ToolStripMenuItem1_Click);
            //
            // 删除 ToolStripMenuItem1
            //
            this.删除 ToolStripMenuItem1.Name = "删除 ToolStripMenuItem1";
            this.删除 ToolStripMenuItem1.Size = new
System.Drawing.Size(152, 22);
            this.删除 ToolStripMenuItem1.Text = "删除";
            this.删除 ToolStripMenuItem1.Click += new
System.EventHandler(this.删除 ToolStripMenuItem1_Click);
            //
            // 退出 EToolStripMenuItem
            //
            this.退出 EToolStripMenuItem.Name = "退出 EToolStripMenuItem";
            this.退出 EToolStripMenuItem.ShortcutKeys =
((System.Windows.Forms.Keys)((System.Windows.Forms.Keys.Control |
System.Windows.Forms.Keys.E)));
            this.退出 EToolStripMenuItem.Size = new
System.Drawing.Size(59, 21);
            this.退出 EToolStripMenuItem.Text = "退出(&E)";
            this.退出 EToolStripMenuItem.Click += new
System.EventHandler(this.退出 EToolStripMenuItem_Click);
            //
            // toolStrip1
            //
            this.toolStrip1.BackColor =
System.Drawing.Color.Transparent;
            this.toolStrip1.Items.AddRange(new
System.Windows.Forms.ToolStripItem[] {
            this.toolStripLabel1,
            this.toolStripLabel2,
            this.toolStripLabel3,
            this.toolStripSeparator1,
            this.toolStripButton1,
            this.toolStripButton2,
            this.toolStripButton3,
            this.toolStripButton4,
            this.toolStripButton5});
            this.toolStrip1.Location = new System.Drawing.Point(0, 25);
            this.toolStrip1.Name = "toolStrip1";
            this.toolStrip1.Size = new System.Drawing.Size(1016, 25);
            this.toolStrip1.TabIndex = 1;
            this.toolStrip1.Text = "toolStrip1";
```

```
            this.toolTip1.SetToolTip(this.toolStrip1, "刷新");
            //
            // toolStripLabel1
            //
            this.toolStripLabel1.Image =
((System.Drawing.Image)(resources.GetObject("toolStripLabel1.Image")));
            this.toolStripLabel1.ImageTransparentColor =
System.Drawing.Color.Magenta;
            this.toolStripLabel1.Name = "toolStripLabel1";
            this.toolStripLabel1.Size = new System.Drawing.Size(52, 22);
            this.toolStripLabel1.Text = "新增";
            this.toolStripLabel1.ToolTipText = "新增";
            this.toolStripLabel1.Click += new
System.EventHandler(this.toolStripLabel1_Click);
            //
            // toolStripLabel2
            //
            this.toolStripLabel2.Image =
((System.Drawing.Image)(resources.GetObject("toolStripLabel2.Image")));
            this.toolStripLabel2.ImageTransparentColor =
System.Drawing.Color.Magenta;
            this.toolStripLabel2.Name = "toolStripLabel2";
            this.toolStripLabel2.Size = new System.Drawing.Size(52, 22);
            this.toolStripLabel2.Text = "修改";
            this.toolStripLabel2.ToolTipText = "修改";
            this.toolStripLabel2.Click += new
System.EventHandler(this.toolStripLabel2_Click);
            //
            // toolStripLabel3
            //
            this.toolStripLabel3.Image =
((System.Drawing.Image)(resources.GetObject("toolStripLabel3.Image")));
            this.toolStripLabel3.ImageTransparentColor =
System.Drawing.Color.Magenta;
            this.toolStripLabel3.Name = "toolStripLabel3";
            this.toolStripLabel3.Size = new System.Drawing.Size(52, 22);
            this.toolStripLabel3.Text = "删除";
            this.toolStripLabel3.ToolTipText = "删除";
            this.toolStripLabel3.Click += new
System.EventHandler(this.toolStripLabel3_Click);
            //
            // toolStripSeparator1
            //
            this.toolStripSeparator1.Name = "toolStripSeparator1";
            this.toolStripSeparator1.Size = new System.Drawing.Size(6,
25);
            //
            // toolStripButton1
            //
            this.toolStripButton1.DisplayStyle =
System.Windows.Forms.ToolStripItemDisplayStyle.Text;
```

```
            this.toolStripButton1.Image =
((System.Drawing.Image)(resources.GetObject("toolStripButton1.Image")));
            this.toolStripButton1.ImageTransparentColor =
System.Drawing.Color.Magenta;
            this.toolStripButton1.Name = "toolStripButton1";
            this.toolStripButton1.Size = new System.Drawing.Size(40,
22);
            this.toolStripButton1.Text = "        ";
            //
            // toolStripButton2
            //
            this.toolStripButton2.Image =
((System.Drawing.Image)(resources.GetObject("toolStripButton2.Image")));
            this.toolStripButton2.ImageTransparentColor =
System.Drawing.Color.Magenta;
            this.toolStripButton2.Name = "toolStripButton2";
            this.toolStripButton2.Size = new System.Drawing.Size(52,
22);
            this.toolStripButton2.Text = "新增";
            this.toolStripButton2.Click += new
System.EventHandler(this.toolStripButton2_Click);
            //
            // toolStripButton3
            //
            this.toolStripButton3.Image =
((System.Drawing.Image)(resources.GetObject("toolStripButton3.Image")));
            this.toolStripButton3.ImageTransparentColor =
System.Drawing.Color.Magenta;
            this.toolStripButton3.Name = "toolStripButton3";
            this.toolStripButton3.Size = new System.Drawing.Size(52,
22);
            this.toolStripButton3.Text = "修改";
            this.toolStripButton3.Click += new
System.EventHandler(this.toolStripButton3_Click);
            //
            // toolStripButton4
            //
            this.toolStripButton4.Image =
((System.Drawing.Image)(resources.GetObject("toolStripButton4.Image")));
            this.toolStripButton4.ImageTransparentColor =
System.Drawing.Color.Magenta;
            this.toolStripButton4.Name = "toolStripButton4";
            this.toolStripButton4.Size = new System.Drawing.Size(52,
22);
            this.toolStripButton4.Text = "删除";
            this.toolStripButton4.Click += new
System.EventHandler(this.toolStripButton4_Click);
            //
            // toolStripButton5
            //
            this.toolStripButton5.Image =
```

```
((System.Drawing.Image)(resources.GetObject("toolStripButton5.Image")));
            this.toolStripButton5.ImageTransparentColor =
System.Drawing.Color.Magenta;
            this.toolStripButton5.Name = "toolStripButton5";
            this.toolStripButton5.Size = new System.Drawing.Size(52,
22);
            this.toolStripButton5.Text = "刷新";
            this.toolStripButton5.Click += new
System.EventHandler(this.toolStripButton5_Click);
            //
            // groupBox1
            //
            this.groupBox1.BackColor = System.Drawing.Color.Transparent;
            this.groupBox1.BackgroundImageLayout =
System.Windows.Forms.ImageLayout.None;
            this.groupBox1.Controls.Add(this.tv_BookType);
            this.groupBox1.Location = new System.Drawing.Point(2, 48);
            this.groupBox1.Name = "groupBox1";
            this.groupBox1.Size = new System.Drawing.Size(200, 546);
            this.groupBox1.TabIndex = 2;
            this.groupBox1.TabStop = false;
            this.groupBox1.Text = "图书类型：";
            //
            // tv_BookType
            //
            this.tv_BookType.BackColor = System.Drawing.Color.White;
            this.tv_BookType.ContextMenuStrip = this.contextMenuStrip2;
            this.tv_BookType.Dock = System.Windows.Forms.DockStyle.Fill;
            this.tv_BookType.Location = new System.Drawing.Point(3, 17);
            this.tv_BookType.Name = "tv_BookType";
            this.tv_BookType.ShowNodeToolTips = true;
            this.tv_BookType.Size = new System.Drawing.Size(194, 526);
            this.tv_BookType.TabIndex = 0;
            this.tv_BookType.AfterSelect += new
System.Windows.Forms.TreeViewEventHandler(this.tv_BookType_AfterSelect);
            //
            // contextMenuStrip2
            //
            this.contextMenuStrip2.Items.AddRange(new
System.Windows.Forms.ToolStripItem[] {
            this.刷新ToolStripMenuItem,
            this.新增ToolStripMenuItem2,
            this.修改ToolStripMenuItem2,
            this.删除ToolStripMenuItem2,
            this.详细ToolStripMenuItem});
            this.contextMenuStrip2.Name = "contextMenuStrip2";
            this.contextMenuStrip2.Size = new System.Drawing.Size(101,
114);
            //
            // 刷新ToolStripMenuItem
            //
```

```
            this.刷新 ToolStripMenuItem.Name = "刷新 ToolStripMenuItem";
            this.刷新 ToolStripMenuItem.Size = new
System.Drawing.Size(100, 22);
            this.刷新 ToolStripMenuItem.Text = "刷新";
            this.刷新 ToolStripMenuItem.Click += new
System.EventHandler(this.刷新 ToolStripMenuItem_Click);
            //
            // 新增 ToolStripMenuItem2
            //
            this.新增 ToolStripMenuItem2.Name = "新增 ToolStripMenuItem2";
            this.新增 ToolStripMenuItem2.Size = new
System.Drawing.Size(100, 22);
            this.新增 ToolStripMenuItem2.Text = "新增";
            this.新增 ToolStripMenuItem2.Click += new
System.EventHandler(this.新增 ToolStripMenuItem2_Click);
            //
            // 修改 ToolStripMenuItem2
            //
            this.修改 ToolStripMenuItem2.Name = "修改 ToolStripMenuItem2";
            this.修改 ToolStripMenuItem2.Size = new
System.Drawing.Size(100, 22);
            this.修改 ToolStripMenuItem2.Text = "修改";
            this.修改 ToolStripMenuItem2.Click += new
System.EventHandler(this.修改 ToolStripMenuItem2_Click);
            //
            // 删除 ToolStripMenuItem2
            //
            this.删除 ToolStripMenuItem2.Name = "删除 ToolStripMenuItem2";
            this.删除 ToolStripMenuItem2.Size = new
System.Drawing.Size(100, 22);
            this.删除 ToolStripMenuItem2.Text = "删除";
            this.删除 ToolStripMenuItem2.Click += new
System.EventHandler(this.删除 ToolStripMenuItem2_Click);
            //
            // 详细 ToolStripMenuItem
            //
            this.详细 ToolStripMenuItem.Name = "详细 ToolStripMenuItem";
            this.详细 ToolStripMenuItem.Size = new
System.Drawing.Size(100, 22);
            this.详细 ToolStripMenuItem.Text = "详细";
            this.详细 ToolStripMenuItem.Click += new
System.EventHandler(this.详细 ToolStripMenuItem_Click);
            //
            // groupBox2
            //
            this.groupBox2.BackColor = System.Drawing.Color.Transparent;
            this.groupBox2.Controls.Add(this.lbl_admin);
            this.groupBox2.Controls.Add(this.lbl_time);
            this.groupBox2.Controls.Add(this.lbl_welcome);
            this.groupBox2.Location = new System.Drawing.Point(0, 592);
            this.groupBox2.Name = "groupBox2";
```

```
            this.groupBox2.Size = new System.Drawing.Size(1021, 33);
            this.groupBox2.TabIndex = 3;
            this.groupBox2.TabStop = false;
            //
            // lbl_admin
            //
            this.lbl_admin.AutoSize = true;
            this.lbl_admin.Location = new System.Drawing.Point(89, 13);
            this.lbl_admin.Name = "lbl_admin";
            this.lbl_admin.Size = new System.Drawing.Size(35, 12);
            this.lbl_admin.TabIndex = 2;
            this.lbl_admin.Text = "admin";
            //
            // lbl_time
            //
            this.lbl_time.AutoSize = true;
            this.lbl_time.Location = new System.Drawing.Point(803, 13);
            this.lbl_time.Name = "lbl_time";
            this.lbl_time.Size = new System.Drawing.Size(41, 12);
            this.lbl_time.TabIndex = 1;
            this.lbl_time.Text = "时间：";
            //
            // lbl_welcome
            //
            this.lbl_welcome.AutoSize = true;
            this.lbl_welcome.Location = new System.Drawing.Point(20,
13);
            this.lbl_welcome.Name = "lbl_welcome";
            this.lbl_welcome.Size = new System.Drawing.Size(77, 12);
            this.lbl_welcome.TabIndex = 0;
            this.lbl_welcome.Text = "欢迎管理员：";
            //
            // groupBox3
            //
            this.groupBox3.BackColor = System.Drawing.Color.Transparent;
            this.groupBox3.Controls.Add(this.lv_bookinfo);
            this.groupBox3.Location = new System.Drawing.Point(208, 48);
            this.groupBox3.Name = "groupBox3";
            this.groupBox3.Size = new System.Drawing.Size(810, 356);
            this.groupBox3.TabIndex = 4;
            this.groupBox3.TabStop = false;
            this.groupBox3.Text = "图书列表";
            //
            // lv_bookinfo
            //
            this.lv_bookinfo.BackColor = System.Drawing.Color.White;
            this.lv_bookinfo.Columns.AddRange(new
System.Windows.Forms.ColumnHeader[] {
            this.columnHeader1,
            this.columnHeader2,
            this.columnHeader3,
```

```
            this.columnHeader4,
            this.columnHeader5,
            this.columnHeader6,
            this.columnHeader7,
            this.columnHeader8});
            this.lv_bookinfo.ContextMenuStrip = this.contextMenuStrip3;
            this.lv_bookinfo.Dock = System.Windows.Forms.DockStyle.Fill;
            this.lv_bookinfo.FullRowSelect = true;
            this.lv_bookinfo.GridLines = true;
            this.lv_bookinfo.Location = new System.Drawing.Point(3, 17);
            this.lv_bookinfo.MultiSelect = false;
            this.lv_bookinfo.Name = "lv_bookinfo";
            this.lv_bookinfo.Size = new System.Drawing.Size(804, 336);
            this.lv_bookinfo.TabIndex = 0;
            this.lv_bookinfo.UseCompatibleStateImageBehavior = false;
            this.lv_bookinfo.View = System.Windows.Forms.View.Details;
            this.lv_bookinfo.SelectedIndexChanged += new
System.EventHandler(this.lv_bookinfo_SelectedIndexChanged);
            //
            // columnHeader1
            //
            this.columnHeader1.Text = "图书编号";
            this.columnHeader1.Width = 80;
            //
            // columnHeader2
            //
            this.columnHeader2.Text = "书名";
            this.columnHeader2.Width = 130;
            //
            // columnHeader3
            //
            this.columnHeader3.Text = "图书类型";
            this.columnHeader3.Width = 110;
            //
            // columnHeader4
            //
            this.columnHeader4.Text = "作者";
            this.columnHeader4.Width = 100;
            //
            // columnHeader5
            //
            this.columnHeader5.Text = "出版社";
            this.columnHeader5.Width = 110;
            //
            // columnHeader6
            //
            this.columnHeader6.Text = "出版时间";
            this.columnHeader6.Width = 140;
            //
            // columnHeader7
            //
```

```
            this.columnHeader7.Text = "价格";
            this.columnHeader7.Width = 71;
            //
            // columnHeader8
            //
            this.columnHeader8.Text = "总页数";
            //
            // contextMenuStrip3
            //
            this.contextMenuStrip3.Items.AddRange(new
System.Windows.Forms.ToolStripItem[] {
            this.toolStripMenuItem1,
            this.toolStripMenuItem2,
            this.toolStripMenuItem3,
            this.刷新ToolStripMenuItem1});
            this.contextMenuStrip3.Name = "contextMenuStrip2";
            this.contextMenuStrip3.Size = new System.Drawing.Size(101,
92);
            //
            // toolStripMenuItem1
            //
            this.toolStripMenuItem1.Name = "toolStripMenuItem1";
            this.toolStripMenuItem1.Size = new System.Drawing.Size(100,
22);
            this.toolStripMenuItem1.Text = "新增";
            this.toolStripMenuItem1.Click += new
System.EventHandler(this.toolStripMenuItem1_Click);
            //
            // toolStripMenuItem2
            //
            this.toolStripMenuItem2.Name = "toolStripMenuItem2";
            this.toolStripMenuItem2.Size = new System.Drawing.Size(100,
22);
            this.toolStripMenuItem2.Text = "修改";
            this.toolStripMenuItem2.Click += new
System.EventHandler(this.toolStripMenuItem2_Click);
            //
            // toolStripMenuItem3
            //
            this.toolStripMenuItem3.Name = "toolStripMenuItem3";
            this.toolStripMenuItem3.Size = new System.Drawing.Size(100,
22);
            this.toolStripMenuItem3.Text = "删除";
            this.toolStripMenuItem3.Click += new
System.EventHandler(this.toolStripMenuItem3_Click);
            //
            // 刷新ToolStripMenuItem1
            //
            this.刷新ToolStripMenuItem1.Name = "刷新ToolStripMenuItem1";
            this.刷新ToolStripMenuItem1.Size = new
System.Drawing.Size(100, 22);
```

```
            this.刷新ToolStripMenuItem1.Text = "刷新";
            this.刷新ToolStripMenuItem1.Click += new
System.EventHandler(this.刷新ToolStripMenuItem1_Click);
            //
            // groupBox4
            //
            this.groupBox4.BackColor = System.Drawing.Color.Transparent;
            this.groupBox4.Controls.Add(this.groupBox6);
            this.groupBox4.Controls.Add(this.groupBox5);
            this.groupBox4.Location = new System.Drawing.Point(208,
410);
            this.groupBox4.Name = "groupBox4";
            this.groupBox4.Size = new System.Drawing.Size(813, 184);
            this.groupBox4.TabIndex = 5;
            this.groupBox4.TabStop = false;
            //
            // groupBox6
            //
            this.groupBox6.Controls.Add(this.txt_BookSum);
            this.groupBox6.Location = new System.Drawing.Point(212, 10);
            this.groupBox6.Name = "groupBox6";
            this.groupBox6.Size = new System.Drawing.Size(601, 174);
            this.groupBox6.TabIndex = 1;
            this.groupBox6.TabStop = false;
            this.groupBox6.Text = "图书简介";
            //
            // txt_BookSum
            //
            this.txt_BookSum.BackColor = System.Drawing.Color.White;
            this.txt_BookSum.Dock = System.Windows.Forms.DockStyle.Fill;
            this.txt_BookSum.Location = new System.Drawing.Point(3, 17);
            this.txt_BookSum.Multiline = true;
            this.txt_BookSum.Name = "txt_BookSum";
            this.txt_BookSum.ReadOnly = true;
            this.txt_BookSum.Size = new System.Drawing.Size(595, 154);
            this.txt_BookSum.TabIndex = 0;
            //
            // groupBox5
            //
            this.groupBox5.Controls.Add(this.ptb_bimg);
            this.groupBox5.Location = new System.Drawing.Point(6, 10);
            this.groupBox5.Name = "groupBox5";
            this.groupBox5.Size = new System.Drawing.Size(200, 174);
            this.groupBox5.TabIndex = 0;
            this.groupBox5.TabStop = false;
            this.groupBox5.Text = "图书封面";
            //
            // ptb_bimg
            //
            this.ptb_bimg.Dock = System.Windows.Forms.DockStyle.Fill;
            this.ptb_bimg.ErrorImage =
```

```
global::BookManageSystem.Properties.Resources.nopic;
            this.ptb_bimg.Image =
global::BookManageSystem.Properties.Resources.nopic;
            this.ptb_bimg.Location = new System.Drawing.Point(3, 17);
            this.ptb_bimg.Name = "ptb_bimg";
            this.ptb_bimg.Size = new System.Drawing.Size(194, 154);
            this.ptb_bimg.SizeMode =
System.Windows.Forms.PictureBoxSizeMode.Zoom;
            this.ptb_bimg.TabIndex = 0;
            this.ptb_bimg.TabStop = false;
            this.toolTip1.SetToolTip(this.ptb_bimg, "图书封面预览");
            //
            // skinEngine1
            //
            this.skinEngine1.@__DrawButtonFocusRectangle = true;
            this.skinEngine1.DisabledButtonTextColor =
System.Drawing.Color.Gray;
            this.skinEngine1.DisabledMenuFontColor =
System.Drawing.SystemColors.GrayText;
            this.skinEngine1.InactiveCaptionColor =
System.Drawing.SystemColors.InactiveCaptionText;
            this.skinEngine1.SerialNumber = "";
            this.skinEngine1.SkinFile = null;
            //
            // timer1
            //
            this.timer1.Enabled = true;
            this.timer1.Interval = 1000;
            this.timer1.Tick += new
System.EventHandler(this.timer1_Tick);
            //
            // notifyIcon1
            //
            this.notifyIcon1.BalloonTipText = "图书管理系统_V1.0";
            this.notifyIcon1.ContextMenuStrip = this.contextMenuStrip1;
            this.notifyIcon1.Icon =
((System.Drawing.Icon)(resources.GetObject("notifyIcon1.Icon")));
            this.notifyIcon1.Text = "图书管理系统_V1.0";
            this.notifyIcon1.Visible = true;
            //
            // contextMenuStrip1
            //
            this.contextMenuStrip1.Items.AddRange(new
System.Windows.Forms.ToolStripItem[] {
            this.打开主菜单ToolStripMenuItem,
            this.toolStripMenuItem4,
            this.toolStripMenuItem5,
            this.退出系统ToolStripMenuItem});
            this.contextMenuStrip1.Name = "contextMenuStrip1";
            this.contextMenuStrip1.Size = new System.Drawing.Size(137,
76);
```

```
            //
            // 打开主菜单 ToolStripMenuItem
            //
            this.打开主菜单 ToolStripMenuItem.Name = "打开主菜单
ToolStripMenuItem";
            this.打开主菜单 ToolStripMenuItem.Size = new
System.Drawing.Size(136, 22);
            this.打开主菜单 ToolStripMenuItem.Text = "打开主窗体";
            this.打开主菜单 ToolStripMenuItem.Click += new
System.EventHandler(this.打开主菜单 ToolStripMenuItem_Click);
            //
            // toolStripMenuItem4
            //
            this.toolStripMenuItem4.DropDownItems.AddRange(new
System.Windows.Forms.ToolStripItem[] {
            this.系统默认 ToolStripMenuItem,
            this.清爽绿色 ToolStripMenuItem,
            this.office2007ToolStripMenuItem,
            this.mac 系统 ToolStripMenuItem,
            this.longhorn 系统 ToolStripMenuItem});
            this.toolStripMenuItem4.Name = "toolStripMenuItem4";
            this.toolStripMenuItem4.Size = new System.Drawing.Size(136,
22);
            this.toolStripMenuItem4.Text = "切换主题";
            //
            // 系统默认 ToolStripMenuItem
            //
            this.系统默认 ToolStripMenuItem.Name = "系统默认
ToolStripMenuItem";
            this.系统默认 ToolStripMenuItem.Size = new
System.Drawing.Size(156, 22);
            this.系统默认 ToolStripMenuItem.Text = "系统默认";
            this.系统默认 ToolStripMenuItem.Click += new
System.EventHandler(this.系统默认 ToolStripMenuItem_Click);
            //
            // 清爽绿色 ToolStripMenuItem
            //
            this.清爽绿色 ToolStripMenuItem.Name = "清爽绿色
ToolStripMenuItem";
            this.清爽绿色 ToolStripMenuItem.Size = new
System.Drawing.Size(156, 22);
            this.清爽绿色 ToolStripMenuItem.Text = "清爽绿色";
            //
            // office2007ToolStripMenuItem
            //
            this.office2007ToolStripMenuItem.Name =
"office2007ToolStripMenuItem";
            this.office2007ToolStripMenuItem.Size = new
System.Drawing.Size(156, 22);
            this.office2007ToolStripMenuItem.Text = "Office 2007";
            //
```

```
            // mac 系统 ToolStripMenuItem
            //
            this.mac 系统 ToolStripMenuItem.Name = "mac 系统
ToolStripMenuItem";
            this.mac 系统 ToolStripMenuItem.Size = new
System.Drawing.Size(156, 22);
            this.mac 系统 ToolStripMenuItem.Text = "Mac 系统";
            //
            // longhorn 系统 ToolStripMenuItem
            //
            this.longhorn 系统 ToolStripMenuItem.Name = "longhorn 系统
ToolStripMenuItem";
            this.longhorn 系统 ToolStripMenuItem.Size = new
System.Drawing.Size(156, 22);
            this.longhorn 系统 ToolStripMenuItem.Text = "Longhorn 系统";
            //
            // toolStripMenuItem5
            //
            this.toolStripMenuItem5.Name = "toolStripMenuItem5";
            this.toolStripMenuItem5.Size = new System.Drawing.Size(133,
6);
            //
            // 退出系统 ToolStripMenuItem
            //
            this.退出系统 ToolStripMenuItem.Name = "退出系统
ToolStripMenuItem";
            this.退出系统 ToolStripMenuItem.Size = new
System.Drawing.Size(136, 22);
            this.退出系统 ToolStripMenuItem.Text = "退出系统";
            //
            // imageList1
            //
            this.imageList1.ColorDepth =
System.Windows.Forms.ColorDepth.Depth8Bit;
            this.imageList1.ImageSize = new System.Drawing.Size(16, 16);
            this.imageList1.TransparentColor =
System.Drawing.Color.Transparent;
            //
            // imageList2
            //
            this.imageList2.ImageStream =
((System.Windows.Forms.ImageListStreamer)(resources.GetObject("imageList2
.ImageStream")));
            this.imageList2.TransparentColor =
System.Drawing.Color.Transparent;
            this.imageList2.Images.SetKeyName(0, "2.ico");
            this.imageList2.Images.SetKeyName(1, "33323.ico");
            //
            // frmMain
            //
            this.AutoScaleDimensions = new System.Drawing.SizeF(6F,
```

```
12F);
            this.AutoScaleMode =
System.Windows.Forms.AutoScaleMode.Font;
            this.ClientSize = new System.Drawing.Size(1016, 621);
            this.Controls.Add(this.groupBox4);
            this.Controls.Add(this.groupBox3);
            this.Controls.Add(this.groupBox2);
            this.Controls.Add(this.groupBox1);
            this.Controls.Add(this.toolStrip1);
            this.Controls.Add(this.menuStrip1);
            this.DoubleBuffered = true;
            this.Icon =
((System.Drawing.Icon)(resources.GetObject("$this.Icon")));
            this.MainMenuStrip = this.menuStrip1;
            this.MaximizeBox = false;
            this.MaximumSize = new System.Drawing.Size(1032, 660);
            this.MinimumSize = new System.Drawing.Size(1032, 660);
            this.Name = "frmMain";
            this.StartPosition =
System.Windows.Forms.FormStartPosition.CenterScreen;
            this.Text = "图书管理系统  V1.0";
            this.FormClosing += new
System.Windows.Forms.FormClosingEventHandler(this.frmMain_FormClosing);
            this.Load += new System.EventHandler(this.frmMain_Load);
            this.menuStrip1.ResumeLayout(false);
            this.menuStrip1.PerformLayout();
            this.toolStrip1.ResumeLayout(false);
            this.toolStrip1.PerformLayout();
            this.groupBox1.ResumeLayout(false);
            this.contextMenuStrip2.ResumeLayout(false);
            this.groupBox2.ResumeLayout(false);
            this.groupBox2.PerformLayout();
            this.groupBox3.ResumeLayout(false);
            this.contextMenuStrip3.ResumeLayout(false);
            this.groupBox4.ResumeLayout(false);
            this.groupBox6.ResumeLayout(false);
            this.groupBox6.PerformLayout();
            this.groupBox5.ResumeLayout(false);

((System.ComponentModel.ISupportInitialize)(this.ptb_bimg)).EndInit();
            this.contextMenuStrip1.ResumeLayout(false);
            this.ResumeLayout(false);
            this.PerformLayout();

        }

        #endregion

        private System.Windows.Forms.MenuStrip menuStrip1;
        private System.Windows.Forms.ToolStripMenuItem 图书管理
ToolStripMenuItem;
```

```
        private System.Windows.Forms.ToolStripMenuItem 图书类型管理
ToolStripMenuItem;
        private System.Windows.Forms.ToolStripMenuItem 退出
EToolStripMenuItem;
        private System.Windows.Forms.ToolStrip toolStrip1;
        private System.Windows.Forms.GroupBox groupBox1;
        private System.Windows.Forms.GroupBox groupBox2;
        private System.Windows.Forms.GroupBox groupBox3;
        private System.Windows.Forms.GroupBox groupBox4;
        private System.Windows.Forms.ToolTip toolTip1;
        private System.Windows.Forms.ToolStripButton toolStripLabel1;
        private System.Windows.Forms.ToolStripButton toolStripLabel2;
        private System.Windows.Forms.ToolStripButton toolStripLabel3;
        private System.Windows.Forms.ToolStripButton toolStripButton2;
        private System.Windows.Forms.ToolStripButton toolStripButton3;
        private System.Windows.Forms.ToolStripButton toolStripButton4;
        private System.Windows.Forms.GroupBox groupBox6;
        private System.Windows.Forms.GroupBox groupBox5;
        private System.Windows.Forms.PictureBox ptb_bimg;
        private Sunisoft.IrisSkin.SkinEngine skinEngine1;
        private System.Windows.Forms.ToolStripLabel toolStripButton1;
        private System.Windows.Forms.ToolStripMenuItem 系统
ToolStripMenuItem;
        private System.Windows.Forms.ToolStripMenuItem 修改密码
ToolStripMenuItem;
        private System.Windows.Forms.ToolStripMenuItem 退出
ToolStripMenuItem;
        private System.Windows.Forms.ToolStripMenuItem 新增
ToolStripMenuItem;
        private System.Windows.Forms.ToolStripMenuItem 修改
ToolStripMenuItem;
        private System.Windows.Forms.ToolStripMenuItem 删除
ToolStripMenuItem;
        private System.Windows.Forms.ToolStripMenuItem 新增
ToolStripMenuItem1;
        private System.Windows.Forms.ToolStripMenuItem 修改
ToolStripMenuItem1;
        private System.Windows.Forms.ToolStripMenuItem 删除
ToolStripMenuItem1;
        private System.Windows.Forms.Label lbl_time;
        private System.Windows.Forms.Timer timer1;
        private System.Windows.Forms.ColumnHeader columnHeader1;
        private System.Windows.Forms.ColumnHeader columnHeader2;
        private System.Windows.Forms.ColumnHeader columnHeader3;
        private System.Windows.Forms.ColumnHeader columnHeader4;
        private System.Windows.Forms.ColumnHeader columnHeader5;
        private System.Windows.Forms.ColumnHeader columnHeader6;
        private System.Windows.Forms.ColumnHeader columnHeader7;
        private System.Windows.Forms.ColumnHeader columnHeader8;
        private System.Windows.Forms.TextBox txt_BookSum;
        private System.Windows.Forms.NotifyIcon notifyIcon1;
```

```
        private System.Windows.Forms.ContextMenuStrip contextMenuStrip1;
        private System.Windows.Forms.ToolStripMenuItem 打开主菜单
ToolStripMenuItem;
        private System.Windows.Forms.ToolStripMenuItem 退出系统
ToolStripMenuItem;
        private System.Windows.Forms.ImageList imageList1;
        public System.Windows.Forms.ListView lv_bookinfo;
        private System.Windows.Forms.ContextMenuStrip contextMenuStrip2;
        private System.Windows.Forms.ToolStripMenuItem 新增
ToolStripMenuItem2;
        private System.Windows.Forms.ToolStripMenuItem 修改
ToolStripMenuItem2;
        private System.Windows.Forms.ToolStripMenuItem 删除
ToolStripMenuItem2;
        private System.Windows.Forms.ContextMenuStrip contextMenuStrip3;
        private System.Windows.Forms.ToolStripMenuItem
toolStripMenuItem1;
        private System.Windows.Forms.ToolStripMenuItem
toolStripMenuItem2;
        private System.Windows.Forms.ToolStripMenuItem
toolStripMenuItem3;
        private System.Windows.Forms.ToolStripButton toolStripButton5;
        private System.Windows.Forms.ToolStripMenuItem 刷新
ToolStripMenuItem;
        private System.Windows.Forms.ToolStripMenuItem 刷新
ToolStripMenuItem1;
        private System.Windows.Forms.ToolStripMenuItem 修改密码
ToolStripMenuItem1;
        private System.Windows.Forms.ToolStripMenuItem 增加用户
ToolStripMenuItem;
        private System.Windows.Forms.ToolStripMenuItem 删除用户
ToolStripMenuItem;
        public System.Windows.Forms.Label lbl_admin;
        private System.Windows.Forms.Label lbl_welcome;
        private System.Windows.Forms.ToolStripMenuItem 详细
ToolStripMenuItem;
        public System.Windows.Forms.TreeView tv_BookType;
        private System.Windows.Forms.ImageList imageList2;
        private System.Windows.Forms.ToolStripMenuItem
toolStripMenuItem4;
        private System.Windows.Forms.ToolStripMenuItem 系统默认
ToolStripMenuItem;
        private System.Windows.Forms.ToolStripMenuItem 清爽绿色
ToolStripMenuItem;
        private System.Windows.Forms.ToolStripMenuItem
office2007ToolStripMenuItem;
        private System.Windows.Forms.ToolStripMenuItem mac 系统
ToolStripMenuItem;
        private System.Windows.Forms.ToolStripMenuItem longhorn 系统
ToolStripMenuItem;
        private System.Windows.Forms.ToolStripSeparator
```

```
toolStripMenuItem5;
        private System.Windows.Forms.ToolStripSeparator
toolStripSeparator1;

    }
}
```

12.5.2　系统管理功能模块

系统管理功能主要是用户管理和系统退出，而用户管理是系统管理的主要功能模块。用户管理涉及修改密码、增加用户和删除用户。

1. 添加用户

图 12-9 所示为图书管理系统管理模块中的添加管理员界面设计，功能设计中有用户名、密码、验证和权限选择文本框及重置、添加功能按钮。

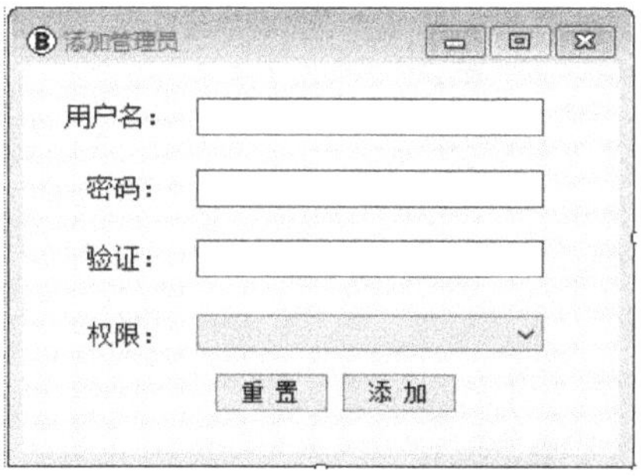

图 12-9　添加用户

添加用户界面代码如下：

```
namespace BookManageSystem.Forms
{
    public partial class frmUserAdd : Form
    {
        public frmUserAdd()
        {
            InitializeComponent();
        }

        private void button1 Click(object sender, EventArgs e)
        {
            txt pass.Text = "";
            txt username.Text = "";
            txt yzpass.Text = "";
        }

        /// <summary>
        /// 登录密码加密
```

```
        /// </summary>
        /// <param name="s">明文密码</param>
        /// <returns>加密后的密码</returns>
        private string jiami(string s)
        {
            Encoding ascii = Encoding.ASCII;
            string EncryptString;
            EncryptString = "";
            for (int i = 0; i < s.Length; i++)
            {
                int j;
                byte[] b = new byte[1];
                j = Convert.ToInt32(ascii.GetBytes(s[i].ToString())[0]);
                j = j + 6;
                b[0] = Convert.ToByte(j);
                EncryptString = EncryptString + ascii.GetString(b);
            }

            //如果密码中有' - / 空格就换成9
            string pwd1 = EncryptString.Replace("'", "9");
            string pwd2 = pwd1.Replace("-", "9");
            string pwd3 = pwd2.Replace("/", "9");
            string newpwd = pwd3.Replace(" ", "9");
            return newpwd;
        }

        /// <summary>
        /// 32位MD5二次加密密码
        /// </summary>
        /// <param name="str">第一次加密后的密码</param>
        /// <returns>32位二次加密密码<returns>
        public static string GetMD5String(string str)
        {
            MD5 md5 = MD5.Create();
            byte[] b = Encoding.UTF8.GetBytes(str);
            byte[] md5b = md5.ComputeHash(b);
            md5.Clear();
            StringBuilder sb = new StringBuilder();
            foreach (var item in md5b)
            {
                sb.Append(item.ToString("x2"));
            }
            return sb.ToString();
        }

        private void button2_Click(object sender, EventArgs e)
        {
            //验证当前添加的管理员用户名是否存在
            List<User> list = new List<User>();

            list = UserManage.SelectAllAdminInfo();
```

```
            for (int i = 0; i < list.Count; i++)
            {
                if (list[i].UserName == txt_username.Text)
                {
                    MessageBox.Show("用户名已存在","提示
",MessageBoxButtons.OK,MessageBoxIcon.Information);
                    return;
                }
            }

            if (txt_username.Text == "")
            {
                MessageBox.Show("请填写用户名", "提示",
MessageBoxButtons.OK, MessageBoxIcon.Information);
                return;
            }
            if (txt_pass.Text == "")
            {
                MessageBox.Show("请填写密码", "提示", MessageBoxButtons.OK,
MessageBoxIcon.Information);
                return;
            }
            if (txt_pass.Text == txt_yzpass.Text)
            {
                User ai = new User();
                ai.UserName = txt_username.Text;
                ai.PassWord = GetMD5String(jiami(txt_pass.Text));
                ai.IsSysAdmin = cmbb_quanxian.SelectedIndex;
                try
                {
                    //执行增加方法
                    int count = UserManage.InsertAdminInfo(ai);

                    if (count > 0)
                    {
                        txt_username.Text = "";
                        txt_pass.Text = "";
                        txt_yzpass.Text = "";
                        MessageBox.Show("添加成功", "提示",
MessageBoxButtons.OK, MessageBoxIcon.Information);
                    }
                    else
                    {
                        txt_pass.Text = "";
                        txt_yzpass.Text = "";
                        MessageBox.Show("添加失败", "提示",
MessageBoxButtons.OK, MessageBoxIcon.Information);
                    }
                }
                catch (Exception ex)
```

```
                {
                    MessageBox.Show(ex.Message);
                }
            }
            else
            {
                MessageBox.Show("两次密码不一致", "提示",
MessageBoxButtons.OK, MessageBoxIcon.Information);
            }
        }

        private void Add_User_Load(object sender, EventArgs e)
        {

            cmbb_quanxian.SelectedIndex = 0;
        }

    }
}
```

2. 修改密码

修改密码界面具有密码修改功能，如图 12-10 所示。界面组成主要是两个文本框，用于输入密码和重复密码，以及两个命令按钮。

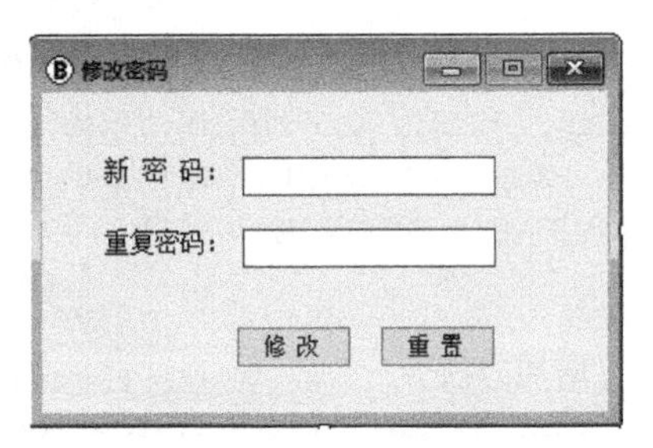

图 12-10　修改密码

修改密码界面功能代码如下：

```
namespace BookManageSystem.Forms
{
    public partial class frmUserAdd : Form
    {
        public frmUserAdd()
        {
            InitializeComponent();
        }

        private void button1_Click(object sender, EventArgs e)
        {
            txt_pass.Text = "";
            txt_username.Text = "";
            txt_yzpass.Text = "";
        }
```

```
/// <summary>
/// 登录密码加密
/// </summary>
/// <param name="s">明文密码</param>
/// <returns>加密后的密码</returns>
private string jiami(string s)
{
    Encoding ascii = Encoding.ASCII;
    string EncryptString;
    EncryptString = "";
    for (int i = 0; i < s.Length; i++)
    {
        int j;
        byte[] b = new byte[1];
        j = Convert.ToInt32(ascii.GetBytes(s[i].ToString())[0]);
        j = j + 6;
        b[0] = Convert.ToByte(j);
        EncryptString = EncryptString + ascii.GetString(b);
    }

    //如果密码中有' - / 空格就换成9
    string pwd1 = EncryptString.Replace("'", "9");
    string pwd2 = pwd1.Replace("-", "9");
    string pwd3 = pwd2.Replace("/", "9");
    string newpwd = pwd3.Replace(" ", "9");
    return newpwd;
}

/// <summary>
/// 32位MD5二次加密密码
/// </summary>
/// <param name="str">第一次加密后的密码</param>
/// <returns>32位二次加密密码<returns>
public static string GetMD5String(string str)
{
    MD5 md5 = MD5.Create();
    byte[] b = Encoding.UTF8.GetBytes(str);
    byte[] md5b = md5.ComputeHash(b);
    md5.Clear();
    StringBuilder sb = new StringBuilder();
    foreach (var item in md5b)
    {
        sb.Append(item.ToString("x2"));
    }
    return sb.ToString();
}

private void button2_Click(object sender, EventArgs e)
{
    //验证当前添加的管理员用户名是否存在
    List<User> list = new List<User>();

    list = UserManage.SelectAllAdminInfo();

    for (int i = 0; i < list.Count; i++)
    {
        if (list[i].UserName == txt_username.Text)
```

```
                {
                    MessageBox.Show("用户名已存在","提示
",MessageBoxButtons.OK,MessageBoxIcon.Information);
                    return;
                }
            }

            if (txt username.Text == "")
            {
                MessageBox.Show("请填写用户名", "提示",
MessageBoxButtons.OK, MessageBoxIcon.Information);
                return;
            }
            if (txt pass.Text == "")
            {
                MessageBox.Show("请填写密码", "提示", MessageBoxButtons.OK,
MessageBoxIcon.Information);
                return;
            }
            if (txt pass.Text == txt yzpass.Text)
            {
                User ai = new User();
                ai.UserName = txt username.Text;
                ai.PassWord = GetMD5String(jiami(txt pass.Text));
                ai.IsSysAdmin = cmbb quanxian.SelectedIndex;
                try
                {
                    //执行增加方法
                    int count = UserManage.InsertAdminInfo(ai);

                    if (count > 0)
                    {
                        txt username.Text = "";
                        txt pass.Text = "";
                        txt yzpass.Text = "";
                        MessageBox.Show("添加成功", "提示",
MessageBoxButtons.OK, MessageBoxIcon.Information);
                    }
                    else
                    {
                        txt pass.Text = "";
                        txt yzpass.Text = "";
                        MessageBox.Show("添加失败", "提示",
MessageBoxButtons.OK, MessageBoxIcon.Information);
                    }
                }
                catch (Exception ex)
                {
                    MessageBox.Show(ex.Message);
                }
            }
            else
            {
                MessageBox.Show("两次密码不一致", "提示",
MessageBoxButtons.OK, MessageBoxIcon.Information);
            }
        }
```

```
        private void Add_User_Load(object sender, EventArgs e)
        {

            cmbb_quanxian.SelectedIndex = 0;
        }

    }
}
```

3. 注销用户管理

注销用户管理界面可以实现用户选择性注销，界面包含一个用户选择文本框和两个命令按钮，如图 12-11 所示。

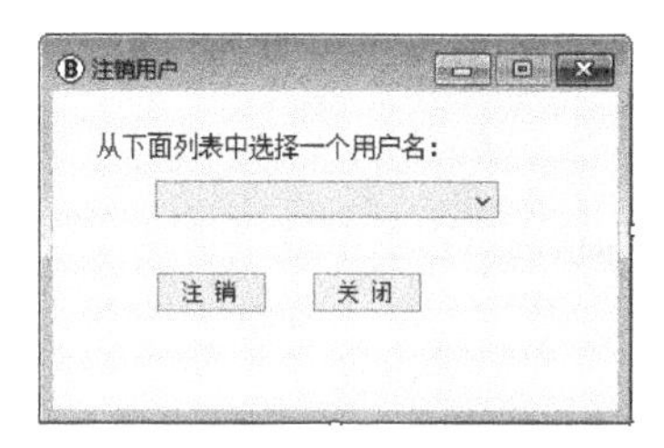

图 12-11　用户注销

注销用户界面功能实现代码如下：

```
namespace BookManageSystem.Forms
{
    public partial class frmUserDelete : Form
    {
        public frmUserDelete()
        {
            InitializeComponent();
        }

        int UserCount = 0;
        List<User> list = null;
        private void button1_Click(object sender, EventArgs e)
        {
            User ai = new User();
            ai.Id = list[cmbb_user.SelectedIndex].Id;
            try
            {
                int count = UserManage.DeleteAdminInfo(ai);
                if (count > 0)
                {
                    select_User();
                    if (UserCount < 2)
                    {
                        button1.Enabled = false;
                    }
                    MessageBox.Show("注销成功", "提示",
```

```
MessageBoxButtons.OK, MessageBoxIcon.Information);
                }
                else
                {
                    MessageBox.Show("注销失败", "提示",
MessageBoxButtons.OK, MessageBoxIcon.Information);
                }
            }
            catch (Exception ex)
            {
                MessageBox.Show(ex.Message);
            }

        }

        /// <summary>
        /// 查询当前所有管理员的用户名
        /// </summary>
        public void select_User()
        {
            list = new List<User>();

            list = UserManage.SelectAllAdminInfo();

            UserCount = list.Count;
            cmbb_user.DataSource = list;
            cmbb_user.DisplayMember = "UserName";
        }

        //如果当前管理员用户总数小于2，就禁止注销，保证系统有一位系统管理员
        private void Delete_User_Load(object sender, EventArgs e)
        {
               select_User();

            if(UserCount<2)
            {
                button1.Enabled = false;
            }
        }

        private void button2_Click(object sender, EventArgs e)
        {
            this.Close();
        }

    }
}
```

12.5.3　图书管理

前面基本完成了图书管理系统的主窗体实现，本小节主要介绍系统的图书管理，涉及添加图书、修改图书和删除图书信息的功能实现。图 12-12 所示为“图书添加”界面，图 12-13 所示为“修改图书信息”界面。

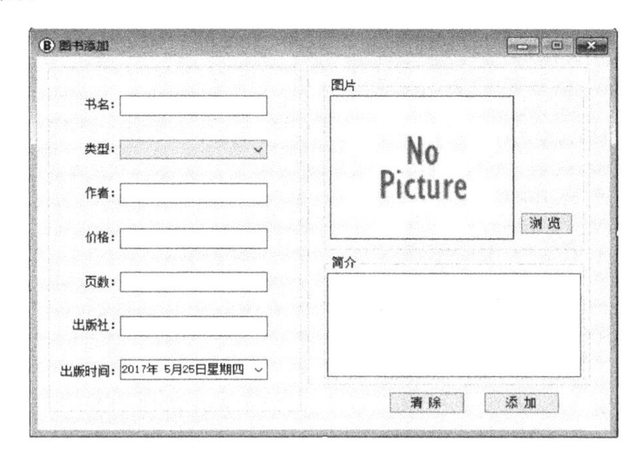

图 12-12　添加图书

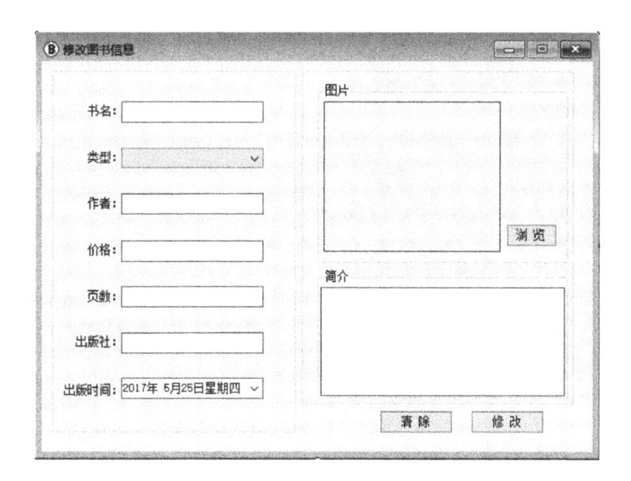

图 12-13　修改图书信息

1. 添加图书

具体代码如下：

```
namespace BookManageSystem.Forms
{
    public partial class frmBookAdd : Form
    {
        public frmBookAdd()
        {
            InitializeComponent();
```

```
    }

    Book bi = new Book();          //实例化 BookInfo
    string BookPicName = "";        //保存图片名字
    string picpath = "";             //保存图片路径

    /// <summary>
    /// 清空输入框
    /// </summary>
    private void button2_Click(object sender, EventArgs e)
    {
        txt_Author.Text = "";
        txt_BookName.Text = "";
        txt_page.Text = "";
        txt_Press.Text = "";
        txt_price.Text = "";
        txt_Summary.Text = "";
        ptb_img.Image = null;
        mtb_time.Text = null;
    }

    /// <summary>
    /// 窗体启动，查询所有图书类型
    /// </summary>
    private void Add_BookInfo_Load(object sender, EventArgs e)
    {
        List<Sort> list = new List<Sort>();
        try
        {
            list = SortManage.SelectBookTypeInfo();

            cmbb_booktype.DataSource = list;
            cmbb_booktype.DisplayMember = "SortName";
        }
        catch (Exception ex)
        {
            MessageBox.Show(ex.Message);
        }
    }

    private void button1_Click(object sender, EventArgs e)
    {
        try
        {
            if (openFileDialog1.ShowDialog() == DialogResult.OK)
            {
                picpath = openFileDialog1.FileName;
                BookPicName = openFileDialog1.SafeFileName;
```

```
                    imageList1.Images.Clear();
                    imageList1.ImageSize = new Size(180, 149);
                    imageList1.Images.Add(Image.FromFile(picpath));

                    ptb_img.Image = imageList1.Images[0];
                }
            }
            catch (Exception ex)
            {
                MessageBox.Show(ex.Message);
            }
        }

        private void button3_Click(object sender, EventArgs e)
        {
            if (txt_Author.Text == "")
            {
                MessageBox.Show("请填写作者", "提示", MessageBoxButtons.OK,
MessageBoxIcon.Information);
                return;
            }

            if (txt_BookName.Text == "")
            {
                MessageBox.Show("请填写书名", "提示", MessageBoxButtons.OK,
MessageBoxIcon.Information);
                return;
            }

            if (txt_page.Text == "")
            {
                MessageBox.Show("请填写页数", "提示", MessageBoxButtons.OK,
MessageBoxIcon.Information);
                return;
            }
            if (txt_Press.Text == "")
            {
                MessageBox.Show("请填写出版社", "提示",
MessageBoxButtons.OK, MessageBoxIcon.Information);
                return;
            }
            if (txt_Summary.Text == "")
            {
                MessageBox.Show("请填写简介", "提示", MessageBoxButtons.OK,
MessageBoxIcon.Information);
                return;
            }

            if (txt_price.Text == "")
            {
                MessageBox.Show("请填写价格", "提示", MessageBoxButtons.OK,
```

```
MessageBoxIcon.Information);
                    return;
                }
                if (mtb_time.Text == "")
                {
                    MessageBox.Show("请填写出版时间", "提示",
MessageBoxButtons.OK, MessageBoxIcon.Information);
                    return;
                }


                //赋值给实体
                bi.Author = txt_Author.Text;
                bi.BookName = txt_BookName.Text;

                bi.Page = Convert.ToInt32(txt_page.Text);
                bi.Press = txt_Press.Text;
                bi.TypeID = cmbb_booktype.SelectedIndex + 1;
                bi.Pricing = Convert.ToSingle(txt_price.Text);
                bi.PubDate = mtb_time.Value.ToString("yyyy-MM-dd");
                bi.Summary = txt_Summary.Text;

                try
                {

                    if (picpath != "")
                    {
                        //获取时间戳
                        DateTime starttime =
TimeZone.CurrentTimeZone.ToLocalTime(new System.DateTime(1970, 1, 1, 0, 0,
0, 0));
                        DateTime newtime = DateTime.Now;

                        long utime = (long)Math.Round((newtime -
starttime).TotalMilliseconds, MidpointRounding.AwayFromZero);
                        string time = utime.ToString();
                        string newpic = time + BookPicName;

                        string path= Application.StartupPath+ @"\imgs\" +
newpic;
                        //复制图片到指定存放路径
                        File.Copy(picpath,path, false);

                        bi.CoverImage = newpic;
                    }
                    else
                    {
                        bi.CoverImage = "nopic.bmp";
                    }

                    int count = BookManage.InsertBookInfo(bi);
```

```
                if (count > 0)
                {
                    MessageBox.Show("添加成功", "提示",
MessageBoxButtons.OK, MessageBoxIcon.Information);
                }
                else
                {
                    MessageBox.Show("添加失败", "提示",
MessageBoxButtons.OK, MessageBoxIcon.Information);
                }
            }
            catch (Exception ex)
            {
                MessageBox.Show(ex.Message);
            }

            txt_Author.Text = "";
            txt_BookName.Text = "";
            txt_page.Text = "";
            txt_Press.Text = "";
            txt_price.Text = "";
            txt_Summary.Text = "";
            ptb_img.Image = null;
            mtb_time.Text = null;
        }

        private void txt_page_KeyPress(object sender, KeyPressEventArgs
e)
        {
            //if (e.KeyChar == 0x20)
            //{
            //    e.KeyChar = (char)0;  //禁止空格键
            //}
            //if ((e.KeyChar == 0x2D) && (((TextBox)sender).Text.Length
== 0)) //处理负数
            //{
            //    return;
            //}

            //if (e.KeyChar > 0x20)
            //{
            //    try
            //    {
            //        double.Parse(((TextBox)sender).Text +
e.KeyChar.ToString());
            //    }
            //    catch
            //    {
            //        e.KeyChar = (char)0;   //处理非法字符
            //    }
```

```
            //}

            //if (txt_page.Text == "-")
            //{
            //    txt_page.Text = "";
            //}

            int keyValue = (int)e.KeyChar;
            if ((keyValue >= 48 && keyValue <= 57) || keyValue == 8 )
            {
                if (sender != null && sender is TextBox)
                {
                    e.Handled = false;
                }
            }
            else
                e.Handled = true;
        }

        private void txt_price_KeyPress(object sender,
KeyPressEventArgs e)
        {
            int keyValue = (int)e.KeyChar;
            if ((keyValue >= 48 && keyValue <= 57) || keyValue == 8 ||
keyValue == 46)
            {
                if (sender != null && sender is TextBox && keyValue ==
46)
                {
                    if (((TextBox)sender).Text.IndexOf(".") >= 0)
                        e.Handled = true;
                    else
                        e.Handled = false;
                }
                else
                    e.Handled = false;
            }
            else
                e.Handled = true;
        }

    }
}
```

2. 修改图书信息

具体代码如下：

```
namespace BookManageSystem.Forms
{
    public partial class frmBookUpdate : Form
```

```
    {
        public frmBookUpdate()
        {
            InitializeComponent();
        }

        /// <summary>
        /// 定义属性保存选中的图书信息
        /// </summary>
        public Book Binfo { get; set; }

        /// <summary>
        /// 保存所有图书类型
        /// </summary>
        public List<Sort> list { get; set; }

        Book bi = new Book();
        string BookPicName = "";    //保存图片名称
        string picpath = "";        //保存图片路径

        bool bl = false;            //判断是否选择图片

        string values = "";

        private void button3_Click(object sender, EventArgs e)
        {
            Update_BookInfos();
        }

        public void Update_BookInfos()
        {
            if (txt_Author.Text == "")
            {
                MessageBox.Show("请填写作者", "提示", MessageBoxButtons.OK,
MessageBoxIcon.Information);
                return;
            }

            if (txt_BookName.Text == "")
            {
                MessageBox.Show("请填写书名", "提示", MessageBoxButtons.OK,
MessageBoxIcon.Information);
                return;
            }

            if (txt_page.Text == "")
            {
                MessageBox.Show("请填写页数", "提示", MessageBoxButtons.OK,
MessageBoxIcon.Information);
                return;
            }
```

```
            if (txt_Press.Text == "")
            {
                MessageBox.Show("请填写出版社", "提示",
MessageBoxButtons.OK, MessageBoxIcon.Information);
                return;
            }
            if (txt_Summary.Text == "")
            {
                MessageBox.Show("请填写简介", "提示", MessageBoxButtons.OK,
MessageBoxIcon.Information);
                return;
            }

            if (txt_price.Text == "")
            {
                MessageBox.Show("请填写价格", "提示", MessageBoxButtons.OK,
MessageBoxIcon.Information);
                return;
            }
            if (mtb_time.Text == "")
            {
                MessageBox.Show("请填写出版时间", "提示",
MessageBoxButtons.OK, MessageBoxIcon.Information);
                return;
            }
            if (picpath == "")
            {
                MessageBox.Show("请填写选择封面", "提示",
MessageBoxButtons.OK, MessageBoxIcon.Information);
                return;
            }

            //给BookInfo实体赋值
            bi.Id = Binfo.Id;
            bi.Author = txt_Author.Text;
            bi.BookName = txt_BookName.Text;
            bi.Page = Convert.ToInt32(txt_page.Text);
            bi.Press = txt_Press.Text;
            bi.TypeID = Convert.ToInt32(values);
            bi.Pricing = Convert.ToSingle(txt_price.Text);
            bi.PubDate = mtb_time.Value.ToString("yyyy-MM-dd");
            bi.Summary = txt_Summary.Text;

            try
            {
                if (bl == true)
                {
                    //获取时间戳，将图片重命名为时间戳+文件名的形式，避免重复
                    DateTime starttime =
TimeZone.CurrentTimeZone.ToLocalTime(new System.DateTime(1970, 1, 1, 0, 0,
0, 0));
```

```
                    DateTime newtime = DateTime.Now;

                    long utime = (long)Math.Round((newtime - 
starttime).TotalMilliseconds, MidpointRounding.AwayFromZero);
                    string time = utime.ToString();
                    string newpic = time + BookPicName;

                    //复制文件
                    File.Copy(picpath, Application.StartupPath + 
@"\imgs\" + newpic, false);
                    bi.CoverImage = newpic;
                }
                else
                {
                    bi.CoverImage = BookPicName;
                }

                int count = BookManage.UpdateBookInfo(bi);

                if (count > 0)
                {
                    MessageBox.Show("修改成功", "提示", 
MessageBoxButtons.OK, MessageBoxIcon.Information);
                }
                else
                {
                    MessageBox.Show("修改失败", "提示", 
MessageBoxButtons.OK, MessageBoxIcon.Information);
                }
            }
            catch (Exception ex)
            {
                MessageBox.Show(ex.Message);
            }
        }

        /// <summary>
        /// 查询当前图书信息
        /// </summary>
        public void Select_BookInfo()
        {
            try
            {

                Book bi = BookManage.SelectOnBookId(Binfo.Id);

                //加载图片
                imageList1.Images.Clear();
                imageList1.ImageSize = new Size(194, 154);

imageList1.Images.Add(Image.FromFile(Application.StartupPath + @"\imgs\"
```

```
+ Binfo.CoverImage));
                ptb_img.Image = imageList1.Images[0];

                picpath = Application.StartupPath + @"\imgs\" +
Binfo.CoverImage;
                BookPicName = Binfo.CoverImage;
                txt_Author.Text = Binfo.Author;
                txt_BookName.Text = Binfo.BookName;
                txt_page.Text = Binfo.Page.ToString();
                txt_Press.Text = Binfo.Press;
                txt_price.Text = Binfo.Pricing.ToString();


                mtb_time.Text =
Convert.ToDateTime(Binfo.PubDate).ToString("yyyy-MM-dd");
                txt_Summary.Text = Binfo.Summary;

                //加载类型
                cmbb_booktype.DataSource = list;
                cmbb_booktype.DisplayMember = "SortName";
                cmbb_booktype.ValueMember = "id";
            }
            catch (Exception ex)
            {
                MessageBox.Show(ex.Message);
            }
        }

        private void Update_BookInfo_Load(object sender, EventArgs e)
        {
            Select_BookInfo();
        }

        /// <summary>
        /// 浏览图片
        /// </summary>
        private void button1_Click(object sender, EventArgs e)
        {
            try
            {
                if (openFileDialog1.ShowDialog() == DialogResult.OK)
                {
                    bl = true;
                    picpath = openFileDialog1.FileName;
                    BookPicName = openFileDialog1.SafeFileName;

                    imageList1.Images.Clear();
                    imageList1.ImageSize = new Size(180, 149);
                    imageList1.Images.Add(Image.FromFile(picpath));

                    ptb_img.Image = imageList1.Images[0];
```

```
                }
            }
            catch (Exception ex)
            {
                MessageBox.Show(ex.Message);
            }
        }

        private void txt_price_KeyPress(object sender,
KeyPressEventArgs e)
        {
            int keyValue = (int)e.KeyChar;
            if ((keyValue >= 48 && keyValue <= 57) || keyValue == 8 ||
keyValue == 46)
            {
                if (sender != null && sender is TextBox && keyValue ==
46)
                {
                    if (((TextBox)sender).Text.IndexOf(".") >= 0)
                        e.Handled = true;
                    else
                        e.Handled = false;
                }
                else
                    e.Handled = false;
            }
            else
                e.Handled = true;
        }

        private void txt_page_KeyPress(object sender, KeyPressEventArgs
e)
        {
            //if (e.KeyChar == 0x20)
            //{
            //    e.KeyChar = (char)0;  //禁止空格键
            //}
            //if ((e.KeyChar == 0x2D) && (((TextBox)sender).Text.Length
== 0)) //处理负数
            //{
            //    return;
            //}

            //if (e.KeyChar > 0x20)
            //{
            //    try
            //    {
            //        double.Parse(((TextBox)sender).Text +
e.KeyChar.ToString());
            //    }
            //    catch
```

```
            //    {
            //        e.KeyChar = (char)0;   //处理非法字符
            //    }
            //}

            int keyValue = (int)e.KeyChar;
            if ((keyValue >= 48 && keyValue <= 57) || keyValue == 8)
            {
                if (sender != null && sender is TextBox)
                {
                    e.Handled = false;
                }
            }
            else
                e.Handled = true;
        }

        private void cmbb_booktype_SelectedValueChanged(object sender,
EventArgs e)
        {
            values = cmbb_booktype.SelectedValue.ToString();
        }

        private void button2_Click(object sender, EventArgs e)
        {
            this.Close();
        }
    }
}
```

3. 删除图书

具体代码如下：

```
    /// <summary>
        /// 删除图书信息
        /// </summary>
        public void Delete_BookInfo()
        {
            if (lv_bookinfo.SelectedItems.Count > 0)
            {
                DialogResult result = MessageBox.Show("是否删除", "提示",
MessageBoxButtons.YesNo, MessageBoxIcon.Information);
                if (result == DialogResult.Yes)
                {
                    binfo.Id =
Convert.ToInt32(lv_bookinfo.SelectedItems[0].Text);
                    int count = BookManage.DeleteBookInfo(binfo);
                    //调用删除方法

                    if (count > 0)
```

```
                        {
                            tv_BookType.Nodes.Clear();//清空分类列表
                            lv_bookinfo.Items.Clear();//清空图书列表
                            Select_AllBookInfo();     //重新加载分类列表
                            Select_BookType();        //重新加载图书列表
                            MessageBox.Show("删除成功", "提示",
MessageBoxButtons.OK, MessageBoxIcon.Information);
                        }
                        else
                        {
                            MessageBox.Show("删除失败", "提示",
MessageBoxButtons.OK, MessageBoxIcon.Information);
                        }
                    }
                }
                else
                {
                    MessageBox.Show("请选择要删除的图书", "提示",
MessageBoxButtons.OK, MessageBoxIcon.Information);
                }
            }
```

12.5.4　类型管理

图书类型管理也包含添加、修改和删除功能，实现方式和图书信息管理类似。

1. 添加图书类型

添加图书类型界面实现了图书类型名称和类型简介功能，界面下方是清除和添加按钮。图 12-14 所示为图书类型添加界面。

图 12-14　图书类型添加

具体代码如下：

```
namespace BookManageSystem.Forms
{
    public partial class frmSortAdd : Form
    {
```

```
        public frmSortAdd()
        {
            InitializeComponent();
        }

        Sort bti = new Sort();

        private void button1_Click(object sender, EventArgs e)
        {
            txt_remark.Text = "";
            cmbb_booktype.Text = "";
        }

        private void button2_Click(object sender, EventArgs e)
        {
            Sort bti = new Sort();
            //验证是否存在当前添加的类型名称
            List<Sort> list = new List<Sort>();

            list = SortManage.SelectBookTypeInfo();

            for (int i = 0; i < list.Count; i++)
            {
                if (list[i].SortName == cmbb_booktype.Text)
                {
                    MessageBox.Show("类型名称已存在", "提示",
MessageBoxButtons.OK, MessageBoxIcon.Information);
                    return;
                }
            }

            if (cmbb_booktype.Text == "")
            {
                MessageBox.Show("请填写要添加的类型名称","提示
",MessageBoxButtons.OK,MessageBoxIcon.Information);
                return;
            }
            if (txt_remark.Text == "")
            {
                MessageBox.Show("请填写类型描述", "提示",
MessageBoxButtons.OK, MessageBoxIcon.Information);
                return;
            }

            bti.SortName = cmbb_booktype.Text;
            bti.Remark = txt_remark.Text;

            try
            {
                //执行添加操作
                int count = SortManage.InsertBookTypeInfo(bti);
```

```
                if (count > 0)
                {
                    MessageBox.Show("添加成功", "提示",
MessageBoxButtons.OK, MessageBoxIcon.Information);
                }
                else
                {
                    MessageBox.Show("添加失败", "提示",
MessageBoxButtons.OK, MessageBoxIcon.Information);
                }
            }
            catch (Exception ex)
            {
                MessageBox.Show(ex.Message);
            }

            txt_remark.Text = "";
            cmbb_booktype.Text = "";
        }

        private void frmSortAdd_Load(object sender, EventArgs e)
        {

        }

    }
}
```

2. 修改图书类型

图 12-15 所示为修改图书类型界面。修改和删除图书类型需要在主窗体的列表中选择一个分类，然后右击该分类，出现一个快捷菜单，根据快捷菜单提示执行图书类型的修改和删除操作。

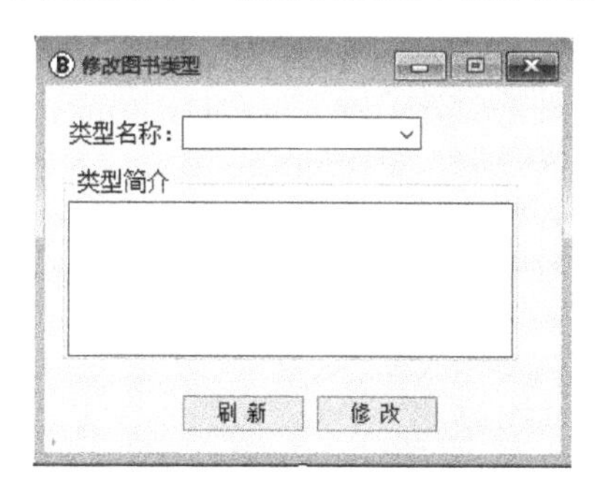

图 12-15　图书类型修改

具体代码如下：

```
namespace BookManageSystem.Forms
{
    public partial class frmSortUpdate : Form
    {
```

```
        public frmSortUpdate()
        {
            InitializeComponent();
        }

        Sort bti = new Sort();
        List<Sort> list = null;
        string values = "";

        /// <summary>
        /// 获取所有图书类型
        /// </summary>
        public void select_type()
        {
            list = new List<Sort>();
            try
            {
                list = SortManage.SelectBookTypeInfo();

                cmbb_booktype.DataSource = list;
                cmbb_booktype.DisplayMember = "SortName";
                cmbb_booktype.ValueMember = "ID";

            }
            catch (Exception ex)
            {
                MessageBox.Show(ex.Message);
            }
        }

        private void Update_BookType_Load(object sender, EventArgs e)
        {
                select_type();
        }

        private void button1_Click(object sender, EventArgs e)
        {
            select_type();
        }

        private void cmbb_booktype_SelectedIndexChanged(object sender,
EventArgs e)
        {
            txt_remark.Text = list[cmbb_booktype.SelectedIndex].Remark;

        }

        private void button2_Click(object sender, EventArgs e)
        {
            if (cmbb_booktype.Text == "")
            {
```

```
                MessageBox.Show("请填写类型名称", "提示",
MessageBoxButtons.OK, MessageBoxIcon.Information);
                return;
            }
            if (txt_remark.Text == "")
            {
                MessageBox.Show("请填写类型描述", "提示",
MessageBoxButtons.OK, MessageBoxIcon.Information);
                return;
            }

            //验证是否存在当前添加的类型名称
            List<Sort> list = new List<Sort>();

            list = SortManage.SelectBookTypeInfo();

            for (int i = 0; i < list.Count; i++)
            {
                if (list[i].SortName == cmbb_booktype.Text && i !=
cmbb_booktype.SelectedIndex)
                {
                    MessageBox.Show("类型名称已存在", "提示",
MessageBoxButtons.OK, MessageBoxIcon.Information);
                    return;
                }
            }

            bti.Id = Convert.ToInt32(values);
            bti.SortName = cmbb_booktype.Text;
            bti.Remark = txt_remark.Text;

            try
            {
                //修改图书类型信息
                int count = SortManage.UpdateBookTypeInfo(bti);
                if (count > 0)
                {
                    MessageBox.Show("修改成功", "提示",
MessageBoxButtons.OK, MessageBoxIcon.Information);
                }
                else
                {
                    MessageBox.Show("修改失败", "提示",
MessageBoxButtons.OK, MessageBoxIcon.Information);
                }
            }
            catch (Exception ex)
            {
                MessageBox.Show(ex.Message);
            }
        }
```

```
        private void cmbb_booktype_SelectedValueChanged(object sender,
EventArgs e)
        {
            values = cmbb_booktype.SelectedValue.ToString();
        }
    }
}
```

3. 选择图书类型

根据图书类型选择实现修改或删除操作。图 12-16 所示为图书类型信息界面。

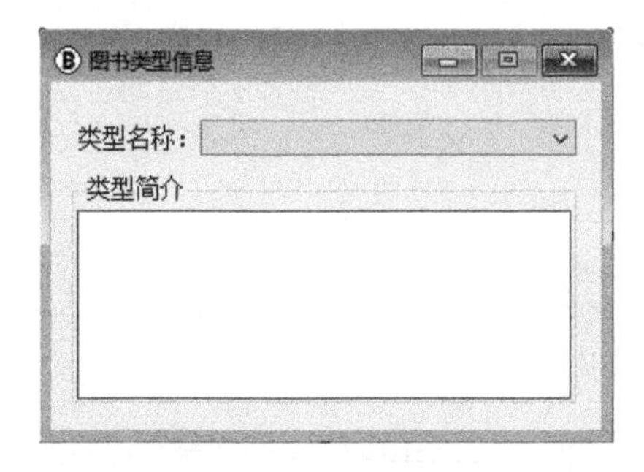

图 12-16　图选择书类型

```
namespace BookManageSystem.Forms
{
    public partial class frmSortSelect : Form
    {
        public frmSortSelect()
        {
            InitializeComponent();
        }


        List<Sort> list = null;
        public string  type { get; set; }

        /// <summary>
        /// 获取所有图书类型
        /// </summary>
        public void select_type()
        {
            list = new List<Sort>();
            try
            {
                list = SortManage.SelectBookTypeInfo();

                cmbb_booktype.DataSource = list;
                cmbb_booktype.DisplayMember = "SortName";
```

```
            }
            catch (Exception ex)
            {
                MessageBox.Show(ex.Message);
            }
        }

        private void Select_BookType_Load(object sender, EventArgs e)
        {

            select_type();
        }

        private void cmbb_booktype_SelectedIndexChanged(object sender, 
EventArgs e)
        {
            txt_remark.Text = list[cmbb_booktype.SelectedIndex].Remark;
        }

    }
}
```

经过前面的模块实现，系统开发到目前为止已经介绍了一个完整的系统。限于篇幅关系，本章中图书管理系统的个别细节没做过多讲解。

第 13 章

实　训

本章主要围绕前面章节的内容安排上机实践训练的内容，是针对读者的理论与实践结合的综合训练。

13.1 SQL Server 2016 的安装与配置

一、实训目的

1.通过安装来了解、感受 SQL Server 2016。
2.了解 SQL Server 2016 所支持的多种形式的管理架构，并确定此次安装的管理架构形式。
3.熟悉安装 SQL Server 2016 各种版本所需的软、硬件要求，确定要安装的版本。
4.熟悉 SQL Server 2016 支持的身份验证种类。
5.掌握 SQL Server 服务的几种启动方法。
6.正确配置客户端和服务器端网络连接的方法。
7.掌握 SQL Server Management Studio 的常规使用。

二、实训要求

1.了解 SQL Server 2016 的各种版本及所需的软、硬件要求。
2.针对实训内容，认真复习与本次实训相关的知识，完成实训内容的预习、准备工作。
3.了解 SQL Server 2016 各组件的主要功能。
4.掌握在查询分析器中执行 SQL 语句的方法。
5.实训后做好总结，根据实训情况撰写实验报告。

三、实训内容

1. 安装 SQL Server 2016，在安装时将登录身份验证模式设置为 SQL Server 和 Windows 验证，其他选择默认，并记住 Sa 的密码。

2. 利用 SQL Server Configuration Manager 配置 SQL Server 2016 服务器。

3. 利用 SQL Server 2016 创建默认账户，通过注册服务器向导首次注册服务器。

4. 试着创建一些由 SQL Server 2016 验证的用户，删除第一次注册的服务器后，用新建的账户来注册服务器。

5. 为某一个数据库服务器指定服务器别名，然后通过服务器别名注册该数据库服务器。

6. 熟悉和学习使用 SQL Server 2016 的 SQL Server Management Studio。

四、实训思考

1.SQL Server 2016 不同版本的安装软硬件需求有什么不同？

2.配置数据库服务器的两种模式：Windows 身份和混合模式具体有什么不同？

13.2 创建管理 SQL Server 2016 数据库和表

一、实训目的

1. 了解 SQL Server 数据库的逻辑结构和物理结构。
2. 了解表的结构和特点。
3. 了解 SQL Server 的基本数据类型。
4. 掌握在 SQL Server Management Studio 中创建数据库和表的方法。
5. 掌握使用 T-SQL 语句创建数据库和表的方法。

二、实训要求

1. 明确能够创建数据库的用户必须是系统管理员或被授权使用 Create Database 的用户。

2. 创建数据库必须要确定数据库名、所有者、数据库大小（最初大小、最大大小、是否允许增长和增长的方式）和存储数据的文件。

3. 确定数据库包含哪些表及包含的表结构，还要了解、掌握在 SQL Server Management 中常用数据类型，以创建数据库的表。

4. 了解常用的创建数据库和表的方法。

三、实训内容

1. 数据库分析

（1）创建用于学生选课管理的数据库，数据库名为 student，初始大小为 20M，最大 50M，数据库自动增长，增长方式是按 15%；日志文件大小为 5M，最大 25M，按 5M 增长。数据库的逻辑文件名和物理文件名均采用默认值。

（2）student 数据库包含学生和教师的信息、教学计划信息、课程信息、教师任课信息等。数据库关系图如图 13-1 所示。

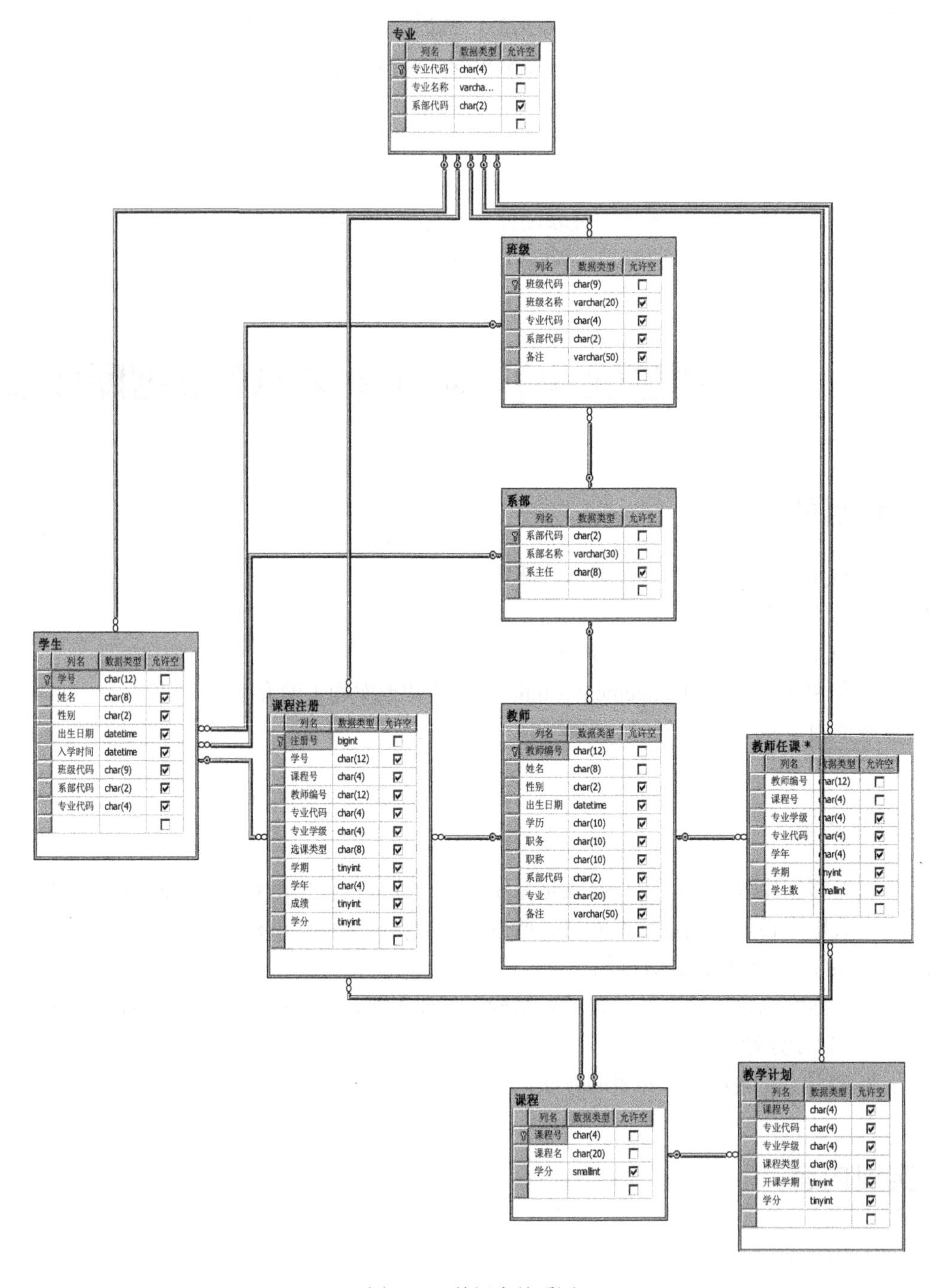

图 13-1　数据库关系图

2. 在对象资源管理器中创建/删除数据库和表

（1）在对象资源管理器中创建 student 数据库。
（2）在对象资源管理器中删除 student 数据库。
（3）在对象资源管理器中分别创建“学生”和“教师”表。
（4）在对象资源管理器中分别删除“学生”和“教师”表。

3. 在查询分析器中创建和删除数据库和表

（1）用 T-SQL 语句创建 student 数据库，代码如下：

```
create database student
on primary
(name=student_db_data,
 filename='E:\db\student_db_data.mdf',
 size=20mb,
 maxsize=50mb,
 filegrowth=15%)
log on
(name=student_db_log,
 filename='E:\db\student_db_data.mdf',,
 size=5mb,
 maxsize=25mb
 filegrowth=5mb)
 collate Chinese_PRC_CI_AS
 go
```

（2）用 T-SQL 语句创建“学生”和“教师”表。

数据库中各表的创建如下：

① 创建“系部”表，代码如下：

```
USE student
GO
CREATE TABLE 系部
(系部代码 char (2) CONSTRAINT pk_xbdm PRIMARY KEY,
系部名称 varchar(30) NOT NULL,
系主任 char (8)
)
GO
```

② 创建“专业”表，代码如下：

```
USE student
GO
CREATE TABLE 专业
(专业代码 char (4) CONSTRAINT pk_zydm PRIMARY KEY,
专业名称 varchar(20) NOT NULL,
系部代码 char (2) CONSTRAINT fk_zyxbdm REFERENCES 系部(系部代码)
```

```
)
GO
```

③ 创建“班级”表，代码如下：

```
USE student
GO
CREATE TABLE 班级
(班级代码 char（9） CONSTRAINT pk bjdm PRIMARY KEY,
班级名称 varchar(20),
专业代码 char（4）. CONSTRAINT fk bjzydm REFERENCES 专业(专业代码),
系部代码 char（2） CONSTRAINT fk bjxbdm REFERENCES 系部(系部代码),
备注 varchar(50)
)
GO
```

④ 创建“学生”表，代码如下：

```
USE student
GO
CREATE TABLE 学生
(学号 char（12） CONSTRAINT pk xh PRIMARY KEY,
姓名 char（8）,
性别 char（2）,
出生日期 datetime,
入学时间 datetime,
班级代码 char（9） CONSTRAINT fk xsbjdm REFERENCES 班级(班级代码),
系部代码 char（2） CONSTRAINT fk xsxbdm REFERENCES 系部(系部代码),
专业代码 char（4） CONSTRAINT fk xszydm REFERENCES 专业(专业代码)
)
GO
```

⑤ 创建“课程”表，代码如下：

```
USE student
GO
CREATE TABLE 课程
(课程号 char（4） CONSTRAINT pk_kc PRIMARY KEY,
课程名 char(20) NOT NULL,
学分 smallint
)
GO
```

⑥ 创建“教师”表，代码如下：

```
USE student
GO
CREATE TABLE 教师
(教师编号 char（12） CONSTRAINT pk jsbh PRIMARY KEY,
姓名 char（8） NOT NULL,
性别 char（2）,
出生日期 datetime,
```

```
    学历 char (10) ,
    职务 char (10) ,
    职称 char (10) ,
    系部代码 char (2)  CONSTRAINT fk_jsxbdm REFERENCES 系部(系部代码),
    专业 char(20),
    备注 varchar(50)
    )
    GO
```

⑦ 创建“教学计划”表，代码如下：

```
    USE student
    GO
    CREATE TABLE 教学计划
    (课程号 char (4)  CONSTRAINT pk jxjhch REFERENCES 课程(课程号),
    专业代码 char (4)  CONSTRAINT pk jxjhzydm REFERENCES 专业(专业代码),
    专业学级 char (4)  ,
    课程类型 char (8) ,
    开课学期 tinyint,
    学分 tinyint)
    GO
```

⑧ 创建“教师任课”表，代码如下：

```
    USE student
    GO
    CREATE TABLE 教师任课
    (教师编号 char (12)  CONSTRAINT fk jsrkjsbh REFERENCES 教师(教师编号),
    课程号 char (4)  CONSTRAINT fk jsrkch REFERENCES 课程(课程号),
    专业学级 char (4)  ,
    专业代码 char (4)  CONSTRAINT fk jsrkzydm REFERENCES 专业(专业代码),
    学年 char (4) ,
    学期 tinyint,
    学生数 smallint
    )
    GO
```

⑨ 创建“课程注册”表，代码如下：

```
    USE student
    GO
    CREATE TABLE 课程注册
    (注册号 bigint identity(010000000,1) not for replication CONSTRAINT
pk_zch PRIMARY KEY ,
    学号 char (12)  CONSTRAINT fk_kczcxh REFERENCES 学生(学号),
    课程号 char (4)  CONSTRAINT fk_kczckch REFERENCES 课程(课程号),
    教师编号 char (12)  CONSTRAINT fk_kczcjsbh REFERENCES 教师(教师编号),
    专业代码 char (4)  CONSTRAINT fk_kczczydm REFERENCES 专业(专业代码),
    专业学级 char (4) ,
    选课类型 char (8) ,
    学期 tinyint,
```

```
学年 char（4），
成绩 tinyint,
学分 tinyint
)
GO
```

四、实训思考

1. 系统实际运行时发现数据增长过快该怎么处理？
2. 创建数据库时要考虑哪些内容？

13.3 表的基本操作

一、实训目的

1. 能够在资源管理器中对表数据进行插入、修改和删除等操作。
2. 能够使用 T-SQL 语句对表数据进行插入、修改和删除等操作。

二、实训要求

1. 了解表数据的插入、修改和删除操作，对表数据的更新操作可以在对象资源管理器中进行，也可用 T-SQL 语句完成。

2. 掌握使用 T-SQL 语句对表数据进行插入、修改和删除等操作的用法。

三、实训内容

1. 在对象资源管理器中，向 student 数据库中的表插入数据。
2. 使用 T-SQL 命令向 student 数据库中的表插入数据。

（1）向系部表中插入数据（'01','计算机系','徐才智'）。
（2）向系部表中插入数据（'02','经济管理系','张博'）。
（3）向系部表中插入数据（'03','数学系','徐裕光'）。
（4）向系部表中插入数据（'04','外语系','李溅波'）。

具体代码如下：

```
Use student
Go
```

```
    INSERT  into 系部 (系部代码, 系部名称,系主任)  VALUES  ('01','计算机系','徐才
智')
    GO
    INSERT  into 系部(系部代码, 系部名称,系主任)  VALUES  ('02','经济管理系','张
博')
    GO
    INSERT  into 系部(系部代码, 系部名称,系主任)  VALUES  ('03','数学系','徐裕光
')
    GO
    INSERT  into 系部(系部代码, 系部名称,系主任)  VALUES  ('04','外语系','李溅波
')
```

3. 在对象资源管理器中修改 student 数据库中的表数据。
4. 使用 T-SQL 命令修改 student 数据库中的表数据。

（1）将系部表中计算机系的系主任改为‘张中裕’：

```
    Update 系部 set 系主任='张中裕'  where 系部名称='计算机系'
```

（2）将系部表中系部名称列的‘系’全部更改为‘科学系’（使用 replace 函数，用法：replace(串 1，串 2,串 3)，其功能是将串 1 中的串 2 替换为串 3）：

```
    Update 系部 set 系部名称=replace(系部名称,'系','科学系')
```

5. 在对象资源管理器中删除 student 数据库中的表数据。
6. 使用 T-SQL 命令删除 student 数据库中的表数据。

在系部表中删除系主任姓‘张’的系部数据：

```
    Delete from 系部 where 系主任 like '张%'
```

四、实训思考

1. 使用 ALTER TABLE 语句向表中插入新列时，应该注意哪些问题？
2. DELETE 语句和 DROP TABLE 语句的作用分别是什么？

13.4 数据查询

一、实训目的

1. 掌握 Select 语句的基本语法。
2. 掌握 Insert 语句的基本语法。

3. 掌握连接查询的基本方法。
4. 掌握子查询的基本方法。

二、实训要求

1. 了解 Select 语句的执行方法。
2. 了解基本聚合函数的作用。
3. 了解 Select 语句的 group by 和 having 子句的使用。
4. 了解 Insert 语句的基本语法格式。
5. 了解连接查询的表示方法。
6. 了解子查询的表示方法。

三、实训内容

1. 用 Select 语句进行简单查询

（1）根据前面实验给出的数据表结构查询每个学生的上机号、姓名、上机所剩余额等信息：

```
Select 上机号,姓名,余额 from 上机卡
```

（2）查询上机号为 2004151103 的学生的姓名和余额：

```
Select 姓名,余额 from 上机卡 where 上机号='2004151103'
```

（3）查询所有姓“王”的学生的上机号、余额和上机密码：

```
Select 上机号,余额,上机密码 from 上机卡 where 姓名 like '王%'
```

（4）查询所有余额不足 5 元的学生的上机号：

```
Select 上机号 from 上机卡 where 余额<5
```

（5）查询所有上机日期在 2008-3-1 到 2008-3-3 之间的学生的上机号：

```
Select 上机号 from 上机记录 where 上机日期 between convert(datetime,
'2008-3-1')) and convert(datetime, '2008-3-3'))
```

2. 用 Select 语句进行高级查询

（1）查询班级名称为“03 计算机教育班”的学生的上机号和姓名：

```
Select 上机号,姓名 from 上机卡 where 班级代码 in
(select 班级代码 from 班级 where 班级名称 ='03计算机教育班')
```

（2）查询所有余额不足 5 元的学生的上机号、姓名和班级名称：

```
Select 上机号,姓名,班级名称 from 上机卡 a ,班级 b where a.班级代码=b.班级
```

```
代码 and a.余额<5
```

（3）查询所有余额不足 30 元的学生的总人数：

```
Select count(*) as 总人数 from 上机卡  where 余额<30
```

（4）求每一天的上机总人数：

```
Select count(distinct 上机号) as 总人数 from 上机记录 group by 上机日期
```

（5）查询上机日期在 2008-3-1 到 2008-8-3 之间的各个班级的上机总人数：

```
Select 班级代码,count (distinct a..上机号) from 上机记录 a, 上机卡 b where
a.上机号=b.上机号 group by b.班级代码
```

（6）将学生的上机号、姓名按余额的多少由高到低排序：

```
Select 上机号,姓名 from 上机卡 order by 余额 desc
```

3. 计费数据库的数据结构

计费数据库的数据结构如图 13-2 所示。

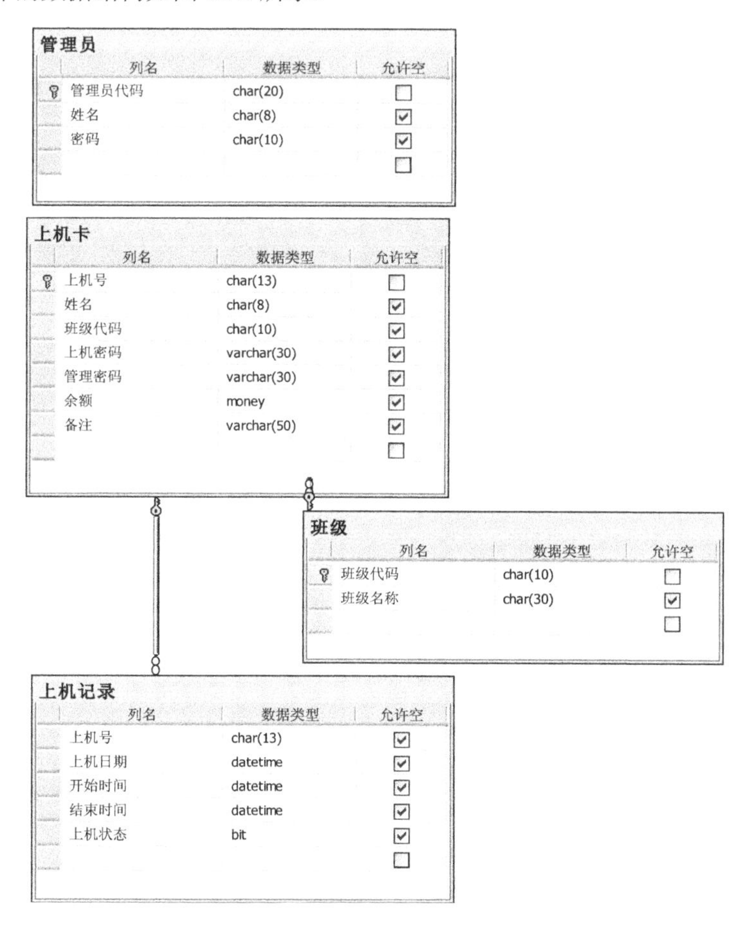

图 13-2　计费数据库的数据结构

（1）数据表的创建脚本如下：

```
USE jifei
GO
```

```
CREATE TABLE 班级
(班级代码 char（10） CONSTRAINT pk bjdm PRIMARY KEY,班级名称 char(30)
)
GO
```

```
CREATE TABLE 上机卡
   (上机号 char(13) CONSTRAINT pk sjh PRIMARY KEY,
姓名 char（8）,
班级代码 char（10） CONSTRAINT fk bjdm REFERENCES 班级(班级代码),
上机密码 varchar(30),
管理密码 varchar(30),
余额 money,
备注 varchar(50)
)
GO
```

```
CREATE TABLE 上机记录
   (上机号 char(13) CONSTRAINT fk_sjjlsjh REFERENCES 上机卡(上机号),
上机日期 datetime,
开始时间 datetime,
结束时间 datetime,
上机状态 bit
)
GO
```

```
CREATE TABLE 管理员
(管理员代码 char(20) CONSTRAINT pk_glydm PRIMARY KEY,
姓名 char（8）,
密码 char（10）
)
GO
```

四、实训思考

1. 有几种改变列标题的方法？
2. 内连接和外连接的区别是什么？

13.5 Transact-SQL

一、实训目的

1. 掌握 T-SQL 的各要素：数据类型、变量和常量、运算符、常用函数。
2. 掌握流程控制语句的使用方法。
3. 熟悉自定义函数。

二、实训要求

1. 实训前做好上机实训的准备，针对实训内容认真复习 T-SQL 相关的知识。
2. 独立完成实训内容。
3. 实训后认真撰写实验报告。

三、实训内容

1.用 dateadd 函数、算数运算编写求当天、100 天后日期的查询语句。

```
select dateadd(day,100,getdate())
```

2.用 datediff 函数、算术运算编写计算你的年龄、月龄的查询语句。

```
select datediff(year,'1991-4-7','2011-9-26')
select datediff(month,'1991-4-7','2011-9-26')
```

3.计算 1+2+3+...+100 的和，并使用 PRINT 显示计算结果。

```
declare @i int,@sum int,@csum char (10)
select @i=1,@sum=0
while @i<=100
begin
select @sum=@i+@sum
select @i=@i+1
end
select @csum=convert(char (10) ,@sum)
print '1+2+3+......+100='+@csum
```

4. 将项目举例中的 20！的程序，能否用第 3 题的形式进行改写？如果可行，请编写程序并上机调试。

```
declare @i int,@mul
set @mul=1
```

```
set @i=1
while @i<=21
begin
set @mul=@mul*@i
set @i=@i+1
end
print '1*2*3*......*20'+str(@mul)
```

5. 设学位代码与学位名称如下，用 CASE 语言编写学位代码转换为名称的程序。

```
declare @代码 decimal
declare @名称 nchar (10)
set @代码=1
set @名称 nchar (10)
case
when @代码=1 then '博士'
when @代码=2 then '硕士'
when @代码=3 then '学士'
end
print @名称
```

四、实训思考

1. Transact-SQL 有哪些语法要素？
2. 举例说明 varchar(max)、nvarchar(max)、varbinary(max)三种函数类型的用途？

13.6 视图

一、实训目的

1. 掌握创建视图的命令。
2. 掌握使用资源管理器创建视图的方法。
3. 掌握查看视图的系统存储过程的用法。

二、实训要求

1. 了解创建视图的方法。
2. 了解修改视图的 SQL 语句。
3. 了解视图更名的存储过程的用法。
4. 了解删除视图的 SQL 命令的用法。

三、实训内容

1. 在 student 数据库中，以学生表为基础建立一个名为经济管理系学生的视图，显示学生表中的所有字段。

```
Use student
Go
Create view 经济管理系学生 as
   Select * from 学生 where 专业代码 in
(select distinct 专业代码  from 专业
   Where  专业名称='经济管理')
go
```

2. 使用经济管理系学生视图查询专业代码为 0201 的学生。

```
select * from 经济管理系学生 where 专业代码='0201'
go
```

3. 将经济管理系学生视图改名为 v_经济管理系学生。

```
Use student
Go
Exec sp_rename st_jjgl,v_经济管理系学生
go
```

4. 修改 v_经济管理系学生视图的内容，使得该视图能查询到经济管理系所有的女生。

```
Use student
Go
Alter view v_经济管理系学生 as
Select * from 学生 where 性别='女'  and 专业代码 in
(select distinct 专业代码  from 专业
  Where  专业名称='经济管理')
go
```

5. 用 SQL 语句删除 v_经济管理系学生视图。

```
Use student
Go
Drop view v_经济管理系学生
go
```

四、实训思考

1. 创建视图时要注意哪些事项？
2. 使用视图更新数据时需注意哪些问题？

13.7 索引操作

一、实训目的

1. 掌握创建索引的命令。
2. 掌握使用资源管理器创建索引的方法。
3. 掌握查看索引的系统存储过程的用法。
4. 掌握索引分析与维护的常用方法。

二、实训要求

1. 了解聚集索引和非聚集索引的概念。
2. 了解创建索引的 SQL 语句。
3. 了解使用资源管理器创建索引的步骤。
4. 了解索引更名的存储过程的用法。
5. 了解删除索引的 SQL 命令的用法。
6. 了解索引分析与维护的常用方法。

三、实训内容

1. 为 student 数据库中的“教师”表创建基于“专业”列的非聚集索引 js_zy_index。

```
USE student
GO
CREATE INDEX js_zy_index ON 教师(专业)
GO
```

2. 为 student 数据库中课程注册表的成绩字段建立一个非聚集索引，名为 kczccj_index。

```
Use student
go
Create index kczccj_index on 课程注册(成绩)
go
```

3. 使用 sp_helpindex 查看课程注册表上的索引信息。

```
Use student
go
exec sp_helpindex 课程注册
go
```

4. 使用 sp_rename 将索引 kczccj_index 改为 kcvc_cj_index。

```
Use student
Go
Exec sp rename kczccj index,kcvc cj index
go
```

5. 使用 student 数据库中的课程注册表查询所有课程注册信息，同时显示查询处理过程中磁盘活动的统计信息。

```
Use student
Go
Show plan_all on
Go
Select * from 课程注册
Go
```

6. 用 SQL 语句删除 kcvc_cj_index。

```
Use student
Go
Drop index kcvc cj index
go
```

四、实训思考

1. 怎样在一个表中建立多个聚簇索引？需要注意些什么？
2. 索引分类问题？

13.8 存储过程与触发器

一、实训目的

1. 掌握存储过程和触发器创建的方法和步骤。
2. 掌握存储过程和触发器的使用方法。

二、实训要求

1. 了解存储过程和触发器的基本概念和类型。
2. 了解创建存储过程和触发器的 SQL 语句的基本语法。
3. 了解查看、执行、修改和删除存储过程的 SQL 语句的用法。

4. 了解查看、执行、修改和删除触发器的 SQL 语句的用法。

三、实训内容

1. 存储过程的使用

（1）在 student 数据库中的学生、课程注册、课程表中创建一个带参的存储过程 cjcx。其功能是：当任意输入一个学生的姓名时，返回该学生的学号、选修的课程名和课程成绩。

```
Create PROCEDURE [dbo].[cjcx]
@axm char (8)
AS
BEGIN
 SELECT 学生.学号,课程.课程名,课程注册.成绩 from   学生,课程,课程注册
        where 学生.学号=课程注册.学号 and  课程注册.课程号=课程.课程号 and 姓名
=@axm
END
```

（2）执行存储过程 cjcx，查询“周红瑜”的学号、选修的课程名和课程成绩。

```
Exec cjcx @axm='周红瑜'
```

（3）使用存储过程 sp_helptext 查看存储过程 cjcx 的文本信息。

```
Exec sp_helptext cjcx
```

2. 触发器的使用

（1）在 jifei 数据库中创建一个名为 insert_sjkh 的 insert 触发器，存储在“上机记录”表中。其作用是：当用户在“上机记录”表中插入记录时，若“上机卡”表中没有该上机号，则提示用户不能插入，否则提示记录插入成功。

```
Use jifei
Go
Create trigger insert_sjkh  on dbo.上机记录 for insert
As
 Declare @asjkh char(13)
 Declare @acount int
 Select @asjkh=上机号 from inserted
 Select @acount=count(*) from 上机卡 where 上机号=@asjkh
 If @acount=0
   Print '上机卡中无此卡号，不能插入'
 Else
   Print '数据插入成功'
```

（2）在 jifei 数据库中创建一个名为 del_sjh 的 delete 触发器。其作用是：禁止删除“上机卡”表中的记录。

```
Use jifei
Go
create trigger del_sjh  on dbo.上机卡  instead of delete
As
  Print '不能删除上机卡中的记录'
```

（3）在 jifei 数据库中创建一个名为 update_sjh 的 update 触发器。其作用是：禁止更新“上机卡”表中的上机号内容。

```
Use jifei
Go
create trigger update=_sjh  on dbo.上机卡  instead of update
As
  Print '不能更新上机卡中的记录'
```

（4）删除 update_sjh 触发器。

```
Use jifei
Go
Drop trigger update_sjh
go
```

四、实训思考

1. 存储过程的类型和特征是什么？
2. 怎样创建存储过程？存储过程在程序设计中的作用是什么？

13.9 数据完整性

一、实训目的

要求学生能够使用 T-SQL 语句的 primary key、check、foreign key…references、not null、unique 等关键字实现 SQL Server 的实体完整性、参照完整性及用户定义的完整性。

二、实训要求

1. 了解数据完整性的概念。
2. 了解约束的类型。
3. 了解创建约束和删除约束的语法。
4. 了解创建规则和删除规则的语法。

5. 了解绑定规则和解绑规则的语法。
6. 了解创建默认对象和删除默认对象的语法。
7. 了解绑定默认对象和解绑默认对象的语法。

三、实训内容

1. 建表时创建约束

在 student 数据库中使用 create table 语句创建表 stu1，结构如下：

学号：char（12），姓名：char（8），性别：char（2），出生日期：datetime，住址：char(40)，备注：text。

在建表时创建所需的约束，要求如下：

- 将学号设为主键，主键名为 pk_xuehao。
- 为姓名添加唯一约束，约束名为 uk_xingming。
- 为性别添加默认约束，默认名为 de_xingbie。
- 为出生日期添加 check 约束，约束名为 ck_csrq，条件为：（出生日期>'01/01/1986'）。

具体代码如下：

```
Create table stu1
(学号 char (12)  constraint pk_xuehao primary key,
姓名 char (8)  constraint uk_xingming unique,
性别 char (2)  constraint de_xingbie default '男',
出生日期 datetime constraint ck_csrq check(出生日期
>convert(datetime,'1/1/1986',101)),
住址 char(40),
备注 text
);
```

2. 在查询分析器中删除上面所建的约束

具体代码如下：

```
Alter table stu1
Drop constraint pk_xuehao
Alter table stu1
Drop constraint uk_xingming
Alter table stu1
Drop constraint de_xingbie
Alter table stu1
Drop constraint ck_csrq
```

3. 基于学生选课管理系统中 student 数据库中的表建立外键约束、规则、默认对象，进行绑定和解绑，最后删除所建的约束

具体代码如下：

```
create rule ck csrq as @rq>convert(datetime,'1/1/1986',101)
exec sp bindrule  'ck csrq','stu1.出生日期'
exec sp unbindrule 'stu1.出生日期'
create default de xingbie  as  '男'
exec sp bindefault  'de xingbie ','stu1.性别'
exec sp_unbindefault 'stu1.性别'
```

四、实训思考

1. 非空（Not Null）约束用于确保字段值不为空。非空约束是 5 个约束条件中唯一一个只能定义在列级的约束条件。非空约束条件可以在建表时建立，也可以在建表后建立吗？

2. 怎样在数据字典中查询刚刚建立的非空约束条件？

13.10 函数的应用

一、实训目的

1. 掌握 SQL Server 常用系统函数的使用。
2. 掌握 SQL Server 三类用户自定义函数的创建方法。
3. 掌握 SQL Server 用户自定义函数的修改及删除方法。

二、实训要求

1. 了解各类常用系统函数的功能及其参数的意义。
2. 了解 SQL Server 三类用户自定义函数的区别。
3. 了解 SQL Server 三类用户自定义函数的语法。
4. 了解对 SQL Server 自定义函数进行修改及删除的语法。

三、实训内容

1. SQL Server 常用系统函数的使用

（1）统计教学计划中第一学期所开设的课程总数。

```
Select count(*) from 教学计划 where 开课学期=1
```

（2）统计计算机系学生大学语文的平均分、最低分和最高分。

```
use student
go
Select avg(成绩),min(成绩),max(成绩) from 课程注册
  Where 专业代码 in
      (Select distinct 专业代码 from 专业 where 系部代码 in
           (select 系部代码 from 系部 where 系部名称='计算机系'))
     And 课程号 in
      (Select distinct 课程号 from 课程 where 课程名='大学语文')
```

2. SQL Server 三类用户自定义函数的创建

（1）创建一个自定义函数 department()，根据系部代码返回该系部学生的总人数。

```
  create function department(@axbdm char (2) )
returns int
as
begin
 declare @acount int
 select @acount=count(*) from 学生 where 系部代码=@axbdm
 return @acount
end
```

（2）创建一个自定义函数 teacher_info()，根据教师编号返回该教师任课的基本信息。

```
Use student
Go
create function teacher_info(@ajsbh char (12) )
returns table
as
 return
  (
   select * from 教师任课 where 教师编号=@ajsbh)
```

3. 对 SQL Server 自定义函数进行修改和删除

```
Use student
Go
Drop function teacher_info
Drop function department
go
```

四、实训思考

1. 注意函数的参数设置。
2. 注意不同类型函数的返回值。

13.11 程序设计

一、实训目的

1. 掌握程序中批处理、脚本和注释的基本概念和使用方法。
2. 掌握事务的基本语句的使用。
3. 掌握程序中的流程控制语句。

二、实训要求

1. 理解程序中的批处理、脚本和注释的语法格式。
2. 理解事务的基本语句的使用方法。
3. 了解流程控制语句 begin…end、if…else、case、waitfor、while 语句的使用。

三、实训内容

编写程序，求 2+3+4+...+500。

```
declare
  @i int
declare
@asum int
begin
 set @i=2
 set @asum=0
 while @i<=500
  begin
   set @asum=@i+@asum
   set @i=@i+1
  end
 print @asum
end
```

四、实训思考

1. 编写程序时，如果设计中有子程序或函数调用，就要注意参数的传递。
2. 在编写程序的过程中注意程序结构的设计。

13.12 数据库备份与还原

一、实训目的

1. 掌握数据库分离与附加的操作。
2. 掌握使用“对象资源管理器”的方法对数据库进行备份和恢复操作。

二、实训要求

1. 了解备份与还原的步骤和方法。
2. 掌握数据库分离与附加的步骤和方法。

三、实训内容

1. 使用“对象资源管理器”进行数据库分离和附加

（1）数据库分离

连接到相应的 SQL Server 服务器实例之后，在“对象资源管理器”中单击服务器名称，以展开服务器树。找到“数据库”节点展开，选择要备份的系统数据库或用户数据库并右击，在弹出的快捷菜单中选择“任务”→“分离”命令。在分离数据库窗口中选中“删除连接”选项，单击“确定”按钮。

（2）数据库附加

需要附加数据库时，右击“数据库”节点，在弹出的菜单中选择附加命令。在附加数据库窗口中单击“添加”按钮。弹出“定位数据库文件”窗口，选择要附加的数据库的名称，单击“确定”按钮，即可附加成功。

2. 使用“对象资源管理器”进行数据库备份

（1）SQL 数据库的备份

① 依次打开 Microsoft SQL Server 2016 → SQL Server Management Studio → 选择数据库（即我们需要备份的数据库）。

② 选择要备份的数据库并右击，依次单击任务 → 备份。

③ 在打开的“备份数据库—选定数据库”对话框中先单击“删除”，然后单击“添加”。

④ 在弹出的“选择备份目标”对话框中单击按钮。

⑤ 选择好备份的路径，文件类型选择“所有文件”，在“文件名”中填写要备份的数据库名字（最好在备份的数据库名字后面加上日期，以方便以后查找），之后连续单击“确定”按钮

即可完成数据库的备份操作。

（2）SQL 数据库的还原

① 选择要还原的数据库“备份的数据库”并右击，依次单击任务→还原→数据库。

② 在出现的“还原数据库 — 要还原的数据库”对话框中选择“源设备”，然后单击后面的[...]按钮。

③ 在出现的“指定备份”对话框中单击“添加”按钮。

④ 找到数据库备份的路径，选择所要还原的数据库“要还原的数据库”（注意，文件类型选择所有文件），然后连续单击两次“确定”按钮。

⑤ 在出现的“还原数据库—要还原数据库”对话框中，勾选“选择用户还原的备份集”下的数据库前的复选框。

⑥ 选择“选项”，勾选“覆盖现有数据库”复选框，还原成功。

四、实训思考

1. 可以有几种类型的备份？
2. 备份中要考虑哪些因素？

13.13 数据库导入/导出

一、实训目的

掌握数据导入、导出的步骤和方法。

二、实训要求

1. 针对实训的内容，认真完成实训的知识预习。
2. 独立完成实训内容。
3. 根据实训总结做好实验报告。

三、实训内容

1. 生成脚本

（1）使用 SQL Server Management Studio 2016 连接数据库。

（2）选中要导出数据的数据库节点并右击，在菜单中选择“任务”->“生成脚本”。

（3）在弹出的界面中，在“选择对象”页勾选“为整个数据库及所有数据库对象编写脚本”，在“设置脚本编写选项”页勾选“将脚本保存在特定位置”。

（4）单击“保存或发布脚本”，确定完成脚本生成。

2. 导入数据库

SQL Server 2016 导入 mdf、ldf 文件。

（1）选择并右击数据库节点。

（2）单击“附加”，然后选择“添加”，添加上你要添加的 mdf 文件即可。

四、实训思考

生成脚本语言后，要恢复数据库的步骤是：右击数据库节点，然后选择“新建数据库”（要恢复的数据库名称），接着右击要恢复的数据库名称节点，选择“新建查询”，复制生成的 SQL 脚本后执行即可。

13.14 SQL Server 2016 数据库的安全

一、实训目的

1. 理解 SQL Server 的安全机制。
2. 掌握 Management Studio 进行安全管理的基本操作。
3. 掌握 T-SQL 语句实现登录账户、设置数据访问权限等功能的方法与语句。

二、实训要求

1. 认真、独立地完成实训训练。
2. 实训后总结，然后撰写实验报告。

三、实训内容

1. 使用 Management Studio 进行安全管理

（1）创建登录账户 test_Login，并设置密码。

（2）在 student 数据库中创建数据库用户 test_User，登录账号为 test_Login，数据库角色为

public。

（3）为数据库用户 test_User 设置访问权限，设置 dbo.student 表的 SELECT 权限，设置 dbo.course 表的 UPDATE 权限。

（4）关闭 Management Studio，然后以 test_Login 身份登录。进入 student 数据库中，修改 dbo.student 表的数据，检查是否会报错，使用 SELECT 语句选择 dbo.course 数据，检查是否报错。

2. 使用T-SQL进行安全管理

在 Management Studio 中执行以下 SQL 语句：

```
Use Student
Exec sp addlogin 'test login1',<123>,'Student'
Exec sp grantdbaccess 'test login1', 'test User1'
Grant select on [dbo].[student] to [test User1]
Grant update on [dbo].[course] to [test User1]
go
```

四、实训思考

SQL Server 安全模型主要包括哪几部分？各部分之间有什么关系？

参考文献

[1] 王珊，萨师煊. 数据库系统概论（第5版）[M].北京：高等教育出版社，2014

[2] 吴秀丽，丁文英. 数据库技术与应用——SQL Server 2008[M].北京：清华大学出版社，2010

[3] 祝红涛，王伟平. SQL Server 2008 从基础到应用[M].北京：清华大学出版社，2014

[4] 陈承欢，赵志茹，肖素华. SQL Server 2014 数据库应用、管理与设计[M].北京：电子工业出版社，2016

[5] 张建伟，梁树军等. 数据库技术与应用——SQL Server 2008[M].北京：人民邮电出版社，2014

[6] https://technet.microsoft.com/zh-cn/library/hh231699.aspx（SQL Server 2016 技术文档）

[7] Stacia Varga, Denny Cherry, Joseph D'Antoni. Introducing Microsoft SQL Server 2016[M]. Redmond Washington：Microsoft Press, 2016

[8] Kalen Delaney. SQL Server In-Memory OLTP Internals for SQL Server 2016[M], 2016